Eberhard Ehlers

Chemie II – Prüfungsfragen 1979 – 2004

Chemie II Prüfungsfragen 1979 – 2004

Originalfragen mit Antworten
zur organischen Chemie
des 1. Abschnitts der Pharmazeutischen Prüfung

von Eberhard Ehlers

Wissen & Praxis

Deutscher Apotheker Verlag Stuttgart

Anschrift des Autors:

Privatdozent Dr. Eberhard Ehlers
Lorsbacher Str. 54 B
65719 Hofheim

Bibliographische Information der Deutschen Bibliothek
Die Deutsche Bibliothek verzeichnet diese Publikation in der Deutschen Nationalbibliographie; detaillierte bibliographische Daten sind im Internet unter http://dnb.ddb.de abrufbar.

ISBN 3-7692-3516-9

Birkenwaldstr. 44, 70191 Stuttgart
Printed in Germany
Satz: primustype R. Hurler GmbH, Notzingen
Druck und Bindung: Kösel, Altusried-Krugzell
Umschlaggestaltung: Atelier Schäfer, Esslingen

Vorwort

Unter Beibehaltung des bewährten Konzeptes mit getrennten Bänden für die MC-Fragen und das Kurzlehrbuch zur organischen Chemie wurde die vorliegende Auflage beider Bände der Chemie II komplett überarbeitet und den aktuellen Prüfungsanforderungen angepasst.

Die neue Auflage des MC-Fragenbandes zur Chemie II enthält im ersten Abschnitt 1146 Multiple choice-Fragen der organischen Chemie bis einschließlich Herbst 1995. Diese Fragen sind thematisch nach den Prüfungsanforderungen für den ersten Abschnitt der Pharmazeutischen Prüfung (AAppO vom 28. Juli 1989 und 2. AAppO-ÄndV vom 20. Dezember 2000) geordnet. Aufgrund der acidobasischen Eigenschaften vieler Wirkstoffe wurde den „Säuren und Basen der organischen Chemie“ ein eigenständiges Kapitel (3.19) gewidmet. Fragen, die in identischer Form wiederholt gestellt wurden, sind mit einem Kreuz gekennzeichnet.

Der zweite Abschnitt des MC-Fragenbandes enthält zusätzlich noch 631 Multiple choice-Fragen der „Organischen Chemie“ der Prüfungen vom Frühjahr 1996 bis Frühjahr 2004. Die Fragen sind nach Aufgabentypen geordnet und ermöglichen so – zusammen mit den entsprechenden Fragen im Band Chemie I „Prüfungsfragen zur allgemeinen und anorganischen Chemie“ – die Simulation einer kompletten Staatsexamensprüfung im Fach „Allgemeine, anorganische und organische Chemie“.

Ich hoffe, dass das vorliegende Buch den Studenten bei ihren Prüfungsvorbereitungen nützliche Dienste leisten wird und wünsche allen Benutzern hierzu viel Erfolg.

Hofheim, im Frühjahr 2005 — Dr. Eberhard Ehlers

Inhaltsverzeichnis

3. Organische Chemie – Multiple-choice-Fragen

3.1 Chemische Bindung ... 3
3.2 Chemische Reaktionstypen ... 7
3.3 Stereochemie ... 35
3.4 Alkane, Cycloalkane ... 51
3.5 Alkene, Alkine ... 53
3.6 Aromatische Kohlenwasserstoffe ... 56
3.7 Halogenkohlenwasserstoffe ... 72
3.8 Metallorganische Verbindungen ... 75
3.9 Alkohole, Phenole, Ether, Chinone ... 79
3.10 Stickstoffverbindungen ... 85
3.11 Schwefelverbindungen ... 95
3.12 Aldehyde und Ketone ... 98
3.13 Carbonsäuren und Derivate ... 110
3.14 Hydroxy- und Ketocarbonsäuren ... 121
3.15 Heterocyclen ... 129
3.16 Kohlenhydrate ... 137
3.17 Aminosäuren und Peptide ... 142
3.18 Synthetische Polymere ... 148
3.19 Säuren und Basen in der organischen Chemie ... 150

Fragen der MC-Prüfung vom Frühjahr 1996 ... 155
Fragen der MC-Prüfung vom Herbst 1996 ... 160
Fragen der MC-Prüfung vom Frühjahr 1997 ... 165
Fragen der MC-Prüfung vom Herbst 1997 ... 168
Fragen der MC-Prüfung vom Frühjahr 1998 ... 172
Fragen der MC-Prüfung vom Herbst 1998 ... 174
Fragen der MC-Prüfung vom Frühjahr 1999 ... 178
Fragen der MC-Prüfung vom Herbst 1999 ... 185
Fragen der MC-Prüfung vom Frühjahr 2000 ... 192
Fragen der MC-Prüfung vom Herbst 2000 ... 200
Fragen der MC-Prüfung vom Frühjahr 2001 ... 207
Fragen der MC-Prüfung vom Herbst 2001 ... 211
Fragen der MC-Prüfung vom Frühjahr 2002 ... 218
Fragen der MC-Prüfung vom Herbst 2002 ... 224
Fragen der MC-Prüfung vom Frühjahr 2003 ... 230
Fragen der MC-Prüfung vom Herbst 2003 ... 238
Fragen der MC-Prüfung vom Frühjahr 2004 ... 245

Lösungen der MC-Fragen 252

Anmerkungen zu MC-Fragen 260

Erklärung der Aufgabentypen 261

Organische Chemie

3. Organische Chemie

3.1 Chemische Bindung

(siehe Ehlers, Chemie II-Kurzlehrbuch)

Hybridisierung

1 Welche der C-Atome in der abgebildeten Verbindung sind sp^3-hybridisiert?

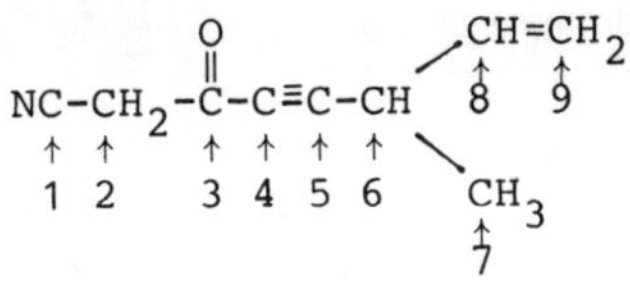

(A) 1, 2 und 7 sind richtig
(B) 1, 8 und 9 sind richtig
(C) 2, 6 und 7 sind richtig
(D) 2, 6, 7, 8 und 9 sind richtig
(E) 3, 6, 7, 8 und 9 sind richtig

2⁺ Welche der C-Atome der in Frage Nr. 1 abgebildeten Verbindung sind sp-hybridisiert?

(A) 2 und 5 sind richtig
(B) 8 und 9 sind richtig
(C) 1, 4 und 5 sind richtig
(D) 1, 3, 4 und 5 sind richtig
(E) 1, 3, 6, 8 und 9 sind richtig

3⁺ Welche Aussage trifft **nicht** zu?
Ein sp-hybridisiertes Kohlenstoffatom findet sich in folgenden schematisiert gezeichneten Verbindungen:

(A) $H_2C{=}C{=}CH_2$
(B) $H_2C{=}C(CH_3){-}CH{=}CH_2$
(C) $O{=}C{=}O$
(D) $C_6H_5{-}C{\equiv}N$
(E) $H{-}N{=}C{=}O$

4 Welche der aufgeführten Verbindungen enthalten ein sp-hybridisiertes Atom?

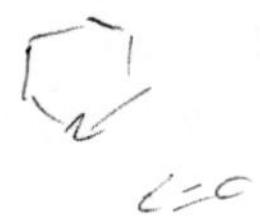

(1) Pyridin-N-oxid
(2) Allen
(3) Kohlendioxid
(4) Benzonitril-oxid
(5) Styren

(A) nur 2 ist richtig
(B) nur 1 und 4 sind richtig
(C) nur 2, 3 und 4 sind richtig
(D) nur 2, 3 und 5 sind richtig
(E) 1–5 = alle sind richtig

Ordnen Sie bitte den Kohlenstoff-Hybridisierungen der Liste 1 die jeweils entsprechende Verbindung aus Liste 2 zu!

	Liste 1	Liste 2
5	sp	(A) HCHO
6	sp^3	(B) Ethen
		(C) CO_2
		(D) H_2CO_3
		(E) Ethan

7 Welche der folgenden Aussagen über die Hybridisierung von Kohlenstoff trifft **nicht** zu?

(A) Die Bindung zwischen sp-hybridisierten Kohlenstoffen ist kürzer als die Bindung zwischen sp^3-hybridisierten.
(B) Geminale Wasserstoffatome am sp^2-hybridisierten Kohlenstoff bilden einen Winkel von 120°.
(C) Die Elektronegativität des Kohlenstoffs nimmt in der Reihenfolge sp^3, sp^2, sp zu.
(D) Im CO_2 ist der Kohlenstoff sp^2-hybridisiert.
(E) Sterisch anspruchsvolle Substituenten erschweren den Übergang vom sp^2- zum sp^3-hybridisierten C-Atom.

Bindungsparameter

Ordnen Sie bitte den in Liste 1 aufgeführten Verbindungen die jeweils zutreffende Bindungslänge der Kohlenstoff-Kohlenstoff-Bindung (Näherungswerte aus Liste 2) zu!

	Liste 1	Liste 2
8+	Ethan	(A) 0,109 nm
		(B) 0,120 nm
9+	Ethen	(C) 0,133 nm
		(D) 0,154 nm
		(E) 0,182 nm

10+ Die zentrale CC-Bindung in den Strukturelementen I, II und III

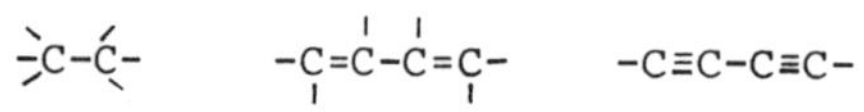

I II III

ist verschieden lang,
weil
die Bindungslänge der CC-Einfachbindung u. a. vom Hybridisierungsgrad der beteiligten C-Atome abhängt.

11 Im Butadien sind alle Kohlenstoff-Kohlenstoff-Bindungen gleich lang,
weil
Butadien mesomeriestabilisiert ist.

12+ Welche Aussagen über die CC-Bindungslängen in konjugierten Polyenen, z. B. 1,3,5-Hexatrien, treffen zu?

(1) Die C-C-Einfachbindungen sind kürzer als in einem Alkan.
(2) Die C-C-Einfachbindungen sind länger als in einem Alkan.
(3) Die C=C-Doppelbindungen sind kürzer als in einem Alken.
(4) Die C=C-Doppelbindungen sind länger als in einem Alken.

(A) Keine der obigen Aussagen trifft zu.
(B) nur 1 und 3 sind richtig
(C) nur 1 und 4 sind richtig
(D) nur 2 und 3 sind richtig
(E) nur 2 und 4 sind richtig

13 Die molare Verbrennungsenthalpie (Absolutwert) von Ethen ist größer als die von Ethan,
weil
die Kohlenstoff-Kohlenstoff-Doppelbindung eine größere Bindungsenergie als die Kohlenstoff-Kohlenstoff-Einfachbindung besitzt.

Mehrfachbindungen

14+ Welche Aussage über Mehrfachbindungen trifft **nicht** zu?

(A) Sie treten bevorzugt bei Elementen der 2. Periode auf.
(B) Sie sind oft in σ- und π-Bindungen differenzierbar.
(C) Den verschiedenen Bindungstypen liegen Unterschiede in der Symmetrie der überlappenden Orbitale zugrunde.
(D) Die Elektronendichte von π-Bindungen ist rotationssymmetrisch in Bezug auf die Bindungsachse.
(E) Die Bindungsenergie nimmt mit der Bindungsordnung zu.

15+ Welche Aussage über Bindungslängen und geometrische Eigenschaften von Kohlenstoff-Kohlenstoff-Mehrfachbindungen trifft **nicht** zu?

(A) Die C≡C-Dreifachbindung ist kürzer als die C=C-Doppelbindung.
(B) In der Ethinylgruppe ist die Drehbarkeit um die C≡C-Bindung aufgehoben.
(C) Die Länge einer Kohlenstoff-Kohlenstoff-Bindung ist unabhängig vom Hybridisierungsgrad der C-Atome.
(D) Im Ethin sind die σ-Bindungen linear angeordnet.
(E) An C≡C-Dreifachbindungen tritt keine geometrische Isomerie auf.

16 Welche Aussage über Mehrfachbindungen trifft **nicht** zu?

(A) Die C≡C-Dreifachbindung ist kürzer als die C=C-Doppelbindung.
(B) In der Ethinylgruppe ist die Drehbarkeit um die C≡C-Bindung aufgehoben.
(C) Die Länge einer Kohlenstoff-Kohlenstoff-Bindung ist abhängig vom Hybridisierungsgrad der C-Atome.
(D) Im Ethin sind beide π-Bindungen in einer Ebene angeordnet.
(E) An C≡C-Dreifachbindungen tritt keine geometrische Isomerie auf.

17 Welche Aussagen über Mehrfachbindungen treffen zu?

(1) Mehrfachbindungen zwischen Kohlenstoffatomen führen immer zu geometrischen Isomeren.
(2) Mehrfachbindungen treten nur bei den Elementen C, N und O auf.
(3) Das Verhältnis der Bindungsenergien bei Einfach-, Doppel- und Dreifachbindungen zwischen C-Atomen beträgt 1:2:3.
(4) Die Bindungslängen zwischen bestimmten Atomen verringern sich in der Reihe Einfach- > Doppel- > Dreifachbindung.

(A) nur 1 ist richtig
(B) nur 4 ist richtig
(C) nur 1 und 4 sind richtig
(D) nur 2 und 3 sind richtig
(E) nur 2, 3 und 4 sind richtig

18 Welche Aussagen zur chemischen Bindung treffen zu?

(1) Doppelbindungen können nur von Elementen der 4. und 5. Hauptgruppe des Periodensystems ausgebildet werden.
(2) Der Bindungsstrich in der Valenzstrichformel symbolisiert ein Elektronenpaar.
(3) Dreifachbindungen bilden sich nur zwischen C- und/oder N-Atomen aus.
(4) Bei einer C-C-Einfachbindung sind die Bindungslängen erheblich kleiner als die Summe der C-Atomradien.

(A) nur 2 ist richtig
(B) nur 1 und 2 sind richtig
(C) nur 1 und 3 sind richtig
(D) nur 2 und 4 sind richtig
(E) nur 2, 3 und 4 sind richtig

Elektronendelokalisierung

19 Welche der folgenden Doppelbindungssysteme weisen Konjugationseffekte (Elektronendelokalisierung) auf?

(1) 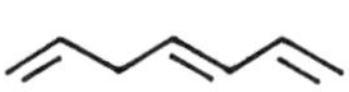

(3) 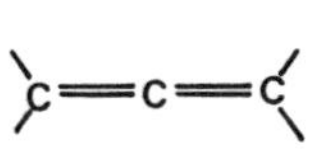

(2) 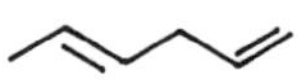

(4) 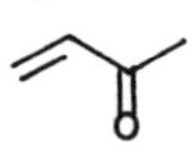

(A) nur 3 ist richtig
(B) nur 1 und 2 sind richtig
(C) nur 1 und 4 sind richtig
(D) nur 2, 3 und 4 sind richtig
(E) 1–4 = alle sind richtig

20⁺ Welches der folgenden Ionen ist am wenigsten resonanzstabilisiert?

(A) $CH_2{=}CH{-}\overset{\oplus}{C}H_2$

(B) $CH_2{=}CH{-}CH_2{-}\overset{\oplus}{C}H_2$

(C) $CH_3{-}\overset{\oplus}{\underline{\overline{O}}}{-}CH_2$

(D) 

(E) 

Fragen zur „Elektronendelokalisierung in Aromaten“ sowie Fragen über die „Kriterien des aromatischen Zustandes“ sind im Kap. 3.6 aufgelistet – siehe MC-Fragen Nr. 376–395.

Reaktive Zwischenstufen

21 Welche Aussagen über Carbenium-Ionen treffen zu?

(1) Die Stabilität der Carbenium-Ionen steigt im allgemeinen in der Reihenfolge primär < sekundär < tertiär.
(2) Beim n-Butyl-Kation tritt leicht eine Umlagerung zum tert. Butyl-Kation ein.
(3) Kann die positive Ladung durch Mesomerie delokalisiert werden, so resultiert daraus in der Regel eine erhöhte Stabilität.

(A) nur 1 ist richtig
(B) nur 2 ist richtig
(C) nur 1 und 2 sind richtig
(D) nur 1 und 3 sind richtig
(E) 1–3 = alle sind richtig

22 Welche Reihenfolge trifft zu?
Die Carbenium-Ionen (1) bis (5) sollen nach abnehmender Stabilität geordnet werden.

(1) 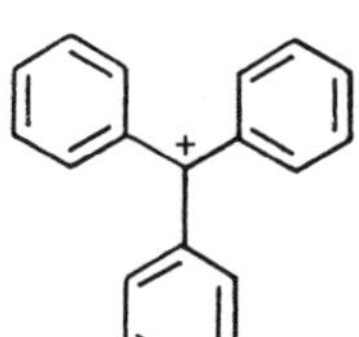

(2) 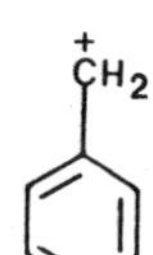

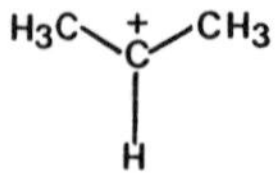

(3)

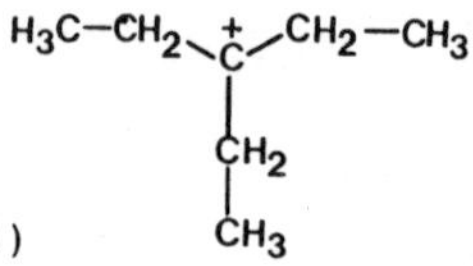

(4)

(5) $H_2C{=}CH{-}CH_2{-}\overset{+}{C}H_2$

(A) 1, 2, 4, 3, 5
(B) 1, 4, 2, 5, 3
(C) 2, 1, 4, 5, 3
(D) 3, 4, 5, 2, 1
(E) 5, 4, 3, 2, 1

23 Welche Aussagen über aliphatische Carbene treffen zu?

Carbene
(1) enthalten einen 2-bindigen Kohlenstoff mit einem Elektronensextett.
(2) entstehen bei der thermischen Spaltung von Diazoalkanen.
(3) verfügen im Grundzustand immer über gepaarte Elektronenspins.
(4) haben stets eine lineare Struktur.
(5) reagieren mit Nucleophilen.

(A) nur 1 und 4 sind richtig
(B) nur 1 und 5 sind richtig
(C) nur 2 und 3 sind richtig
(D) nur 1, 2 und 5 sind richtig
(E) nur 2, 3 und 4 sind richtig

Ordnen Sie bitte den Begriffen in Liste 1 die jeweils zutreffende Struktur aus Liste 2 zu!

Liste 1	Liste 2
24 Carben	(A) $(CH_3)_2C{=}C{=}O$
25 Carbanion	(B) $[(H_3C)_3C{-}C(CH_3)_2]^+$
	(C) $[(H_3C)_2C{=}CCl]^+$
	(D) $(H_3C)_3C{-}\overline{C}Cl$
	(E) $[(H_3C)_3C]^-$

Ordnen Sie bitte den Begriffen in Liste 1 die jeweils zutreffende Teilstruktur aus Liste 2 zu!

Liste 1	Liste 2
26 Carben	(A) $(H_5C_6)_2\overline{C}$
27 Carbanion	

(B)

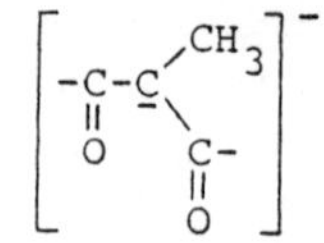

(C) $[HCO_3]^-$

(D)

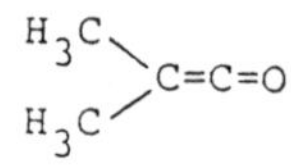

(E) $[-N{=}C{=}O]$

Ordnen Sie bitte den Begriffen in Liste 1 die jeweils zutreffende Struktur aus Liste 2 zu!

Liste 1	Liste 2
28 Carbanion	(A) $[(H_5C_6)_3C]^-$
29 Carbokation	(B) $[(H_5C_6)_3C]^+$
	(C) $(H_5C_6)_2\overline{C}$
	(D) 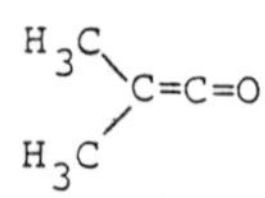
	(E) $H_5C_6{-}\overset{\oplus}{N}{\equiv}\overset{\ominus}{C}I$

Ordnen Sie bitte den Begriffen in Liste 1 die jeweils zutreffende Formel aus Liste 2 zu!

Liste 1	Liste 2
30 Carben	(A) CCl_2
	(B) CaC_2
31 Keten	(C) $[HCO_3]^-$
	(D) $H_2C{=}C{=}O$
	(E) $[OCN]^-$

Ordnen Sie bitte den Begriffen in Liste 1 die jeweils zutreffende Formel aus Liste 2 zu!

Liste 1

32 C-Radikal

33 Isonitril

Liste 2

(A) 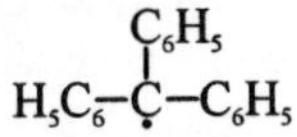

(B) 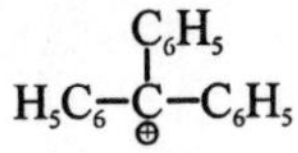

(C) $H_5C_6-\underline{C}-C_6H_5$

(D) $H_5C_6-N=C=O$

(E) $H_5C_6-\overset{\oplus}{N}\equiv\overset{\ominus}{C}l$

Radikale

34⁺ Welche Aussage trifft **nicht** zu?
Radikale

(A) besitzen mindestens ein ungepaartes Elektron.
(B) besitzen diamagnetische Eigenschaften.
(C) lassen sich u. a. durch Reaktion mit farbigen Radikalen zu weniger farbigen oder farblosen Verbindungen nachweisen.
(D) können durch Homolyse entstehen.
(E) können unter Verlust des Radikalcharakters reagieren.

35 Welche Aussagen über Radikale treffen zu?

(1) Die meisten stabilen organischen Radikale sind π-Radikale.
(2) Freie Radikale sind paramagnetisch.
(3) Radikale sind stets paramagnetisch.
(4) Das $CH_3^{\bullet}$-Radikal ist nahezu planar.
(5) Radikalatom ist stets ein Kohlenstoffatom.

(A) nur 1 und 3 sind richtig
(B) nur 1 und 5 sind richtig
(C) nur 2 und 4 sind richtig
(D) nur 3 und 5 sind richtig
(E) nur 1, 2 und 4 sind richtig

36 Wieviele energetisch etwa gleiche Radikalgrenzformeln lassen sich maximal für das freie Trityl-Radikal angeben?

(A) 3
(B) 4
(C) 6
(D) 9
(E) 10

Bindungspolarität

37⁺ Welche der angegebenen Substituenten haben auf ein benachbartes C-Atom im allgemeinen einen +I-Effekt?

(1) -Cl
(2) -CH=O
(3) $-NO_2$
(4) $-CH_2-CH_3$
(5) -COOH

(A) nur 1 ist richtig
(B) nur 4 ist richtig
(C) nur 1 und 4 sind richtig
(D) nur 2 und 3 sind richtig
(E) nur 2, 3 und 5 sind richtig

3.2 Chemische Reaktionstypen

(siehe Ehlers, Chemie II-Kurzlehrbuch)

Untersuchung von Reaktionsabläufen

38 Welche der folgenden Methoden sind zur Aufklärung eines Reaktionsmechanismus geeignet?

(1) Isotopenmarkierung
(2) kinetische Messungen
(3) Nachweis von Zwischenstoffen
(4) Analyse der Produktstereochemie
(5) röntgen-kristallographische Ermittlung der Übergangszustands-Energie und -Geometrie

(A) nur 1 und 2 sind richtig
(B) nur 1 und 3 sind richtig
(C) nur 1, 3 und 5 sind richtig
(D) nur 2, 3 und 5 sind richtig
(E) nur 1, 2, 3 und 4 sind richtig

39 Welche Aussagen treffen zu?
Als Methoden zur Untersuchung des Ablaufs chemischer Reaktionen eignen sich die Messungen der:

(1) Kernresonanz
(2) Elektronenspinresonanz

(3) Enthalpie
(4) Lichtabsorption

(A) nur 1 ist richtig
(B) nur 1 und 2 sind richtig
(C) nur 1 und 3 sind richtig
(D) nur 2, 3 und 4 sind richtig
(E) 1–4 = alle sind richtig

Syntheseplanung

40 Welche der folgenden Aussagen treffen zu?
Der Begriff Retrosynthese beschreibt

(1) ein Konzept zur Syntheseplanung eines Zielmoleküls
(2) nur reversible Reaktionsschritte einer mehrstufigen Synthese eines Zielmoleküls
(3) die mehrstufige Synthese eines Zielmoleküls aus einem vorgegebenen Edukt
(4) vom Zielmolekül ausgehend die im Verlauf einer mehrstufigen Synthese zu knüpfenden Bindungsschritte

(A) nur 1 ist richtig
(B) nur 2 ist richtig
(C) nur 3 ist richtig
(D) nur 1 und 3 sind richtig
(E) nur 1 und 4 sind richtig

Substitution

Radikalische Substitution (S_R)

41 Welche Aussage trifft **nicht** zu?
Radikale können hergestellt werden durch:

(A) Redoxreaktionen
(B) Solvolyse
(C) Radiolyse
(D) Photolyse
(E) Thermolyse

42+ Welche der folgenden Reaktionen ist für die Photochlorierung von Alkanen **nicht** charakteristisch? (R = Alkyl)

(A) $Cl_2 \rightarrow Cl^{\bullet} + Cl^{\bullet}$

(B) $RH \rightarrow R^{\bullet} + H^{\bullet}$

(C) $RH + Cl^{\bullet} \rightarrow R^{\bullet} + HCl$

(D) $R^{\bullet} + Cl_2 \rightarrow RCl + Cl^{\bullet}$

(E) $R^{\bullet} + Cl^{\bullet} \rightarrow RCl$

43+ Die direkte Fluorierung von Alkanen ist nur schwer durchführbar,
weil
die Reaktion zwischen Alkanen und Fluor stark endotherm verläuft.

44 Die radikalische Iodierung von Alkanen über eine Kettenreaktion ist möglich,
weil
Iod von Alkanen Wasserstoff unter Bildung von Alkylradikalen abstrahiert.

45+ Welche Aussagen treffen zu?
Die Chlorierung von Methan

(1) erfolgt nach einem Radikalkettenmechanismus
(2) liefert bei hohem Methanüberschuß Chlormethan als Hauptprodukt
(3) führt in der Regel zu Produktgemischen mehrfach chlorierter Methane
(4) verläuft ausgeprägt exotherm

(A) nur 1 ist richtig
(B) nur 1 und 3 sind richtig
(C) nur 2 und 3 sind richtig
(D) nur 1, 2 und 4 sind richtig
(E) 1–4 = alle sind richtig

46+ Die radikalische Methanchlorierung führt zu einem Produktgemisch von Mono-, Di-, Tri- und Tetrachlormethan,
weil
die radikalische Chlorierung bei den partiell chlorierten Methanen wegen der abnehmenden CH-Bindungsstärke leichter erfolgt als im Edukt Methan.

47+ Welches Energie-Reaktionsweg-Diagramm für die Methan-Chlorierung ist richtig?

(A)

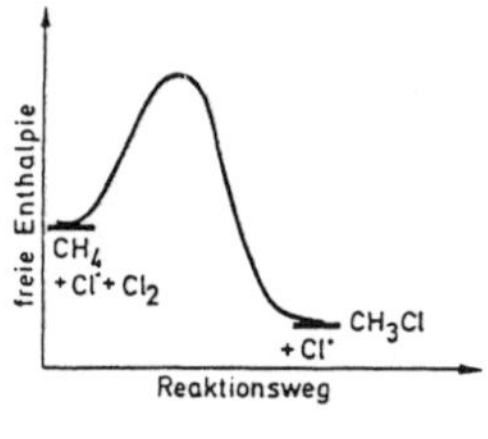

(B)

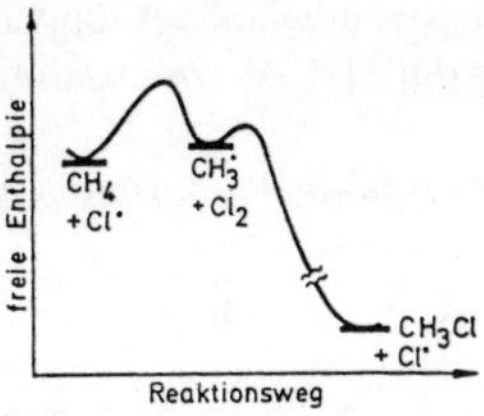

(C)

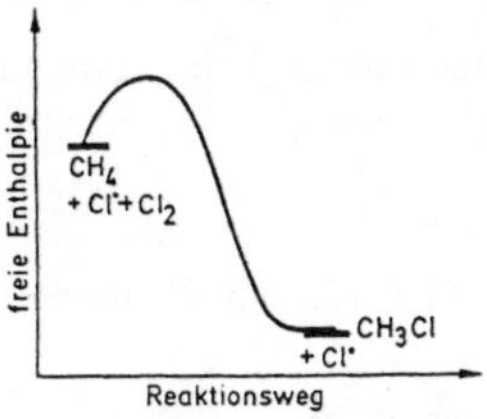

(D)

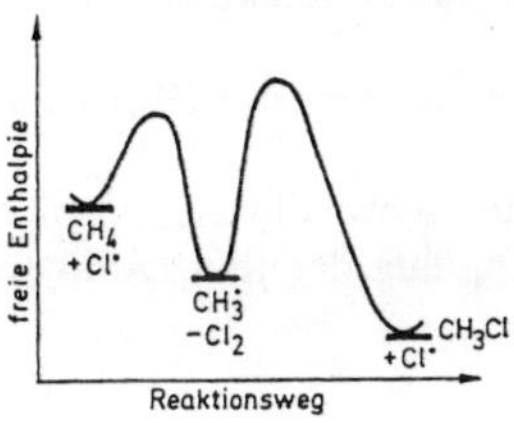

(E)

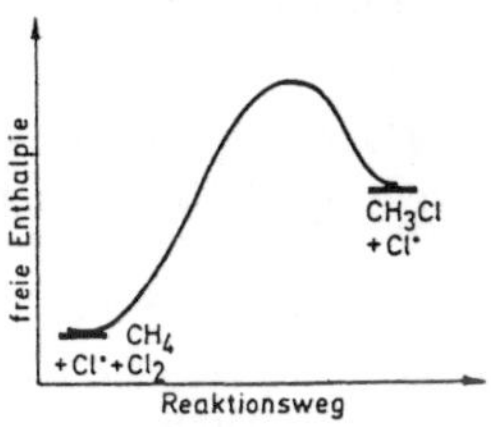

48+ Welches Diagramm entspricht einer Radikalrekombination?

(A)

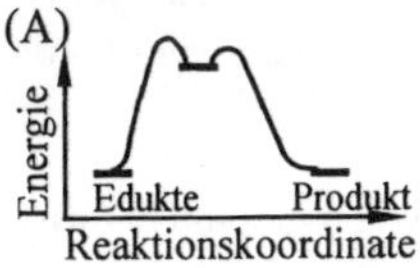

(B)

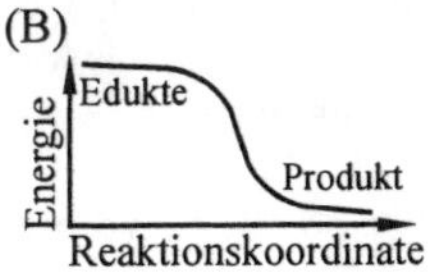

(C)

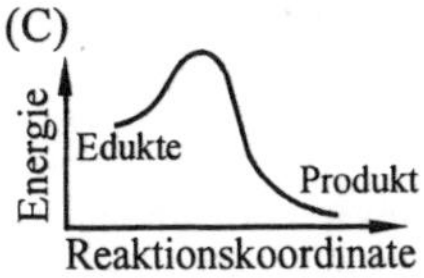

(D)

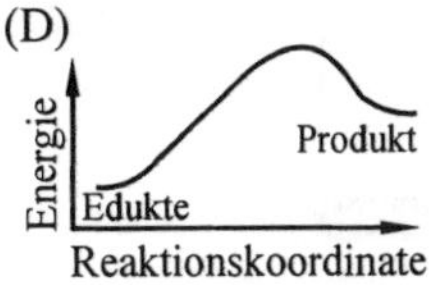

(E)

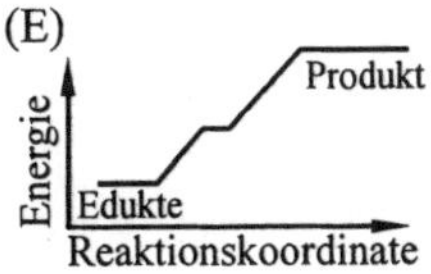

49 Die Reaktion

$$RCH_2R + SO_2 + Cl_2 \rightarrow R\text{-}\underset{}{\overset{SO_2Cl}{CH}}\text{-}R + HCl \quad (R=Alkyl)$$

muß durch starke Säuren katalysiert werden,
weil
der pK_s-Wert von Alkanen sehr groß ist.

50+ Zur Sulfochlorierung von Alkanen nach Reed kann auch Sulfurylchlorid verwendet werden,
weil
Sulfurylchlorid unter den Bedingungen der Sulfochlorierung von Alkanen nach Reed radikalisch zerfallen kann.

Nucleophile Substitution am gesättigten Kohlenstoff (S_N)

51+ Welche Aussage über eine S_N1-Reaktion trifft zu?

(A) Die Reaktionsgeschwindigkeit ist der Konzentration des Nucleophils proportional.
(B) Trägt man die Konzentration des Ausgangsstoffes gegen die Zeit auf, so ergibt sich eine Gerade.
(C) Die Ablösung der Abgangsgruppe und der Angriff des Nucleophils erfolgen gleichzeitig.
(D) S_N1-Reaktionen können unter dem Einfluß von Nachbargruppen auch unter vollständiger Retention der Konfiguration verlaufen.
(E) Die Geschwindigkeitskonstante der Reaktion ist der Halbwertszeit direkt proportional.

52 Welche der folgenden Charakteristika gelten für S_N1-Reaktionen?

(1) Bildung eines Zwischenproduktes
(2) Stereospezifischer Verlauf bei Verwendung chiraler Edukte
(3) Beschleunigung durch polare protische Lösungsmittel
(4) Verlangsamung der Reaktion durch voluminöse Substituenten
(5) Bildung olefinischer Nebenprodukte

(A) nur 1 und 2 sind richtig
(B) nur 3 und 4 sind richtig

(C) nur 1, 3 und 5 sind richtig
(D) nur 1, 4 und 5 sind richtig
(E) nur 2, 3 und 4 sind richtig

53+ Welches schematisierte Diagramm trifft für eine S_N1-Reaktion zu?

(A)
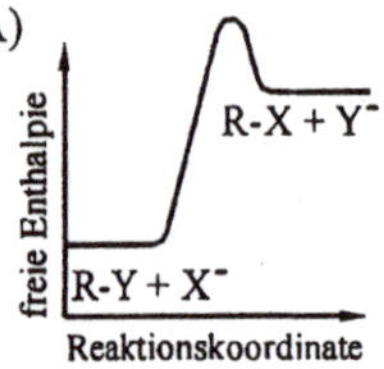

(D)
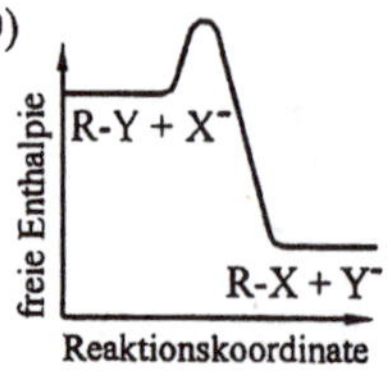

(B)
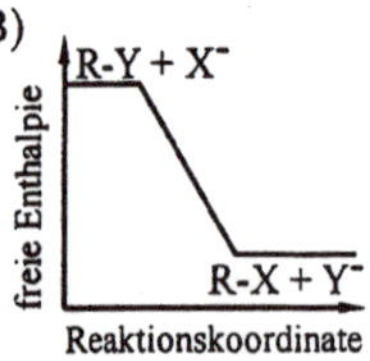

(E)
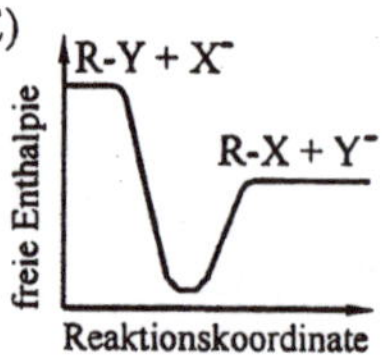

(C)
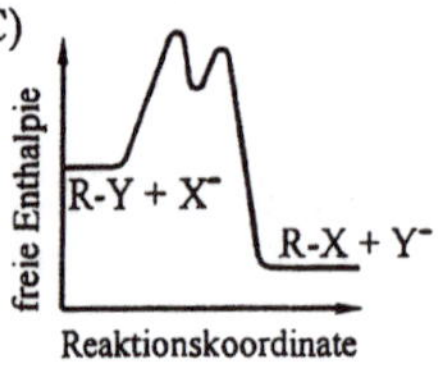

54

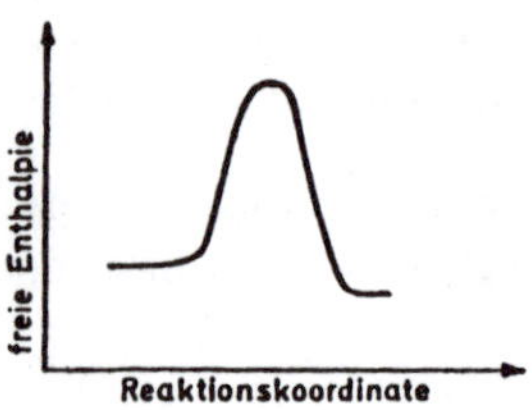

Das in der Abbildung dargestellte Energiediagramm ist für eine S_N1-Reaktion charakteristisch,
weil
im Verlauf einer S_N1-Reaktion nur ein „Aktivierungsberg" zu überwinden ist.

55 Gegeben sei die Reaktion:

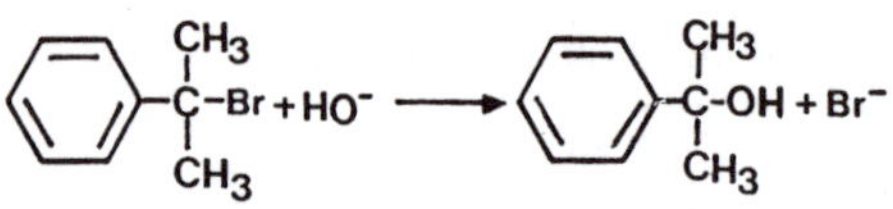

Die Reaktionsgeschwindigkeit verdoppelt sich bei Verdopplung der OH^--Konzentration,
weil
die Reaktion eine Reaktion 1. Ordnung ist.

56 Gegeben sei die Reaktion:

$$CH_3-CH_2-Br + OH^- \rightarrow CH_3-CH_2-OH + Br^-$$

Die Reaktionsgeschwindigkeit verneunfacht sich bei Verdreifachung der Bromethan-Konzentration,
weil
die Reaktion eine Reaktion 3. Ordnung ist.

57 Gegeben sei die Reaktion:

$$CH_3-CH_2-Br + OH^- \rightarrow CH_3-CH_2-OH + Br^-$$

Die Reaktionsgeschwindigkeit vervierfacht sich bei Verdopplung der Konzentration von Bromethan,
weil
die Reaktion eine Reaktion 2. Ordnung ist.

58 Bei der S_N1-Hydrolyse von Neopentylchlorid findet eine 1,2-Verschiebung einer Methylgruppe statt,
weil
bei der S_N1-Hydrolyse von Neopentylchlorid intermediär aus einem primären ein tertiäres Carbenium-Ion gebildet wird.

59 Bei der S_N1-Hydrolyse von Neopentylchlorid findet keine Wagner-Meerwein-Umlagerung statt,
weil
bei der S_N1-Hydrolyse von Neopentylchlorid das primär auftretende Carbenium-Ion am positiv geladenen Kohlenstoff ein Elektronensextett aufweist.

60 Bei der S_N1-Hydrolyse von Neopentylchlorid findet eine Wagner-Meerwein-Umlagerung statt,
weil
bei der S_N1-Hydrolyse von Neopentylchlorid das primär auftretende Carbenium-Ion am positiv geladenen Kohlenstoff ein Elektronensextett aufweist.

61+ Welche Aussage zu der angegebenen Reaktion trifft **nicht** zu?

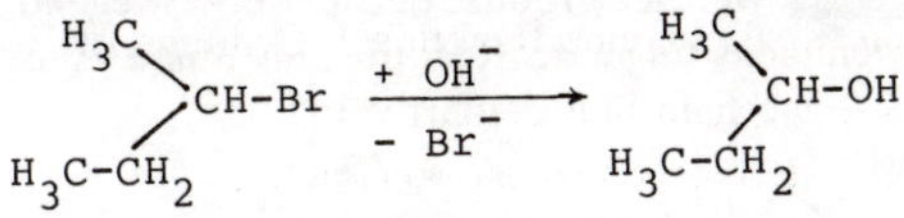

(A) Die Reaktion kann nach dem S_N1- oder dem S_N2-Mechanismus verlaufen.
(B) Das Hydroxid-Ion fungiert als Nucleophil.
(C) Polare (protische) Lösungsmittel begünstigen einen konzertierten Mechanismus.
(D) Durch Nebenreaktionen können Eliminierungsprodukte gebildet werden.
(E) Eine Entscheidung über den Mechanismus ist durch eine Analyse der Reaktionsmolekularität möglich.

62+ Welche der folgenden Charakteristika gelten für S_N2-Reaktionen?

(1) Bildung eines stabilen Zwischenproduktes
(2) Stereospezifischer Verlauf bei Verwendung chiraler Edukte
(3) Verlangsamung der Reaktion durch voluminöse Substituenten
(4) Bildung olefinischer Nebenprodukte

(A) nur 2 ist richtig
(B) nur 2 und 3 sind richtig
(C) nur 3 und 4 sind richtig
(D) nur 1, 2 und 4 sind richtig
(E) 1–4 = alle sind richtig

63 Welche Aussagen über die S_N2-Reaktion am gesättigten Kohlenstoff treffen zu?

(1) Die Reaktionsgeschwindigkeit wird in polaren Lösungsmitteln drastisch erhöht.
(2) Chirale Reaktionszentren reagieren unter Konfigurationsumkehr.
(3) Der Mechanismus ist konzertiert.
(4) Die Reaktionsmolekularität beträgt 1.

(A) nur 1 ist richtig
(B) nur 1 und 4 sind richtig
(C) nur 2 und 3 sind richtig
(D) nur 3 und 4 sind richtig
(E) 1–4 = alle sind richtig

64 Welcher der folgenden Begriffe charakterisiert eine S_N2-Reaktion?

(A) Homolyse
(B) Carbenium-Ion
(C) Einstufen-Prozeß
(D) Hofmann-Produkt
(E) Racemisierung

65 Welches der folgenden Alkylhalogenide reagiert mit einem Nucleophil bevorzugt nach dem S_N2-Mechanismus?

(A) Benzylchlorid
(B) Allylchlorid
(C) Ethylchlorid
(D) tert. Butylchlorid
(E) 2-Chlor-2-methyl-butan

66+ Die Reaktion von Methyliodid mit Natriumethylat in ethanolischer Lösung ist eine Reaktion 2. Ordnung,
weil
die Reaktionsgeschwindigkeit bei einer Reaktion 2. Ordnung nur von der Konzentration eines Reaktionspartners abhängt.

67 Bei einer S_N2-Reaktion, z. B. bei der alkalischen Hydrolyse von Methyliodid, treten intermediär Carbenium-Ionen auf,
weil
für den geschwindigkeitsbestimmenden Schritt einer S_N2-Reaktion die Dissoziation des Ausgangsstoffes maßgeblich ist.

68 Eine S_N2-Reaktion, z. B. die alkalische Hydrolyse von Methyliodid, verläuft in zwei Stufen,
weil
bei einer S_N2-Reaktion der geschwindigkeitsbestimmende Schritt bimolekular verläuft.

69 Die alkalische Hydrolyse von Allylbromid in wäßrig-alkoholischer Kaliumhydroxid-Lösung (s. nachfolgendes Schema) verläuft nach einem S_N2-Mechanismus,

$$H_2C{=}CH{-}CH_2{-}Br \xrightarrow[-\ KBr]{+\ KOH} H_2C{=}CH{-}CH_2{-}OH$$

weil
das Reaktionsprodukt der alkalischen Hydrolyse von Allylbromid in wäßrig-alkoholischer Kaliumhydroxid-Lösung ein primärer Alkohol ist.

70 Nucleophilie und Basizität sind synonyme Begriffe,
weil
sowohl Nucleophilie als auch Basizität nur die Polarisierbarkeit einer Substanz beschreiben.

71 Quartäre Ammoniumsalze werden als Phasen-transfer-Katalysatoren verwendet,
weil
quartäre Ammoniumsalze die Umsetzung zweier Reaktanten in getrennten Phasen im Grenzflächenbereich vermitteln können.

72+ Von welchem Faktor hängt das Verhältnis Substitution/Eliminierung **nicht** ab?

(A) Temperatur
(B) Basizität des Reagenz
(C) Polarität des Lösungsmittels
(D) Eigenschaften der Abgangsgruppe des Substrats
(E) Konzentration des Substrats

73 Welche Aussage trifft **nicht** zu?
Folgende Reaktionen stellen nucleophile Substitutionen dar:

(A) $H_3C-Br + CN^{\ominus} \longrightarrow H_3C-CN + Br^{\ominus}$

(B) $(CH_3)_3S^{\oplus} + N(CH_3)_3 \longrightarrow (CH_3)_4N^{\oplus} + (CH_3)_2S$

(C) $C_2H_5\overset{\oplus}{O}H_2 + I^{\ominus} \longrightarrow C_2H_5I + H_2O$

(D) $H_3C-\overset{O}{\overset{\|}{C}}-CH_3 + Br_2 \longrightarrow H_3C-\overset{O}{\overset{\|}{C}}-CH_2Br + HBr$

(E) 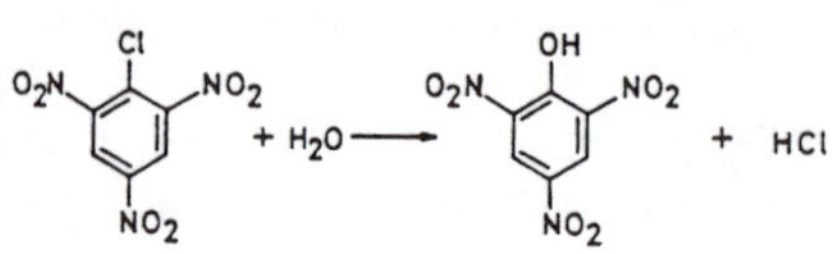

Dynamische Stereochemie: Substitution

74 Welches Produkt entsteht überwiegend, wenn die folgende Reaktion im Sinne eines S_N2-Mechanismus geführt wird?

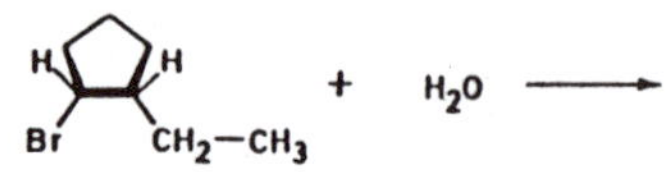

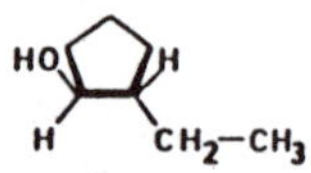
(A)

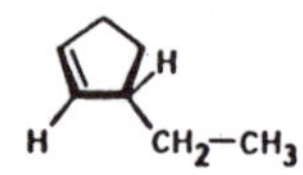
(B)

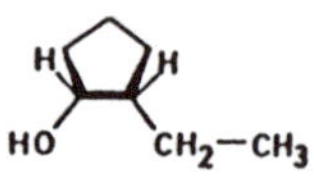
(C)

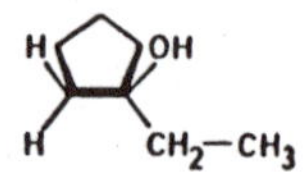
(D)

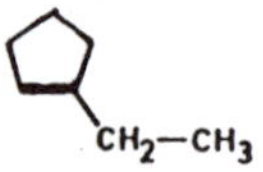
(E)

75 S_N2-Reaktionen an einem chiralen C-Atom verlaufen unter Racemisierung,
weil
der nucleophile Angriff an einem solvatisierten Carbenium-Ion von beiden Seiten her möglich ist.

76+ S_N2-Reaktionen an asymmetrisch substituierten C-Atomen verlaufen stereospezifisch,
weil
die S_N2-Reaktion am asymmetrisch substituierten C-Atom unter vollständigem Erhalt der absoluten Konfiguration des betroffenen Zentrums erfolgt.

77 S_N1-Reaktionen an asymmetrisch substituierten Kohlenstoffatomen verlaufen stereospezifisch,
weil
S_N1-Reaktionen an asymmetrisch substituierten Kohlenstoffatomen mit einer vollständigen Inversion des betroffenen Zentrums verbunden sind.

78⁺ Bei einer Waldenschen Umkehr erfolgt über eine S_N1-Reaktion Racemisierung eines Enantiomers,
weil
bei einer S_N1-Reaktion über ein Carbenium-Ion ein Teil der Moleküle des ursprünglichen Enantiomers Konfigurationsumkehr erfährt.

79⁺ Welche Aussage trifft zu?
Walden-Umkehr tritt auf bei

(A) radikalischen Substitutionsreaktionen, die unter Konfigurationserhalt verlaufen
(B) Substitutionsreaktionen, die am chiralen C-Atom unter Retention der Konfiguration verlaufen
(C) Reaktionen, bei denen ausschließlich stereospezifische Eliminierungen stattfinden
(D) Additionsreaktionen, die zu cis-Addukten führen
(E) Substitutionsreaktionen, die am chiralen Kohlenstoffatom unter Konfigurationsinversion verlaufen

80⁺ Äquatoriale Hydroxylgruppen lassen sich im allgemeinen leichter verestern als axiale,
weil
die äquatoriale Position sterisch weniger behindert ist als die axiale.

81

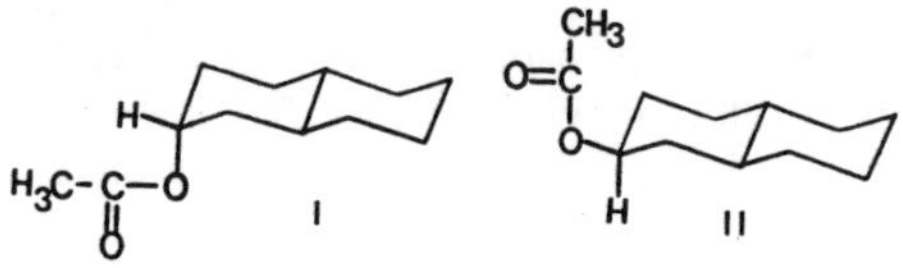

Die Hydrolyse der Verbindung I verläuft schneller als die der Verbindung II,
weil
in der Regel Verbindungen vom Typ I/II mit äquatorial-ständigen Substituenten thermodynamisch stabiler sind als solche mit axial-ständigen Substituenten.

82 Welche der folgenden Zwischenstufen ist für den stereospezifischen Ablauf der angegebenen Reaktion entscheidend?

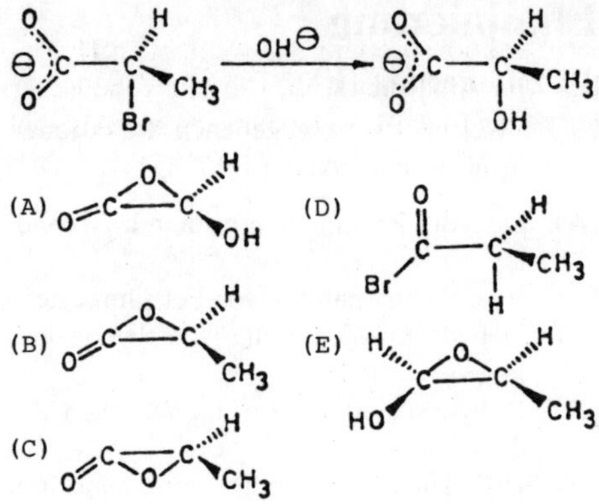

83⁺ Welche Aussage zur gegebenen Reaktion trifft zu?

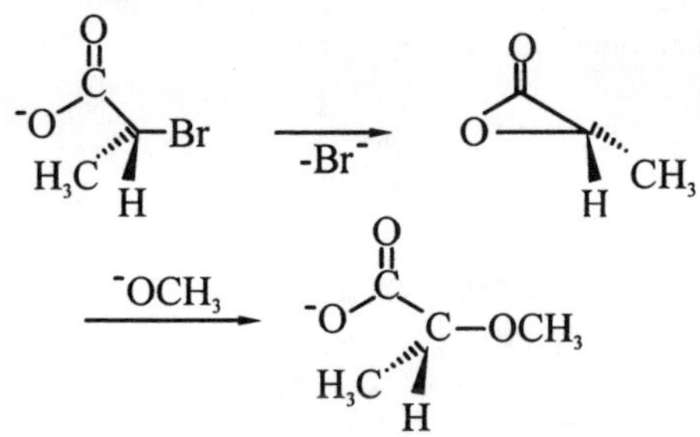

(A) Der erste Schritt läuft unter Retention, der zweite Schritt unter S_N1-Kontrolle ab.
(B) Erster und zweiter Schritt laufen jeweils unter Inversion ab.
(C) Die Reaktion zählt zum Typ der pericyclischen Reaktionen.
(D) Es handelt sich um eine E2-Reaktion.
(E) Keine der Aussagen (A) bis (D) trifft zu.

Elektrophile und nucleophile Substitution an Aromaten und Heteroaromaten

Siehe hierzu Kap. 3.6, MC-Fragen Nr. 400–462 und Kap. 3.15, MC-Fragen Nr. 969–982)

Eliminierung

β-Eliminierung (E)

84+ Welche der angegebenen Reaktionen verläuft **nicht** unter Alken-Bildung?

(A) Dehydratisierung von primären Alkoholen
(B) thermische Spaltung von Fettsäureestern
(C) Dehydrohalogenierung von Halogenalkanen
(D) Dehydratisierung von aliphatischen Aldehyden
(E) Hofmann-Eliminierung von quartären Ammonium-Basen

85+ Welche Aussage trifft **nicht** zu?
Folgende Substanzen können beim Erhitzen eine 1,2-Eliminierungsreaktion zu einem Alken oder Alken-Derivat eingehen:

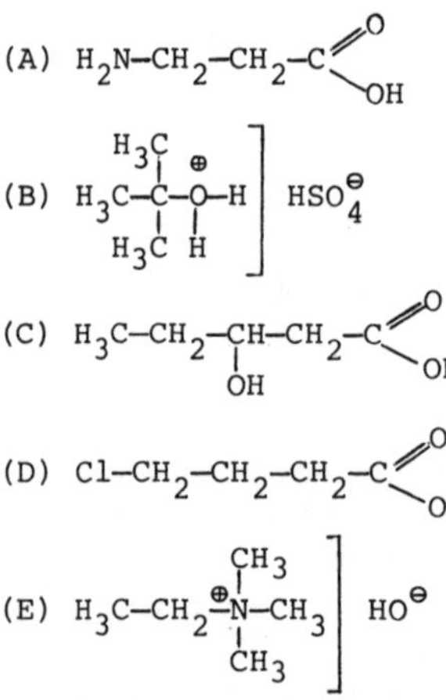

86 Eliminierungsreaktionen nach dem E1-Mechanismus verlaufen streng stereospezifisch,
weil
beim E1-Mechanismus die Reaktionsgeschwindigkeit von der Konzentration des Substrats abhängig ist.

87 Welche Aussagen über eine E2-Reaktion treffen zu?

(1) Die E2-Reaktion von tert. Butylchlorid mit Natriumethanolat in Ethanol verläuft rascher als die von n-Butylchlorid.
(2) Schwer austretende Gruppen begünstigen im allgemeinen Hofmann-Orientierungen (Bildung des weniger verzweigten Olefins).
(3) Durch Verwendung sperriger Basen kann eine Saytzew-Orientierung erzwungen werden (Bildung des stärker verzweigten Olefins).

(A) nur 2 ist richtig
(B) nur 1 und 2 sind richtig
(C) nur 1 und 3 sind richtig
(D) nur 2 und 3 sind richtig
(E) 1–3 = alle sind richtig

88 Welche Aussage trifft zu?
Für die Reaktion

$$H_3COOC{-}CH(Br){-}CH(Br){-}COOCH_3 + 2\,K^+ + 2\,OH^- \longrightarrow$$

$$H_3COOC{-}C{\equiv}C{-}COOCH_3 + 2\,KBr + 2\,H_2O$$

beträgt die Reaktionsordnung bezüglich der K^+-Ionen

(A) 0
(B) 1
(C) 2
(D) 4
(E) Keine der Aussagen (A) bis (D) trifft zu.

Hofmann-Eliminierung

89 Ethyl-propyl-amin werde mit überschüssigem Methyliodid behandelt („erschöpfend methyliert") und das erhaltene quartäre Ammoniumsalz nach Überführung in das Hydroxid einer Pyrolyse unterworfen.
Welche Spaltprodukte werden dabei erhalten?

(1) Wasser
(2) Ethen
(3) Propan
(4) Dimethyl-propyl-amin
(5) Dimethyl-vinyl-amin

(A) nur 1 und 5 sind richtig
(B) nur 2 und 4 sind richtig
(C) nur 1, 2 und 4 sind richtig
(D) nur 1, 3 und 5 sind richtig
(E) nur 2, 4 und 5 sind richtig

90⁺ Welche Aussage über den Mechanismus der aufgeführten Reaktion trifft zu?

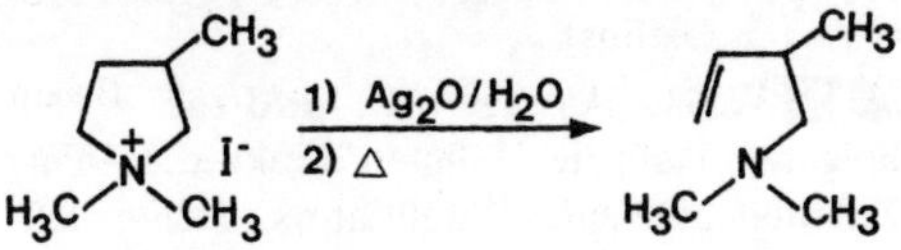

Es handelt sich um eine:

(A) 1,2-Eliminierung zum Saytzew-Produkt
(B) 1,2-Eliminierung zum Hofmann-Produkt
(C) elektrophile Ringöffnung
(D) Retro-Mannich-Reaktion
(E) 1,1-Eliminierung (α-Eliminierung)

91 Bei welchen der nachfolgend formulierten Reaktionen ist das richtige **Haupt**reaktionsprodukt angegeben?

(1) $H_3C-CH_2-CH_2-CH_2-CH_2-N(CH_3)_3]^+OH^-$

$\xrightarrow{\Delta}$ $H_3C-CH_2-CH_2-CH=CH_2$

(2) $H_3C-CH_2-CH_2-CH_2-CH_2-N(CH_3)_3]^+OH^-$

$\xrightarrow{\Delta}$ $H_3C-CH_2-CH=CH-CH_3$

(3) $H_3C-CH_2-CH_2-\underset{CH_3}{\underset{|}{C}}H-N(CH_3)_3]^+ OH^-$

$\xrightarrow{\Delta}$ $H_3C-CH_2-CH=CH-CH_3$

(4) $H_3C-\underset{CH_3}{\underset{|}{C}}H-\underset{CH_3}{\underset{|}{C}}H-N(CH_3)_3]^+ OH^-$

$\xrightarrow{\Delta}$ $H_3C-\underset{CH_3}{\underset{|}{C}}=CH-CH_3$

(A) nur 1 ist richtig
(B) nur 1 und 3 sind richtig
(C) nur 2 und 4 sind richtig
(D) nur 1, 3 und 4 sind richtig
(E) nur 2, 3 und 4 sind richtig

92⁺ Bei welchen der nachstehend formulierten Reaktionen ist das richtige **Haupt**reaktionsprodukt angegeben?

(1) $H_3C-CH_2-\underset{CH_3}{\underset{|}{C}}H-N(CH_3)_3]^+ OH^-$

$\xrightarrow{\Delta}$ $H_3C-CH=CH-CH_3$

(2) $H_3C-CH_2-\underset{CH_3}{\underset{|}{C}}H-N(CH_3)_3]^+ OH^-$

$\xrightarrow{\Delta}$ $H_3C-CH_2-CH=CH_2$

(3) $H_3C-\underset{CH_3}{\underset{|}{C}}H-\underset{CH_3}{\underset{|}{C}}H-N(CH_3)_3]^+ OH^-$

$\xrightarrow{\Delta}$ $H_3C-\underset{CH_3}{\underset{|}{C}}=CH-CH_3$

(4) $H_3C-CH_2-CH_2-CH_2-N(CH_3)_3]^+ OH^-$

$\xrightarrow{\Delta}$ $H_3C-CH_2-CH=CH_2$

(A) nur 1 ist richtig
(B) nur 2 ist richtig
(C) nur 1 und 3 sind richtig
(D) nur 2 und 4 sind richtig
(E) nur 1, 3 und 4 sind richtig

93⁺ Welche Aussage trifft zu?
Die folgende Reaktion

$$H_9C_4N(CH_3)_3]^+OH^- \xrightarrow{\Delta} C_4H_8 + \overset{+}{N}(CH_3)_3 + H_2O$$

ist

(A) nullter Ordnung
(B) pseudo-erster Ordnung
(C) dritter Ordnung
(D) monomolekular
(E) bimolekular

Addition

94⁺ Welche Aussagen treffen zu?
Additionen an C=C-Doppelbindungen können erfolgen

(1) mit elektrophilen Reagenzien
(2) mit nucleophilen Reagenzien
(3) durch Radikalreaktion

(A) nur 1 ist richtig
(B) nur 3 ist richtig
(C) nur 1 und 3 sind richtig
(D) nur 2 und 3 sind richtig
(E) 1–3 = alle sind richtig

Radikalische Addition (A_R)

95+ Welchem Reaktionstyp entspricht die folgende schematisch dargestellte Umsetzung?

$CH_2{=}CH{-}CH_2Br + HBr \longrightarrow Br{-}CH_2CH_2CH_2{-}Br$

(A) Radikalreaktion
(B) elektrophile Substitution
(C) Umlagerung
(D) nucleophile Substitution
(E) Keiner der Reaktionstypen (A) bis (D) trifft zu.

Elektrophile Addition (A_E)

96 Welche Aussagen treffen zu?
Für den Reaktionstyp „Elektrophile Addition" gilt:

(1) A_E ist der wichtigste Reaktionstyp bei Alkenen.
(2) Halogenwasserstoffe werden entsprechend der Markownikow-Regel angelagert.
(3) Addition entgegen der Markownikow-Regel läßt auf einen Radikalmechanismus schließen.
(4) Halogen-Addition erfolgt nur in Anwesenheit von Lewis-Säuren.

(A) nur 1 und 2 sind richtig
(B) nur 1 und 3 sind richtig
(C) nur 1, 2 und 3 sind richtig
(D) nur 2, 3 und 4 sind richtig
(E) 1–4 = alle sind richtig

97 Welche Aussagen über Additionsreaktionen treffen zu?

(1) Bei der elektrophilen Addition an ein Alken wird ein Carbanion als Zwischenstufe durchlaufen.
(2) Bei der elektrophilen Addition von Brom an Propen tritt ein primäres Carbenium-Ion als langlebige Zwischenstufe auf.
(3) Die bevorzugte ‚Markownikow-Orientierung' bei der säurekatalysierten Wasseraddition an Propen läßt sich aufgrund der Bildung der stabileren Carbenium-Ion-Zwischenstufe erklären.

(A) nur 1 ist richtig
(B) nur 2 ist richtig
(C) nur 3 ist richtig
(D) nur 1 und 3 sind richtig
(E) nur 2 und 3 sind richtig

98+ Welche Aussage trifft **nicht** zu?
Folgende Agenzien können direkt, d. h. ohne Zuhilfenahme eines Katalysators, an eine olefinische Doppelbindung addiert werden:

(A) H_2
(B) H_2SO_4
(C) MnO_4^-
(D) ICl
(E) HOCl

99+ Welche Aussage trifft **nicht** zu?
Folgende Agenzien können direkt, d. h. ohne Zuhilfenahme eines Katalysators, an eine olefinische Doppelbindung addiert werden:

(A) HI
(B) H_2SO_4
(C) MnO_4^-
(D) IBr
(E) H_2O

100 Die Addition elektrophiler Reagenzien an die C≡C-Dreifachbindung erfolgt leichter als an die C=C-Doppelbindung,
weil
die Elektronendichte einer C≡C-Dreifachbindung größer ist als die einer C=C-Doppelbindung.

Addition an Diene

101 Welche Aussagen zur Bromaddition an 1,3-Butadien anhand des gegebenen Energieprofils treffen zu?

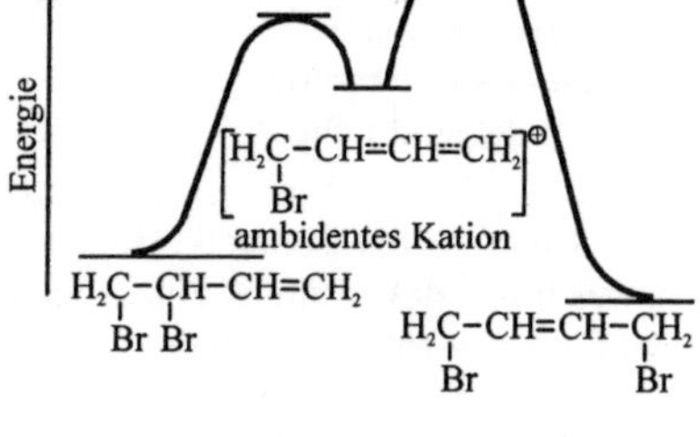

(1) Das primär gebildete mesomere Brommethyl-allyl-Kation kann vom Bromid-Anion sowohl in α- als auch in γ-Stellung nucleophil angegriffen werden.

(2) Die 1,2-Addition verläuft schneller als die 1,4-Addition.
(3) Bei niedrigen Temperaturen in unpolaren Lösungsmitteln wird bevorzugt das 1,2-Addukt gebildet.
(4) Das primär entstehende Kation reagiert durchweg als ambidentes Nucleophil.

(A) nur 1 und 2 sind richtig
(B) nur 1 und 3 sind richtig
(C) nur 3 und 4 sind richtig
(D) nur 1, 2 und 3 sind richtig
(E) 1–4 = alle sind richtig

102 Die 1,4-Addition von Chlor an Butadien in polaren Lösungsmitteln ist – im Gegensatz zu einer 1,2-Addition – eine thermodynamisch gesteuerte Reaktion,
weil
für die 1,4-Addition von Chlor an Butadien in polaren Lösungsmitteln eine geringere Aktivierungsenergie als für die 1,2-Addition erforderlich ist.

103 Welche Aussagen treffen zu?
Bei der Addition von HCl an Butadien erhält man:

(1) $CH_2Cl\text{-}CH{=}CH\text{-}CH_3$
(2) $CH_3\text{-}CHCl\text{-}CH{=}CH_2$
(3) $CH_2Cl\text{-}CH_2\text{-}CH{=}CH_2$

(A) nur 1 ist richtig
(B) nur 2 ist richtig
(C) nur 1 und 2 sind richtig
(D) nur 1 und 3 sind richtig
(E) nur 2 und 3 sind richtig

Markownikow-Regel

104 Die elektrophile Addition von HBr an Propen erfolgt bevorzugt im Sinne der Regel von Markownikow,
weil
bei der elektrophilen Addition von HBr an Propen die Bildung eines sekundären Carbenium-Ions als reaktive Zwischenstufe eine geringere freie Aktivierungsenthalpie erfordert als die eines primären.

105 Bei der Addition von HBr an Isobuten wird tertiäres Butylbromid gebildet,
weil
tertiäre Carbenium-Ionen thermodynamisch stabiler sind als primäre Carbenium-Ionen.

106 Welche Aussagen treffen zu?
Die Addition von HBr erfolgt an folgenden Doppelbindungssystemen überwiegend entsprechend der Markownikow-Regel:

(1) $CH_3\text{-}CH{=}CH_2$
(2) $CH_2{=}CH\text{-}CHO$
(3) $CH_2{=}CH\text{-}CH{=}CH_2$
(4) $CH_3\text{-}CH{=}CH\text{-}COOH$

(A) nur 1 und 2 sind richtig
(B) nur 1 und 3 sind richtig
(C) nur 1 und 4 sind richtig
(D) nur 2 und 3 sind richtig
(E) nur 1, 3 und 4 sind richtig

107$^+$ Welche Aussagen treffen zu?
Die Addition von HCl erfolgt bei folgenden Verbindungen überwiegend gemäß der Regel nach Markownikow:
(1) $CH_2{=}CH\text{-}CH_3$
(2) $CH_2{=}CH\text{-}COOH$
(3) $CH_2{=}CH\text{-}Cl$
(4) $CH_2{=}CH\text{-}CF_3$

(A) nur 1 und 2 sind richtig
(B) nur 1 und 3 sind richtig
(C) nur 1 und 4 sind richtig
(D) nur 2 und 4 sind richtig
(E) nur 3 und 4 sind richtig

108$^+$ Welche der angegebenen Edukte reagieren **entgegen** der Markownikow-Regel zu entsprechenden Produkten?

(1) $CH_3{-}CH{=}CH_2 + HBr \longrightarrow$
(2) $CH_3{-}CH{=}CH_2 + H_2SO_4 \longrightarrow$
(3) $CH_2{=}CHI + HI \longrightarrow$
(4) $CH_3{-}CH{=}CH_2 + B_2H_6 \longrightarrow$

(5) $CH_3{-}CH{=}CH_2 + HBr + CH_3{-}C({=}O){-}O{-}O{-}C({=}O){-}CH_3 \longrightarrow$

(A) nur 5 ist richtig
(B) nur 2 und 3 sind richtig
(C) nur 3 und 4 sind richtig
(D) nur 4 und 5 sind richtig
(E) nur 1, 3, 4 und 5 sind richtig

Dynamische Stereochemie: Addition

109 Brom wird an Alkene bevorzugt trans addiert,
weil
bei der Addition von Brom an Alkene ein intermediär gebildetes Kation durch Bromid von der entgegengesetzten Seite angegriffen wird.

110+ Welche der folgenden Verbindungen (Fischer-Projektion) entstehen überwiegend bei der Umsetzung von Fumarsäure mit Brom bei Raumtemperatur?

(1) 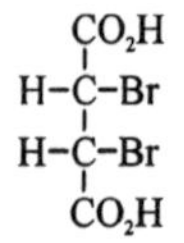

(4) 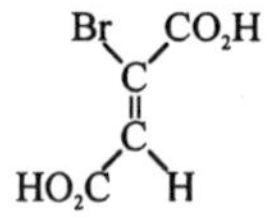

(2) 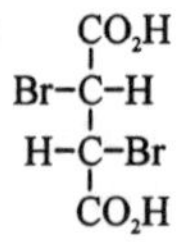

(5) 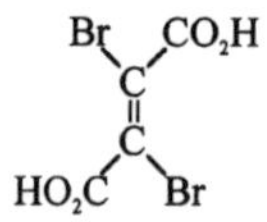

(3) 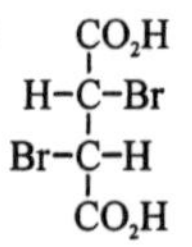

(A) nur 1 ist richtig
(B) nur 4 ist richtig
(C) nur 5 ist richtig
(D) nur 2 und 3 sind richtig
(E) nur 1, 2 und 3 sind richtig

111 Welches Produkt bzw. Produktgemisch entsteht bei der elektrophilen Addition von Brom an Fumarsäuredimethylester?

(A) 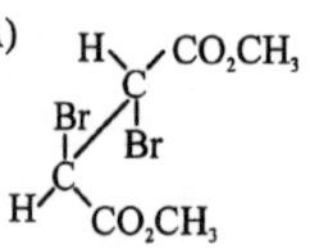

(B) 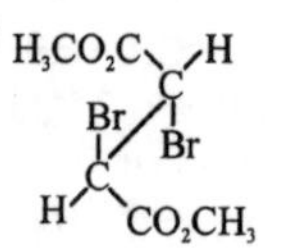

(C) 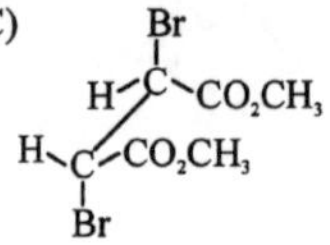

(D) 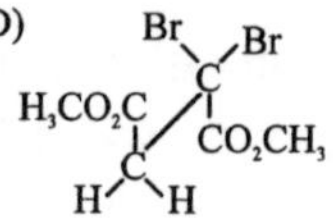

(E) 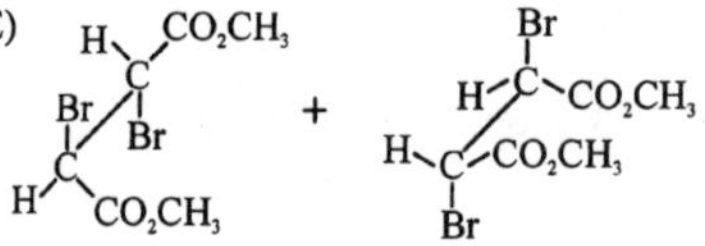

112 Bei der elektrophilen Addition von Brom an Fumarsäure entsteht optisch inaktive 2,3-Dibrombernsteinsäure,
weil
die elektrophile Addition von Brom an Fumarsäure **nicht** stereospezifisch verläuft.

113 Die Addition von Brom an Maleinsäure führt zu einem Gemisch von D- und L-2,3-Dibrombernsteinsäure,
weil
die Reaktion von Brom mit olefinischen Doppelbindungen mit gleicher Wahrscheinlichkeit als cis- wie als trans-Addition verläuft.

Nucleophile Addition (A_N)

114 Welche der unter Lichtausschluß und ohne Radikalstarter durchgeführten Additionsreaktionen läuft **nicht** gemäß der dargestellten Reaktionsgleichung ab?

(A) $CF_3-CH=CH_2 + HBr \longrightarrow CF_3-CH_2-CH_2-Br$

(B) $CH_2=CH-C(=O)OH + HCl \longrightarrow CH_3-CH(Cl)-C(=O)OH$

(C) $CH_2=CH-Cl + HCl \longrightarrow CH_3-CHCl_2$

(D) $H_2C=CH_2 + HOCl \longrightarrow Cl-CH_2-CH_2-OH$

(E) $CH_3-C\equiv CH + H_2O \xrightarrow[HgSO_4]{H_2SO_4} CH_3-C(=O)-CH_3$

115 β-Alanin läßt sich durch Addition von Ammoniak an Acrylester und anschließende Verseifung gewinnen,
weil
die Addition von Ammoniak an Acrylester regioselektiv entgegen der Markownikow-Regel erfolgt.

Michael-Addition

116 Zu welcher der folgenden Verbindungen führt die Umsetzung von Cyanessigsäureethylester mit Acrylnitril unter den Bedingungen der Michael-Addition?

(A) 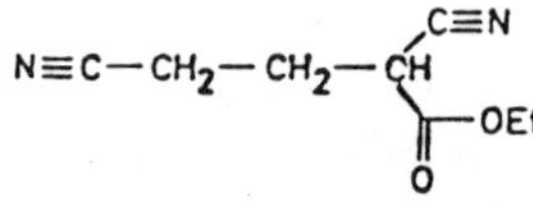

(B) 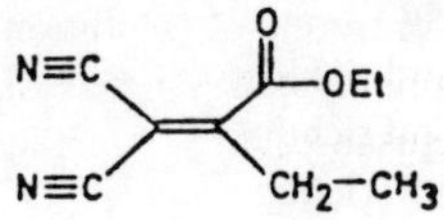

(C) 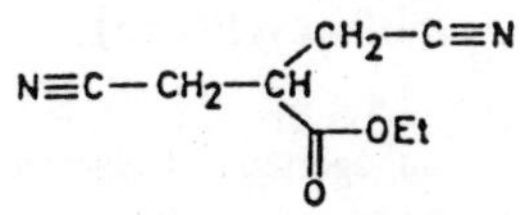

(D) 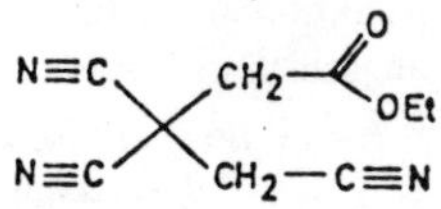

(E) 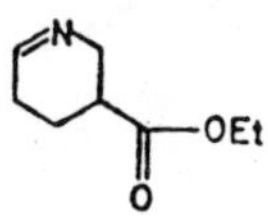

117⁺ Acrylsäureester sind geeignete elektrophile Komponenten bei der Michael-Addition,
weil
die Alkoxycarbonylgruppe die C=C-Doppelbindung im Acrylsäureester gegenüber Nucleophilen aktiviert.

118 Welche Aussage trifft zu?
Bei der Umsetzung von Methylvinylketon und 2-Methylcyclohexanon in Gegenwart einer starken Base entsteht als Hauptprodukt

(A) 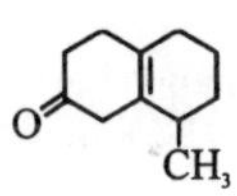

(D) 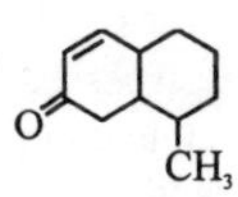

(B) 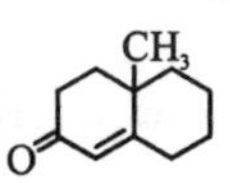

(E) 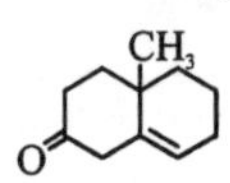

(C) 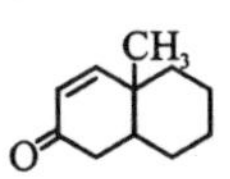

Themenübergreifende Fragen

119⁺ Welche Aussage über Radikalreaktionen trifft **nicht** zu?

(A) Bei einer radikalischen Addition (A_R) an ein unsymmetrisches Alken erhält man das anti-Markownikow-Produkt.
(B) Eine Radikalreaktion wird durch sog. „Start-Reagenzien" ausgelöst.
(C) Durch einen Katalysator mit Lewis-Säure-Eigenschaften lassen sich freie Radikale abfangen, so daß es zu einem Kettenabbruch kommt.
(D) Die radikalische Seitenketten-Halogenierung aromatischer Alkylverbindungen erfolgt in Anwesenheit von UV-Licht.
(E) Tertiäre Alkyl-Radikale werden aus den entsprechenden Kohlenwasserstoffen leichter gebildet als primäre Alkyl-Radikale.

120 Welche der angegebenen Reaktionen verläuft nach einem radikalischen Mechanismus?

(A) $CH_2{=}CH{-}CH_3 + Cl_2 \rightarrow CH_2{=}CH{-}CH_2{-}Cl + HCl$

(B) $CH_2{=}CH_2 + Cl_2 \rightarrow Cl{-}CH_2{-}CH_2{-}Cl$

(C) 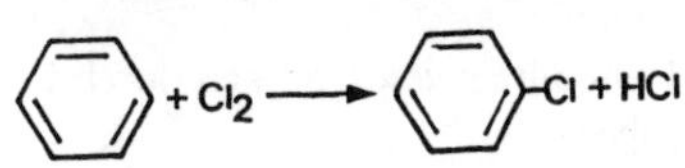

(D) $CH_2{=}CH{-}CH{=}CH_2 + Cl_2 \rightarrow Cl{-}CH_2{-}CH{=}CH{-}CH_2{-}Cl$

(E) Keine der unter (A) bis (D) genannten Reaktionen trifft zu.

121⁺ Welche der folgenden, schematisch dargestellten Reaktionen verlaufen nach einem Radikalkettenmechanismus?

(1) $H_2 + Cl_2 \xrightarrow[\text{(Spuren von } H_2O)]{\text{UV-Licht}} 2\,HCl$

(2) $H_2 + 1/2\,O_2 \xrightarrow{\Delta} H_2O$

(3) 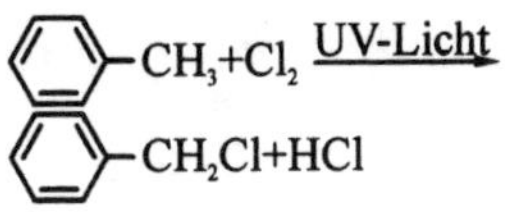

(4) 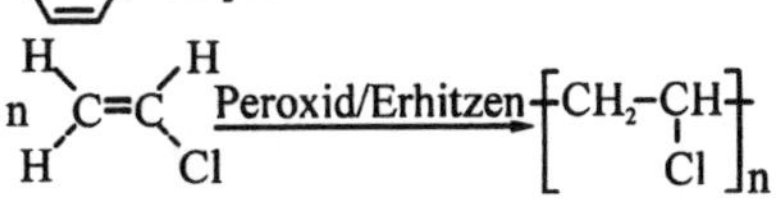

(A) nur 3 ist richtig
(B) nur 4 ist richtig
(C) nur 1 und 2 sind richtig
(D) nur 1, 2 und 4 sind richtig
(E) 1–4 = alle sind richtig

122 Welche der genannten Reaktionen verlaufen nach einem Radikalmechanismus?

(1) Seitenketten-Halogenierung alkyl-substituierter Aromaten
(2) Anti-Markownikow-Addition von Chlorwasserstoff an Acrylsäure
(3) Pyrolyse von Estern zu Olefinen und Carbonsäuren

(A) nur 1 ist richtig
(B) nur 2 ist richtig
(C) nur 3 ist richtig
(D) nur 1 und 2 sind richtig
(E) nur 1 und 3 sind richtig

123 Welche der folgenden Reaktionen verlaufen über einen radikalischen Mechanismus?

(1) Elektrolytische Reduktion von Ketonen, z. B. von Aceton (Pinakolbildung)
(2) Oxidation sekundärer Alkohole nach Oppenauer
(3) Darstellung von Olefinen durch Esterpyrolyse

(A) nur 1 ist richtig
(B) nur 3 ist richtig
(C) nur 1 und 2 sind richtig
(D) nur 2 und 3 sind richtig
(E) 1–3 = alle sind richtig

124 Bei welchen der folgenden Reaktionen ist das Hauptreaktionsprodukt formuliert?

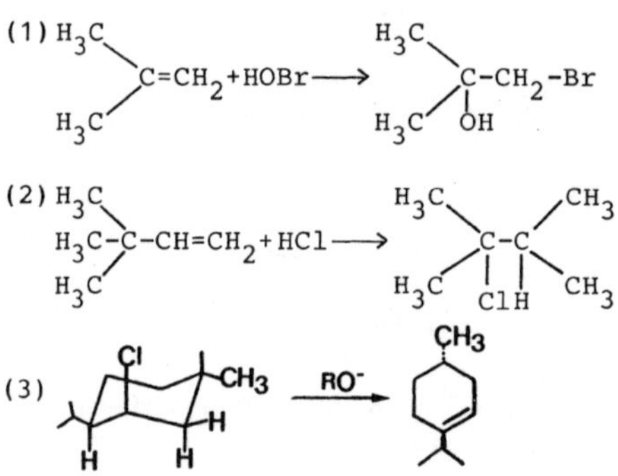

(4) $CH_3-CH=CH_2 + HBr \xrightarrow{\text{Diacetylperoxid}}$
$CH_3-CH_2-CH_2-Br$

(A) nur 4 ist richtig
(B) nur 1 und 2 sind richtig
(C) nur 1 und 3 sind richtig
(D) nur 3 und 4 sind richtig
(E) 1–4 = alle sind richtig

Pericyclische (elektrocyclische) Reaktionen

125 Welche der angegebenen Beispiele sind elektrocyclische Reaktionen, die über delokalisierte 6 π-Übergangszustände verlaufen?

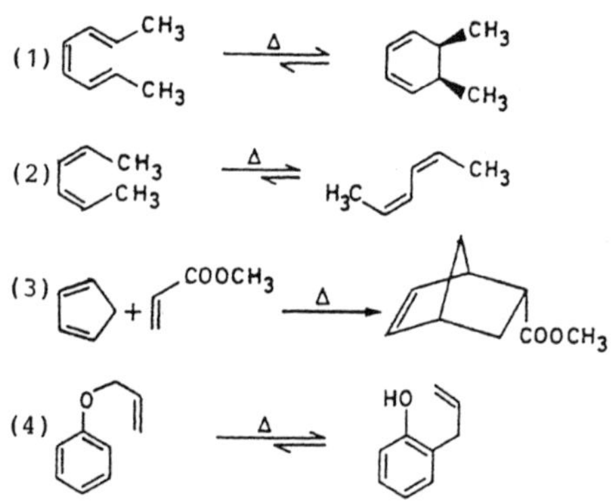

(A) nur 1 und 4 sind richtig
(B) nur 2 und 3 sind richtig
(C) nur 3 und 4 sind richtig
(D) nur 1, 2 und 3 sind richtig
(E) nur 2, 3 und 4 sind richtig

126 Pericyclische Reaktionen verlaufen konzertiert und über einen cyclischen Übergangszustand,
weil
pericyclische Reaktionen nur photochemisch ausgelöst werden können.

127 Thermische pericyclische Reaktionen verlaufen über aromatische Übergangszustände,
weil
aromatische Übergangszustände energetisch begünstigt sind.

128 Welches acyclische Dien/Trien bildet sich aus trans-3,4-Dimethylcyclobuten (s. Abb.) unter thermischen Bedingungen gemäß den Woodward-Hoffmann-Regeln?

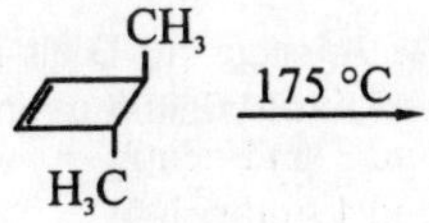

(A) 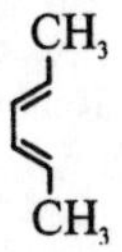

(C) 

(E) 

(B) 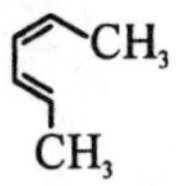

(D) 

129 Bei welchen der aufgeführten Reaktionen handelt es sich um pericyclische Prozesse?

(1) 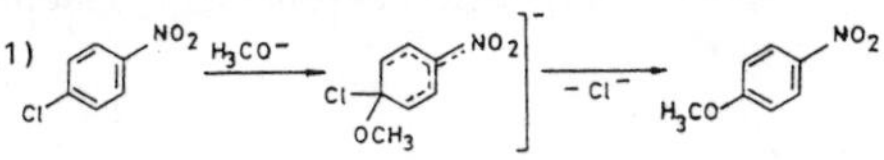

(2) 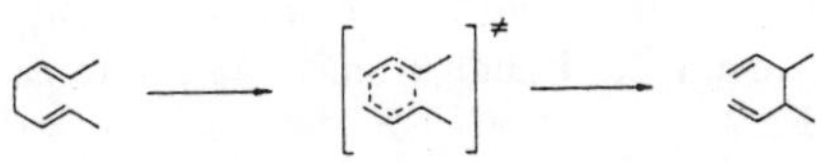

(3) 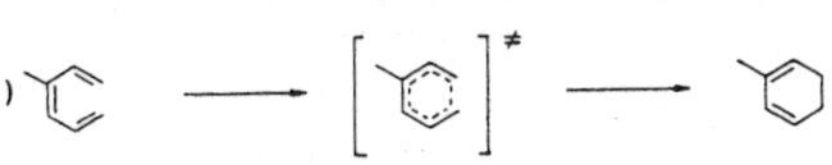

(4) 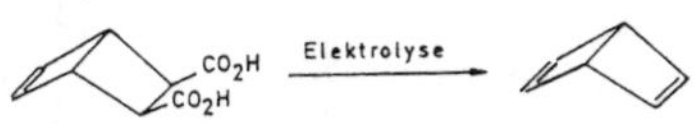

(A) nur 1 und 2 sind richtig
(B) nur 1 und 3 sind richtig
(C) nur 2 und 3 sind richtig
(D) nur 2 und 4 sind richtig
(E) nur 2, 3 und 4 sind richtig

Cycloadditionen (Diels-Alder-Reaktion)

130 Welche Aussagen über die Diels-Alder-Reaktion treffen zu?

(1) Die Stereochemie des Dienophils bleibt im Übergangszustand erhalten.
(2) Die Stereochemie des Diens wird beibehalten.
(3) Es handelt sich um eine konzertierte Reaktion.
(4) Die Reaktion ist häufig stereospezifisch.

(A) nur 1 ist richtig
(B) nur 1 und 4 sind richtig
(C) nur 2 und 3 sind richtig
(D) nur 2, 3 und 4 sind richtig
(E) 1–4 = alle sind richtig

131 Die konzertiert verlaufende Diels-Alder-Reaktion zählt zu den pericyclischen Reaktionen,
weil
bei pericyclischen Reaktionen immer ein cyclischer Übergangszustand mit einem delokalisierten 4π-Elektronensystem durchlaufen wird.

132 1,3-Butadiene können nur in der s-cis (cisoiden) Konformation eine konzertierte Diels-Alder-Reaktion eingehen,
weil
nur in einer s-cis-Anordnung des Diens ein einstufiger Prozeß über einen aromatischen Übergangszustand ablaufen kann.

133 Welche Verbindungen sind **als Diene** zur Diels-Alder-Reaktion befähigt?

(1) 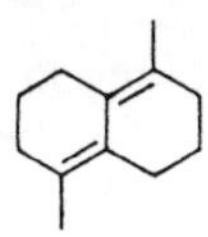
(2) 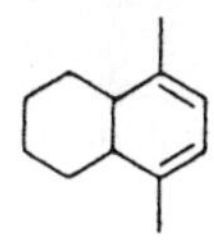

(3) 

(4) 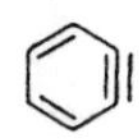

(A) nur 1 und 2 sind richtig
(B) nur 2 und 3 sind richtig
(C) nur 1, 3 und 4 sind richtig
(D) nur 2, 3 und 4 sind richtig
(E) 1–4 = alle sind richtig

134+ Welche der folgenden Dien-Konformationen können **direkt** eine [4+2]-Cycloaddition mit Maleinsäureanhydrid eingehen?

(1) 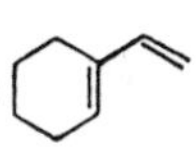
(4) 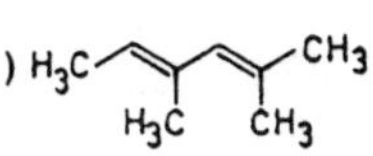

(2) 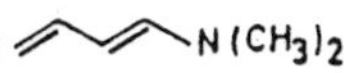

(5) 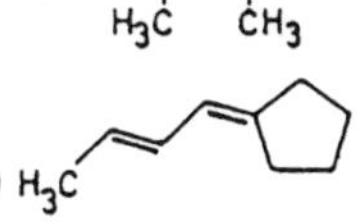

(3) 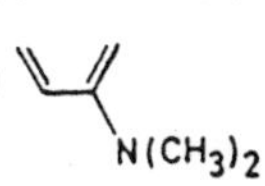

(A) nur 1 ist richtig
(B) nur 1 und 3 sind richtig
(C) nur 2 und 4 sind richtig
(D) nur 2, 4 und 5 sind richtig
(E) 1–5 = alle sind richtig

135 Welche der folgenden Dien-Konformationen können **direkt** eine [4+2]-Cycloaddition mit einem Arin eingehen?

(1) 

(4) 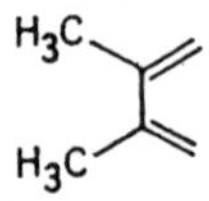

(2) 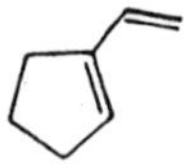

(5) 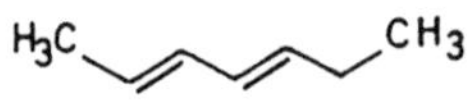

(3) 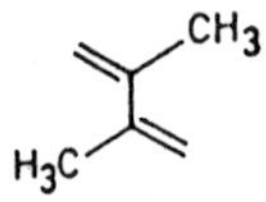

(A) nur 1 ist richtig
(B) nur 2 und 4 sind richtig
(C) nur 1, 2 und 3 sind richtig
(D) nur 1, 3 und 5 sind richtig
(E) 1–5 = alle sind richtig

136⁺ Welche der nachfolgend aufgeführten Edukte reagieren unter den üblichen Bedingungen zu einem Diels-Alder-Produkt?

(1) 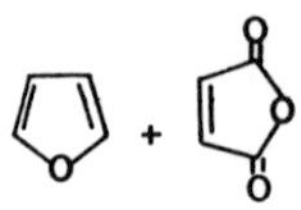

(3) 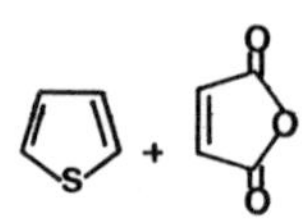

(2) 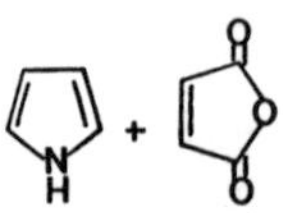

(A) nur 1 ist richtig
(B) nur 2 ist richtig
(C) nur 3 ist richtig
(D) nur 1 und 3 sind richtig
(E) 1–3 = alle sind richtig

137⁺ Welche Aussage trifft **nicht** zu?
Maleinsäureanhydrid reagiert zu einem Diels-Alder-Produkt mit:

(A) 

(D) $CH_2{=}CH{-}CH{=}CH_2$

(B) 

(E) 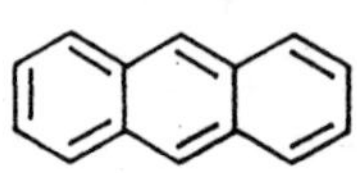

(C) 

138⁺ Welche Aussage zur Diels-Alder-Reaktion von Furan mit Maleinsäureanhydrid trifft zu?

(A) Unter kinetischer Reaktionskontrolle bildet sich bevorzugt das exo-Cycloaddukt.
(B) Unter thermodynamischer Reaktionskontrolle bildet sich bevorzugt das endo-Cycloaddukt.
(C) Das endo-Cycloaddukt kann zum thermodynamisch stabileren exo-Cycloaddukt isomerisieren.
(D) exo- und endo-Produkt sind Enantiomere.
(E) Der Übergangszustand zum endo-Cycloaddukt ist durch sterische Wechselwirkung energetisch besonders destabilisiert.

139⁺ Zu welchem der folgenden Bicyclen reagiert 1,3-Butadien mit Maleinsäureanhydrid?

(A) 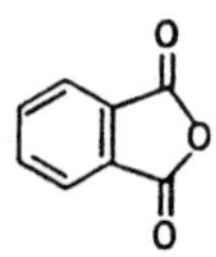

(D) 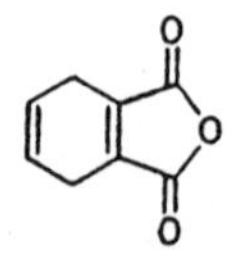

(B) 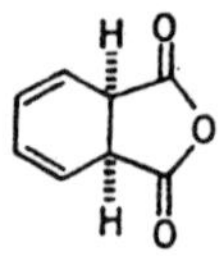

(E) 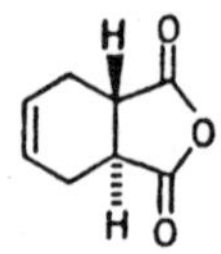

(C) 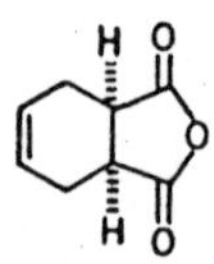

140⁺ Welche Aussage trifft zu?
Die Diels-Alder-Reaktion von Benzol (Benzen) mit Acrylnitril führt zu:

(A) 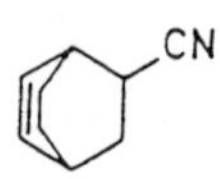

(D) 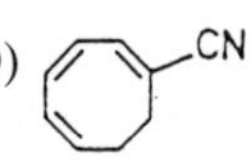

(B) 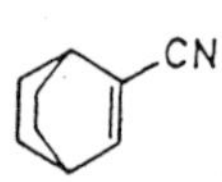

(E) Keine der Aussagen (A) bis (D) trifft zu.

(C) 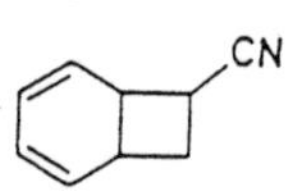

141 Welche der folgenden schematisch dargestellten Reaktionen ergeben ein Diels-Alder-Produkt?

(1) (2) (3) (4)

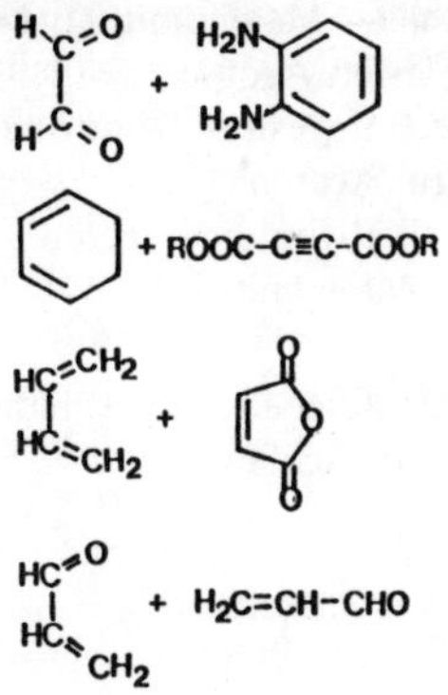

(A) nur 3 ist richtig
(B) nur 4 ist richtig
(C) nur 3 und 4 sind richtig
(D) nur 2, 3 und 4 sind richtig
(E) 1–4 = alle sind richtig

142⁺ Welche der folgenden Retro-Diels-Alder-Produkte entstehen bei der thermischen Spaltung von 7-Azanorbornadien (s. untenstehende Formel)?

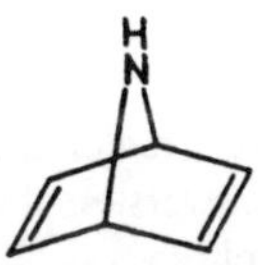

(1) (2) (3)

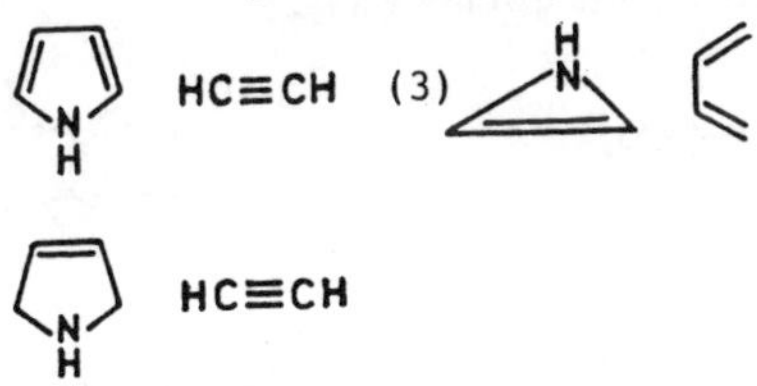

(A) nur 1 ist richtig
(B) nur 2 ist richtig
(C) nur 3 ist richtig
(D) nur 1 und 2 sind richtig
(E) 1–3 = alle sind richtig

Reaktionen von Carbonylverbindungen

Carbonylgruppe und Carbonylaktivität

(Siehe auch Kap. 3.12, MC-Fragen Nr. 693–775)

143 Welche Aussage über das in der Abbildung wiedergegebene σ-π-Bindungssystem einer Carbonylgruppe trifft **nicht** zu?

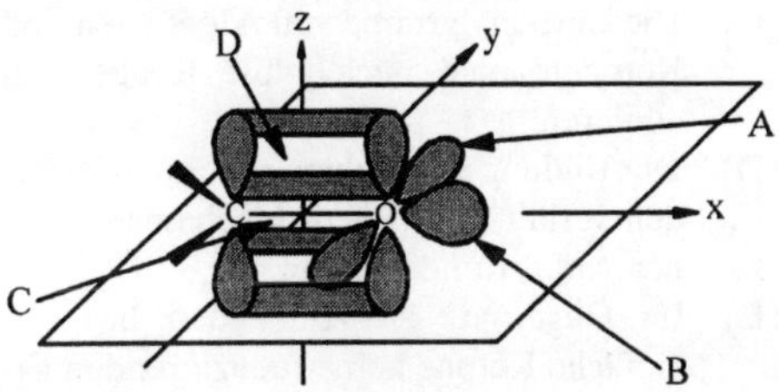

(A) B bezeichnet ein sp-Hybrid-Atomorbital des Sauerstoffatoms.
(B) D bezeichnet die C-O-π-Bindung.
(C) C bezeichnet die σ-Bindung der CO-Gruppe.
(D) Das Kohlenstoffatom ist sp^3-hybridisiert.
(E) A und B stellen doppelt besetzte, nichtbindende Atomorbitale dar.

144⁺ In Aldehyden und Ketonen ist die Carbonylgruppe leicht polarisierbar,
weil
in Carbonylverbindungen zwei Atome mit deutlich unterschiedlicher Elektronegativität über eine zusätzliche π-Bindung miteinander verknüpft sind.

145⁺ Bei der nucleophilen Addition an die Carbonylgruppe greift das Nucleophil in der Verlängerung der CO-Bindung an (s. Schema),

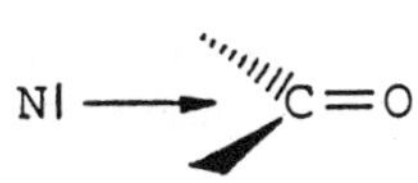

weil
der Angriff eines Nucleophils an der Carbonylgruppe senkrecht zur CO-Bindung durch eine erhöhte π-Elektronendichte erschwert wird.

146⁺ Eine Carbonylfunktion besitzt am Carbonylsauerstoff nucleophile und am Carbonylkohlenstoff elektrophile Reaktivität,
weil
in saurer Lösung die Elektrophilie des Carbonylkohlenstoffs erhöht wird.

147⁺ Welche der folgenden Aussagen trifft **nicht** zu?

(A) Die Carbonylgruppe ist planar gebaut.
(B) Das C-Atom einer Carbonylgruppe benutzt sp^2-Hybridorbitale.
(C) Die Carbonylgruppe von Aldehyden und Ketonen kann nucleophile Reagenzien addieren.
(D) Die Bildung von Polymeren aus Aldehyden verläuft nach dem Mechanismus einer Aldol-Kondensation.
(E) Im Gegensatz zu Aldehyden besitzen einfache Ketone keine reduzierenden Eigenschaften.

148⁺ Welche der folgenden Verbindungen besitzt die ausgeprägteste Carbonylreaktivität?

(A) Acetylchlorid
(B) Aceton
(C) Acetat-Ion
(D) Acetaldehyd
(E) Acetessigester

149⁺ In Chloral ist die Carbonylaktivität im Vergleich zu Acetaldehyd vermindert,
weil
in Chloral die Polarisierung der C-Cl-Bindungen die C=O-Polarität verringert.

CH-Acidität und Enolisierungstendenz

150 In der Reihenfolge Ethan-Ethen-Ethin nimmt die CH-Acidität ab,
weil
mit wachsendem s-Charakter der CH-σ-Bindung die Elektronegativität des entsprechenden C-Atoms steigt.

151⁺ Welche Aussage trifft zu?
Die Acidität der angegebenen CH-aciden Verbindungen steigt nach folgender Reihe:

(A) Aceton, Malondinitril, Dinitromethan, Malonsäurediethylester
(B) Aceton, Malonsäurediethylester, Malondinitril, Dinitromethan
(C) Dinitromethan, Malondinitril, Malonsäurediethylester, Aceton
(D) Malonsäurediethylester, Dinitromethan, Malondinitril, Aceton
(E) Malonsäurediethylester, Aceton, Dinitromethan, Malondinitril

152 Welche der folgenden Verbindungen hat die geringste CH-Acidität?

(A) 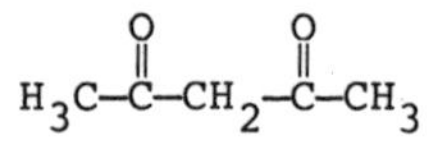

(B) 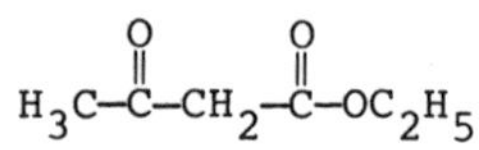

(C) 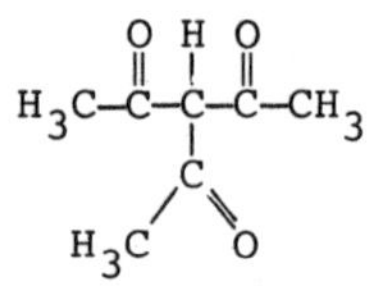

(D) $N\equiv C-CH_2-C\equiv N$

(E) 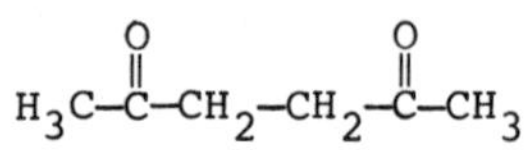

153⁺ Welche der folgenden Verbindungen läßt sich am schwersten in das konjugate Carbanion überführen?

(A) 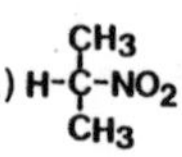

(B) 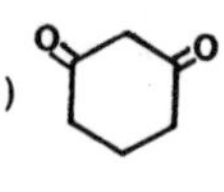

(C) 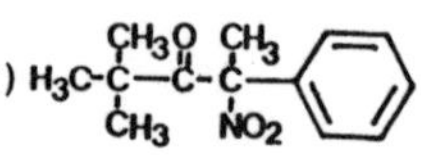

(D) 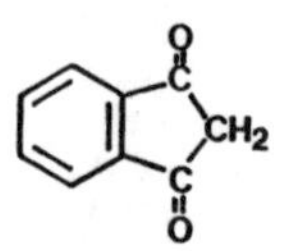

(E) 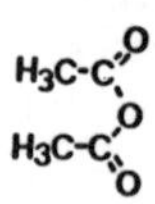

154⁺ Welche der folgenden Verbindungen zeigt die stärkste Enolisierungstendenz?

(A) 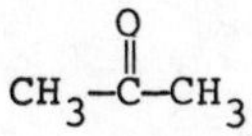

(B) 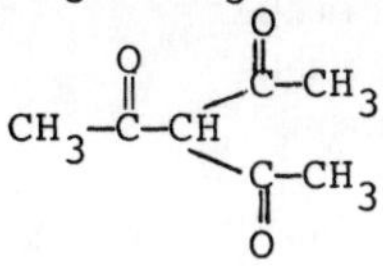

(C) 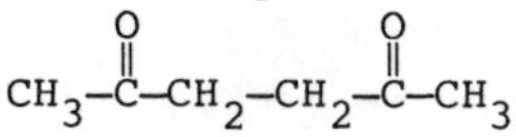

(D) 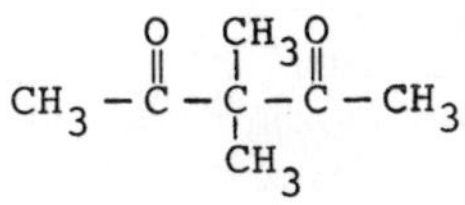

(E) 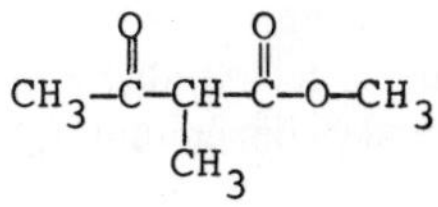

155⁺ Bei welcher der folgenden als Dicarbonylverbindungen formulierten Substanzen ist die Enolisierungstendenz am deutlichsten ausgeprägt?

(A) 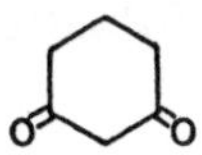

(B) 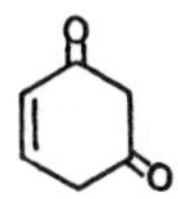

(C) 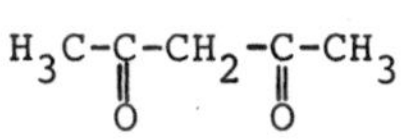

(D) 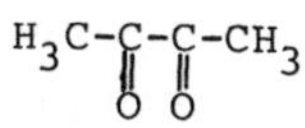

(E) 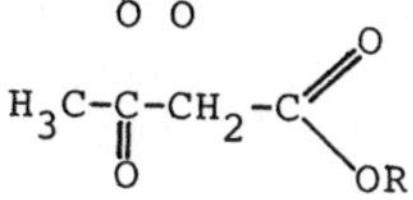

156⁺ Welche der folgenden Verbindungen zeigt die größte Enolisierungstendenz?

(A) 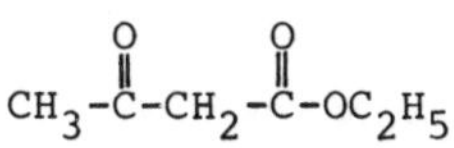

(B) 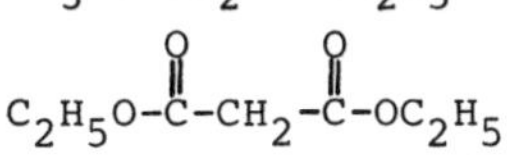

(C) 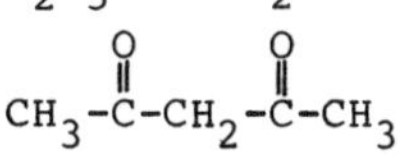

(D) 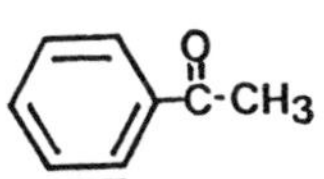

(E) 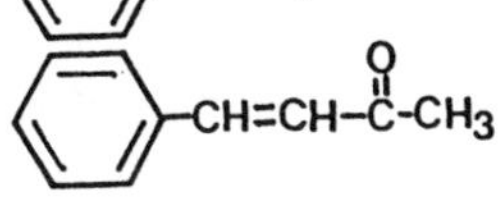

157 Bei welchen der nachfolgenden Carbonylverbindungen ist eine Enolform formulierbar?

(1) 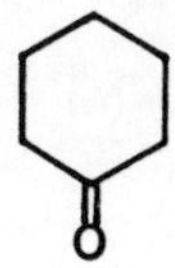

(2) 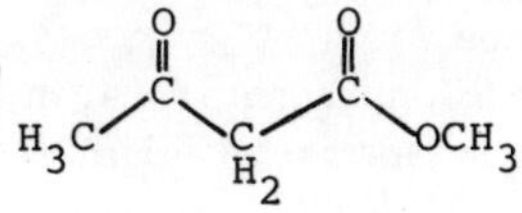

(3) 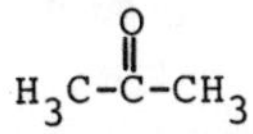

(4) 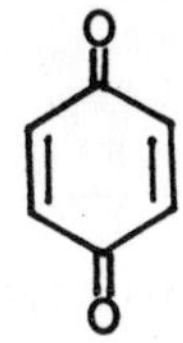

(5) 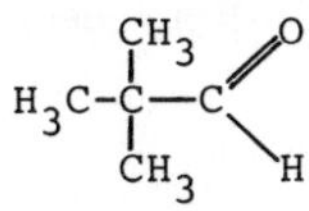

(A) nur 3 ist richtig
(B) nur 1 und 3 sind richtig
(C) nur 1, 2 und 3 sind richtig
(D) nur 1, 2 und 4 sind richtig
(E) nur 1, 2, 3 und 5 sind richtig

158 Welche Reihenfolge trifft zu?
Die folgenden Reinsubstanzen sind nach steigendem Enolgehalt bei Raumtemperatur geordnet:

(A) Aceton<Acetylaceton<Benzoylaceton<Acetessigester
(B) Benzoylaceton<Aceton<Acetylaceton<Acetessigester
(C) Acetylaceton<Benzoylaceton<Acetessigester< Aceton
(D) Aceton<Acetessigester<Acetylaceton<Benzoylaceton
(E) Benzoylaceton<Acetylaceton<Acetessigester <Aceton

159 Welche Aussage über β-Dicarbonylverbindungen trifft **nicht** zu?

(A) Ihre Enole sind stets cis-konfiguriert.
(B) Ihre Enolform weist deutlich sauren Charakter auf.
(C) Das Keto-Enol-Gleichgewicht ist lösungsmittelabhängig.
(D) Das Keto-Enol-Gleichgewicht ist temperaturabhängig.
(E) Die Gleichgewichtseinstellung zwischen Keto- und Enolform ist sowohl säure- als auch basenkatalysiert.

160⁺ Der Enolanteil von Acetessigester kann bei −10 °C als α-Bromacetessigester bestimmt werden,

weil
der Ketonanteil von Acetessigester bei −10 °C sehr langsam enolisiert.

161 Malonester gibt eine positive $FeCl_3$-Reaktion,
weil
Malonester eine β-Dicarbonylverbindung ist.

Umlagerungen

Umlagerungen am Kohlenstoffatom

162⁺ Welche der genannten Umlagerungen erfolgen an einem C-Atom mit Elektronensextett?

(1) Beckmann-Umlagerung
(2) Pinakol-Umlagerung
(3) Hock-(Phenol)-Synthese
(4) Wolff-Umlagerung

(A) nur 1 und 2 sind richtig
(B) nur 2 und 4 sind richtig
(C) nur 3 und 4 sind richtig
(D) nur 1, 3 und 4 sind richtig
(E) 1–4 = alle sind richtig

163⁺ Welche der folgenden Verbindungen ist einer Pinakol/Pinakolon-Umlagerung **nicht** zugänglich?

(A) 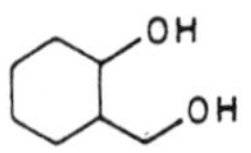

(B) 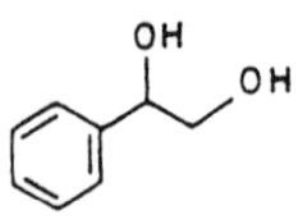

(C) 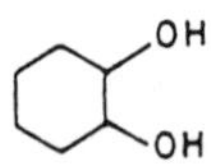

(D) 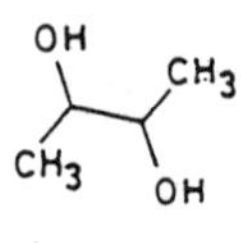

(E) 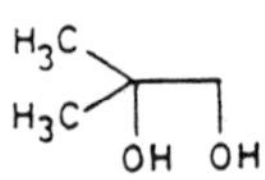

164 Welche Aussagen über die Benzilsäure-Umlagerung treffen zu?

(1) Ausgangs- und Endprodukt dieser Umlagerung sind isomer.
(2) Die Umlagerung wird durch Cyanid-Ionen katalysiert.
(3) Die Benzilsäure-Umlagerung ist eine intramolekulare Disproportionierung.

(A) nur 2 ist richtig
(B) nur 3 ist richtig
(C) nur 1 und 2 sind richtig
(D) nur 1 und 3 sind richtig
(E) 1–3 = alle sind richtig

165 Welche Aussage über die Arndt-Eistert-Reaktion trifft **nicht** zu?

(A) Reaktionspartner sind Diazomethan und ein Säurehalogenid.
(B) Als Zwischenprodukt tritt ein mesomeriestabilisiertes Diazohydroxid auf.
(C) Im Verlauf der Arndt-Eistert-Reaktion wird Stickstoff eliminiert.
(D) Eine im Rahmen der Arndt-Eistert-Reaktion erfolgende Umlagerung führt zu einem Keten.
(E) Im Ergebnis führt die Arndt-Eistert-Reaktion zur Kettenverlängerung einer Carbonsäure (bzw. eines Carbonsäure-Derivates) um eine CH_2-Gruppe.

Darstellung von 3,3-Dimethylbuttersäure nach Arndt-Eistert

166⁺ Ausgegangen wird von:

(A) 2-Ethylbuttersäure
(B) 2,2-Dimethylpropionsäure
(C) 3-Methylbuttersäure
(D) Acetessigsäure
(E) 2-Methylbuttersäure

167⁺ Nach Überführung in das Säurechlorid wird umgesetzt mit:

(1) HCHO
(2) CH_2N_2
(3) Ag oder Ag^+/H_2O
(4) C_2H_5ONa
(5) HCl

(A) nur mit 1 und 3
(B) nur mit 1 und 4
(C) nur mit 1 und 5
(D) nur mit 2 und 3
(E) nur mit 4 und 5

Umlagerungen am Sauerstoffatom

168 Welche Aussagen treffen zu?
Im Verlauf der Umsetzung von Isopropylbenzen mit Sauerstoff und anschließend mit verdünnter Schwefelsäure treten folgende Verbindungen auf:

(1) 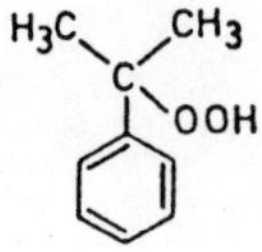

(2) 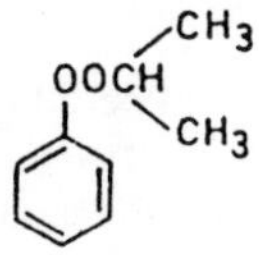

(3) 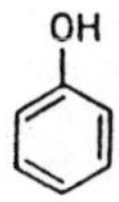

(4) 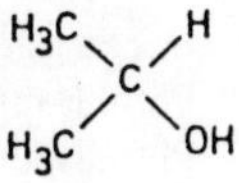

(5) 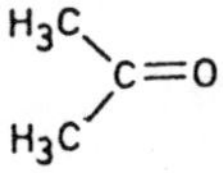

(A) nur 1 und 2 sind richtig
(B) nur 2 und 3 sind richtig
(C) nur 1, 2 und 4 sind richtig
(D) nur 1, 3 und 4 sind richtig
(E) nur 1, 3 und 5 sind richtig

169 Nachstehend sind drei reaktive Zwischenprodukte, die für den Mechanismus des Cumenhydroperoxid-Verfahrens nach Hock diskutiert werden, formuliert. Geben Sie bitte die Reihenfolge ihres Auftretens in dieser Reaktion an.

(1) 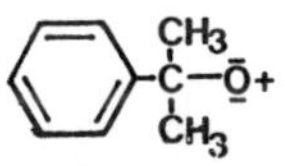

(2) 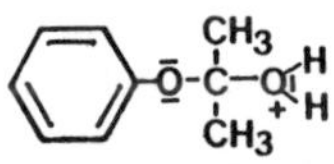

(3) 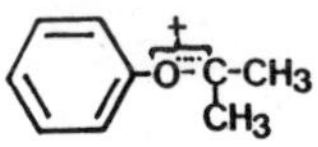

(A) 1, 2, 3
(B) 1, 3, 2
(C) 2, 1, 3
(D) 2, 3, 1
(E) 3, 1, 2

Umlagerungen am Stickstoffatom

170 Welcher der folgenden Begriffe steht **nicht** im Zusammenhang mit der Beckmann-Umlagerung?

(A) Oxim
(B) Säureamid
(C) Oxonium-Ion
(D) Carbenium-Ion
(E) Nitren

171 Welche der folgenden Reaktionen können zur Synthese von ε-Caprolactam aus Cyclohexanon herangezogen werden?

(1) Hofmann-Abbau
(2) Lossen Abbau
(3) Curtius-Abbau
(4) Friessche Verschiebung
(5) Beckmann-Umlagerung

(A) nur 5 ist richtig
(B) nur 2 und 5 sind richtig
(C) nur 3 und 4 sind richtig
(D) nur 4 und 5 sind richtig
(E) nur 1, 2 und 5 sind richtig

172 Welcher der folgenden Synthesewege ist für die Darstellung von ε-Caprolactam geeignet?

(A) Cyclohexan $\xrightarrow{HNO_3\ (Gasphase)}$
(B) Cyclohexanon $\xrightarrow{HN_3}$
(C) Cyclohexanon $\xrightarrow{Hydrazin}$
(D) Cyclohexanon $\xrightarrow{1)\ NOCl\ \ 2)\ H_2SO_4}$
(E) Cyclohexanon $\xrightarrow{1)\ Hydroxylamin\ \ 2)\ H_2SO_4}$

173 Welche der folgenden Aussagen treffen für den Hofmann- und Curtius-Abbau zu?

(1) Als Zwischenprodukte entstehen Isocyanate.
(2) Endprodukte in wäßriger Lösung sind primäre Amine.
(3) Als Ausgangsprodukte verwendet man Carbonsäure-Derivate.
(4) Es erfolgt eine Wanderung einer Molekülgruppe von einem C- zu einem N-Atom.

(A) nur 1 und 4 sind richtig
(B) nur 2 und 3 sind richtig
(C) nur 1, 2 und 4 sind richtig
(D) nur 2, 3 und 4 sind richtig
(E) 1–4 = alle sind richtig

Ordnen Sie bitte den Reaktionen der Liste 1 den jeweils zugehörigen Namen aus Liste 2 zu!

Liste 1

174 $CH_3-\overset{\overset{O}{\|}}{C}-NH_2 \xrightarrow[Br_2]{NaOH} CH_3NH_2$

175

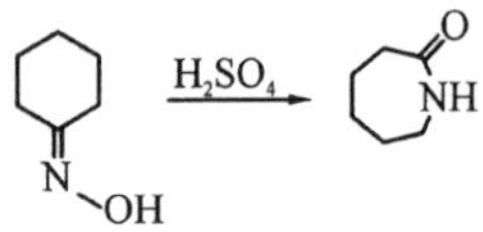

Liste 2

(A) Hofmann-Abbau
(B) Curtius-Abbau
(C) Lossen-Abbau
(D) Beckmann-Umlagerung
(E) Benzilsäure-Umlagerung

Darstellung von β-Alanin durch Hofmann-Abbau

176^{+} Welche der folgenden Ausgangsstoffe eignen sich zur Darstellung von β-Alanin durch Hofmann-Abbau?

(1) Glutarimid
(2) Succinimid
(3) Bernsteinsäurehalbamid
(4) 4-Aminobuttersäureamid

(A) nur 2 ist richtig
(B) nur 1 und 3 sind richtig
(C) nur 1 und 4 sind richtig
(D) nur 2 und 3 sind richtig
(E) nur 3 und 4 sind richtig

177^{+} Welche Aussagen über den Reaktionsverlauf treffen zu?

(1) Als isolierbare Zwischenstufe wird ein Urethan gebildet.
(2) Es kommt zur Abspaltung von CO_2.
(3) Die Reaktion verläuft unter Konfigurationserhalt am α-C-Atom.

(A) nur 2 ist richtig
(B) nur 3 ist richtig
(C) nur 1 und 2 sind richtig
(D) nur 2 und 3 sind richtig
(E) 1–3 = alle sind richtig

178^{+} β-Alanin weist optische Aktivität auf,
weil
β-Alanin ein chirales C-Atom besitzt.

Synthese von Anthranilsäure durch Hofmann-Abbau

179^{+} Welche der folgenden Verbindungen eignet sich am besten als Ausgangssubstanz?

(A) Benzoesäure
(B) Phthalsäure
(C) Phthalsäurediamid
(D) Phthalsäureimid
(E) Terephthalsäurediamid

180^{+} Der erste Reaktionsschritt besteht in einer

(A) Nitrierung
(B) Neutralisation
(C) Partialhydrolyse
(D) Hydrazinolyse
(E) Keine dieser Operationen ist erforderlich.

181^{+} Das Zwischenprodukt reagiert mit:

(A) Wasserstoff/Raney-Nickel
(B) $NaNO_2/H_3O^+$
(C) NaOCl/NaOH
(D) NaN_3/H_3O^+
(E) $LiAlH_4$

182^{+} Zur Gewinnung des Endproduktes sind nachfolgende Operationen erforderlich:

(1) Erhitzen in einem inerten Solvens
(2) vorsichtige Hydrolyse mit wäßriger Ammoniumchlorid-Lösung
(3) Erhitzen mit Mineralsäure
(4) Einstellen auf pH ca. 3

(A) nur 3 ist richtig
(B) nur 4 ist richtig
(C) erst 2, dann 3 ist richtig
(D) erst 1, dann 3, dann 4 ist richtig
(E) erst 2, dann 3, dann 4 ist richtig

Oxidation und Reduktion

Redoxreaktionen

183 Welche der folgenden Verbindungen ist am wenigsten oxidationsempfindlich?

(A)

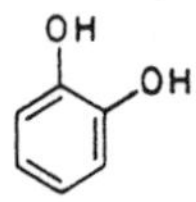

(B)

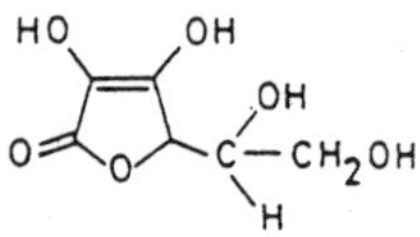

(C) 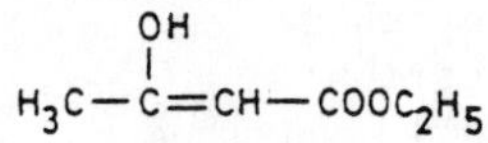

(D) 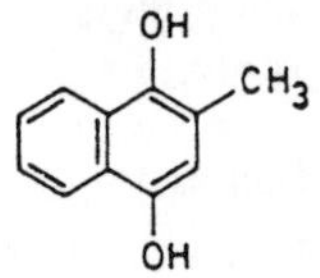

(E) 

184 Welche der angegebenen Umwandlungen entspricht **nicht** einer Reduktion?

(A) 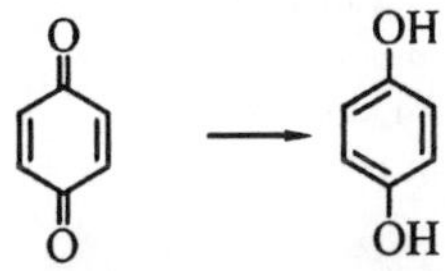

(B) 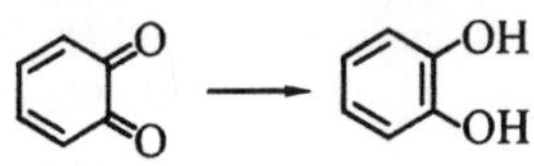

(C) 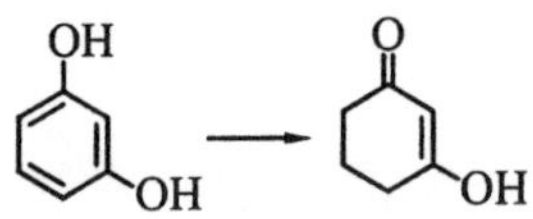

(D) 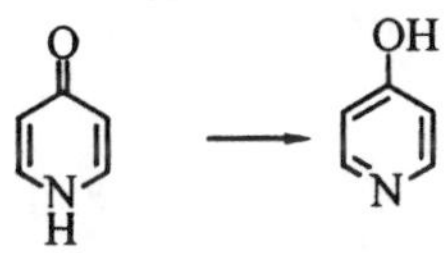

(E) 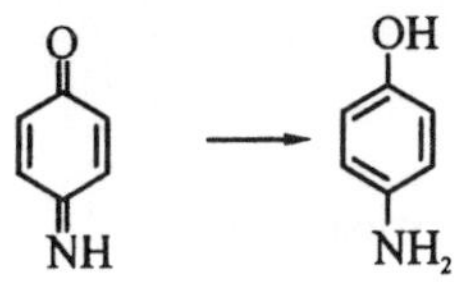

185 Bei welchen der genannten Umsetzungen sind Redoxreaktionen beteiligt?

(1) Meerwein-Ponndorf-Verley-Reaktion
(2) Walden-Umkehr
(3) Wittig-Reaktion
(4) Cannizzaro-Reaktion

(A) nur 1 ist richtig
(B) nur 4 ist richtig
(C) nur 1 und 4 sind richtig
(D) nur 1, 3 und 4 sind richtig
(E) nur 2, 3 und 4 sind richtig

186⁺ Welche Aussage über Redoxreaktionen trifft **nicht** zu?

(A) Ethanol, Acetaldehyd und Essigsäure können durch Redoxreaktionen ineinander übergeführt werden.
(B) Aceton kann zu 2-Propanol reduziert werden.
(C) Brenztraubensäure kann zu 2-Hydroxypropionsäure reduziert werden.
(D) Formaldehyd kann durch Dehydrierung von Methanol hergestellt werden.
(E) 1-Propanol läßt sich leicht zu Glyoxylsäure oxidieren.

187⁺ Welche Aussagen treffen zu?
Autoxidation wird unter bestimmten Voraussetzungen bei folgenden funktionellen Gruppen beobachtet:

(1) $R-CH_2-CH=CH-CH_2-R$
(2) $R-CH_2-O-CH_2-R$
(3) 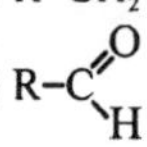

(A) nur 1 ist richtig
(B) nur 3 ist richtig
(C) nur 1 und 2 sind richtig
(D) nur 2 und 3 sind richtig
(E) 1–3 = alle sind richtig

Oxidation von Alkoholen

188 Welche Aussagen über Oxidationsprodukte von Alkoholen treffen zu?

(1) Essigsäure ist ein Oxidationsprodukt von Ethanol.
(2) Aceton entsteht bei der Dehydrierung von Isopropanol.
(3) Chloral ist das Oxidationsprodukt von Trichlorethanol.

(A) nur 1 ist richtig
(B) nur 3 ist richtig
(C) nur 1 und 2 sind richtig
(D) nur 1 und 3 sind richtig
(E) 1–3 = alle sind richtig

189 Welche Aussage trifft **nicht** zu?
Zur Überführung eines sekundären Alkohols in das entsprechende Keton eignet sich als Oxidationsmittel:

(A) Aceton/Aluminium-tert.-butylat
(B) Kaliumdichromat/Schwefelsäure
(C) Chrom(VI)-oxid/Pyridin
(D) Iod
(E) Braunstein

190+ Bei welcher der nachstehenden Reaktionen erfolgt ein Hydrid-Transfer?

(A) Claisen-Kondensation
(B) Gattermann-Koch-Synthese
(C) Rosenmund-Reduktion
(D) Oppenauer-Oxidation
(E) Sandmeyer-Reaktion

Oxidation von Alkylgruppen

191+ Welche der folgenden Alkylbenzene können durch Oxidation der Seitenkette, z. B. mit $KMnO_4$, in Benzoesäure übergeführt werden?

(1) 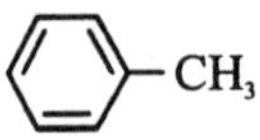

(2) 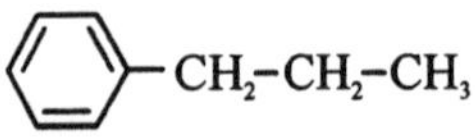

(3) 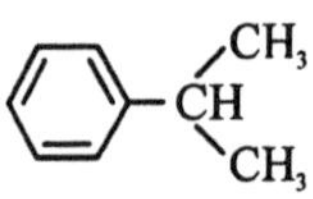

(A) nur 1 ist richtig
(B) nur 3 ist richtig
(C) nur 1 und 2 sind richtig
(D) nur 2 und 3 sind richtig
(E) 1–3 = alle sind richtig

192 Welche der folgenden Reaktionen führen zu einer Erhöhung der Oxidationszahl des Methyl-Kohlenstoffs?

(1) 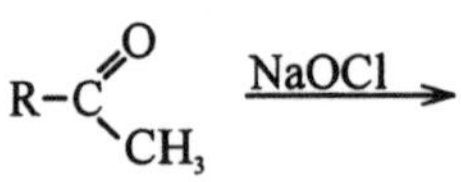

(2) 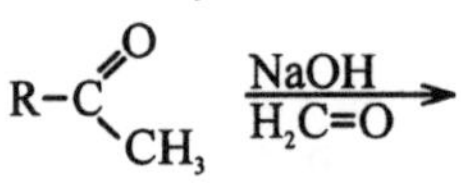

(3) 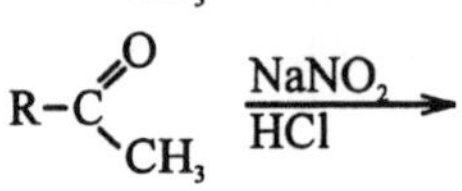

(4) 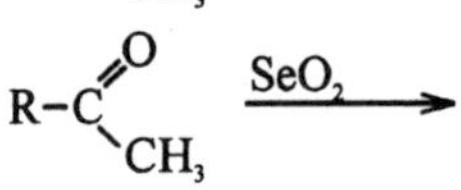

(A) nur 1 ist richtig
(B) nur 4 ist richtig
(C) nur 3 und 4 sind richtig
(D) nur 1, 3 und 4 sind richtig
(E) 1–4 = alle sind richtig

Oxidation von Alkenen

193 Welche der folgenden Reagenzien können Alkene zu Glycolen oxidieren?

(1) Osmiumtetroxid
(2) Ozon
(3) Kaliumpermanganat
(4) Wasserstoffperoxid/Eisessig

(A) nur 2 ist richtig
(B) nur 1 und 3 sind richtig
(C) nur 2 und 4 sind richtig
(D) nur 1, 3 und 4 sind richtig
(E) 1–4 = alle sind richtig

194+ Welches der folgenden Reaktionsprodukte wird bei der Umsetzung von Cyclohexen mit m-Chlorperbenzoesäure und nachfolgender Hydrolyse gebildet?

(A) 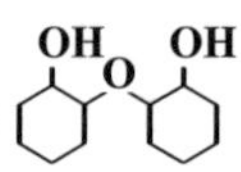

(D) 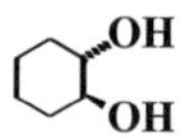

(B) 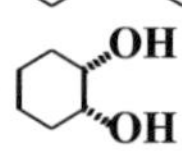

(E) 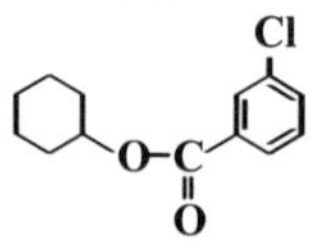

(C) 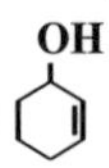

195+ Die Hydroxylierung von 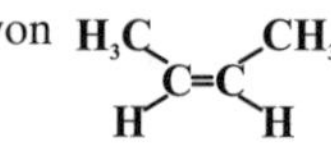 mit $KMnO_4$ führt zu einer meso-Verbindung,

weil

Kohlenstoff-Kohlenstoff-Doppelbindungen durch $KMnO_4$ stereospezifisch cis-hydroxyliert werden.

196 Die Hydroxylierung von 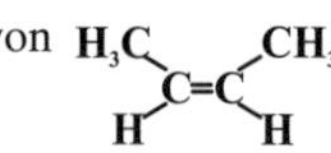 mit $KMnO_4$ führt zu einem optisch aktiven 2,3-Diol,

weil

Kohlenstoff-Kohlenstoff-Doppelbindungen durch $KMnO_4$ stereospezifisch cis-hydroxyliert werden.

197⁺ Welche der folgende Reaktionen führt zu cis-1,2-Cyclopentandiol?

(A) 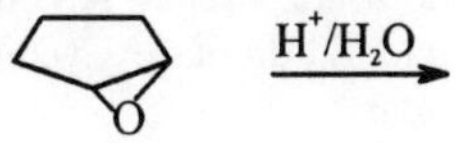

(B) 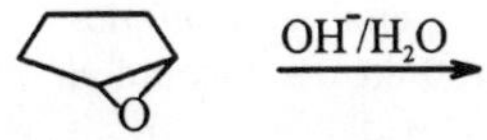

(C) 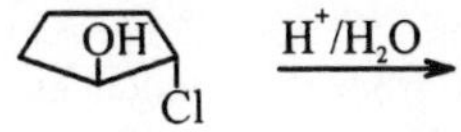

(D) 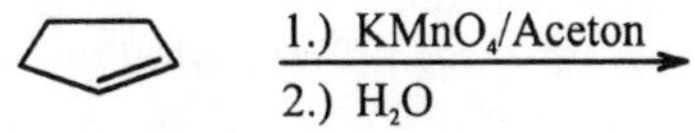

(E) 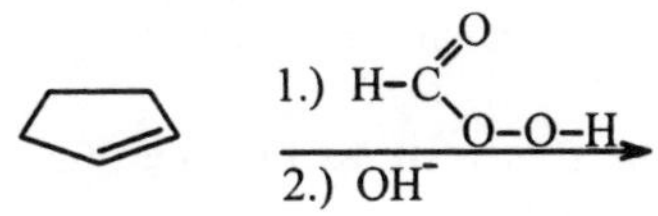

Ozonolyse

198⁺ Bei der Ozonisierung und anschließenden reduzierenden Spaltung eines ungesättigten Kohlenwasserstoffs werden folgende Verbindungen im Verhältnis 1:1:1 Mol erhalten:

$$CH_3-C(=O)-H\ ;\ CH_3-C(=O)-CH_3\ ;\ CH_3-C(=O)-C(=O)-H$$

Aus welchem ungesättigten Kohlenwasserstoff kann das Spaltprodukt entstanden sein?

(A) $CH_3-CH(CH_3)-CH=CH-CH=CH-CH_3$

(B) $CH_3-CH=C(CH_3)-CH=C(CH_3)-CH_3$

(C) $CH_2=C(CH_3)-C(CH_3)=C(CH_3)-CH_3$

(D) $CH_3-CH=C(CH_3)-C(CH_3)=CH-CH_3$

(E) aus keiner der angegebenen Verbindungen

Ordnen Sie bitte den in Liste 1 durch Ozonspaltung erhaltenen Produkten das jeweils entsprechende Ausgangsalken aus Liste 2 zu!

Liste 1

199 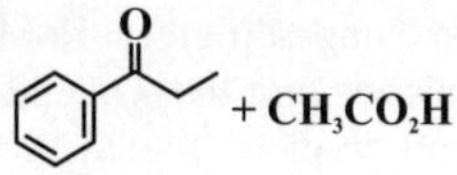

200 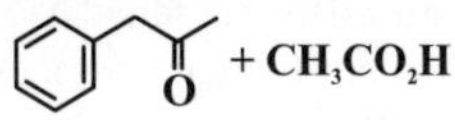

Liste 2

(A) 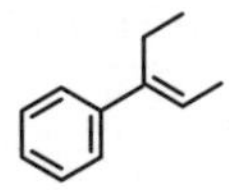

(B) 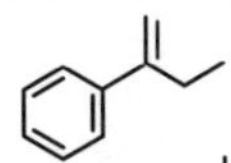

(C) 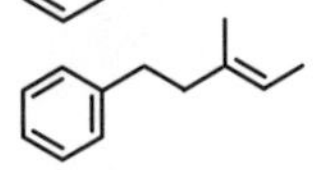

(D) 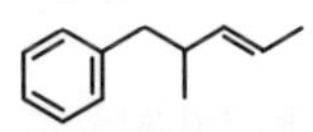

(E) 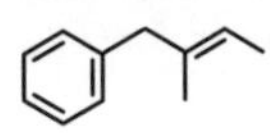

201⁺ Nach Ozonolyse eines Kohlenwasserstoffs und anschließender Reduktion resultiert ein Gemisch aus Ethanol, Propan-1,2-diol und Isobutanol.
Welche der folgenden Strukturen sind mit dieser Reaktion vereinbar?

(1) $(CH_3)_2CH-CH=CH-C(CH_3)=CH-CH_3$

(2) $CH_3-CH_2-C(CH_3)=CH-C(CH_3)=CH-CH_3$

(3) $(CH_3)_2CH-CH=C(CH_3)-CH=CH-CH_3$

(4) $CH_3-CH_2-C(CH_3)=C(CH_3)-CH=CH-CH_3$

(A) nur 1 ist richtig
(B) nur 3 ist richtig
(C) nur 1 und 2 sind richtig
(D) nur 1 und 3 sind richtig
(E) nur 2 und 4 sind richtig

202 Ein ungesättigter Kohlenwasserstoff wird ozonisiert und das Ozonid anschließend reduzierend gespalten; Spaltstücke sind Acetaldehyd und n-Butyraldehyd.
Um welchen der folgenden ungesättigten Kohlenwasserstoffe handelt es sich?

(A) $CH_3-CH_2-CH=CH-CH_2-CH_3$

(B) $CH_3-CH_2-CH_2-CH=CH-CH_3$

(C) $CH_2=C=CH-CH_2-CH_2-CH_3$

(D) $CH_3-CH=CH-CH_2-CH_2-CH=CH-CH_3$

(E) 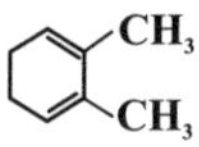

203 Die Ozonolyse eines Alkens liefert Acetaldehyd und Aceton.
Welche Struktur besitzt das Edukt?

(A) $H_3C-CH_2-CH=CH-CH_3$

(B) $H_3C-CH=C(CH_3)-CH_3$

(C) $H_3C-CH_2-CH_2-CH=CH_2$

(D) $H_2C=CH-CH(CH_3)-CH_3$

(E) $H_2C=C(CH_3)-CH_2-CH_3$

204 Die Ozonolyse eines Alkens liefert Formaldehyd und n-Butanal.
Welche Struktur besitzt das Edukt?

(A) $H_3C-CH_2-CH=CH-CH_3$

(B) $H_3C-CH=C(CH_3)-CH_3$

(C) $H_3C-CH_2-CH_2-CH=CH_2$

(D) $H_2C=CH-CH(CH_3)-CH_3$

(E) $H_2C=C(CH_3)-CH_2-CH_3$

205+ Welche Aussage über die Ozonolyse trifft **nicht** zu?

(A) Die Primärreaktion zwischen Alken und Ozon stellt eine 1,3-dipolare Cycloadditionsreaktion dar.
(B) Benzen ist gegenüber Ozon inert.
(C) Zwischenprodukt der Ozonidbildung ist ein Carbonyloxid.
(D) Bei der Hydrolyse des Ozonids entsteht neben den Carbonylverbindungen Wasserstoffperoxid.
(E) Die erhaltenen Carbonylverbindungen lassen Rückschlüsse auf die Lage der Doppelbindung im Alken zu.

206 Die Ozonolyse ist zur Konstitutionsermittlung von Alkenen ungeeignet,
weil
das im Verlauf der Ozonolyse gebildete Primärozonid umlagert.

207 Die Spaltung von Alkenen durch Ozon (Ozonidspaltung) ist zur Konstitutionsermittlung von Alkenen brauchbar,
weil
die Spaltprodukte der Ozonidspaltung zuverlässige Rückschlüsse über die Lage der C=C-Doppelbindung in dem betreffenden Alken zulassen.

Oxidation von Carbonylverbindungen

208+ Einfache aliphatische Ketone wirken im Gegensatz zu aliphatischen Aldehyden auf Fehlingsche Lösung **nicht** reduzierend,
weil
die Carbonylaktivität einfacher aliphatischer Ketone im allgemeinen geringer ist als die aliphatischer Aldehyde.

209 Welche der folgenden Verbindungen reduzieren Fehlingsche Lösung (Ph=Phenyl)?

(1) $H_3C-C(=O)-CH_2OH$

(2) $H-C(=O)-CH_2OH$

(3) $Ph-C(=O)-OH$

(4) $Ph-C(=O)-NHOH$

(5) $Ph-C(=O)-NH_2$

(A) nur 1 ist richtig
(B) nur 2 ist richtig
(C) nur 1 und 4 sind richtig
(D) nur 3 und 5 sind richtig
(E) nur 1, 2 und 4 sind richtig

Reduktion von Carbonylverbindungen

210 Durch welche der folgenden Methoden können Ketone zu Kohlenwasserstoffen reduziert werden?

(1) Umsetzung mit $LiAlH_4$
(2) Clemmensen-Reduktion
(3) Umsetzung mit $NaBH_4$
(4) Rosenmund-Reduktion
(5) Wolff-Kishner-Reduktion

(A) nur 2 und 5 sind richtig
(B) nur 1, 2 und 3 sind richtig
(C) nur 1, 3 und 4 sind richtig
(D) nur 3, 4 und 5 sind richtig
(E) 1–5 = alle sind richtig

211 Die Wolff-Kishner-Reduktion ist **kein** geeignetes Verfahren, die Ketogruppe eines β-Ketocarbonsäureesters zur Methylengruppe zu reduzieren,
weil
aus β-Ketocarbonsäureestern und Hydrazin durch cyclisierende Kondensation Pyrazolinon-Derivate entstehen.

212 Der Mechanismus der Keton-Reduktion nach Clemmensen verläuft vermutlich **nicht** über den entsprechenden Alkohol als Zwischenstufe,
weil
Alkohole nach Clemmensen **nicht** zu Methylenverbindungen reduzierbar sind.

213+ Welche der folgenden schematisch dargestellten Umsetzungen mit Ketonen führt **nicht** zum angegebenen Produkt? (R = n-Alkyl-Rest)

(A) 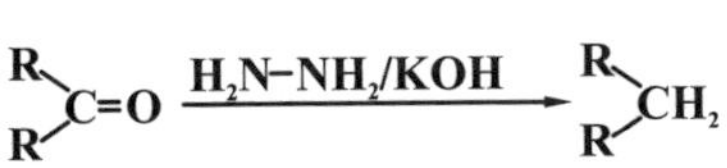

(B) 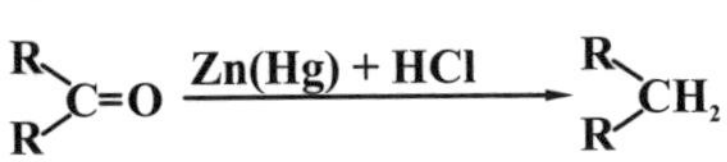

(C) 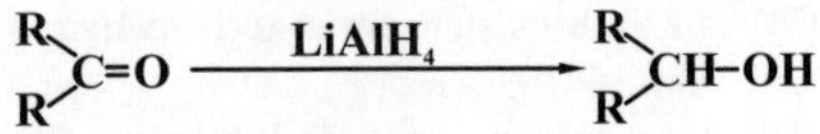

(D) 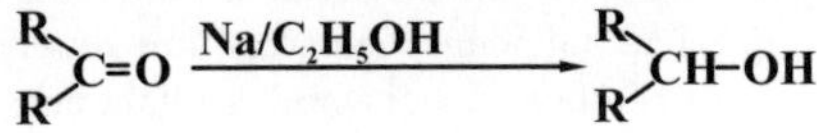

(E) 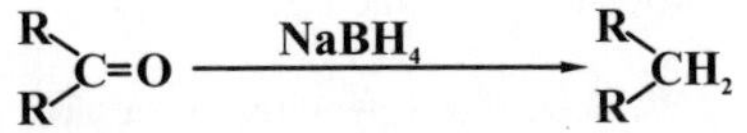

214 Welche Aussagen treffen zu?
Aus Ketonen können sekundäre Alkohole als Hauptprodukt dargestellt werden durch

(1) Reduktion mit Natriumborhydrid
(2) Reduktion mit Isopropanol/Aluminiumisopropylat
(3) Reduktion mit amalgamiertem Zink und Salzsäure

(A) nur 1 ist richtig
(B) nur 2 ist richtig
(C) nur 1 und 2 sind richtig
(D) nur 2 und 3 sind richtig
(E) 1–3 = alle sind richtig

215 Welche Aussagen treffen zu?
Für die Meerwein-Ponndorf-Verley-Reduktion gilt:

(1) Aluminiumisopropylat in Isopropanol eignet sich als Redoxkatalysator.
(2) Im Verlauf der Reaktion findet eine Hydrid-Übertragung statt.
(3) Kohlenstoff-Kohlenstoff-Doppelbindungen werden im allgemeinen nicht angegriffen.

(A) nur 1 ist richtig
(B) nur 2 ist richtig
(C) nur 1 und 2 sind richtig
(D) nur 1 und 3 sind richtig
(E) 1–3 = alle sind richtig

216 Welche Aussage trifft **nicht** zu?
Bei der Meerwein-Ponndorf-Verley-Reduktion

(A) wird ein Keton zu einem sekundären Alkohol reduziert
(B) wird ein Hydrid-Ion vom Aluminiumisopropylatrest auf das Keton übertragen
(C) entsteht aus der Isopropylatgruppe Aceton

(D) handelt es sich um eine irreversible Reaktion
(E) wird das gesuchte Reduktionsprodukt in einer Gleichgewichtsreaktion durch das in großem Überschuß vorhandene Isopropanol in Freiheit gesetzt

217⁺ Welches der folgenden Produkte entsteht bei der Umsetzung von Propiophenon mit Aluminium-2-propanolat in 2-Propanol und nachfolgender Hydrolyse?

(A) 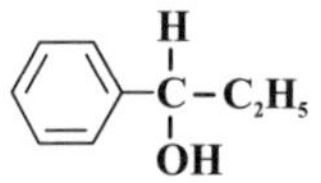

(B) 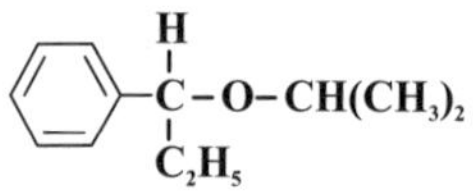

(C) 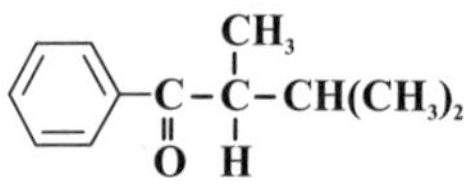

(D) 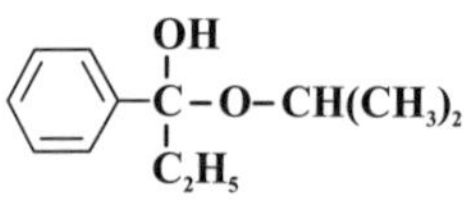

(E) 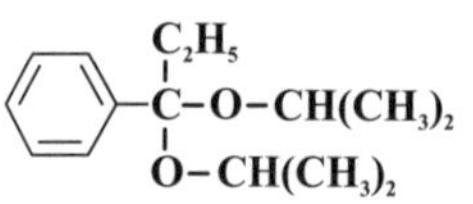

218⁺ Welche der folgenden Verbindungen ist durch Umsetzung von Butyrolacton mit $LiAlH_4$ darstellbar?

(A) n-Butanol
(B) 1,4-Butandiol
(C) Furan
(D) 3-Hydroxybuttersäure
(E) Lithium-butyrat

219⁺ Welche funktionelle Gruppe reagiert **nicht** mit $LiAlH_4$?

(A) 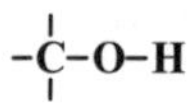

(B) 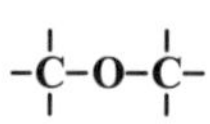

(C) 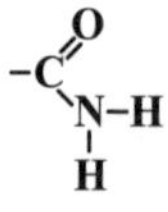

(D) 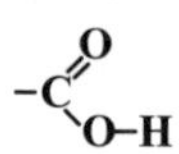

(E) 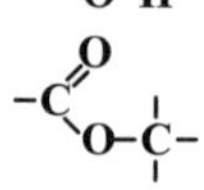

Katalytische Hydrierung

220⁺ Welche Aussagen über die katalytische Hydrierung von Kohlenstoff-Kohlenstoff-Mehrfachbindungen treffen zu?

(1) Die Addition von Wasserstoff an die C=C-Doppelbindung verläuft exotherm.
(2) Die isolierte olefinische Doppelbindung ist leichter hydrierbar als die aromatische (unter gleichen Bedingungen).
(3) Acetylene sind selektiv zu Olefinen hydrierbar.
(4) Die vollständige Hydrierung des Naphthalens liefert – je nach Reaktionsbedingungen – cis- oder trans-Decalin.
(5) Mehrkernige, kondensierte Aromaten wie Naphthalen oder Anthracen sind leichter hydrierbar als Benzen.

(A) nur 1 und 4 sind richtig
(B) nur 1, 2 und 3 sind richtig
(C) nur 1, 2 und 4 sind richtig
(D) nur 2, 3 und 5 sind richtig
(E) 1–5 = alle sind richtig

221 Alkine sind gegenüber katalytisch angeregtem Wasserstoff inert,

weil

die zylindrisch-symmetrische Elektronendichteverteilung einer C≡C-Dreifachbindung diese gegen den Angriff von katalytisch angeregtem Wasserstoff abschirmt.

222⁺ Welche Aussage über die angegebene Hydrierungsreaktion trifft zu?

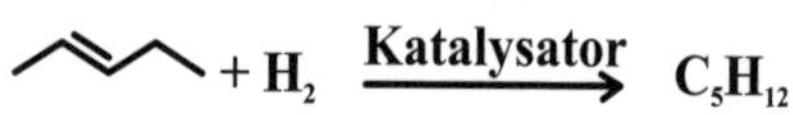

$\Delta H \approx -119$ kJ

(A) Eine Temperaturerniedrigung führt zur Erhöhung der Ausbeute an Endprodukt.
(B) Der Katalysator dient dazu, die entstehende Reaktionswärme aufzunehmen.
(C) Das Gleichgewicht liegt auf der Seite des Eduktes, weil die Reaktion endotherm verläuft.
(D) Eine Erhöhung der Reaktionstemperatur steigert die Hydrierungsgeschwindigkeit.
(E) Ein Katalysator ist grundsätzlich nicht notwendig, weil ΔH ausreichend negativ ist.

Reduktion von Nitroverbindungen

223+ Welche der folgenden Verbindungen ist das Hauptprodukt der Reduktion von Nitrobenzen mit Zink in alkalischem Milieu?

(A) Anilin
(B) Hydrazobenzen
(C) Azobenzen
(D) N,N-Diphenylhydrazin
(E) N-Phenylhydroxylamin

224 Welche Aussage trifft zu?
Bei der Reduktion von Nitrobenzen mit Zinkstaub in wäßriger Ammoniumchlorid-Lösung entsteht überwiegend:

(A) Nitrosobenzen
(B) Phenylhydroxylamin
(C) Azoxybenzen
(D) Hydrazobenzen
(E) Anilin

225 Welche Aussagen treffen zu?
Bei der Reduktion von Nitrobenzen mit Zink in Natriumhydroxid-Lösung entstehen als Endprodukte:

(1) 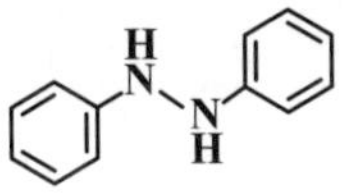

(2) 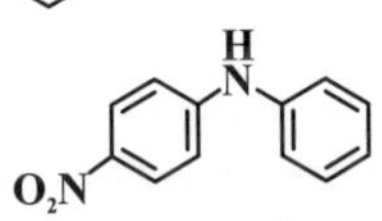

(3) 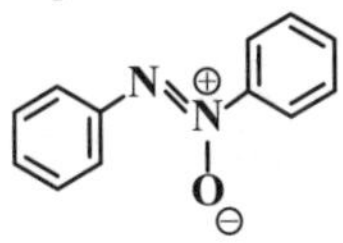

(4) 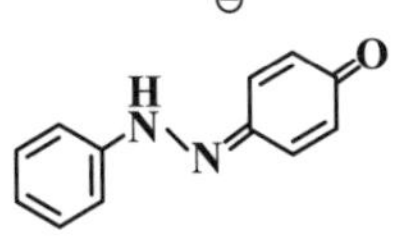

(A) nur 1 ist richtig
(B) nur 1 und 3 sind richtig
(C) nur 2 und 4 sind richtig
(D) nur 3 und 4 sind richtig
(E) 1–4 = alle sind richtig

226 Beim Behandeln von 3-Nitro-chlorbenzen mit Salzsäure/Eisenpulver entsteht Anilinhydrochlorid,

weil
aromatisch gebundenes Halogen hydrogenolytisch abgespalten werden kann.

227+ Welche Aussage trifft zu?
Mit Zn/HCl kann Hydrazobenzen reduziert werden zu:

(A) 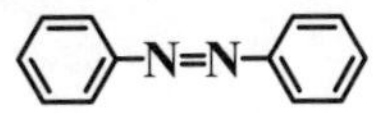

(B) 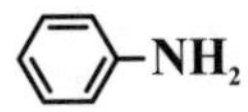

(C) 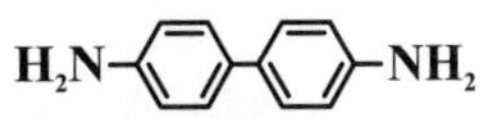

(D) 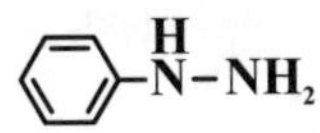

(E) Keine der Aussagen (A) bis (D) trifft zu.

3.3 Stereochemie

(siehe Ehlers, Chemie II-Kurzlehrbuch)

Grundbegriffe

228+ Welche Aussage trifft zu?
Unter der Konstitution einer Verbindung versteht man die Angabe

(A) der Art der Bindungen und die gegenseitige Verknüpfung der Atome in einem Molekül
(B) der relativen räumlichen Anordnung der Atome in einem Stereoisomeren
(C) der genauen Anordnung von Atomen eines Moleküls mit Hilfe von Bindungslängen und Winkeln
(D) der genauen Reihenfolge von Aminosäuren in einem Peptid
(E) des Massenanteils Kohlenstoff aufgrund einer Verbrennungsanalyse

229+ Welche Aussage trifft zu?
Wenn zwei Konstitutionsisomere miteinander in einem dynamischen Gleichgewicht stehen, spricht man von:

(A) Diastereoisomerie
(B) Anomerie
(C) Mesomerie
(D) Tautomerie
(E) Enantiomerie

230⁺ Welche der folgenden, paarweise aufgeführten Substanzen stellen Homologenpaare dar?

(1) Benzen-Toluen (Benzol-Toluol)
(2) Aceton-Acetophenon
(3) Oxalsäure-Malonsäure

(A) nur 1 ist richtig
(B) nur 2 ist richtig
(C) nur 1 und 3 sind richtig
(D) nur 2 und 3 sind richtig
(E) 1–3 = alle sind richtig

231⁺ Welches der folgenden Verbindungspaare stellt ein Homologenpaar dar?

(A) $C_6H_5-\overset{\overset{O}{\|}}{C}-OH$, $C_6H_5-\overset{\overset{O}{\|}}{C}-SH$

(B) $C_6H_5-CH_2-\overset{\overset{O}{\|}}{C}-OH$, $C_6H_5-CH_2-CH_2-\overset{\overset{O}{\|}}{C}-OH$

(C) $C_6H_5-O-CH_3$, $C_6H_5-S-CH_3$

(D) $C_6H_5-\overset{\overset{O}{\|}}{C}-OH$, $C_6H_5-\overset{\overset{O}{\|}}{C}-OCH_3$

(E) $C_6H_5-\overset{\overset{O}{\|}}{C}-CH_3$, $C_6H_5-\overset{\overset{S}{\|}}{C}-CH_3$

Optische Isomerie

232⁺ Welche Aussage zur Stereochemie organischer Verbindungen trifft zu?

(A) Das asymmetrische C-Atom ist eine notwendige Bedingung für das Auftreten von optischer Aktivität.
(B) Das Cahn-Ingold-Prelog-System hängt von einer Bezugssubstanz ab und läßt sich deshalb nicht auf kompliziertere Verbindungen wie z. B. Alkaloide übertragen.
(C) Von der Weinsäure gibt es 4 Stereoisomere.
(D) Zwei zueinander diastereomere Moleküle besitzen an allen Asymmetriezentren entgegengesetzte Konfiguration.
(E) Keine der Aussagen (A) bis (D) trifft zu.

233⁺ Welche der folgenden Aussagen trifft zu?
Optische Antipoden sind

(A) Diastereomere
(B) Konstitutionsisomere
(C) Stereoisomere
(D) Konformationsisomere
(E) Tautomere

234⁺ Welche Aussage trifft zu?
Enantiomere sind

(A) optisch aktive Verbindungen unterschiedlicher Konstitution
(B) Verbindungen, die sich **nicht** wie Bild und Spiegelbild verhalten
(C) optisch aktive Verbindungen mit meßbar unterschiedlichem Energieinhalt
(D) Verbindungen, die die Ebene des polarisierten Lichtes um den gleichen Betrag, aber in entgegengesetzter Richtung drehen
(E) z. B. α– und β-D-Glucose

235⁺ Welche Aussage trifft **nicht** zu?
Enantiomere

(A) sind Stereoisomere
(B) sind meso-Formen
(C) sind stets chiral
(D) drehen im Regelfall die Schwingungsebene des linear polarisierten Lichtes
(E) reagieren gleich schnell mit achiralen Partnern

236⁺ Welche Aussage trifft **nicht** zu?
Enantiomere können getrennt werden

(A) durch Kristallauslese
(B) durch biochemische Spaltung
(C) durch fraktionierte Kristallisation ihrer diastereomeren Derivate
(D) über Harnstoff-Einschlußverbindungen
(E) durch Adsorptionschromatographie an Kieselgel

237 Enantiomere können aus Racematen mit Hilfe geeigneter Enzyme gewonnen werden,
weil
Enzyme häufig nur für eines von zwei Enantiomeren spezifisch sind.

238+ Welche Aussage trifft **nicht** zu?
Diastereomere unterscheiden sich

(A) im Schmelzpunkt
(B) im Siedepunkt
(C) in der Löslichkeit
(D) in der rel. Molmasse
(E) in ihrer optischen Drehung

239 Welche Aussagen treffen zu?
Diastereomerenpaare

(1) sind stets meso-Formen
(2) haben unterschiedliche Schmelzpunkte
(3) haben unterschiedliche chromatographische Eigenschaften
(4) drehen die Schwingungsebene des linear polarisierten Lichtes stets um den gleichen Betrag

(A) nur 1 und 2 sind richtig
(B) nur 1 und 4 sind richtig
(C) nur 2 und 3 sind richtig
(D) nur 1, 3 und 4 sind richtig
(E) nur 2, 3 und 4 sind richtig

240 Welche Aussage über Diastereomerie und Diastereomere trifft **nicht** zu?

(A) Mehrere im Molekül vorhandene chirale C-Atome können Diastereomerie verursachen.
(B) Diastereomere haben häufig eine unterschiedliche biologische (bzw. pharmakologische) Aktivität.
(C) Die Bildung diastereomerer Salze ist ein geeignetes Verfahren zur Racematspaltung.
(D) Diastereomere haben die gleichen physikalischen Eigenschaften.
(E) Diastereomere Zucker haben gleiche chemische Eigenschaften.

241 Welche Aussage trifft **nicht** zu?
Racemformen

(A) sind optisch inaktiv
(B) bestehen aus äquimolaren Anteilen der (+)- und (−)-Enantiomeren
(C) können nur aus optisch aktivem Material hergestellt werden
(D) zeigen in verdünnter Lösung mit Ausnahme des optischen Verhaltens gleiche physikalische Eigenschaften wie die reinen Enantiomeren
(E) können aus einem Enantiomer über ein Carbenium-Ion entstehen

242 Welche Aussagen treffen zu?

(1) Ein Konglomerat besteht aus einer 1:1-Mischung von Kristallen der reinen Enantiomeren.
(2) In bestimmten Fällen läßt sich ein Konglomerat durch Auslesen der Kristalle in die Enantiomeren trennen.
(3) Der Schmelzpunkt eines Konglomerats ist niedriger als der Schmelzpunkt des reinen Enantiomers.

(A) nur 1 ist richtig
(B) nur 2 ist richtig
(C) nur 1 und 2 sind richtig
(D) nur 2 und 3 sind richtig
(E) 1–3 = alle sind richtig

243 Welche Aussage über Weinsäuren trifft **nicht** zu?

(A) meso-Weinsäure und D-Weinsäure sind diastereomer.
(B) D- und L-Weinsäure sind enantiomer.
(C) D- und L-Weinsäure haben den gleichen Schmelzpunkt.
(D) D- und L-Weinsäure drehen die Ebene des polarisierten Lichtes unter denselben Bedingungen um den gleichen Betrag, aber in entgegengesetzter Richtung.
(E) meso-Weinsäure besitzt unter den Weinsäuren die größte spezifische Drehung.

244+ Wieviele Chiralitätszentren muß eine optisch aktive Verbindung mit ausschließlich zentraler Chiralität mindestens besitzen, damit Diastereomere auftreten können?

(A) 1
(B) 2
(C) 3
(D) 4
(E) 5

245 Wieviele Enantiomerenpaare sind bei den Verbindungen I bis III zu erwarten?

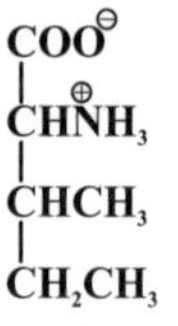
I

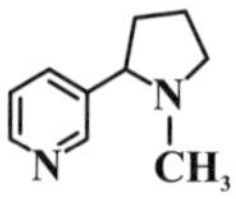
II

III

(A) I = 1 II = 1 III = 1
(B) I = 1 II = 2 III = 6
(C) I = 2 II = 1 III = 3
(D) I = 2 II = 1 III = 4
(E) I = 4 II = 2 III = 3

Prochiralität

246 Welche der folgenden Halogenmethane weisen Prochiralität auf?

(1) CH_2Cl_2
(2) CH_2ClBr
(3) $CHCl_2Br$
(4) $CHClBr_2$

(A) nur 1 ist richtig
(B) nur 2 ist richtig
(C) nur 3 und 4 sind richtig
(D) nur 2, 3 und 4 sind richtig
(E) 1–4 = alle sind richtig

247 Welche Aussage trifft **nicht** zu?
Folgende Moleküle sind prochiral:

(A) 

(D) 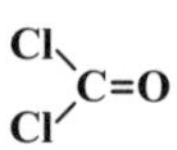

(B) 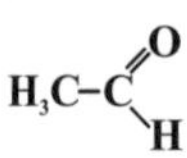

(E) 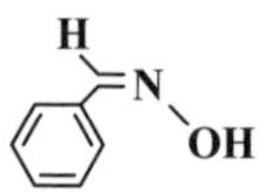

(C) 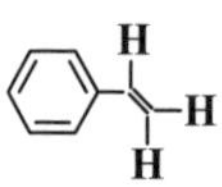

248⁺ Welche der folgenden allgemeinen Strukturen ist **nicht** prochiral?

(A) 

(D) 

(B) 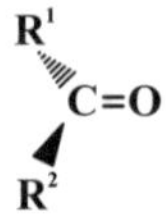

(E) 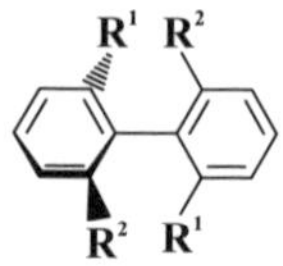

(C) 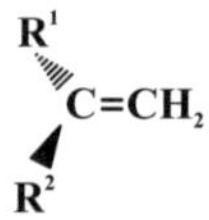

Chiralitätselemente

249 Welche Aussage über die Struktur der abgebildeten Verbindung trifft zu?

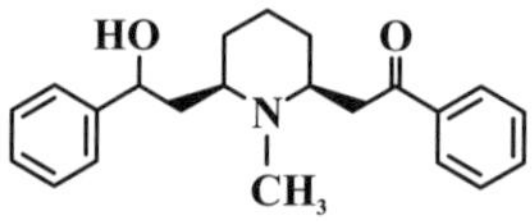

(A) Das Molekül besitzt C_1-Symmetrie und zentrale Chiralität.
(B) Das Molekül weist ein Symmetriezentrum auf.
(C) Das Molekül weist bei Raumtemperatur axiale Chiralität auf.
(D) Die gesamte Molekülstruktur ist prochiral.
(E) Der heterocyclische Sechsring weist im Grundzustand Halbsesselkonformation auf.

Ordnen Sie bitte den in Liste 1 aufgeführten Chiralitätselemenen (stereogenen Einheiten) die jeweils zutreffende Verbindung aus Liste 2 zu!

Liste 1

250⁺ Chiralitätsachse

251⁺ Chiralitätszentrum

Liste 2

(A) 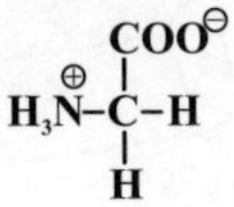

(B) 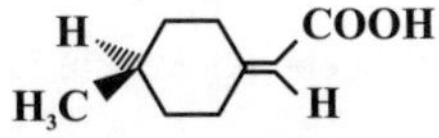

(C) 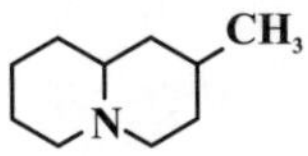

(D) 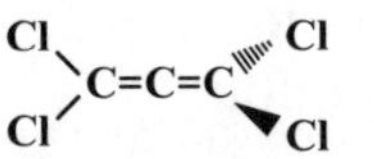

(E) 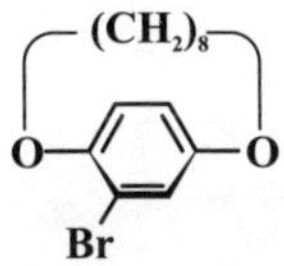

(D) 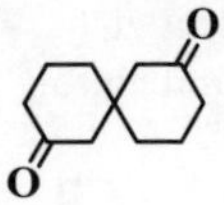

(E) 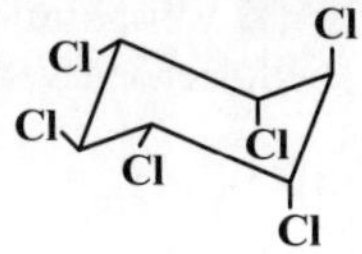

Chirale Verbindungen

252 Welche der folgenden Verbindungen sind chiral?

(1) 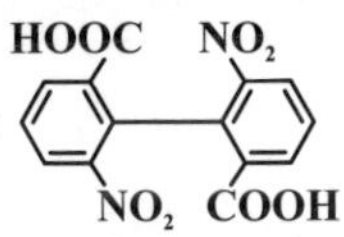

(3) 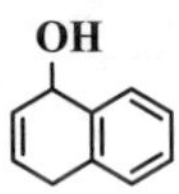

(2) 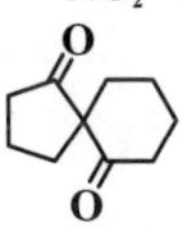

(4) 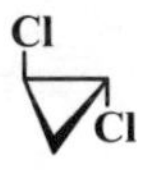

(A) nur 1 ist richtig
(B) nur 1 und 2 sind richtig
(C) nur 3 und 4 sind richtig
(D) nur 2, 3 und 4 sind richtig
(E) 1–4 = alle sind richtig

253 Welche der folgenden Verbindungen ist **nicht** chiral?

(A) 

(B) 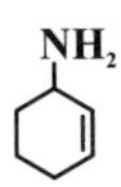

(C) 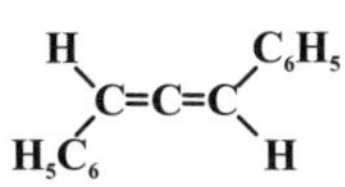

254 Welche Aussage trifft **nicht** zu?
Die folgenden Verbindungen sind chiral:

(A) 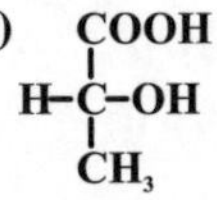

(B) 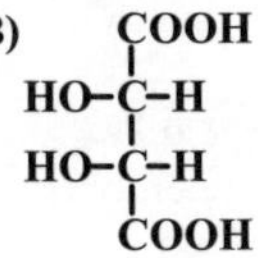

(C) 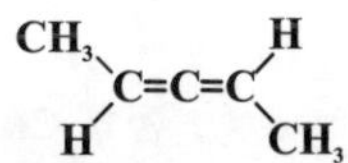

(D) 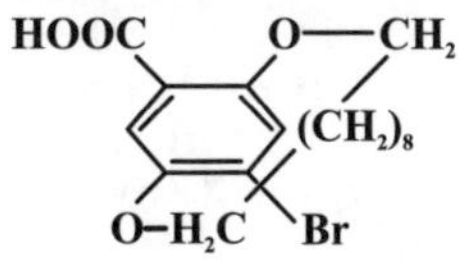

(E) 

255 Welche der nachfolgenden Verbindungen ist chiral?

(A) 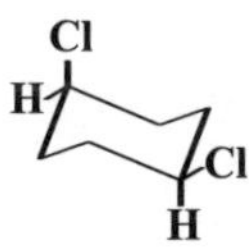

(B) 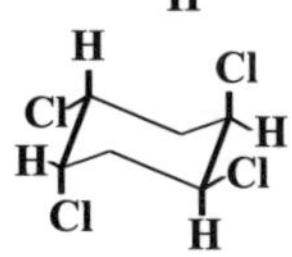

(C) 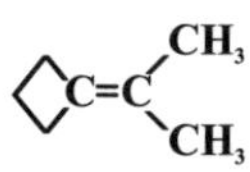

(D) 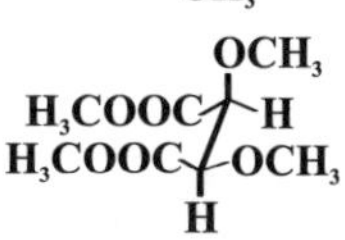

(E) Keine der Verbindungen (A) bis (D) ist chiral.

256 Welche Aussage trifft **nicht** zu?
Die folgenden Verbindungen sind chiral:

(A) 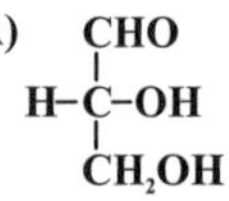

(B) 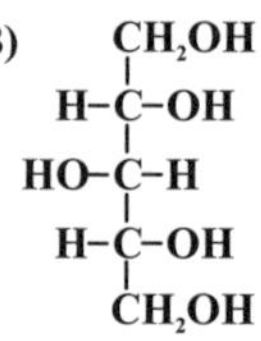

(C) 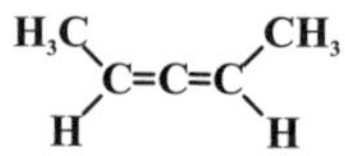

(D) 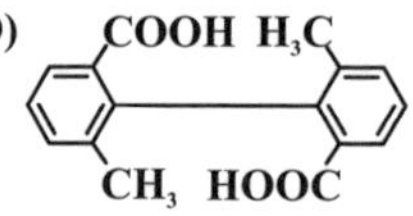

(E) 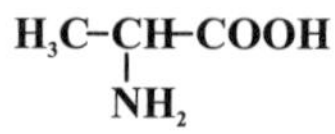

257 Welche Aussage trifft **nicht** zu?
Die folgenden Verbindungen können optische Aktivität zeigen:

(A) 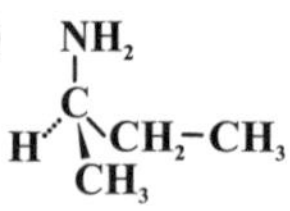

(B) 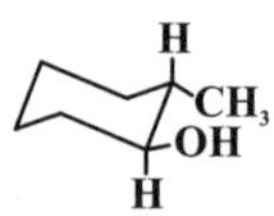

(C) 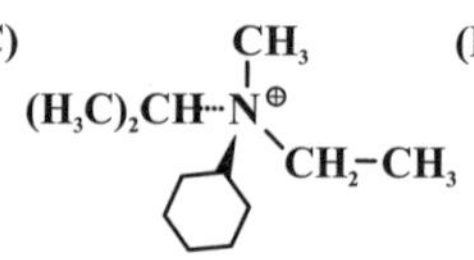

(D) 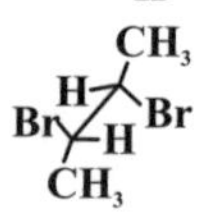

(E) 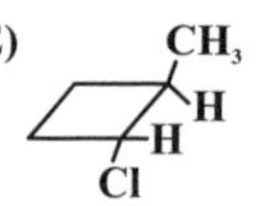

258 Welches der folgenden Molekülpaare stellt Enantiomere dar?

(A) 

(B) 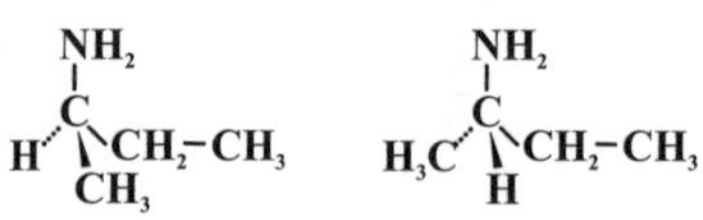

(C) 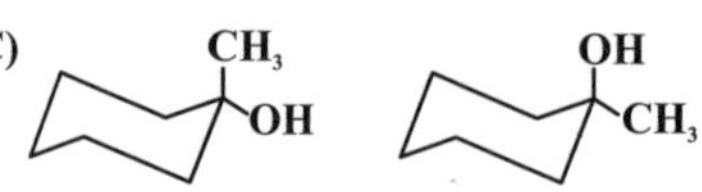

(D) 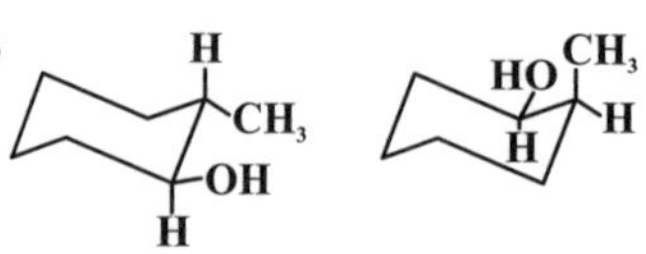

(E) 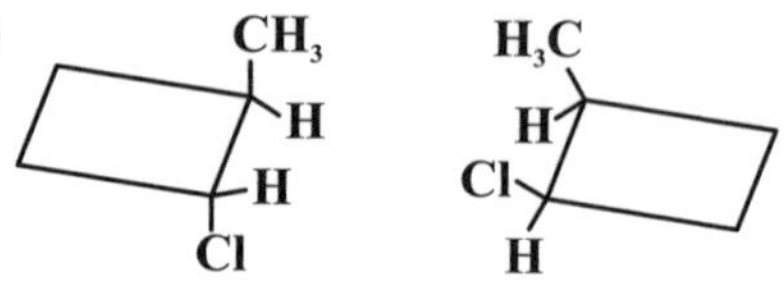

259 Welche der angegebenen Verbindungen sind chiral?

(1) 

(2) 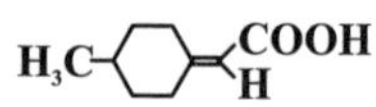

(3) $H_3C-HC=C=CH-COOH$

(4) $H_3C-HC=C=C=CH-COOH$

(5) 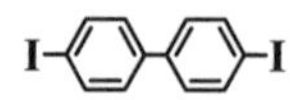

(A) nur 3 und 5 sind richtig
(B) nur 1, 2 und 3 sind richtig
(C) nur 2, 3 und 4 sind richtig
(D) nur 2, 4 und 5 sind richtig
(E) 1–5 = alle sind richtig

260 Welche der folgenden Verbindungen sind planar-chiral?

(1) 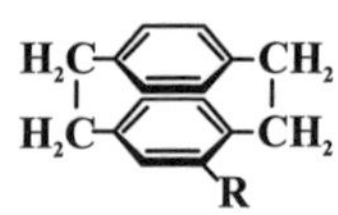

(2) 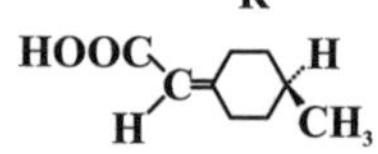

(3) 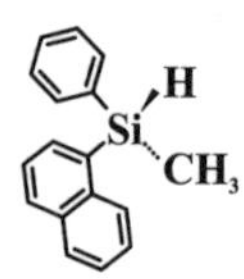

(A) nur 1 ist richtig
(B) nur 3 ist richtig
(C) nur 1 und 2 sind richtig
(D) nur 2 und 3 sind richtig
(E) 1–3 = alle sind richtig

Ordnen Sie bitte den Verbindungen in Liste 1 das jeweils entsprechende Diastereomer aus Liste 2 zu!

Liste 1

261

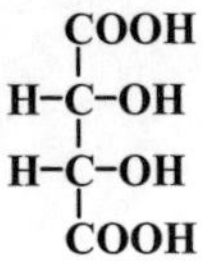

262

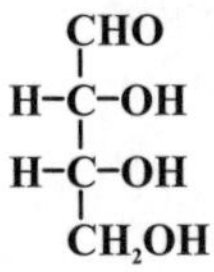

Liste 2

(A)

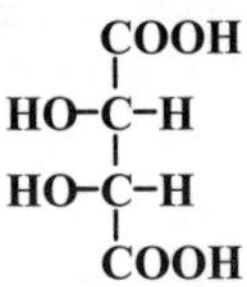

(B)

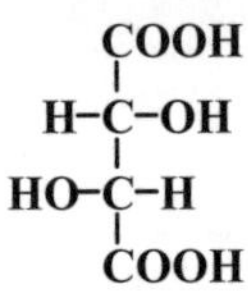

(C)

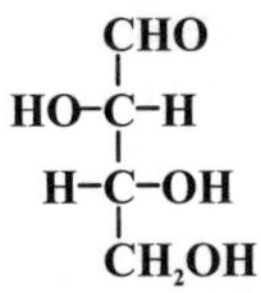

(D)

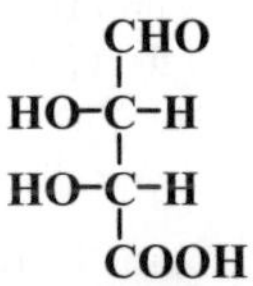

(E)

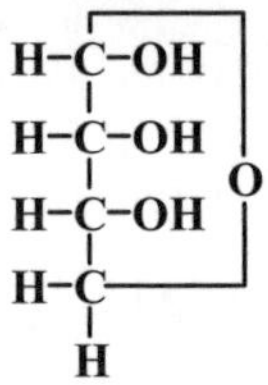

263⁺ Welcher Reaktionspartner führt bei der kinetisch kontrollierten Umsetzung mit racemischem O-Methylmandelsäurechlorid zu einer Anreicherung eines Enantiomers der O-Methylmandelsäure im Reaktionsprodukt?

(A) S-1-Phenylethanol
(B) N-Methylhydrazin
(C) Isopropanol
(D) racemisches Menthol
(E) Methylisopropylamin

Konformationsisomerie

264⁺ Welche der folgenden Charakterisierungen trifft für den Begriff „Konformation" am ehesten zu?

(A) verschiedene räumliche, ausschließlich durch Drehung um Bindungen zustandekommende Molekülstrukturen
(B) andere Bezeichnung für Strukturformel
(C) Bezeichnung für gleichartige Kristallformen
(D) verschiedene Stereoisomere, die nur durch Bindungsbruch und Bildung einer neuen Bindung entstehen können
(E) Bezeichnung für miteinander im Gleichgewicht stehende Konstitutionsisomere

265⁺ Welche Aussage über „Konformation" trifft zu?

(A) definierte räumliche Anordnung von Atomen oder Atomgruppen um ein Chiralitätszentrum
(B) definierte Sequenz der Atome in einem Molekül
(C) verschiedene räumliche Molekülstrukturen, die ausschließlich durch Drehung um Einfachbindungen zustandekommen
(D) definierte geometrische Anordnung von vier verschiedenen Substituenten um eine olefinische Doppelbindung
(E) Keine der Aussagen (A) bis (D) trifft zu.

266 Welches Molekülpaar stellt **nicht** Konformere dar?

(A)

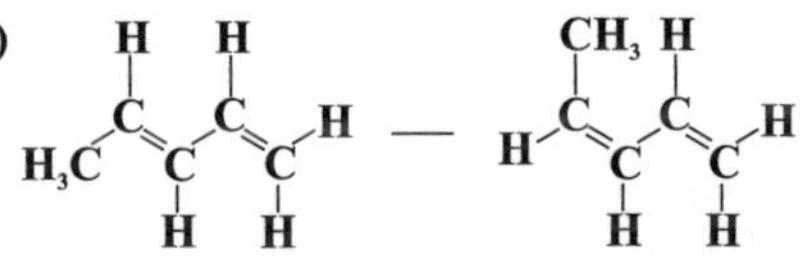

(B)

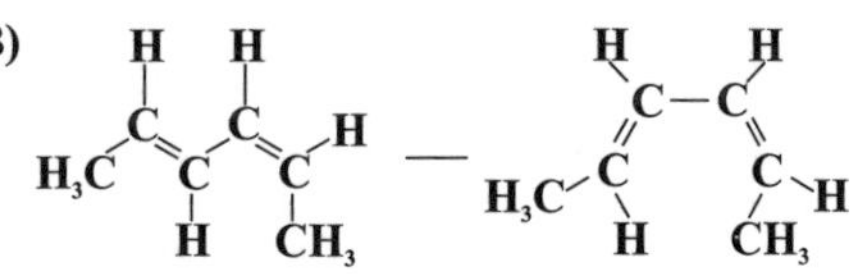

(C)

(D)

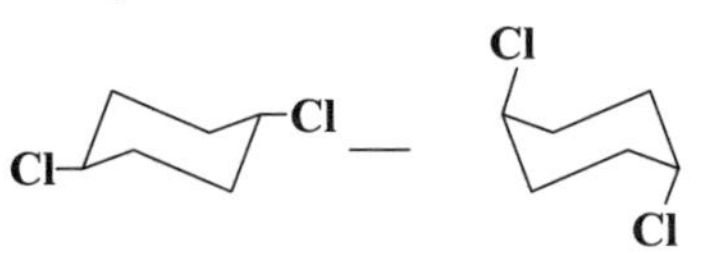

(E)

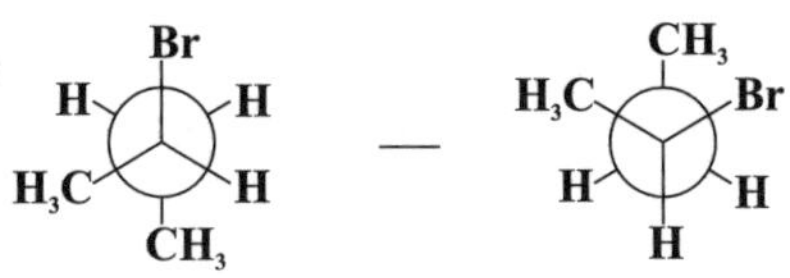

Nomenklatur

267^{+} Welche Aussagen treffen zu?
Für Fischersche Projektionsformeln gelten folgende Festlegungen:

(1) Das Asymmetriezentrum liegt in der Papierebene.
(2) Die durch senkrechte Striche mit dem Asymmetriezentrum verbundenen Substituenten liegen hinter der Papierebene.
(3) Die durch waagrechte Striche mit dem Asymmetriezentrum verbundenen Substituenten liegen vor der Papierebene.
(4) Eine Drehung um 180° in der Papierebene ruft keine Konfigurationsänderung hervor.

(A) nur 4 ist richtig
(B) nur 1 und 2 sind richtig
(C) nur 2 und 3 sind richtig
(D) nur 1, 2 und 3 sind richtig
(E) 1–4 = alle sind richtig

268 Welche Aussage trifft zu?
Das „D“ bei der Bezeichnung D-Ribose bedeutet, daß

(A) die Polarisationsebene des linear polarisierten Lichtes immer nach rechts gedreht wird
(B) das C-Atom 1 bei der Halbacetalbildung ein Stereozentrum mit D-Konfiguration bildet
(C) das C-Atom 5 in der R-Konfiguration vorliegt
(D) zwei vicinale C-Atome gleiche Konfiguration haben
(E) das C-Atom 4 die gleiche Konfiguration wie D-Glycerinaldehyd besitzt

269 Welche Aussage über die threo-Form eines Zuckers trifft **nicht** zu?

(A) Es handelt sich um einen Zucker mit zwei benachbarten, unsymmetrisch substituierten C-Atomen.
(B) Ihre unsymmetrisch substituierten C-Atome tragen mindestens zwei gleiche oder ähnliche Substituenten.
(C) Es existieren zwei threo-Isomere, die sich wie Bild und Spiegelbild verhalten.
(D) Das Spiegelbildisomere der threo-Form ist die erythro-Form.
(E) Threo-Form und erythro-Form sind Diastereomere.

270 Welche der folgenden Aussagen über die Stereochemie der Verbindungen I und II treffen zu?

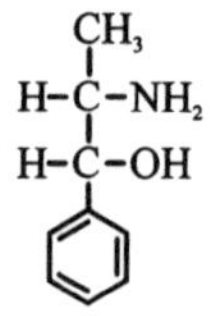

I

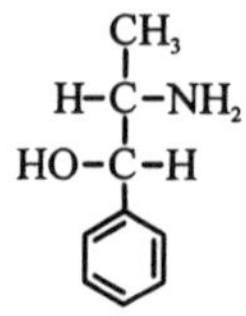

II

(1) I und II bilden ein Diastereomerenpaar.
(2) I und II bilden ein Enantiomerenpaar.
(3) I liegt in der erythro-, II in der threo-Form vor.
(4) I und II sind E/Z-Isomere.

(A) nur 1 ist richtig
(B) nur 1 und 3 sind richtig
(C) nur 2 und 3 sind richtig
(D) nur 3 und 4 sind richtig
(E) nur 1, 3 und 4 sind richtig

271 Eine D-Konfiguration in der Fischer-Nomenklatur muß **nicht** der R-Konfiguration nach der Cahn-Ingold-Prelog-Nomenklatur entsprechen,
weil
die Cahn-Ingold-Prelog-Nomenklatur im Gegensatz zur Fischer-Nomenklatur von der Konformation abhängig ist.

272^{+} Welche Substituentenrangfolge fallender Priorität ist für die Konfigurationszuordnung nach Cahn-Ingold-Prelog bei der abgebildeten chiralen Verbindung zutreffend?

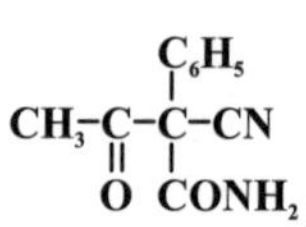

(A) $C_6H_5 > CN > COCH_3 > CONH_2$
(B) $CN > CONH_2 > COCH_3 > C_6H_5$
(C) $COCH_3 > C_6H_5 > CONH_2 > CN$
(D) $CONH_2 > CN > COCH_3 > C_6H_5$
(E) $CONH_2 > COCH_3 > CN > C_6H_5$

273⁺ Welcher der folgenden Substituenten an einem Chiralitätszentrum C* hat die höchste Priorität nach den Regeln von Cahn-Ingold-Prelog?

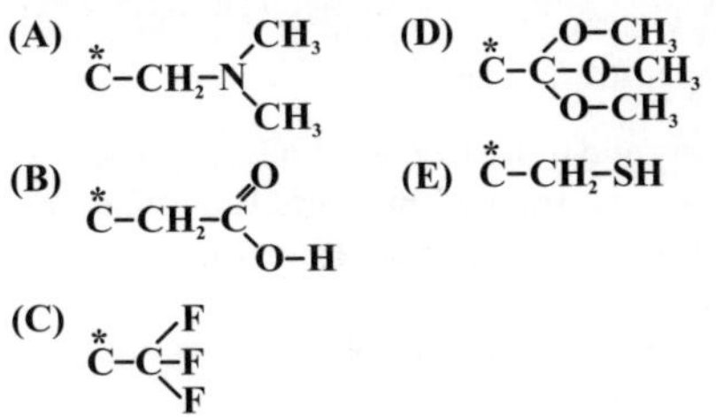

274 Welche der folgenden Stereoformeln zeigen R-Konfiguration?

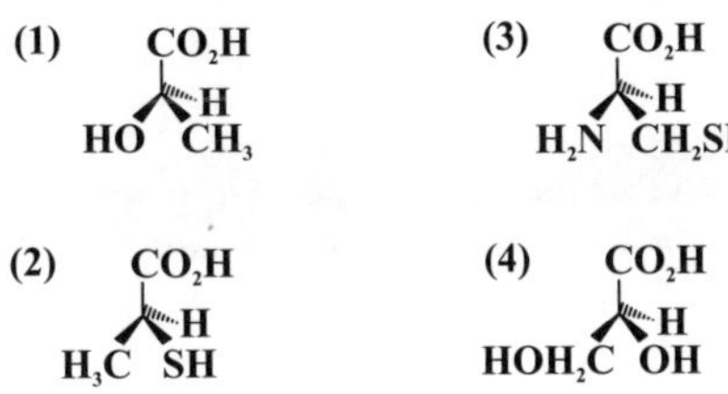

(A) nur 1 ist richtig
(B) nur 2 ist richtig
(C) nur 3 ist richtig
(D) nur 4 ist richtig
(E) nur 1 und 3 sind richtig

275 Welche der Stereoformeln zeigen R-Konfiguration?

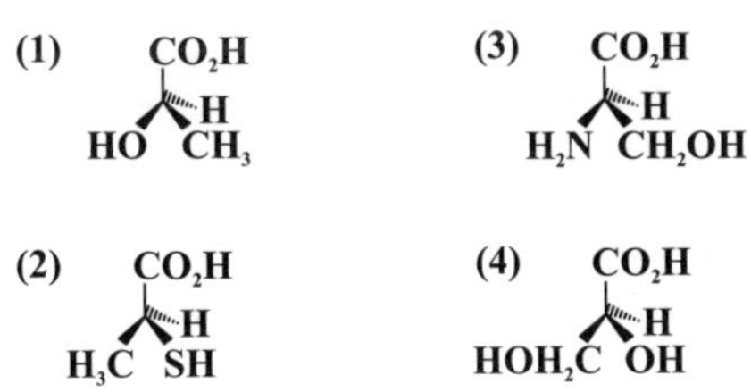

(A) nur 2 ist richtig
(B) nur 3 ist richtig
(C) nur 4 ist richtig
(D) nur 1 und 3 sind richtig
(E) nur 2, 3 und 4 sind richtig

276 Welche der folgenden Formeln stellt **nicht** (2S, 3S)-Dichlorpentan dar?

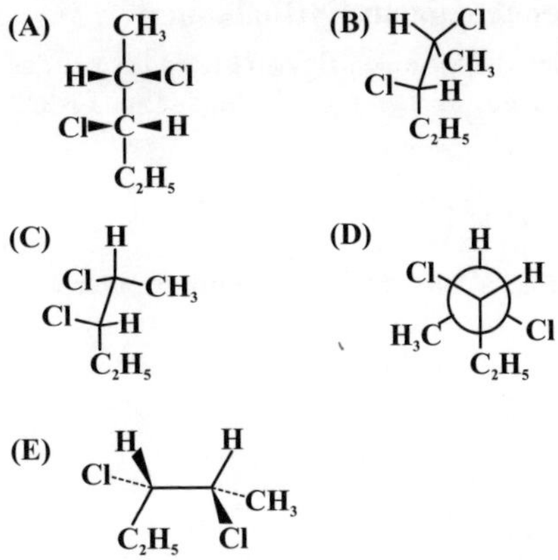

277⁺ Welche der folgenden in der Fischer-Projektion geschriebenen Verbindungen ist **nicht** R-konfiguriert?

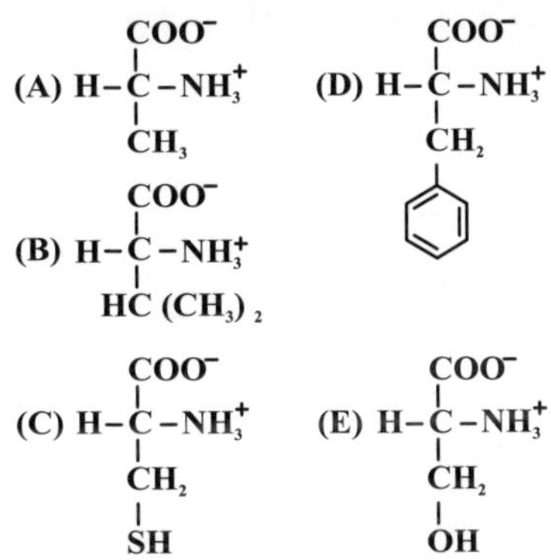

278 Welche Aussage trifft zu?
Die absolute Konfiguration nach Cahn-Ingold-Prelog der chiralen C-Atome des abgebildeten Menthols lautet:

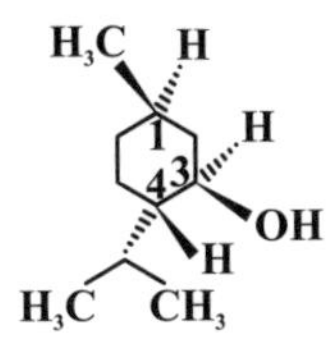

(A) 1 R, 3 R, 4 R
(B) 1 R, 3 S, 4 R
(C) 1 R, 3 R, 4 S
(D) 1 S, 3 S, 4 R
(E) 1 S, 3 S, 4 S

Stereochemie an Cycloalkanen

Ordnen Sie bitte den Begriffen der Liste 1 das jeweils entsprechende Molekülpaar aus Liste 2 zu!

Liste 1

279^{+} Struktur- bzw. Konstitutionsisomer

280^{+} Konfigurationsisomer

281^{+} Konformationsisomer

Liste 2

(A) 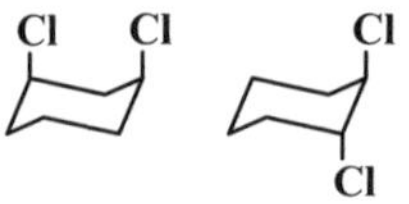

(B) 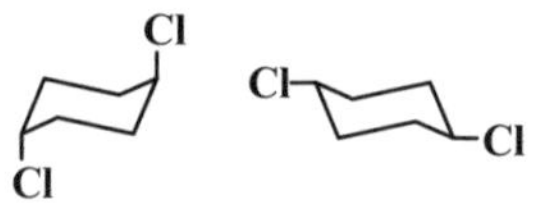

(C) 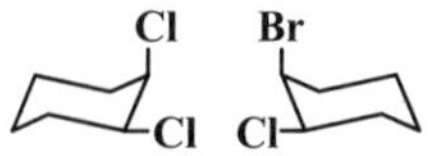

(D) 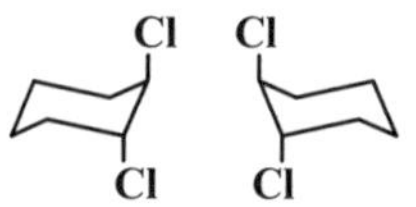

(E) 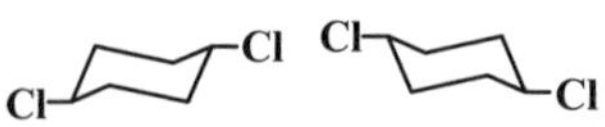

282 Trans-1,2-Dimethylcyclopropan bildet kein Enantiomerenpaar,
weil
im trans-1,2-Dimethylcyclopropan die asymmetrischen Kohlenstoffatome entgegengesetzte Konfiguration haben.

283 Vom 1,2-Dimethylcyclopropan sind drei Stereoisomere denkbar,
weil
für trans-1,2-Dimethylcyclopropan ein Enantiomerenpaar existiert.

284^{+} Trans-Cyclopropan-1,2-dicarbonsäure ist in Enantiomere spaltbar,
weil
das trans-Cyclopropan-1,2-dicarbonsäuremolekül weder eine Symmetrieebene noch ein Symmetriezentrum besitzt.

285 Welche Aussagen über 1,2-Dichlorcyclopropan treffen zu?

(1) cis- und trans-Isomer sind Diastereomere.
(2) cis- und trans-Isomer sind Enantiomere.
(3) Vom trans-1,2-Isomer existieren zwei Diastereomere.
(4) Vom trans-Isomer existieren zwei Enantiomere.

(A) Keine der obigen Aussagen trifft zu.
(B) nur 2 ist richtig
(C) nur 1 und 3 sind richtig
(D) nur 1 und 4 sind richtig
(E) nur 2 und 3 sind richtig

286^{+} Cyclobutan liegt unter Normalbedingungen in einer nicht-ebenen Konformation vor,
weil
in der nicht-ebenen Konformation des Cyclobutans die vicinalen Wasserstoffatome **nicht** ekliptisch angeordnet sind.

287 Welche Aussagen über Cyclopentan treffen zu?

(1) Der Bindungswinkel im Ring entspricht exakt einem ebenen Fünfeck.
(2) Eine ebene Ringkonformation ist energetisch ungünstig.
(3) Es handelt sich um das Grundgerüst zahlreicher Pentosen.
(4) Es liegt im Gleichgewicht als Envelop- und Halbsesselkonformer vor.

(A) nur 1 ist richtig
(B) nur 2 ist richtig
(C) nur 1 und 3 sind richtig
(D) nur 2 und 4 sind richtig
(E) nur 2, 3 und 4 sind richtig

288^{+} Welche Aussagen treffen zu?
Ekliptische Konformationen sind energiereicher als gestaffelte Anordnungen (Pitzer-Spannung). Diese Spannung tritt auf in:

(1) Cyclopropan
(2) Cyclobutan
(3) Cyclopentan
(4) Cyclohexan, Wannenform

(A) nur 4 ist richtig
(B) nur 1 und 2 sind richtig
(C) nur 1, 2 und 3 sind richtig
(D) nur 1, 2 und 4 sind richtig
(E) 1–4 = alle sind richtig

289 Welche Aussage trifft zu?
Unter Pitzer-Spannung versteht man die

(A) Energiebarriere, die bei der Rotation um eine C-C-Achse auftritt
(B) Ringspannung in 3- und 4-gliedrigen Ringen
(C) Ringspannung in 7- und höhergliedrigen Ringen
(D) Potentialdifferenz zwischen zwei Redoxsystemen
(E) Energiebarriere bei der Überführung des Cyclohexans von der Wannen- in die Sesselform

290 Welche Aussage über die Baeyer- und Pitzer-Spannung sowie über die Konformationen der Cycloalkane trifft **nicht** zu?

(A) Die Sesselform des Cyclohexans ist thermodynamisch stabiler als die Wannenform.
(B) Die Wechselwirkung ekliptischer H-Atome ist stärker als die gestaffelter.
(C) Die Baeyersche Spannungstheorie vermag die bei Cyclopropan auftretende Ringspannung zu erklären.
(D) Die Pitzer-Spannung führt dazu, daß Cyclobutan und Cyclopentan einen „gewellten" Bau aufweisen.
(E) Beim trans-1,4-Di-tert.-butyl-cyclohexan ist die Twist-Konformation (s. Abb.) die energetisch begünstigte Anordnung.

291⁺ Welche Aussage trifft zu?
Die Verbindungen

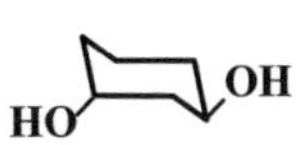

und
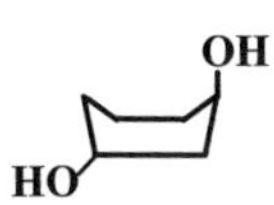

besitzen

(A) gleiche Konformation
(B) verschiedene Konstitution
(C) verschiedenen Energieinhalt
(D) verschiedene Konfiguration
(E) jeweils zwei primäre OH-Gruppen

292 Welche der folgenden Formeln entspricht **nicht** der Verbindung cis-1,2-Dimethylcyclohexan?

(A) 

(D) 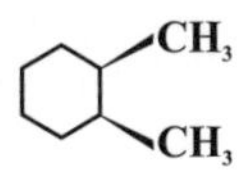

(B) 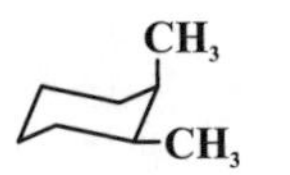

(E) 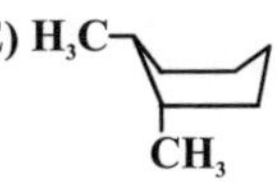

(C) 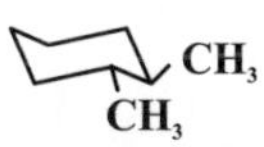

293 Welches der folgenden disubstituierten Cyclohexan-Derivate ist **nicht** cis-konfiguriert?

(A) 

(D) 

(B) 

(E) 

(C) 

294⁺ Welches der formulierten Cyclohexan-Derivate trägt, seine – von Wasserstoff verschiedenen – Substituenten in trans-Stellung?

(A) 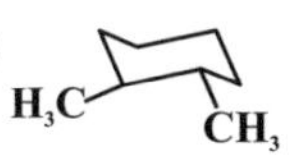

(D) 

(B) 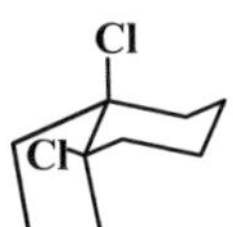

(E) 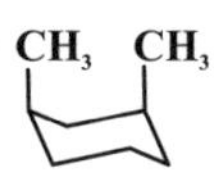

(C) 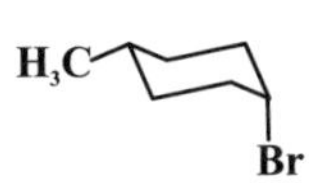

295⁺ Welches der folgenden disubstituierten Cyclohexan-Derivate ist **nicht** trans-konfiguriert?

(A) 

(B) 

(C) 

(D) 

(E) 

296⁺ Welches ist die unter Normalbedingungen überwiegend vorliegende Konformation des trans-Decalins?

(A) 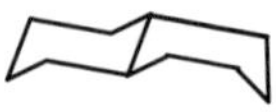

(B) 

(C) 

(D) 

(E) keine der angegebenen Konformationen

297⁺ Welche Aussagen über cis- und trans-Decalin treffen zu?

(1) Es sind stereoisomere gesättigte Kohlenwasserstoffe.
(2) Sie unterscheiden sich durch die Stellung von Substituenten an einer Doppelbindung.
(3) In der cis-Form sind zwei Sechsringe äquatorial miteinander verknüpft.
(4) Im Unterschied zur trans-Form besitzt die cis-Form Molekülasymmetrie.

(A) Keine der Aussagen (1) bis (4) trifft zu.
(B) nur 1 ist richtig
(C) nur 2 ist richtig
(D) nur 3 ist richtig
(E) nur 2 und 4 sind richtig

298 Cis- und trans-Decalin haben die gleiche thermodynamische Stabilität,
weil
im Grundzustand sowohl cis- als auch trans-Decalin in der Zweisessel-Konformation vorliegen.

299 Welche Aussagen zu den dargestellten Strukturformeln treffen zu?

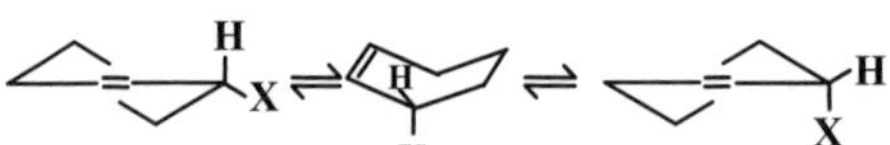

I II III

(1) I, II und III sind Konformere.
(2) I, II und III können durch Energiezufuhr ineinander übergeführt werden.
(3) II ist energiereicher als I und III.

(A) nur 1 ist richtig
(B) nur 2 ist richtig
(C) nur 1 und 2 sind richtig
(D) nur 1 und 3 sind richtig
(E) 1–3 = alle sind richtig

300⁺ Welche Aussage trifft zu?
Cyclohexen

(A) enthält nur σ-Bindungen
(B) besitzt in der Halbsessel-Form die thermodynamisch stabilere Konformation
(C) besitzt nur rotationssymmetrische Bindungen
(D) besteht nur aus sp^2-hybridisierten C-Atomen
(E) hat ein dem Benzen analoges π-Elektronensystem

301 Die Bredtsche Regel gilt **nicht** für bicyclische Ringsysteme mit höherer Gliederzahl,
weil
bei bicyclischen Ringsystemen mit höherer Gliederzahl die der Ausbildung der Brückenkopfdoppelbindung entgegenwirkende Ringspannung abgenommen hat.

E/Z-Isomerie

302 In welchen der folgenden Eigenschaften unterscheiden sich in der Regel cis/trans-isomere Alkene?

(1) Schmelzpunkt
(2) Hydrierungsprodukte
(3) Siedepunkt
(4) Dichte
(5) Dipolmoment

(A) nur 1 ist richtig
(B) nur 1 und 3 sind richtig
(C) nur 1, 4 und 5 sind richtig
(D) nur 2, 4 und 5 sind richtig
(E) nur 1, 3, 4 und 5 sind richtig

303⁺ In welchen der angegebenen Eigenschaften stimmen olefinische cis/trans-Isomerenpaare überein?

(1) chemische Eigenschaften
(2) Schmelz- und Siedepunkte
(3) thermodynamische Stabilitäten
(4) Brechungsindices
(5) spektroskopische Eigenschaften

(A) bei keinen der angegebenen Eigenschaften
(B) nur bei 1
(C) nur bei 2 und 3
(D) nur bei 1, 3 und 5
(E) nur bei 2, 3 und 4

304+ Welche Aussage über die cis/trans-Isomerie trifft **nicht** zu?

(A) Cis/trans-Isomere können verschiedene Energieinhalte haben.
(B) Cis/trans-Isomere sind an das Vorhandensein einer Doppelbindung gebunden.
(C) Die cis-Verbindung ist im allgemeinen energiereicher als die entsprechende trans-Verbindung.
(D) Trans-Isomere lassen sich in manchen Fällen in cis-Isomere überführen.
(E) Cis/trans-Isomere haben typischerweise unterschiedliche physikalische Eigenschaften.

305+ cis-2-Buten ist bei Raumtemperatur **nicht** beständig,
weil
cis-2-Buten sich bei Raumtemperatur rasch in trans-2-Buten umlagert.

306 Maleinsäure und Fumarsäure sind E/Z-Isomere,
weil
E/Z-Isomere selbst bei höheren Temperaturen **nicht** ineinander überführbar sind.

307+ Welche Aussage trifft **nicht** zu?
Folgende Verbindungspaare zeigen cis/trans-Isomerie:

(A)
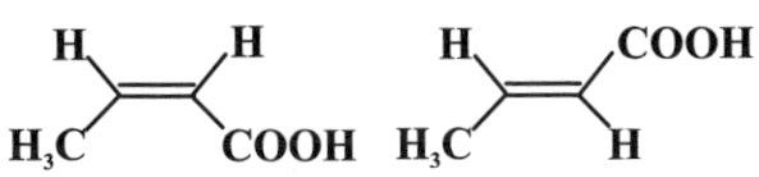

(B)
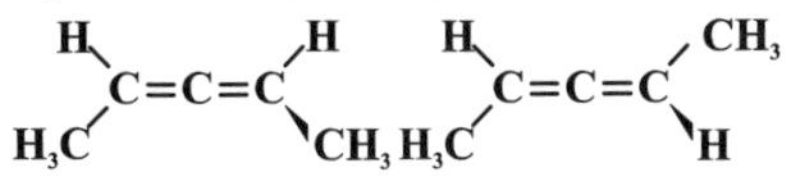

(C)
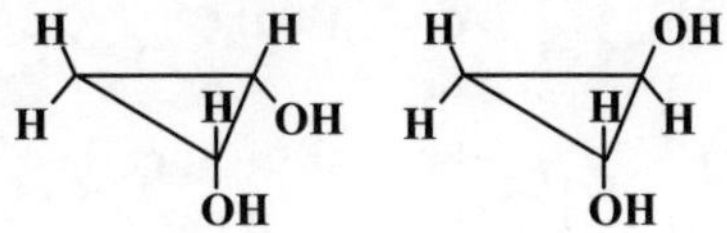

(D)
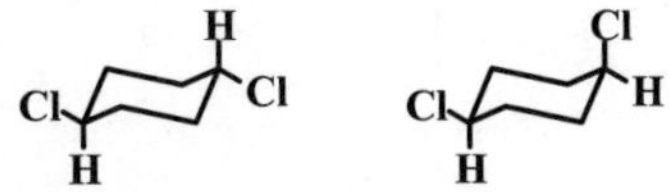

(E)
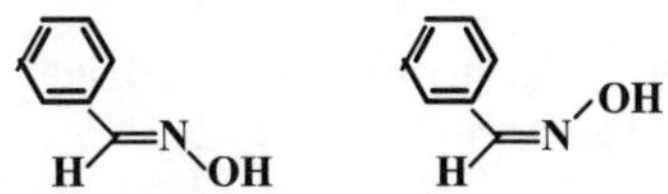

308 Welche der aufgeführten Konfigurationsisomere entsprechen nach dem E/Z-System der E-Form?

(1)
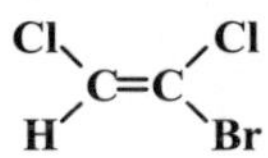

(3)
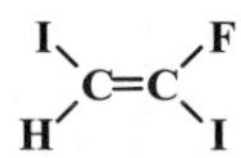

(2)
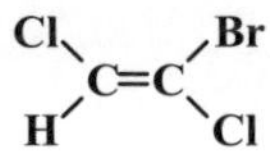

(A) nur 2 ist richtig
(B) nur 3 ist richtig
(C) nur 1 und 2 sind richtig
(D) nur 1 und 3 sind richtig
(E) 1–3 = alle sind richtig

309+ Welche Verbindung liegt in der Z-Konfiguration vor?

(A)
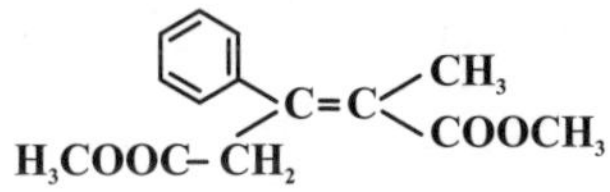

(B)
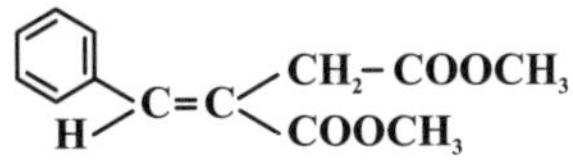

(C)
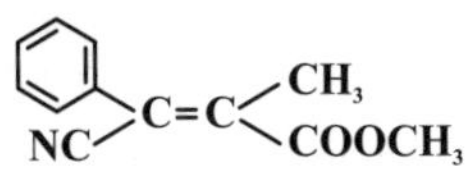

(D)
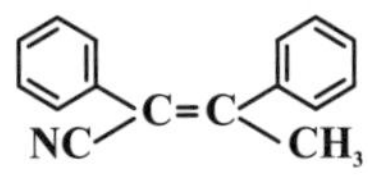

(E)
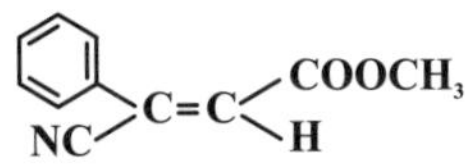

310 Welche Aussage trifft **nicht** zu?
Bei den folgenden Verbindungen handelt es sich um E-Isomere:

(A) 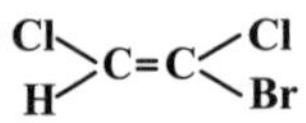

(B) 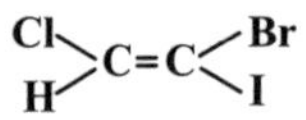

(C) 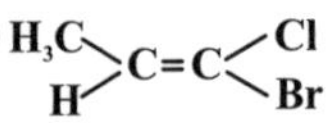

(D) 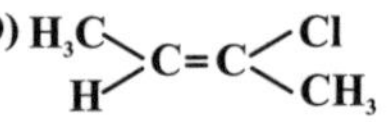

(E) 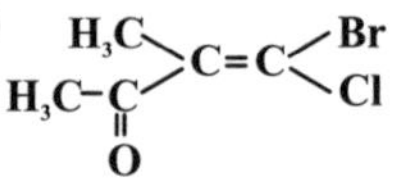

311 Welche der folgenden Verbindungen ist Z-konfiguriert?

(A) 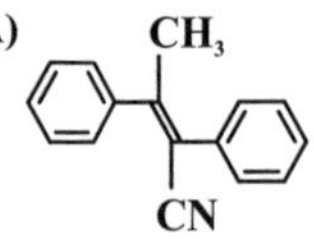

(B) 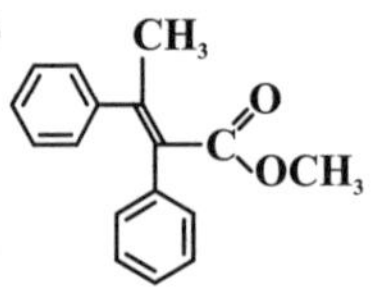

(C) 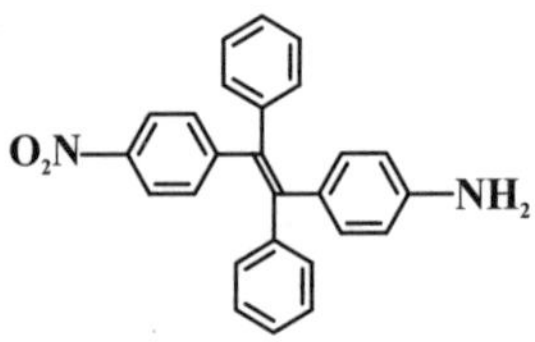

(D) 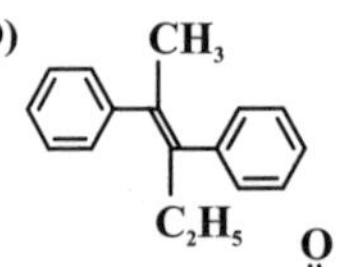

(E) 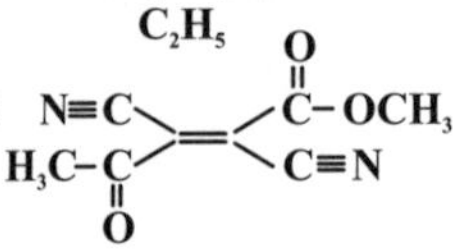

312 Welche der folgenden Strukturen stellt die E-Form des Oxims von Benzaldehyd dar?

(A) 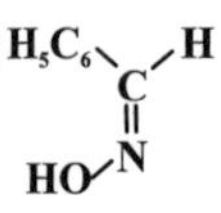

(B) 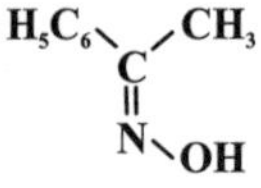

(C) 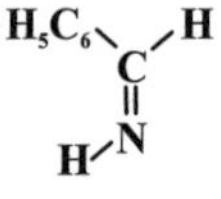

(D) 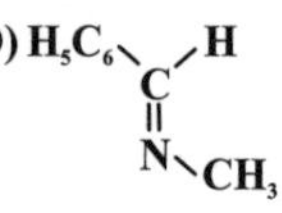

(E) 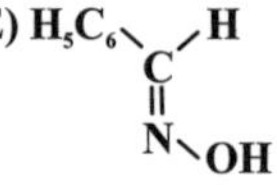

313 Oxime können keine E/Z-Isomere bilden,

weil

Oxime zu Nitrosoverbindungen tautomerisieren können.

Stereochemie an Kumulenen

314⁺ Welche Aussagen über Doppelbindungssysteme treffen zu?

(1) Alle C-Atome von Allen sind sp^2-hybridisiert.
(2) Die Allen-Doppelbindungen sind konjugiert.
(3) Kumulene mit gerader Anzahl von Doppelbindungen können in Form von E/Z-Isomeren auftreten.
(4) Kumulene mit gerader Anzahl von Doppelbindungen können bei entsprechender Substitution chiral sein.

(A) nur 4 ist richtig
(B) nur 1 und 3 sind richtig
(C) nur 3 und 4 sind richtig
(D) nur 1, 2 und 3 sind richtig
(E) nur 1, 2 und 4 sind richtig

315 Welche Aussagen zur abgebildeten Struktur treffen zu?

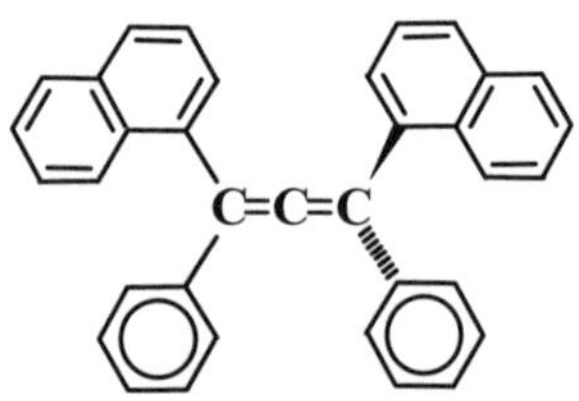

Das Molekül

(1) hat einen sp-hybridisierten Kohlenstoff
(2) ist axial chiral
(3) besitzt 36 π-Elektronen
(4) liegt als Z-Diastereomer vor
(5) besitzt ein asymmetrisches Zentrum

(A) nur 2 ist richtig
(B) nur 1 und 3 sind richtig
(C) nur 1, 2 und 3 sind richtig
(D) nur 1, 2 und 5 sind richtig
(E) 1–5 = alle sind richtig

Stereochemie an Heteroatomen

316⁺ Welche der angegebenen Stereoformeln gibt das Dimethylaminmolekül sterisch richtig wieder?

(A)

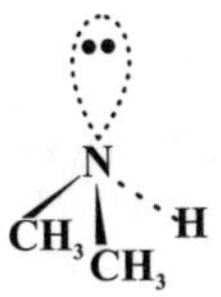

(D)

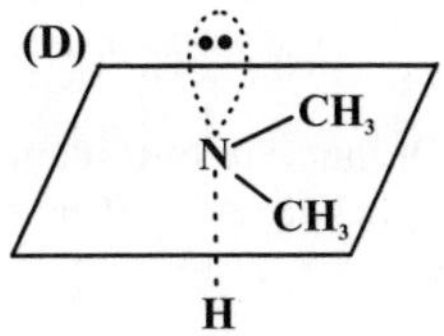

(B)

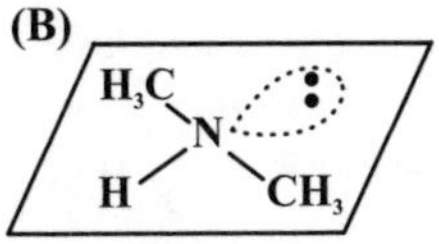

(E)

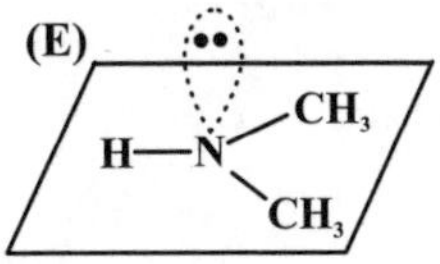

(C)

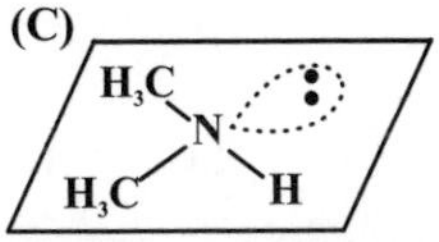

317⁺ N,N-Dimethylanilin läßt sich **nicht** in optische Antipoden spalten,
weil
bei Aminen üblicherweise am Stickstoff rasche Inversion erfolgt.

318 N-Methylanilin läßt sich **nicht** in optische Antipoden spalten,
weil
bei Aminen üblicherweise am Stickstoff rasche Inversion erfolgt.

319 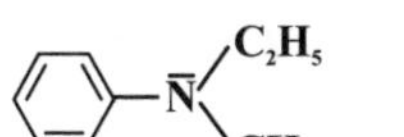 läßt sich **nicht** in optische Antipoden spalten,
weil
in tertiären Aminen der Stickstoff planar konfiguriert ist.

320 Methyl-ethyl-benzylamin ist **nicht** in Enantiomere spaltbar,
weil
die Inversionsbarriere von Methyl-ethyl-benzylamin verhältnismäßig klein ist.

321 Welche der folgenden Verbindungen besitzen ein Heteroatom als Chiralitätszentrum?

(1) 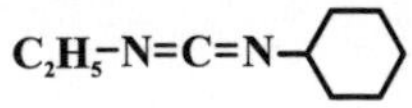

(2) 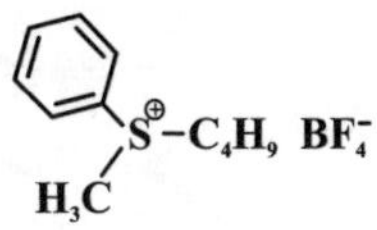

(3) 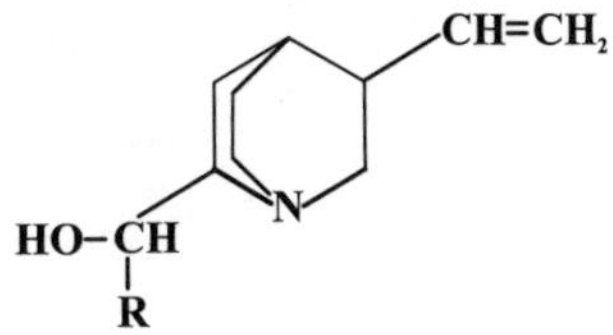

(4) 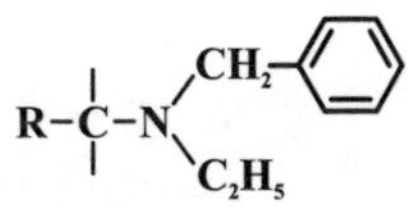

(A) nur 1 und 2 sind richtig
(B) nur 1 und 3 sind richtig
(C) nur 2 und 3 sind richtig
(D) nur 3 und 4 sind richtig
(E) 1–4 = alle sind richtig

322⁺ Welche der folgenden Schwefelverbindungen ist **nicht** chiral?

(A) $CH_3-\underset{\underset{O}{\|}}{S}-C_6H_5$

(B) $C_6H_5-SO_2-Cl$

(C) $\left[CH_3-\underset{\underset{C_2H_5}{|}}{S}-C_6H_5\right]^+ X^-$

(D) $CH_3-\underset{\underset{O}{\|}}{S}-OCH_3$

(E) $C_6H_5-\underset{\underset{O}{\|}}{S}-Cl$

323⁺ Sulfoniumsalze mit drei verschiedenen Alkylsubstituenten können **nicht** in Enantiomeren auftreten,
weil
der Schwefel in Trialkylsulfoniumsalzen dreibindig ist.

Themenübergreifende Fragen

Ordnen Sie bitte den Begriffen der Liste 1 das jeweils entsprechende Molekülpaar aus Liste 2 zu!

Liste 1

324 E/Z-Isomere

325 Enantiomere

Liste 2

(A)
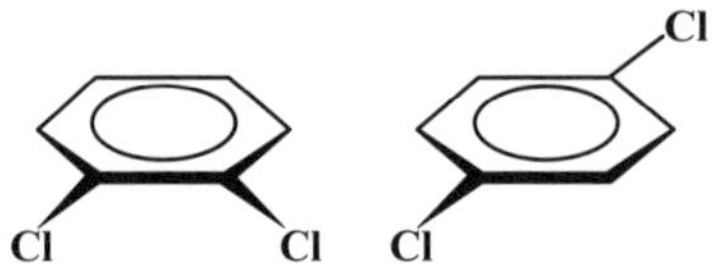

(B)
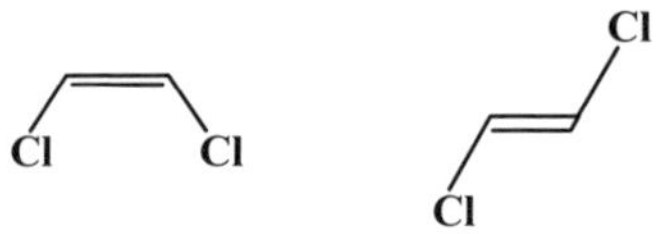

(C)

(D)
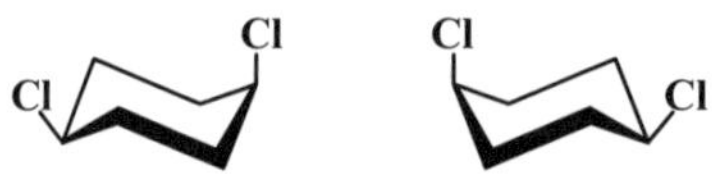

(E)

Ordnen Sie bitte den in Liste 1 aufgeführten Molekülpaaren die jeweils zutreffende Bezeichnung aus Liste 2 zu!

Liste 1

326⁺
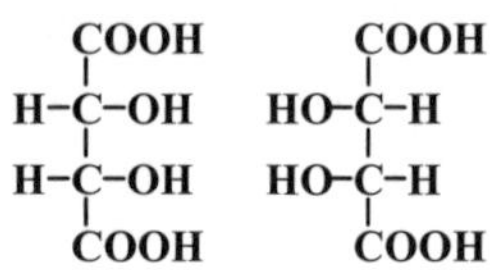

327⁺
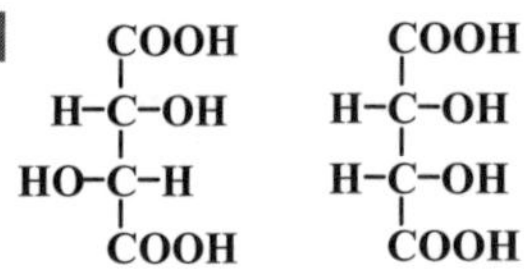

328⁺
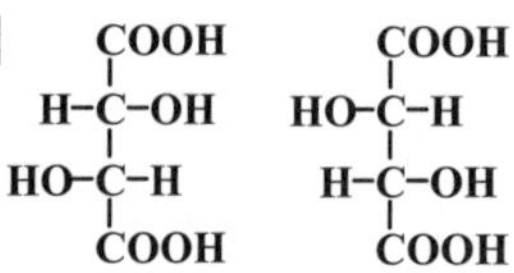

Liste 2

(A) cis/trans-Isomere
(B) Diastereomere
(C) Enantiomere
(D) identische Moleküle
(E) Konstitutionsisomere

Ordnen Sie bitte den in Liste 1 aufgeführten Molekülpaaren den jeweils zutreffenden Begriff aus Liste 2 zu!

Liste 1

329⁺
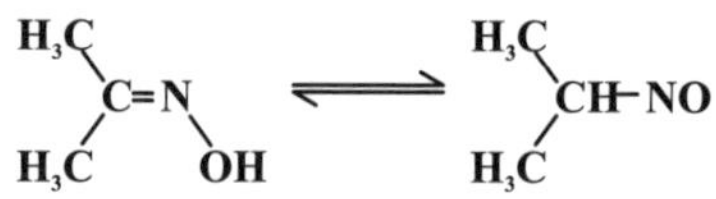

330⁺

331⁺
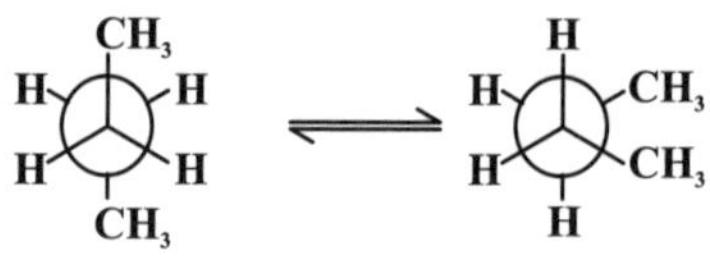

Liste 2

(A) Tautomere
(B) Mesomere
(C) syn/anti-Isomere (E/Z-Isomere)
(D) Enantiomere
(E) Konformere

Ordnen Sie bitte den in Liste 1 genannten Begriffen das jeweils zutreffende Beispiel aus Liste 2 zu!

Liste 1

332 Keto-Enol-Tautomerie

333 E/Z-Isomerie

Liste 2

(A)

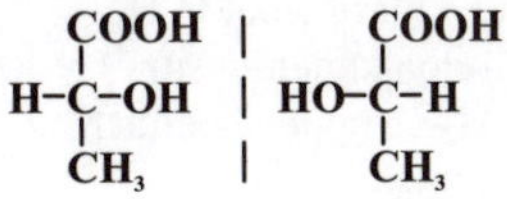

(B)

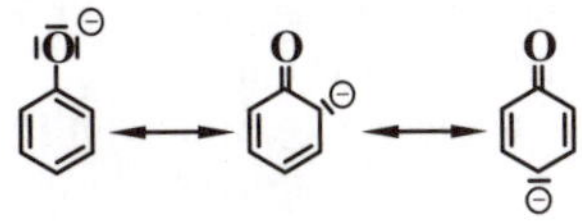

(C)

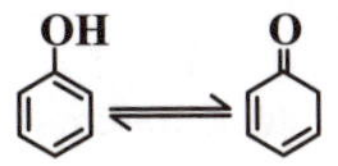

(D)

(E)

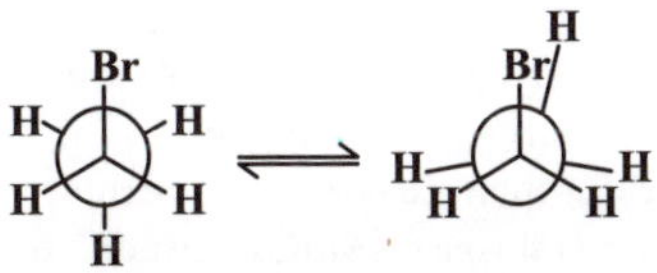

334+ Für welche der folgenden Begriffe sind zutreffende Beispiele aufgeführt?

(1) Tautomerie –

$$CH_2=C=O \rightleftharpoons {}^{\ominus}|CH_2-C\equiv O^{\oplus}$$

(2) Mesomerie –

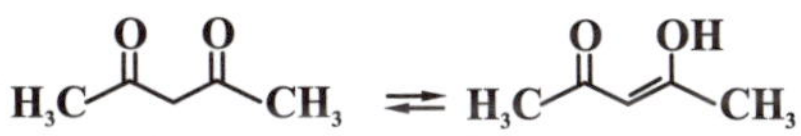

(3) Konstitutionsisomerie –

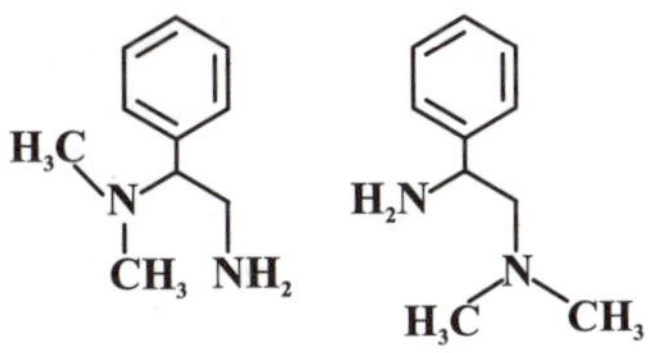

(4) E/Z-Isomerie –

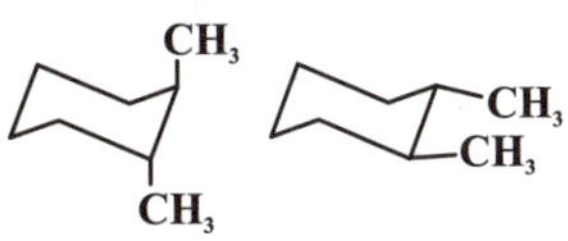

(A) nur 3 ist richtig
(B) nur 4 ist richtig
(C) nur 1 und 2 sind richtig
(D) nur 3 und 4 sind richtig
(E) nur 1, 2 und 4 sind richtig

335+ Welcher der folgenden Begriffe ist mit einem zutreffenden Beispiel charakterisiert?

(A) Tautomerie –

$$CH_2=C=O \longleftrightarrow \overset{\ominus}{\bar{C}}H_2-C\equiv\overset{\oplus}{\bar{O}}$$

(2) Mesomerie –

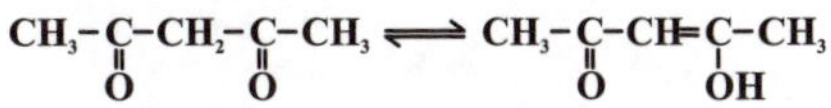

(3) Heterolyse – $Cl-Cl \xleftrightarrow{h\nu} 2\,Cl^{\bullet}$

(4) Homolyse –

$$Br-Br + FeBr_3 \longrightarrow [FeBr_4]^{\ominus} Br^{\oplus}$$

(5) Keine der Zuordnungen (A) bis (D) trifft zu.

3.4 Alkane, Cycloalkane

(siehe Ehlers, Chemie II-Kurzlehrbuch)

Alkane

336+ Welche der folgenden Verbindungen besitzt ein quartäres C-Atom?

(A)

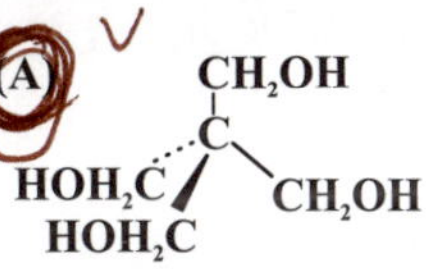

(D)

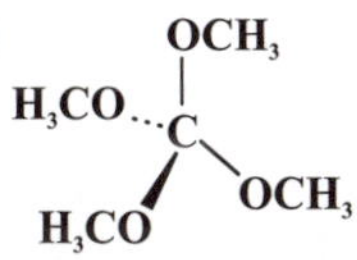

(B)

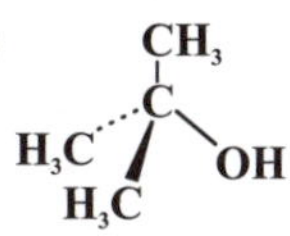

(E)

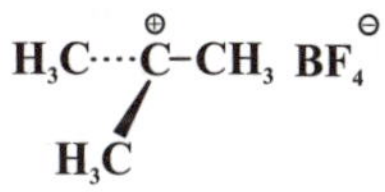

(C)

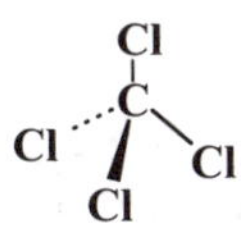

337 Wie heißt die richtige Bezeichnung für die nachfolgend abgebildete Verbindung?

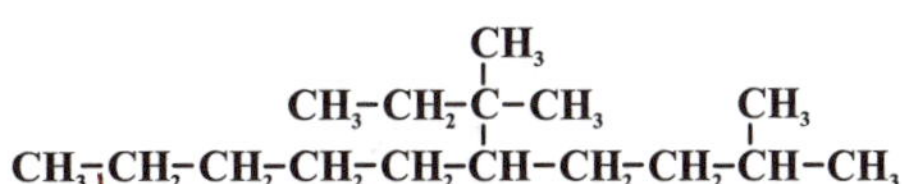

(A) 5-(1,1-Dimethylpropyl)-2-methyldecan
(B) 2-Methyl-5-[1-methylbutyl(2)]-decan

(C) 6-Isopentyl-8-isopropyloctan
(D) 2-Methyl-5-(1,1-dimethylpropyl)decan
(E) 6-(1,1-Dimethylpropyl)-9-methyldecan

338 Welche der folgenden Reaktionen bzw. Synthesen verlaufen radikalisch?

(1) Acetessigester-Synthese
(2) Kolbe-Elektrosynthese von Alkanen
(3) Hunsdiecker-Reaktion
(4) Malonester-Synthese

(A) nur 2 ist richtig
(B) nur 3 ist richtig
(C) nur 1 und 3 sind richtig
(D) nur 1 und 4 sind richtig
(E) nur 2 und 3 sind richtig

339+ Die Alkansynthese nach Kolbe liefert geradzahlige Kohlenwasserstoffe,
weil
im Verlauf der Kolbeschen Alkansynthese eine Rekombination von jeweils zwei gleichen Kohlenwasserstoffradikalen erfolgt.

340+ Welche Aussagen treffen zu?
Bei der Kolbe-Synthese (Elektrolyse-Methode) erhält man mit den Salzen folgender Carbonsäuren reines Octan:

(1) Essigsäure und Capronsäure
(2) Propionsäure und Valeriansäure
(3) Buttersäure
(4) Valeriansäure

(A) nur 3 ist richtig
(B) nur 4 ist richtig
(C) nur 1 und 2 sind richtig
(D) nur 2 und 4 sind richtig
(E) nur 1, 2 und 3 sind richtig

Cycloalkane

341 Ein Kohlenwasserstoff der Summenformel C_nH_{2n} muß ein Cycloalkan sein,
weil
Cycloalkane – bei gleicher Kohlenstoffzahl – zwei Wasserstoffatome weniger als offenkettige Alkane besitzen.

342+ Welche Aussage über Cycloalkane trifft **nicht** zu?

(A) Cycloalkane bilden eine homologe Reihe mit der Molekularformel C_nH_{2n+2}.
(B) Von den Cycloalkanen besitzt Cyclopropan pro CH_2-Gruppe die höchste Verbrennungswärme.
(C) Cyclohexan bildet in Lösung ein Konformerengleichgewicht aus.
(D) Die Bindung der H-Atome im Cyclohexan erfolgt über sp^3-Hybridorbitale des Kohlenstoffs.
(E) Cycloalkane reagieren unter Einwirkung von UV-Licht mit elementarem Chlor zu chlorsubstituierten Cycloalkanen.

343 Welche Aussage über Cyclopropan und dessen Derivate trifft **nicht** zu?

(A) Cyclopropan ist bei Raumtemperatur/Normaldruck gasförmig.
(B) Cyclopropan reagiert wie Ethylen mit kalter wäßriger $KMnO_4$-Lösung.
(C) 1,2-Disubstitutionsprodukte zeigen cis/trans-Isomerie.
(D) Cyclopropan besitzt narkotisierende Eigenschaften.
(E) Cyclopropan kann durch Enthalogenierung von 1,3-Dihalogenpropanen mit Zinkstaub dargestellt werden.

344 Welche der folgenden Reaktionen führt **nicht** zu einem Cyclobutan-Derivat?

(A) Photodimerisierung von Zimtsäure
(B) Dimerisierung von Keten, $H_2C=C=O$
(C) Malonester/Base + 1,3-Dibrompropan
(D) Dimerisierung von Allen
(E) Cyclopropylmethylamin + HNO_2

345+ Welche Aussagen über das Ruggli-Zieglersche Verdünnungsprinzip treffen zu?

(1) Es wird zur Synthese hochgliedriger Ringe angewendet.
(2) Es wird bei intramolekularen Cyclisierungen angewendet.
(3) Durch Verdünnung der Edukte werden intermolekulare Reaktionen unterdrückt.
(4) Durch Verdünnung wird die Gleichgewichtseinstellung beschleunigt.

(A) nur 1 ist richtig
(B) nur 2 und 3 sind richtig
(C) nur 1, 2 und 3 sind richtig
(D) nur 1, 3 und 4 sind richtig
(E) 1–4 = alle sind richtig

Ordnen Sie bitte den Namen der Liste 1 die jeweils entsprechende Formel aus Liste 2 zu!

Liste 1

346 Decalin

347 Tetralin

Liste 2

(A) 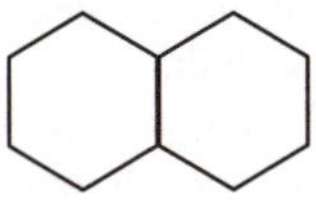

(B) 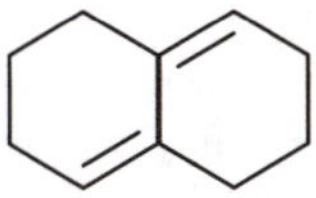

(C) 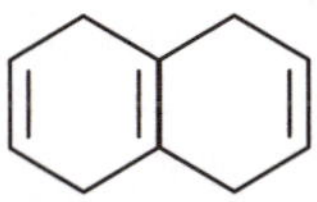

(D) 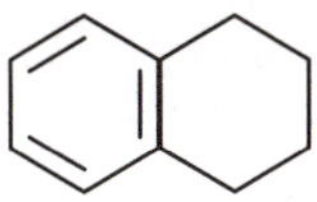

(E) 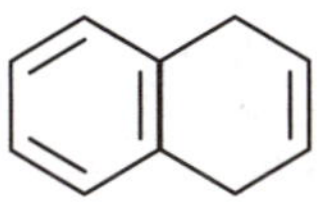

Ordnen Sie bitte den Begriffen der Liste 1 die jeweils zutreffende Struktur aus Liste 2 zu!

Liste 1

348⁺ Kondensiertes Ringsystem

349⁺ Verbrücktes Ringsystem

Liste 2

(A) 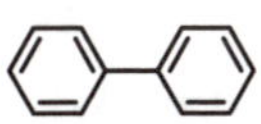

(B) 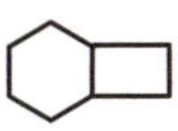

(C) 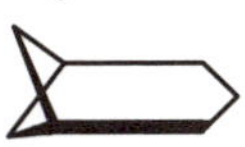

(D) 

(E) 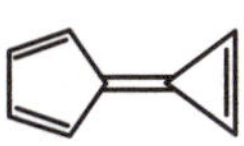

350 Welche der folgenden Verbindungen besitzt eine Spirostruktur?

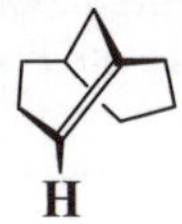

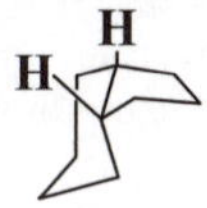

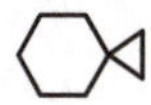

(A) **(B)** **(C)** **(D)** **(E)**

3.5 Alkene, Alkine

(siehe Ehlers, Chemie II-Kurzlehrbuch)

Alkene

351⁺ Ein Kohlenwasserstoff der Summenformel C_nH_{2n} muß ein Alken sein,
weil
Alkene – bei gleicher Kohlenstoffzahl und einer olefinischen Doppelbindung – zwei Wasserstoffatome weniger als das entsprechende offenkettige Alkan besitzen.

352⁺ Welche der angegebenen Reaktionen führt **nicht** zu einem Alken?

(A) Thermolyse von Fettsäure-Alkylestern
(B) Thermolyse von Tetramethylammoniumhydroxid
(C) Dehydrohalogenierung von Alkylhalogeniden
(D) Dehydratisierung sekundärer Alkohole
(E) Thermolyse von Alkyltosylaten

Ordnen Sie bitte den Namensreaktionen in Liste 1 die jeweils zugehörige Olefinsynthese aus Liste 2 zu!

Liste 1

353 Wittig-Reaktion

354 Hofmann-Eliminierung

Liste 2

(A) Dehydrohalogenierung von Alkylhalogeniden
(B) Dehydratisierung von Alkoholen
(C) Abbau quartärer Ammoniumhydroxide
(D) Carbonylolefinierung
(E) Alkinhydrierung

355+ Welche Aussagen über die Wittig-Reaktion treffen zu?

(1) Bei der Wittig-Reaktion werden Carbonylverbindungen mit Phosphor-Yliden zu Alkenen umgesetzt.
(2) Die Wittig-Reaktion wird auch als Carbonylolefinierung bezeichnet.
(3) Die Lage der durch Wittig-Reaktion entstehenden C=C-Doppelbindung ist nicht eindeutig.
(4) Die Wittig-Reaktion ist auf aromatische Carbonylverbindungen beschränkt.
(5) Die Wittig-Reaktion eignet sich zur technischen Synthese bestimmter ungesättigter Naturstoffe (z. B. Vitamine A und D oder β-Carotin).

(A) nur 1 und 2 sind richtig
(B) nur 1, 2 und 5 sind richtig
(C) nur 2, 3 und 4 sind richtig
(D) nur 3, 4 und 5 sind richtig
(E) 1–5 = alle sind richtig

356 Welche der folgenden Verbindungen sind Ylide?

(1) $(CH_3)_3\overset{\oplus}{N}-\overset{\ominus}{\underline{C}}H_2 \cdot LiBr$
(2) $(CH_3)_3\overset{\oplus}{N}-\overset{\ominus}{O}$
(3) $R-\overset{\oplus}{S}(OCOCH_3)-\overset{\ominus}{\underline{C}}H-R'$
(4) $(CH_3)_3\overset{\oplus}{P}-\overset{\ominus}{\underline{C}}H_2$
(5) $R_2\overset{\oplus}{S}-\overset{\ominus}{O}$

(A) nur 1 und 2 sind richtig
(B) nur 3 und 5 sind richtig
(C) nur 4 und 5 sind richtig
(D) nur 1, 3 und 4 sind richtig
(E) 1–5 = alle sind richtig

357 Welche Aussage zur Wittig-Reaktion trifft **nicht** zu?

(A) Als Intermediate entstehen Carbene.
(B) Als Reagenz fungiert z. B. das Methylentriphenylphosphoran.
(C) Als Intermediate können C^--P^+-Betaine gebildet werden.
(D) Als Intermediate können Oxaphosphetane entstehen.
(E) Die Reaktion kann zu E- und Z-Olefinen führen.

358+ Welche der folgenden Aussagen zur Darstellung und zu Reaktionen von Propen trifft **nicht** zu?

(A) 1-Propanol und 2-Propanol können zu Propen dehydratisiert werden.
(B) Durch Umsetzung von Propen mit N-Bromsuccinimid wird 2-Brom-propen gewonnen.
(C) Addition von Schwefelsäure an Propen und nachfolgende Hydrolyse führt zu 2-Propanol.
(D) Durch Hydroborierung von Propen und nachfolgende Oxidation des Additionsproduktes erhält man 1-Propanol.
(E) Die Alkylierung von Benzen mit Propen zu Cumen verläuft als elektrophile Substitution.

359 Welche der folgenden Reagenzien sind zum Nachweis von C=C-Doppelbindungen geeignet?

(1) $KMnO_4$
(2) O_3
(3) KOH
(4) O_2
(5) ammoniakalische $CuSO_4$-Lösung

(A) nur 1 und 2 sind richtig
(B) nur 2 und 3 sind richtig
(C) nur 1, 2 und 3 sind richtig
(D) nur 2, 4 und 5 sind richtig
(E) nur 3, 4 und 5 sind richtig

360 Welche Aussagen über die Hydroborierung von Alkenen mit Diboran treffen zu?

(1) Sie führt zu isolierbaren Trialkylboranen.
(2) Bei unsymmetrischen Alkenen erfolgt regioselektive Addition unter Bindung des Bors am höher substituierten Kohlenstoff.
(3) Die Addukte sind an der Luft beständig.
(4) Bei Einwirkung von alkalischer Wasserstoffperoxid-Lösung auf die Addukte entstehen Alkohole.

(A) nur 1 und 2 sind richtig
(B) nur 1 und 4 sind richtig

(C) nur 1, 2 und 3 sind richtig
(D) nur 2, 3 und 4 sind richtig
(E) 1–4 = alle sind richtig

361 Aus welchen Edukten entsteht das Produkt P durch kombinierte Hydroborierung/alkalische H_2O_2-Oxidation?

P : 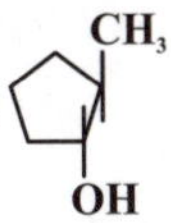

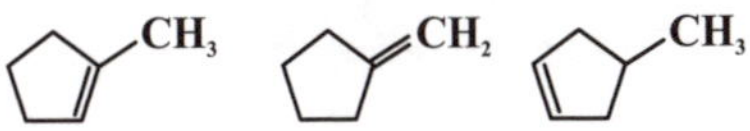

(1) (2) (3)

(A) nur 1 ist richtig
(B) nur 2 ist richtig
(C) nur 3 ist richtig
(D) nur 1 und 2 sind richtig
(E) nur 2 und 3 sind richtig

Alkine

362⁺ Welches Reaktionsprodukt bildet sich bei der Addition von Propionsäure an Ethin?

(A) $H_5C_2COO{-}CH{=}CH_2$
(B) $H_5C_2CO{-}CH_2{-}CHO$
(C) 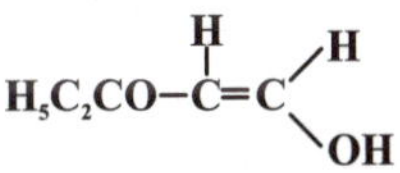
(D) 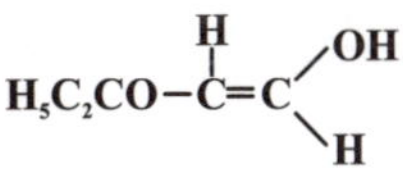
(E) 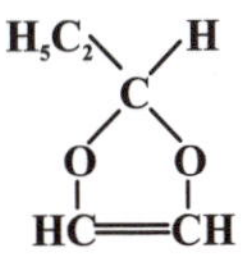

363 Die Addition von Carbonsäuren an einfach substituierte Alkine (R-C≡CH) führt zu 1,3-Diketonen,
weil
Carbonsäuren bei der elektrophilen Addition an einfach substituierte Alkine (R-C≡CH) als Acyl-Kation und Hydroxid-Ion addiert werden.

364⁺ Bei welcher der folgenden Reaktionen (Reppe-Synthesen) entsteht ein Acetylen-Derivat als Hauptprodukt?

(A) $HC{\equiv}CH + C_2H_5OH \longrightarrow$
(B) $HC{\equiv}CH + C_{18}H_{37}COOH \longrightarrow$
(C) $HC{\equiv}CH + HCHO \xrightarrow{(CuCl_2)}$
(D) $HC{\equiv}CH + HCN \longrightarrow$
(E) $HC{\equiv}CH + H_2O/CO \longrightarrow$

Themenübergreifende Fragen

365⁺ Welche Aussage über ungesättigte Kohlenwasserstoffe trifft **nicht** zu?

(A) Acetylen ist acider als Ethylen.
(B) Acetylen und Wasser können zu Acetaldehyd umgesetzt werden.
(C) Bei der Oxidation von Alkenen mit Permanganat-Lösung entstehen intermediär cyclische Ester.
(D) Die Rotationsbarriere bei Ethylen beträgt etwa 12,5 kJ/mol (3 kcal/mol).
(E) Aus Aluminiumtriethyl und Ethylen entstehen unter geeigneten Bedingungen Aluminiumtrialkyle mit längeren Alkylketten.

366 Welche Aussage über ungesättigte Kohlenwasserstoffe trifft **nicht** zu?

(A) Der Dampf-Crack-Prozeß (steamcracking) dient zur Herstellung industriell wichtiger Olefine.
(B) Durch Anlagerung von Wasser an Acetylen (Hg^{2+}-Katalyse) in Schwefelsäure entsteht Acetaldehyd.
(C) Bei der Oxidation von Alkenen mit schwach alkalischer Permanganat-Lösung entstehen intermediär cyclische Ester.
(D) Die Hydrobromierung von Alkenen erfolgt entgegen der Markownikow-Regel.
(E) Aus Aluminiumtriethyl und Ethylen können unter geeigneten Bedingungen Aluminiumtrialkyle mit längeren Alkylketten entstehen.

3.6 Aromatische Kohlenwasserstoffe

(siehe Ehlers, Chemie II-Kurzlehrbuch)

Nomenklatur

Ordnen Sie bitte den in Liste 1 aufgeführten aromatischen Kohlenwasserstoffen die jeweils zutreffende Strukturformel aus Liste 2 zu!

Liste 1

367+ Phenanthren

368+ Benzo-a-pyren (3,4-Benzpyren)

369 Chrysen

370 Naphthalen

Liste 2

(A) 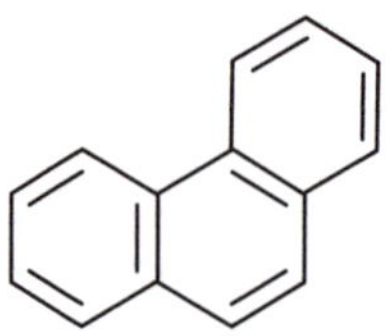

(B) 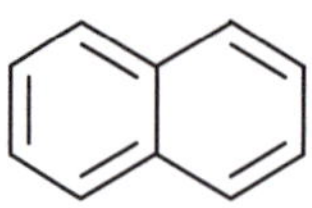

(C) 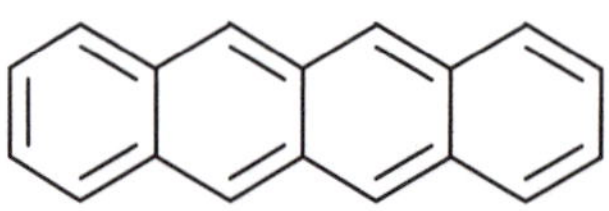

(D) 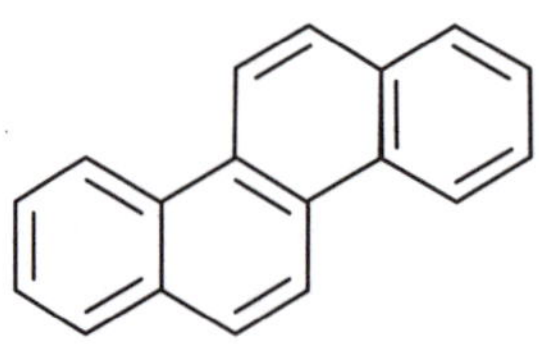

(E) 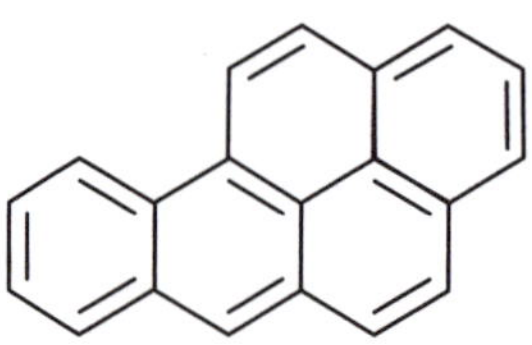

Ordnen Sie bitte den in Liste 1 genannten Substanzen die jeweils entsprechende Formel aus Liste 2 zu!

Liste 1

371 Anthracen

372 Azulen

Liste 2

(A) 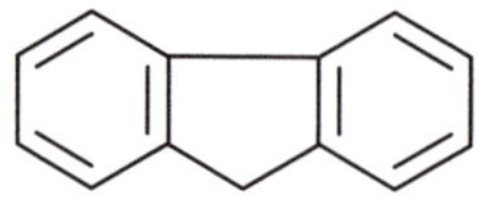

(B) 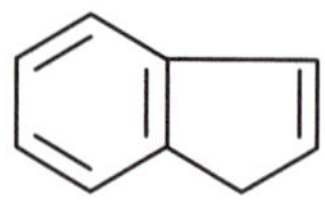

(C) 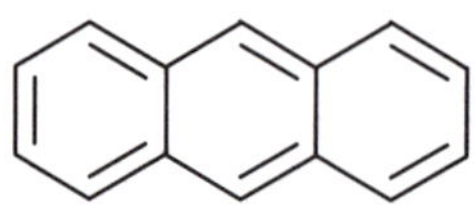

(D) 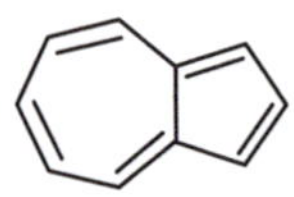

(E) 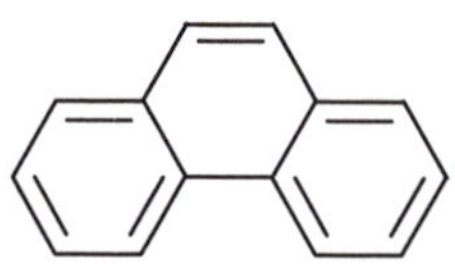

373+ In welchen der folgenden Ringsysteme gehört mindestens ein Kohlenstoffatom gleichzeitig drei Ringen an?

(1) Anthracen
(2) Triphenylen
(3) Benzo-a-pyren
(4) Phenanthren

(A) nur bei 1
(B) nur bei 3
(C) nur bei 2 und 4
(D) nur bei 3 und 4
(E) nur bei 1, 2 und 4

374⁺ Welche Aussage trifft zu?
Bei drei verschiedenen Substituenten an Benzol (Benzen) beträgt die Zahl der möglichen Konstitutionsisomeren:

(A) 5
(B) 6
(C) 8
(D) 9
(E) 10

375 Wieviele Stellungsisomere bildet ein identisch trisubstituiertes Naphthalen-Derivat?

(A) 3
(B) 4
(C) 5
(D) 6
(E) 14

Struktur und chemische Eigenschaften

Ordnen Sie bitte den in Liste 1 gegebenen Begriffen die jeweils entsprechende Strukturformel aus Liste 2 zu!

Liste 1

376⁺ Valenzisomeres des Benzens

377⁺ nichtbenzoider Aromat

Liste 2

(A) 

(B) 

(C) 

(D) 

(E) 

Ordnen Sie bitte den in Liste 1 aufgeführten Begriffen die jeweils entsprechende Formel aus Liste 2 zu!

Liste 1

378 Prototropie

379 Valenzisomerie

Liste 2

(A) 

(B) 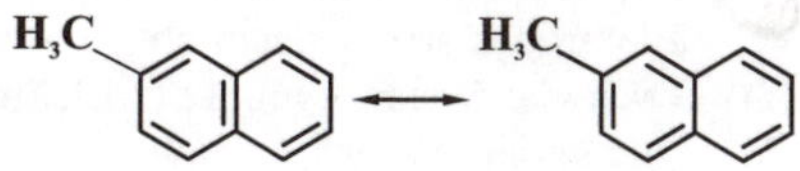

(C) 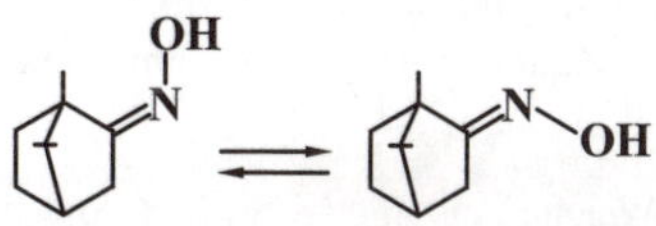

(D) 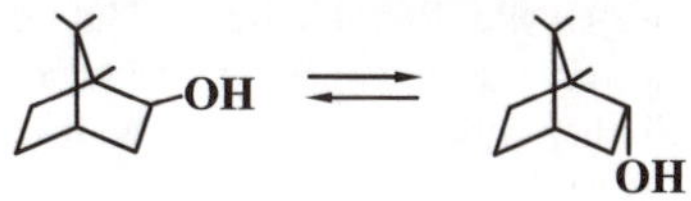

(E) 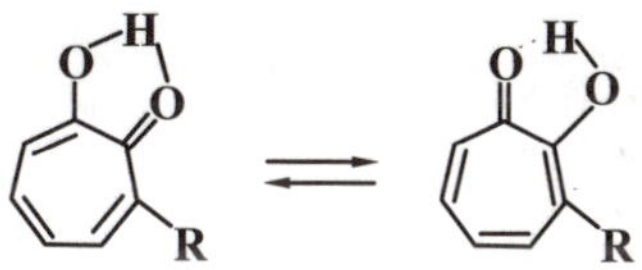

380⁺ Welche der angegebenen Formeln für das Benzenmolekül werden als „Kekulé-Formeln" bezeichnet?

(1) (2) (3) (4) (5)

(A) nur 3 ist richtig
(B) nur 1 und 5 sind richtig
(C) nur 2 und 4 sind richtig
(D) nur 1, 2 und 5 sind richtig
(E) nur 2, 3 und 4 sind richtig

381 Welches Charakteristikum ist **nicht** Kriterium des aromatischen Zustandes nach Hückel?

(A) cyclisches System
(B) planares System
(C) elektrische Neutralität
(D) $(4n + 2)\pi$-Elektronen
(E) sp^2-hybridisierte Ringatome

382 Welche Aussage zur Hückel-Regel trifft **nicht** zu?

(A) Das kleinste aromatische Ringsystem ist das Cyclopropenylium-Kation.
(B) Das Cyclooctatetraenyl-Dianion weist ein 10 π-Elektronensystem auf.
(C) Ebene cyclische Systeme mit $(2n + 2)\pi$-Elektronen sind aromatisch.
(D) Cyclische Systeme mit 12 π-Elektronen sind antiaromatisch.
(E) Die Anzahl der π-Elektronen kann von der Zahl der Ringglieder abweichen.

383+ Welche Aussage trifft **nicht** zu?
Nach der Hückel-Regel kann die Zahl der delokalisierten π-Elektronen in carbocyclischen aromatischen Systemen u. a. betragen:

(A) 2
(B) 4
(C) 10
(D) 14
(E) 18

384 Welche der folgenden Aussagen zu Hückel-aromatischen Systemen treffen zu?

(1) Planare, cyclisch konjugierte Systeme mit $(4n + 2)$ π-Elektronen sind aromatisch.
(2) Aromaten gehen Substitutions-, aber keine Additionsreaktionen ein.
(3) Planare, cyclische Systeme mit $(4n)\pi$-Elektronen werden als antiaromatisch bezeichnet.
(4) Das Cyclopropenylium-Kation ist aromatisch.
(5) Die C-C-Bindungslängen in Benzen alternieren.

(A) nur 2 und 4 sind richtig
(B) nur 3 und 5 sind richtig
(C) nur 1, 3 und 4 sind richtig
(D) nur 1, 3, 4 und 5 sind richtig
(E) 1–5 = alle sind richtig

385 Welche der folgenden Kriterien kennzeichnen einen aromatischen Kohlenwasserstoff (Aren)?

(1) cyclisches System
(2) nach Hückel $(4n + 2)$ delokalisierte π-Elektronen
(3) planarer (ebener) Bau
(4) Dominanz der S_E-Reaktion beim unsubstituierten Molekül

(A) nur 1 und 2 sind richtig
(B) nur 1 und 3 sind richtig
(C) nur 2 und 3 sind richtig
(D) nur 1, 2 und 4 sind richtig
(E) 1–4 = alle sind richtig

386+ Welche Aussage zum Cyclopentadienid trifft **nicht** zu?

(A) Es enthält ein $(4n + 2)\pi$-Elektronensystem.
(B) Alle C-Atome liegen in einer Ebene.
(C) Die π-Elektronen sind über den Ring delokalisiert.
(D) Es besitzt die gleiche Resonanzenergie wie Naphthalen.
(E) Alle C-Atome sind sp^2-hybridisiert und ihre Bindungsabstände sind gleich lang.

387+ Welche Aussage trifft **nicht** zu?
Folgende Moleküle bzw. Ionen besitzen aromatischen Charakter:

(A) Cyclopropenylium-Kation
(B) Cyclobutadien
(C) Cyclopentadienyl-Anion
(D) Cycloheptatrienylium-Kation
(E) Thiophen

388+ Welche Aussage trifft **nicht** zu?
Nichtbenzoide Hückel-Aromaten

(A) sind stets cyclische Systeme
(B) haben aromatischen Charakter
(C) können als Anionen oder Kationen vorliegen
(D) können als dipolare Verbindungen vorliegen
(E) haben stets ein π-Elektronensextett

389 Welche der folgenden Verbindungen ist aromatisch?

(A) 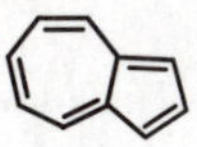

(B) 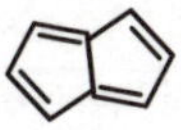

(C) 

(D) 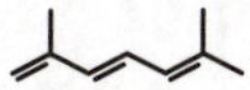

(E) 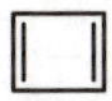

390⁺ Welche Verbindung ist **nicht** aromatisch?

(A) 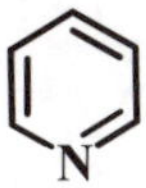

(B) 

(C) 

(D) 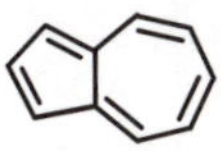

(E) 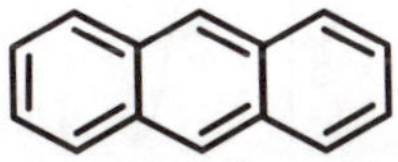

391⁺ Bei welcher der folgenden Strukturen führt Protonierung zu einem Hückel-aromatischen System?

(A) 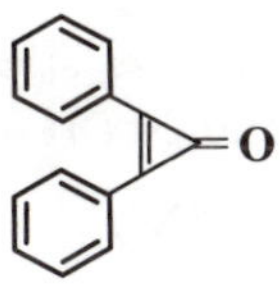

(B) 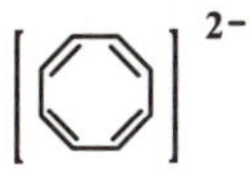

(C) 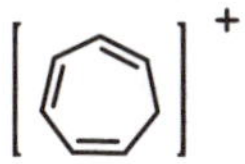

(D) 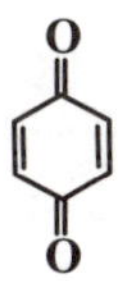

(E) 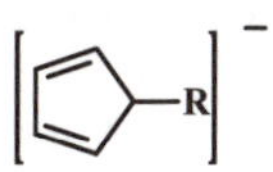

392 Bei welcher der folgenden Reaktionen entsteht ein aromatisches System?

(A) 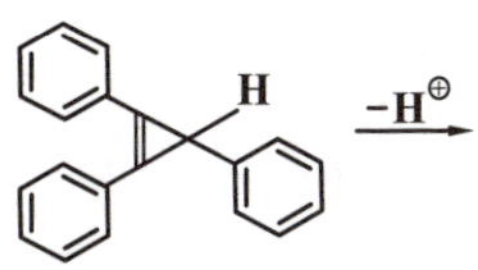

(B) 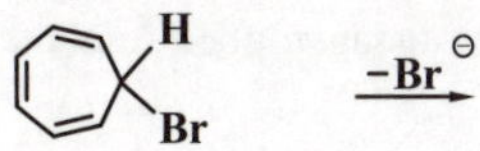

(C) 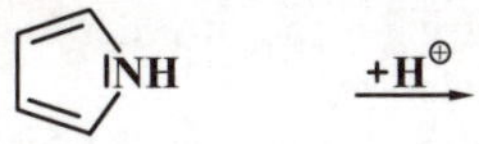

(D) 

(E) 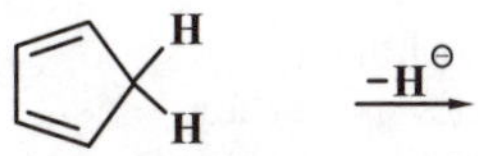

393⁺ Durch Deprotonierung von Cyclopentadien wird ein antiaromatisches π-Elektronensystem gebildet,
weil
im Cyclopentadienyl-Anion keine cyclische π-Elektronenresonanz möglich ist.

394 Benzen hat eine wesentlich größere Mesomerieenergie als Hexatrien,
weil
Benzen im Gegensatz zu Hexatrien ein cyclisches π-Elektronensextett ausbildet.

395⁺ Welche Reihenfolge trifft zu?
Die folgenden Verbindungen sind nach **abnehmendem** aromatischen Charakter geordnet:

(A) Benzen > Naphthalen > Anthracen > Tetracen
(B) Tetracen > Anthracen > Naphthalen > Benzen
(C) Anthracen > Tetracen > Benzen > Naphthalen
(D) Benzen > Naphthalen > Tetracen > Anthracen
(E) Benzen > Tetracen > Naphthalen > Anthracen

Eigenschaften des Azulens

396⁺ Zu welchem Verbindungstyp gehört Azulen?

(A) benzoider Aromat
(B) nichtbenzoider Aromat
(C) Heteroaromat
(D) Antiaromat
(E) Keine der Aussagen (A) bis (D) trifft zu.

397+ Welche Aussagen über Azulene treffen zu?

(1) Sie zählen zu den benzoiden Aromaten.
(2) Der Fünfring ist negativ, der Siebenring positiv polarisiert.
(3) Der Fünfring ist positiv, der Siebenring negativ polarisiert.
(4) Elektrophile Reaktionen erfolgen sehr leicht an der 1- bzw. 3-Position.

(A) nur 1 ist richtig
(B) nur 1 und 2 sind richtig
(C) nur 2 und 4 sind richtig
(D) nur 3 und 4 sind richtig
(E) nur 1, 3 und 4 sind richtig

398 Welche Aussage über Azulen trifft **nicht** zu?
Azulen

(A) ist ein kondensierter Kohlenwasserstoff mit einem 10π-Elektronensystem
(B) zählt zu den benzoiden Aromaten
(C) ist sowohl elektrophil als auch nucleophil substituierbar
(D) ist eine blaue Verbindung
(E) ist eine schwache, in starken Säuren lösliche Base

399 Elektrophile Substitutionsreaktionen an Azulen erfolgen am 5-gliedrigen Carbocyclus,
weil
die Elektronendichte im 5-gliedrigen Carbocyclus von Azulen verringert ist.

Elektrophile Substitution am Aromaten

400 Welches der folgenden Energie-Reaktionskoordinaten-Diagramme ist für die angegebene Reaktion charakteristisch?

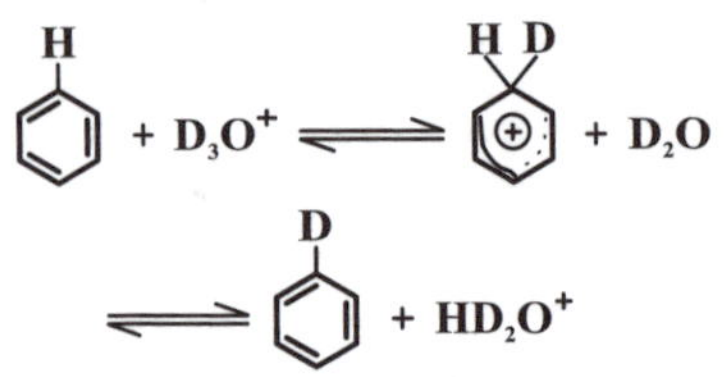

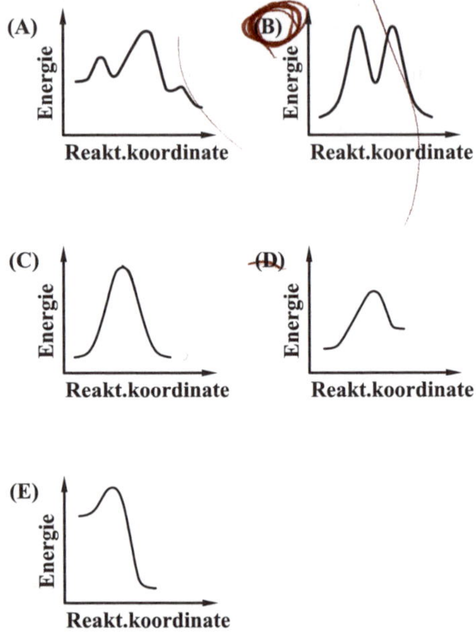

401 Welche der folgenden Umsetzungen können als elektrophile Substitution am Aromaten aufgefaßt werden?

(1) Brombenzen + Nitriersäure ⟶
(2) p-Chlornitrobenzen + Na_2CO_3-Lösung $\xrightarrow{130\,°C}$
(3) Phenol + $NaNO_2$/HCl ⟶
(4) 2,4-Dinitrofluorbenzen + Peptid ⟶
(5) Chlorbenzen + 15 proz. NaOH $\xrightarrow{350\,°C}$

(A) nur 1 und 3 sind richtig
(B) nur 2 und 5 sind richtig
(C) nur 1, 2 und 4 sind richtig
(D) nur 1, 3 und 5 sind richtig
(E) nur 2, 4 und 5 sind richtig

402 Welche Reaktionspartner reagieren im Sinne einer elektrophilen aromatischen Substitution miteinander?

(1) 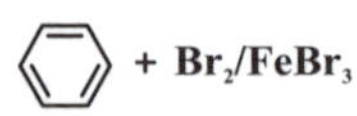

(2) 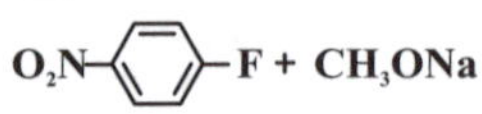

(3) 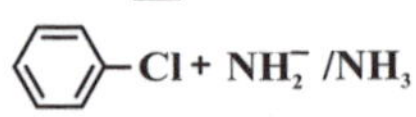

(4) 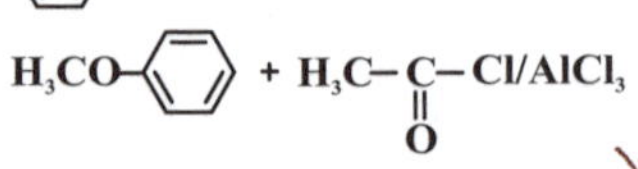

(A) nur 1 und 2 sind richtig
(B) nur 1 und 3 sind richtig
(C) nur 1 und 4 sind richtig
(D) nur 2 und 3 sind richtig
(E) nur 2 und 4 sind richtig

403 Welche der folgenden Reaktionen entsprechen einer elektrophilen Substitution am Aromaten?

(1) Azokupplung
(2) Reimer-Tiemann-Reaktion
(3) Kolbe-Schmitt-Reaktion

(A) nur 1 ist richtig
(B) nur 3 ist richtig
(C) nur 1 und 2 sind richtig
(D) nur 2 und 3 sind richtig
(E) 1–3 = alle sind richtig

404 Welche der folgenden Reaktionen entspricht **nicht** einer elektrophilen Substitution am Aromaten?

(A) Nitrosierung
(B) Hydroxymethylierung
(C) Azokupplung
(D) Alkalischmelze von Arylsulfonaten
(E) Aminomethylierung

405⁺ Bei welcher der folgenden Umsetzungen handelt es sich um eine elektrophile Substitution?

(A) 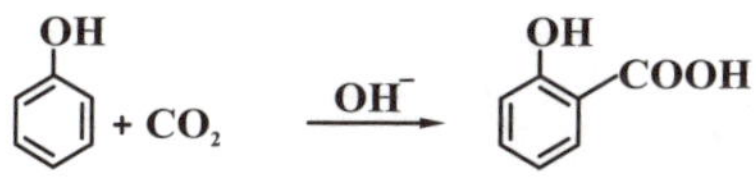

(B) 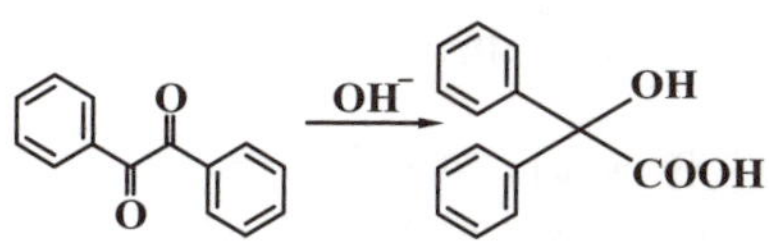

(C) 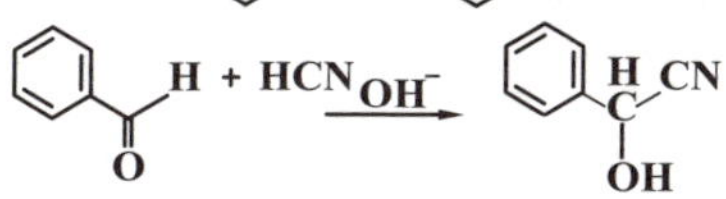

(D) 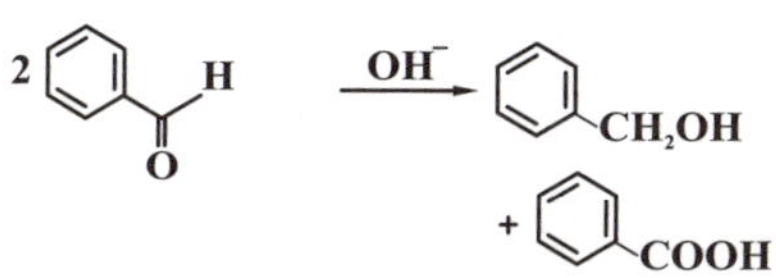

(E) bei keiner der obigen Umsetzungen

406 Welche Aussage trifft **nicht** zu?
Folgende Reaktionen können als elektrophile Substitution aufgefaßt werden:

(A) 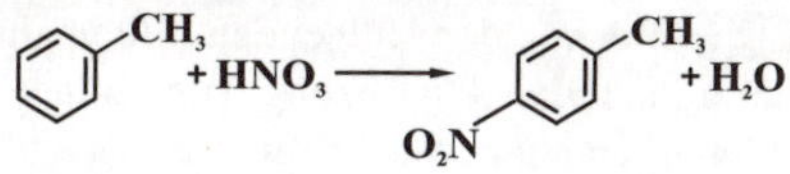

(B) 

(C) 

(D) 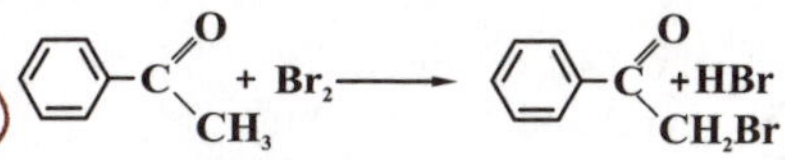

(E) 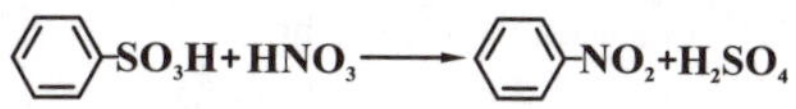

Halogenierung

407⁺ Welche Aussage zu der nachfolgend skizzierten Reaktion trifft **nicht** zu?

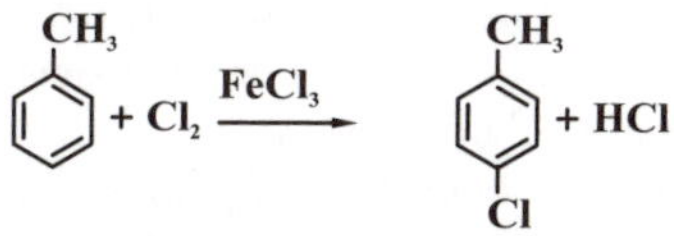

(A) Es handelt sich um eine elektrophile Substitution am Aromaten.
(B) Die Methylgruppe fungiert als Substituent 1. Ordnung.
(C) Das elektrophile Agens ist Cl^+.
(D) Die Anwesenheit von „Halogenüberträgern“ ist notwendig.
(E) Als Katalysator kann auch eine Lewis-Base dienen.

408⁺ Welche der folgenden Bedingungen führen bei der Umsetzung von Toluen mit Chlor zu einem in der Seitenkette substituierten Produkt?

(1) Zusatzreagenz : Azo-bis-isobutyronitril
(2) Zusatzreagenz : Aluminiumchlorid
(3) Temperatur : 10 °C
(4) Temperatur : 110 °C
(5) UV-Licht

(A) nur 2 ist richtig
(B) nur 1 und 3 sind richtig
(C) nur 3 und 5 sind richtig

(D) nur 1, 4 und 5 sind richtig
(E) nur 2, 3 und 5 sind richtig

409⁺ Welche der folgenden Bedingungen führen bei der Umsetzung von Toluen mit Chlor zu einem kernsubstituierten Produkt?

(1) Zusatzreagenz : Azo-bis-isobutyronitril
(2) Zusatzreagenz : Aluminiumchlorid
(3) Temperatur : 10 °C
(4) Temperatur : 110 °C
(5) UV-Licht

(A) nur 1 ist richtig
(B) nur 2 und 3 sind richtig
(C) nur 2 und 5 sind richtig
(D) nur 4 und 5 sind richtig
(E) nur 1, 4 und 5 sind richtig

410⁺ Welche Aussage über den Reaktionsverlauf der elektrophilen Bromierung von Benzen trifft **nicht** zu?

(A) Als elektrophiles Reagenz fungiert Br^+.
(B) Zur Freisetzung von Br^+ aus Br_2 ist ein Katalysator erforderlich.
(C) Vollständige Umsetzung zu Brombenzen erfolgt nur bei Einsatz von äquimolaren Mengen an Katalysator.
(D) Als Zwischenstufe wird ein Carbenium-Ion gebildet.
(E) Elektrophile Zweitsubstitution erfolgt in o- bzw. p-Position.

411⁺ Welche Reaktionswege eignen sich unter entsprechenden Bedingungen zur Darstellung von Benzylbromid?

(1) 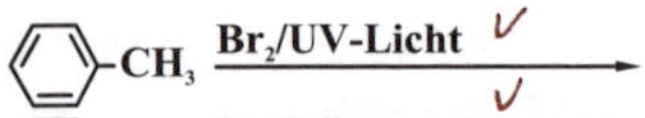

(2) 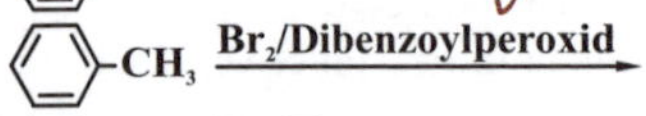

(3) 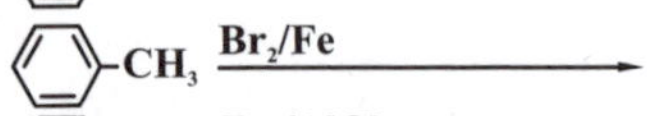

(4) 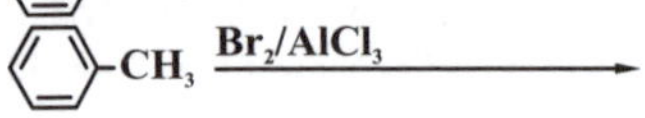

(A) nur 1 ist richtig
(B) nur 1 und 2 sind richtig
(C) nur 1 und 3 sind richtig
(D) nur 2 und 4 sind richtig
(E) nur 3 und 4 sind richtig

412 Welches Produkt entsteht bevorzugt bei der elektrophilen Bromierung von 4-Methylanilin?

(A) 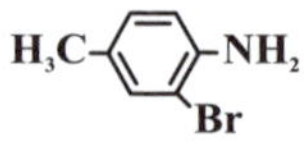

(D) 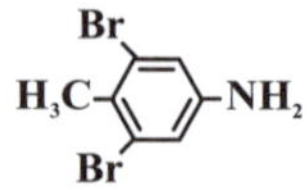

(B) 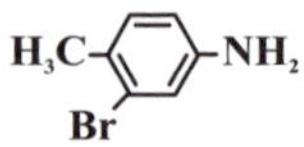

(E) 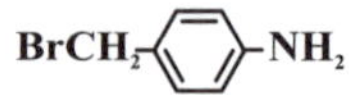

(C) 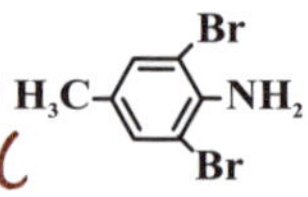

413⁺ Bei welchem der folgenden Reaktionsansätze entsteht auf direktem Weg **nicht** 2,4,6-Tribromphenol?

(A) 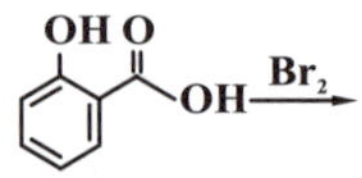

(B) 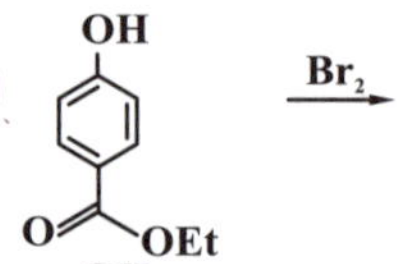

(C) 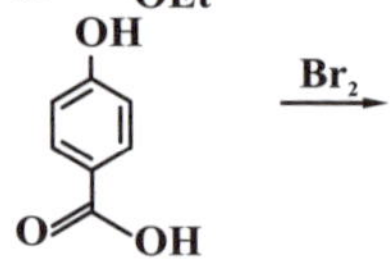

(D) 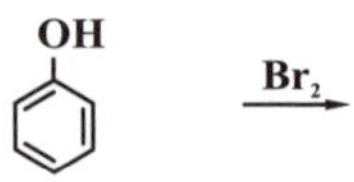

(E) 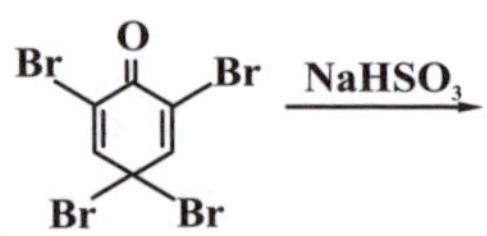

414 Welche der folgenden Verbindungen können direkt aus Phenol und Brom hergestellt werden?

(1) 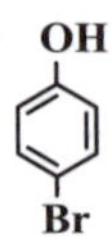

(2) 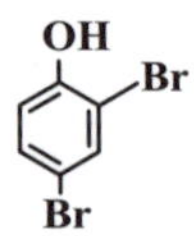

(3) 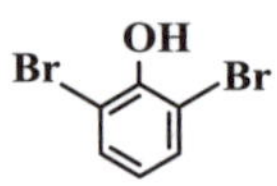

(4) 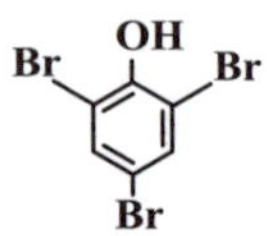

(5) 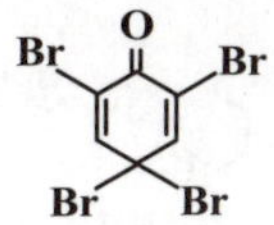

(A) nur 1 und 2 sind richtig
(B) nur 1 und 3 sind richtig
(C) nur 2 und 4 sind richtig
(D) nur 1, 2 und 4 sind richtig
(E) nur 1, 2, 4 und 5 sind richtig

Nitrierung/Nitrosierung

415 Welche Aussage trifft zu?
Bei der Reaktion

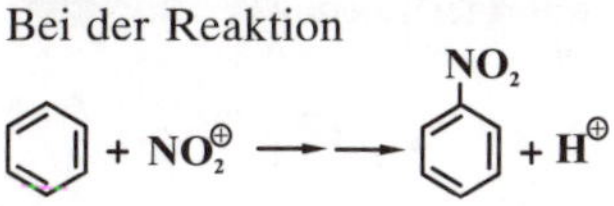

handelt es sich um eine:

(A) elektrophile Substitution
(B) elektrophile Addition
(C) nucleophile Substitution
(D) radikalische Substitution
(E) nucleophile Addition

416⁺ Welche Aussage über die Nitrierung von Benzen trifft **nicht** zu?

(A) Das elektrophile Agens ist das Nitryl-Ion.
(B) Das substituierende Teilchen entsteht durch Protonierung oder Autoprotolyse der Salpetersäure.
(C) Durch den Angriff des Elektrophils am Benzen wird zunächst ein mesomeriestabilisiertes Kation gebildet.
(D) Das Intermediärprodukt der Reaktion vermag sich unter Abspaltung eines Protons zu rearomatisieren.
(E) Die Nitrierung von Benzen ist analog der Sulfonierung reversibel.

417⁺ Welche Aussage über die Nitrierung von Benzen mit „Nitriersäure" trifft **nicht** zu?

(A) Das elektrophile Agens ist das Nitrosyl-Ion.
(B) Das substituierende Teilchen entsteht durch Protolyse der Salpetersäure.
(C) Durch den Angriff des Elektrophils an Benzen wird ein mesomeriestabilisiertes Kation gebildet.
(D) Das Intermediärprodukt der Reaktion vermag sich unter Abspaltung eines Protons zu rearomatisieren.
(E) Die Nitrierung von Benzen ist im Gegensatz zur Sulfonierung irreversibel.

418⁺ Welche Aussage über die Nitrierung von Aromaten trifft **nicht** zu?

(A) Phenol reagiert mit „Nitriersäure" bei 50–60 °C praktisch vollständig unter Bildung von Pikrinsäure.
(B) Als nitrierendes Agens dient normalerweise das Nitryl-Ion NO_2^+.
(C) Bei der Nitrierung von Nitrobenzen stellt der Aromat das Nucleophil dar.
(D) Unter „Nitriersäure" versteht man eine Mischung aus konzentrierter Salpetersäure und Schwefelsäure.
(E) Die Nitrierung von Aromaten ist in der Regel irreversibel.

419⁺ Welche der folgenden Aussagen über die Nitrierung von Aromaten trifft **nicht** zu?

(A) Phenol ist bei Nitrierungen reaktionsfähiger als Benzen.
(B) Bei der Nitrierung von 2-Nitrophenol entsteht hauptsächlich 2,3-Dinitrophenol.
(C) Als elektrophiles Agens ist NO_2^+ aufzufassen, das durch Autoprotolyse von Salpetersäure entstehen kann.
(D) Bei der Nitrierung von Aromaten ist keine Katalyse durch $AlCl_3$ notwendig.
(E) Bei der Nitrierung von Nitrobenzen ist mit m-Substitution zu rechnen.

420⁺ Welche Gleichung gibt die Darstellung von p-Nitrotoluen richtig wieder?

(A) 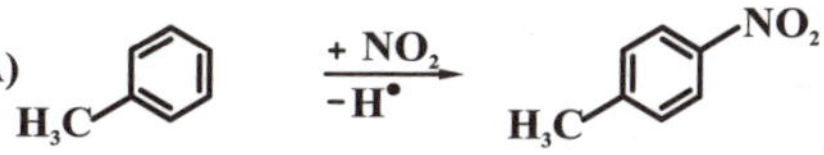

(B) 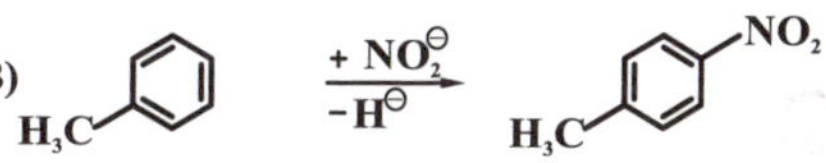

(C) 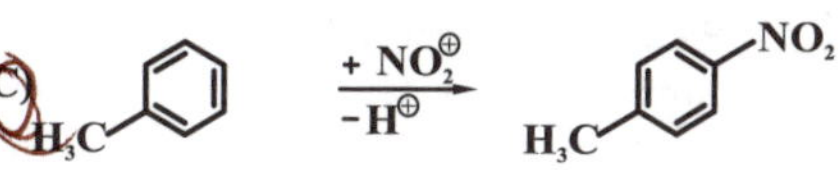

(D) 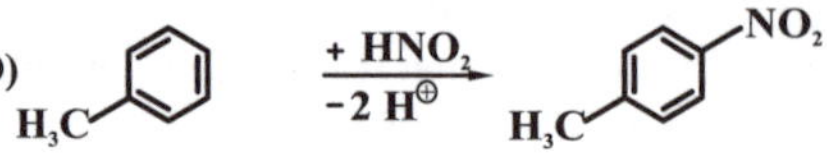

(E) 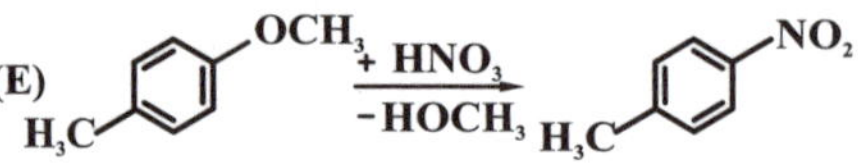

421 Nitrobenzen läßt sich mit „Nitriersäure“ (HNO_3/H_2SO_4) nicht in 1,3-Dinitrobenzen überführen,

weil

die Nitrogruppe ortho-, meta- und para-Positionen am aromatischen Ring für eine elektrophile Substitution im Vergleich zu Benzen desaktiviert.

422 4-Nitrobenzoesäure kann präparativ **nicht** durch Nitrierung von Benzoesäure hergestellt werden,

weil

Benzoesäure von Nitriersäure **nicht** nitriert wird.

423 Welche der nachfolgend formulierten Reaktionen verlaufen als elektrophile Substitution?

(1) 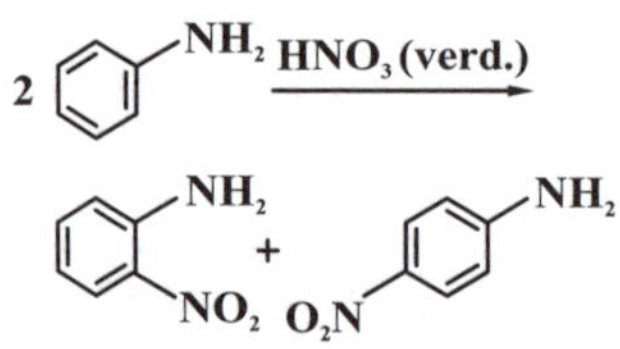

(2) 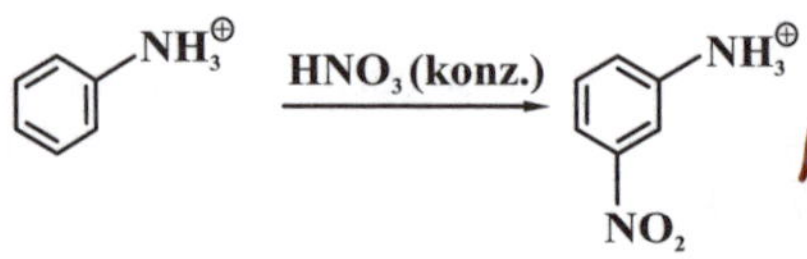

(3) 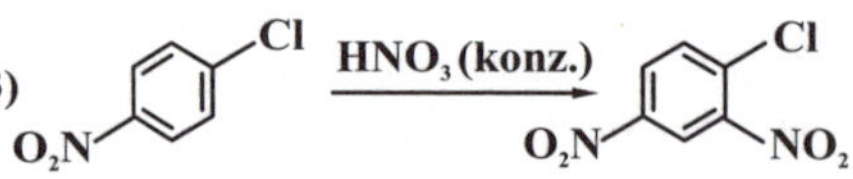

(A) nur 1 ist richtig
(B) nur 2 ist richtig
(C) nur 1 und 3 sind richtig
(D) nur 2 und 3 sind richtig
(E) 1–3 = alle sind richtig

424 Welche der nachstehend aufgeführten Verbindungen ist das Hauptprodukt bei der Umsetzung von Acetanilid mit Salpetersäure?

(A) 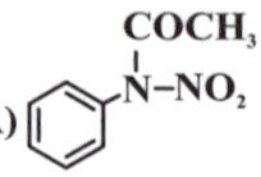

(B) 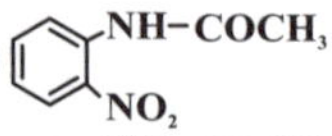

(C) 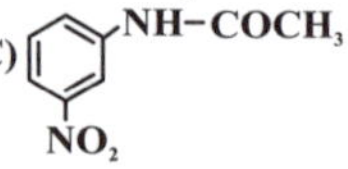

(D) 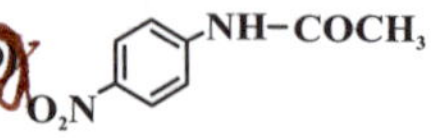

(E) 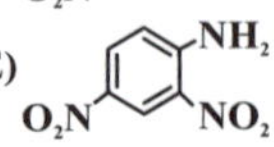

425 Welches Hauptprodukt erhält man bei der Umsetzung von N,N-Dimethylanilin mit $NaNO_2/HCl$ in wäßriger Lösung?

(A) 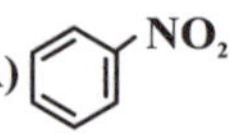

(B) 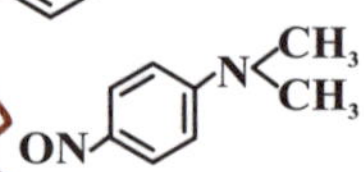

(C) 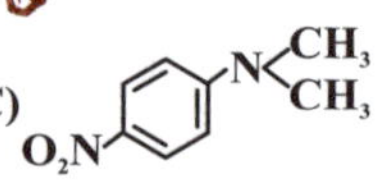

(D) 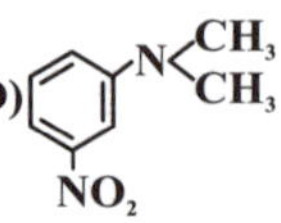

(E) 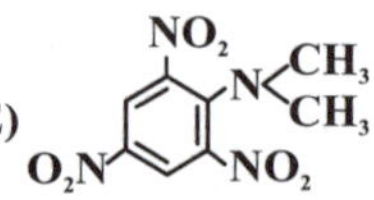

Sulfonierung

426 Die Sulfonierung von Benzen ist im Gegensatz zu den meisten elektrophilen Substitutionsreaktionen reversibel,

weil

die Einführung eines Sulfonsäurerestes in Benzen zu einer Verminderung der Elektronendichte des aromatischen Kerns führt.

427⁺ Welche Aussage trifft zu?

(A) Die Sulfonierung von Aromaten ist eine reversible Reaktion.
(B) Die Bariumsalze von aromatischen Sulfonsäuren sind in Analogie zu den entsprechenden Sulfaten schwer wasserlöslich.
(C) Die Sulfonierung von Aromaten verläuft nach einem nucleophilen Substitutionsmechanismus.
(D) Die Sulfonierung von Benzen bleibt auch unter forcierten Bedingungen (Temperatur > 200 °C) auf der Stufe der Benzensulfonsäure stehen.
(E) Arylsulfonsäuren sind starke Oxidationsmittel.

428+ Welches Reagenz greift bei der Arylsulfonierung am betreffenden Aromaten an?

(A) SO_2
(B) SO_3^+
(C) SO_2^+
(D) SO_3
(E) HSO_4^-

429 Welche der folgenden Aussagen zur Sulfonierung von Naphthalen mit konz. Schwefelsäure treffen zu?

(1) Bei Raumtemperatur bildet sich vorwiegend die 2-Naphthalensulfonsäure.
(2) Unterhalb 80 °C bildet sich vorwiegend die 1-Naphthalensulfonsäure.
(3) Die Bildung der 1-Naphthalensulfonsäure benötigt im Vergleich zu 2-Naphthalensulfonsäure eine niedrigere Aktivierungsenthalpie.
(4) Die Bildung der 2-Naphthalensulfonsäure erfolgt vorwiegend unter thermodynamisch kontrollierter Reaktionsführung oberhalb 120 °C.

(A) nur 1 ist richtig
(B) nur 1 und 3 sind richtig
(C) nur 2 und 3 sind richtig
(D) nur 3 und 4 sind richtig
(E) nur 2, 3 und 4 sind richtig

430+ Welche der folgenden Substitutionsreaktionen führen zu l-substituierten Naphthalenen als Hauptprodukt?

(1) 

(2) 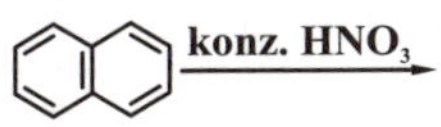

(3) 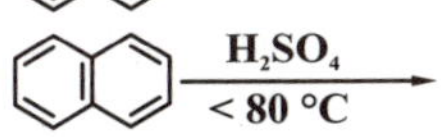

(4) 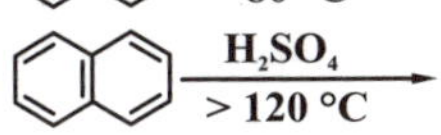

(A) nur 1 und 2 sind richtig
(B) nur 2 und 4 sind richtig
(C) nur 3 und 4 sind richtig
(D) nur 1, 2 und 3 sind richtig
(E) nur 1, 2 und 4 sind richtig

431 Welche Reihenfolge trifft zu?
Die Sulfonierungsgeschwindigkeit der genannten Benzenderivate nimmt in der folgenden Reihenfolge zu:

(A) Benzen – Ethylbenzen – Chlorbenzen – Nitrobenzen – m-Xylen.
(B) m-Xylen – Benzen – Chlorbenzen – Nitrobenzen – Ethylbenzen.
(C) Nitrobenzen – Chlorbenzen – Benzen – Ethylbenzen – m-Xylen.
(D) Chlorbenzen – Nitrobenzen – Benzen – Ethylbenzen – m-Xylen.
(E) Chlorbenzen – Nitrobenzen – Benzen – m-Xylen – Ethylbenzen.

Friedel-Crafts-Reaktionen

432+ Welcher der folgenden Aromaten kann **nicht** nach Friedel-Crafts acyliert werden?

(A) Benzen
(B) Methoxybenzen
(C) Toluen
(D) Nitrobenzen
(E) Isopropylbenzen

433+ Welche der folgenden Verbindungen werden üblicherweise als Friedel-Crafts-Katalysatoren eingesetzt?

(1) $FeCl_3$
(2) $MgCl_2$
(3) BF_3
(4) $ZnCl_2$
(5) $SnCl_4$

(A) nur 1 und 3 sind richtig
(B) nur 2 und 4 sind richtig
(C) nur 3, 4 und 5 sind richtig
(D) nur 1, 3, 4 und 5 sind richtig
(E) 1–5 = alle sind richtig

434+ Im Gegensatz zur Friedel-Crafts-Acylierung sind bei der Alkylierung – bezogen auf die Edukte – geringere als molare Mengen an Katalysator ausreichend,
weil
die Produkte einer Friedel-Crafts-Alkylierung leichter elektrophil substituierbar sind als das Edukt.

435⁺ Elektrophile Substitutionen an aromatischen Systemen sind nur bei Einsatz von Friedel-Crafts-Katalysatoren wie $AlCl_3$ möglich,
weil
Aluminiumchlorid mit Aromaten primär einen σ-Komplex bildet.

436⁺ Welche Aussage trifft zu?
Bei der Umsetzung von Propen und Benzen in Gegenwart von Phosphorsäure entsteht:

(A) n-Propylbenzen
(B) Diisopropylbenzen
(C) Propiophenon
(D) Isopropylbenzen
(E) keine der genannten Substanzen

437⁺ Welche der folgenden Verbindungen ist nach Friedel-Crafts **nicht** acylierbar?

(A) 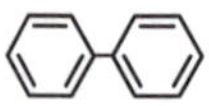
(D) 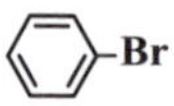

(B) 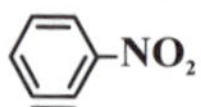

(E) 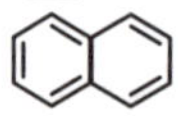
(C) 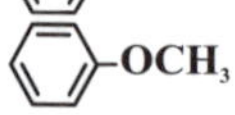

438⁺ Welche der folgenden Verbindungen kann – auch **ohne** Einsatz von Lewis-Säuren – durch Behandeln mit Acetanhydrid in ein Keton übergeführt werden?

(A) Benzonitril
(B) Pyridin
(C) Pyrrol
(D) Pyrimidin
(E) Diphenyl

439 Welche der folgenden Ketone sind durch **direkte** elektrophile Substitution des jeweiligen Heteroaromaten herstellbar?

(1) 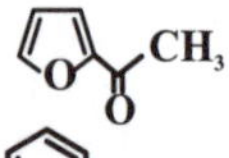

(4) 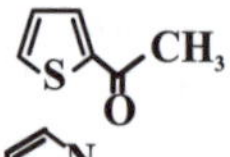

(2) 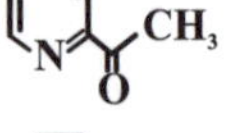

(5) 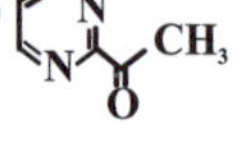

(3) 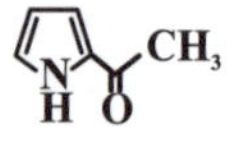

(A) nur 2 ist richtig
(B) nur 1 und 4 sind richtig
(C) nur 2 und 5 sind richtig
(D) nur 1, 3 und 4 sind richtig
(E) nur 2, 3 und 5 sind richtig

440 Die Acylierung von Toluen nach Friedel-Crafts verläuft schneller als die von Benzen,
weil
die Methylgruppe des Toluens eine elektrophile Zweitsubstitution erleichtert.

441 Die Acetylierung von Naphthalen nach Friedel-Crafts kann so gesteuert werden, daß entweder 1-Acetyl- oder 2-Acetylnaphthalen zum Hauptprodukt wird,
weil
bei der Acetylierung von Naphthalen nach Friedel-Crafts der Ort überwiegender Substitution vom Lösungsmittel abhängt.

442 Friedel-Crafts-Alkylierungen können in Diethylether durchgeführt werden,
weil
Diethylether **nicht** mit Lewis-Säuren reagiert.

Formylierungen am Aromaten

443⁺ Bei welchen der folgenden Reaktionen spielt Dichlorcarben als intermediär auftretendes Produkt eine entscheidende Rolle?

(1) Sandmeyer-Reaktion
(2) Isonitril-Reaktion
(3) Reimer-Tiemann-Synthese
(4) Gattermann-Koch-Synthese

(A) nur 3 ist richtig
(B) nur 1 und 4 sind richtig
(C) nur 2 und 3 sind richtig
(D) nur 1, 2 und 4 sind richtig
(E) nur 2, 3 und 4 sind richtig

444 Welche Aussage zur Reimer-Tiemann-Reaktion trifft **nicht** zu?

(A) In ihrem Verlauf findet eine α-Eliminierung statt.
(B) Zwischenprodukt ist Dichlorcarben.
(C) Sie verläuft über eine elektrophile Substitution am Aromaten.
(D) Aus Phenol entsteht als Hauptprodukt 4-Hydroxybenzaldehyd.
(E) Aus Indol entsteht ein Indolaldehyd.

Synthese aromatischer Aldehyde nach Vilsmeier

445⁺ Welche der folgenden Verbindungen können nach Vilsmeier formyliert werden?

(1) Anisol
(2) Nitrobenzen
(3) Benzonitril
(4) N,N-Dimethylanilin

(A) nur 1 ist richtig
(B) nur 1 und 4 sind richtig
(C) nur 2 und 3 sind richtig
(D) nur 1, 3 und 4 sind richtig
(E) 1–4 = alle sind richtig

446⁺ Als Formylierungsreagenzien können verwendet werden:

(1) Formamid
(2) N-Methylformanilid
(3) N,N-Dimethylformamid
(4) Ammoniumformiat

(A) nur 1 ist richtig
(B) nur 2 ist richtig
(C) nur 1 und 4 sind richtig
(D) nur 2 und 3 sind richtig
(E) 1–4 = alle sind richtig

447 Welche der folgenden Verbindungen wird als weiteres Reagenz bei der Vilsmeier-Reaktion eingesetzt?

(A) PCl_3
(B) $POCl_3$
(C) PCl_5
(D) H_3PO_3
(E) H_3PO_4

448⁺ In Analogie zur Friedel-Crafts-Alkylierung ist das bei der Vilsmeier-Reaktion als Katalysator geeignete $POCl_3$ in katalytisch geringer Menge einzusetzen,
weil
bei Einsatz etwa äquimolarer Mengen $POCl_3$ (bezogen auf die Ausgangsprodukte) im Rahmen der Vilsmeier-Reaktion die als Nebenreaktion ablaufende Kernhalogenierung zur Hauptreaktion würde.

449 Welche Verbindung entsteht bei der Umsetzung von Pyrrol mit N-Methylformanilid und Phosphoroxychlorid in Dichlormethan als Hauptprodukt (nach Hydrolyse)?

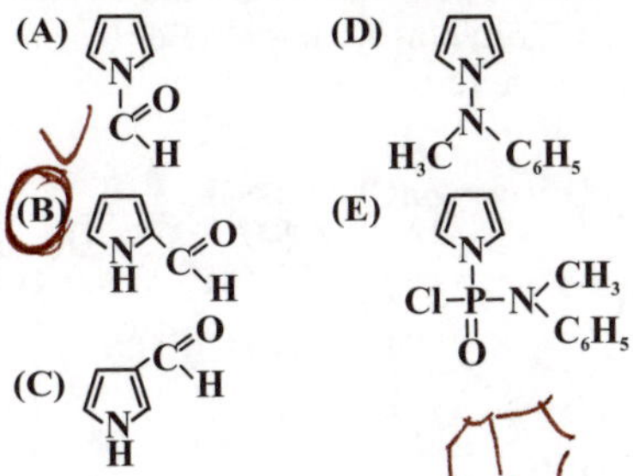

450 Die Vilsmeier-Reaktion mit Indol ergibt als Hauptprodukt Indol-2-aldehyd,
weil
die Vilsmeier-Reaktion bei reaktionsfähigen Heteroaromaten durchgeführt werden kann.

451⁺ Welche der folgenden Ausgangsstoffe eignen sich zur Formylierung nach Vilsmeier?

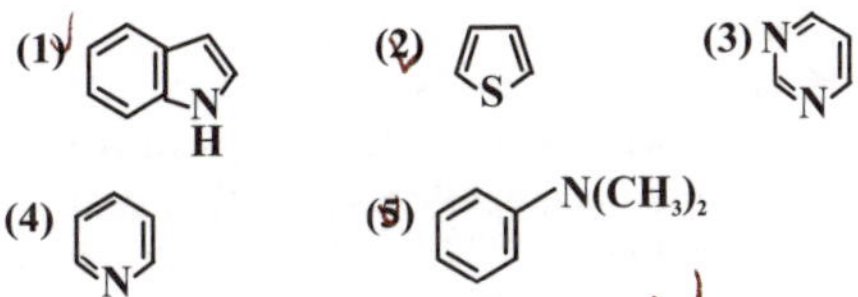

(A) nur 1 und 3 sind richtig
(B) nur 2 und 5 sind richtig
(C) nur 1, 2 und 5 sind richtig
(D) nur 1, 3 und 4 sind richtig
(E) nur 2, 4 und 5 sind richtig

452 Welches Endprodukt wird bei der Umsetzung von Brenzcatechin mit Chloracetylchlorid erhalten? ($POCl_3$ als Katalysator)

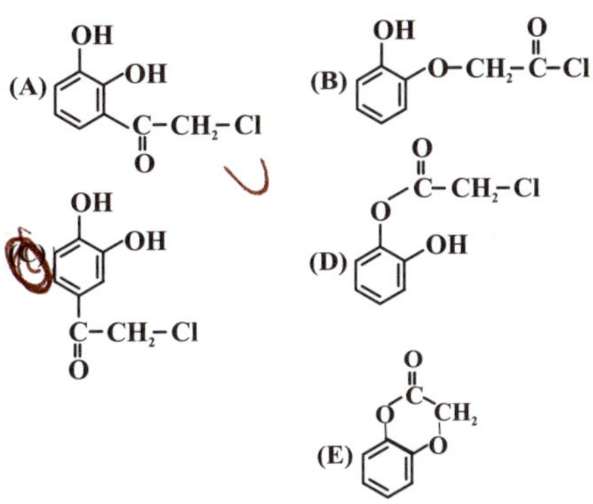

Blanc-Reaktion (Chlormethylierung)

453 Welche reaktive Zwischenstufe ist intermediär bei der durch Zinkchlorid katalysierten Blancschen Chlormethylierung von Benzen am wahrscheinlichsten?

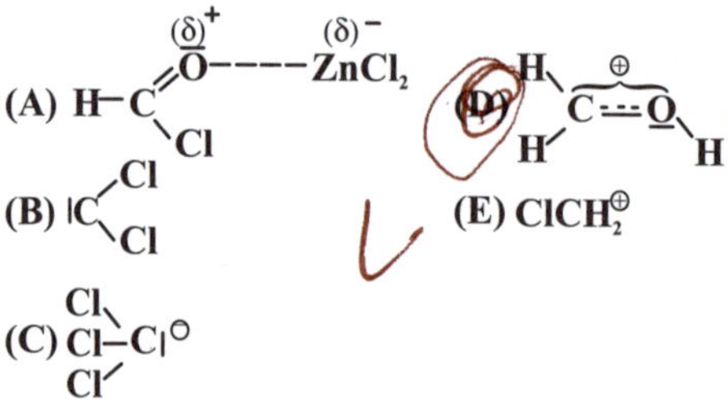

454 Zahlreiche Aromaten lassen sich in Gegenwart eines geeigneten Katalysators mit Formaldehyd und Chlorwasserstoff chlormethylieren (Blanc-Reaktion).
Welche Aussagen über diese Reaktion treffen zu?

(1) Als Nebenprodukt können Diarylmethanverbindungen entstehen.
(2) $AlCl_3$ ist als Katalysator geeignet.
(3) Als abschließender Reaktionsschritt findet eine nucleophile Substitution statt.
(4) Eigentliches Chlormethylierungsmittel ist als Intermediärprodukt „Formylchlorid".

(A) nur 2 und 3 sind richtig
(B) nur 1, 2 und 3 sind richtig
(C) nur 1, 2 und 4 sind richtig
(D) nur 1, 3 und 4 sind richtig
(E) nur 2, 3 und 4 sind richtig

Nucleophile Substitution am Aromaten

455⁺ Welche der folgenden Aussagen zur Umsetzung von Chlorbenzen mit Kaliumamid in flüssigem Ammoniak trifft zu?

(A) Intermediär wird Dehydrobenzen (Arin) gebildet.
(B) Es handelt sich um eine S_N2-Reaktion.
(C) Es entsteht 2-Chloranilin.
(D) Es entsteht 4-Chloranilin.
(E) Es handelt sich um eine Additions-Eliminierungs-Reaktion.

456⁺ Welche Aussage trifft zu?
Durch Umsetzung von 4-Chlortoluen mit Natriumamid in verflüssigtem Ammoniak erhält man über einen Arin-Mechanismus:

(A) 4-Aminotoluen neben 3-Aminotoluen
(B) 4-Aminotoluen neben 3- und 2-Aminotoluen
(C) Di-p-toluylamin
(D) 4-Aminotoluen neben Di-p-toluylamin
(E) 3,4-Diaminotoluen

457 Welcher der folgenden Reaktionswege verläuft über einen Arin-Mechanismus?

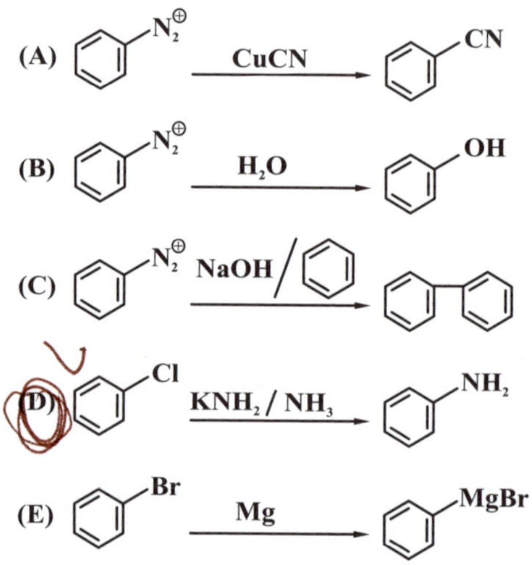

458⁺ Bei welchem Reaktionsgemisch kommt es **nicht** zur Bildung von Arinen?

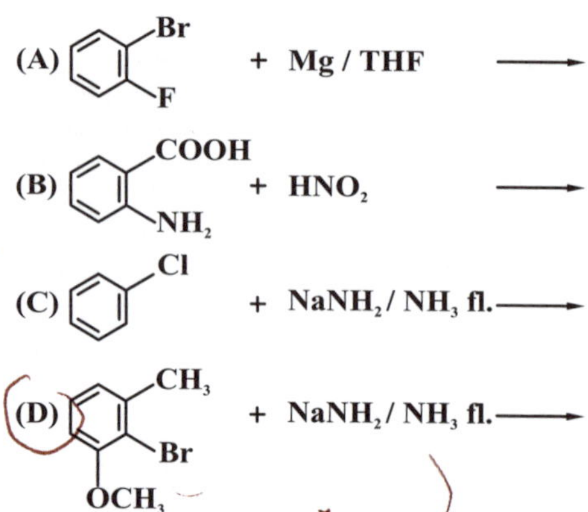

(E) 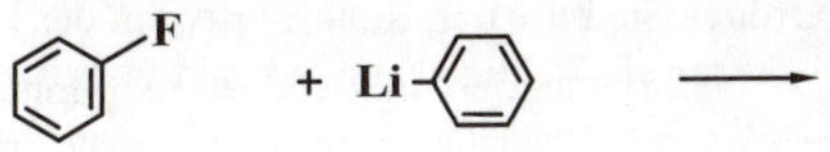

Ordnen Sie bitte den Reaktionen der Liste 1 den ihnen jeweils entsprechenden Mechanismus aus Liste 2 zu!

Liste 1

459 nucleophile Substitution von Arylhalogeniden mit Alkaliamid/$NH_{3 flüss.}$

460 nucleophile Substitution von aktivierten Arylhalogeniden

Liste 2

(A) S_N2-Mechanismus
(B) Addition/Eliminierungs-Mechanismus
(C) Eliminierung/Additions-Mechanismus
(D) S_N1-Mechanismus
(E) Einstufenmechanismus

461⁺ Bei welchen der folgenden Reaktionen handelt es sich um eine nucleophile aromatische Substitution?

(1)
(2)
(3)
(4)
(5)

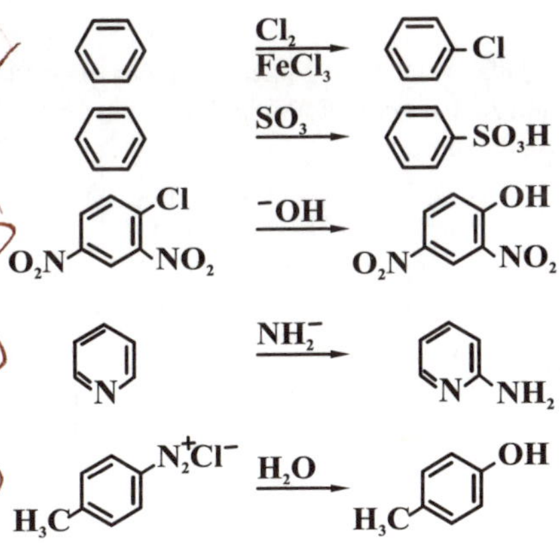

(A) nur 1 ist richtig
(B) nur 3 ist richtig
(C) nur 2 und 4 sind richtig
(D) nur 1, 2 und 5 sind richtig
(E) nur 3, 4 und 5 sind richtig

462 2,4-Dinitrophenol kann aus 2,4-Dinitrochlorbenzen durch Erwärmen mit Natriumhydroxid in Wasser/Ethanol unter Normaldruck dargestellt werden,
weil
Halogenatome an aromatischen Ringsystemen nach einem Additions-Eliminierungs-Mechanismus substituierbar sind, wenn in o- oder p-Stellung Substituenten mit starkem -M-Effekt vorliegen.

Themenübergreifende Fragen

Ordnen Sie bitte den in Liste 1 aufgeführten Reaktionstypen die jeweils zutreffende Reaktionsgleichung aus Liste 2 zu!

Liste 1

463⁺ elektrophile Substitution

464⁺ nucleophile Substitution

465⁺ radikalische Substitution

Liste 2

(A)
(B)
(C)
(D)
(E)

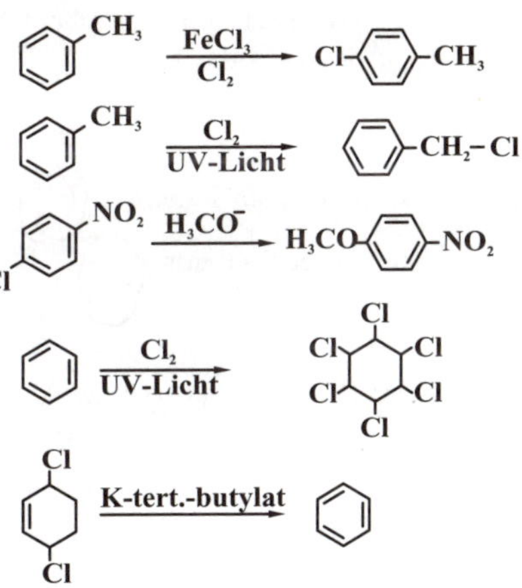

Ordnen Sie bitte ein Reaktionsprodukt aus Liste 2 dem jeweiligen Darstellungsverfahren aus Liste 1 zu!

Liste 1

466⁺ radikalische Seitenketten-Halogenierung

467⁺ nucleophile aromatische Substitution

Liste 2

(A) 1,3-Dichlorbenzen
(B) 2,4-Dinitrophenol
(C) Benzotrichlorid
(D) 2-Acetylanisol
(E) 2-Chlortoluen

Ordnen Sie bitte den in Liste 1 genannten Substitutionen des Benzens und seiner Derivate die jeweils zutreffende Reaktion aus Liste 2 zu!

Liste 1

468 elektrophile Substitution

469 nucleophile Substitution

Liste 2

(A) Ozonisierung zu Benzotriozonid
(B) Chlormethylierung
(C) Hydrierung zu Cyclohexan
(D) Photochlorierung zu Hexachlorcyclohexan
(E) Aminierung über Arine

Ordnen Sie bitte den Namensreaktionen der Liste 1 das jeweils zutreffende schematisierte Beispiel aus Liste 2 zu!

Liste 1

470 Tschitschibabin-Reaktion

471 Sandmeyer-Reaktion

Liste 2

(A) 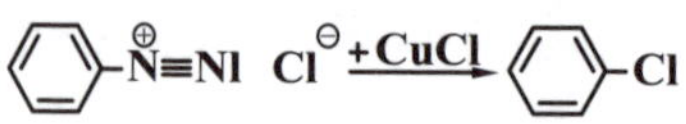

(B) 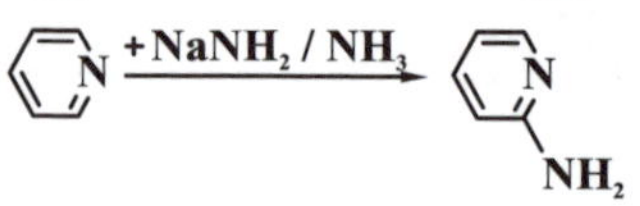

(C) 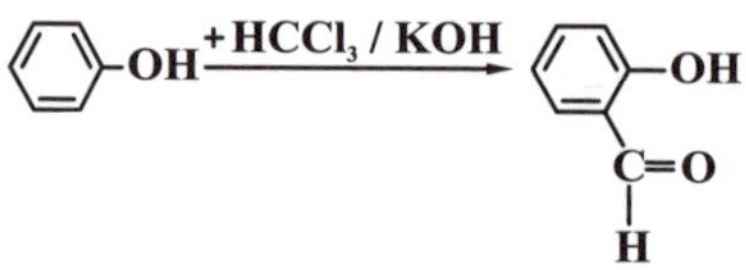

(D) 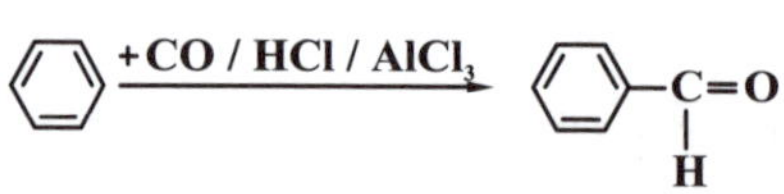

(E) 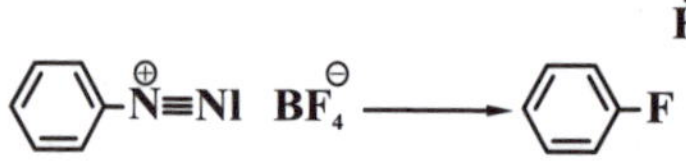

Ordnen Sie bitte den Reaktionstypen der Liste 1 die jeweils richtige Namensreaktion aus Liste 2 zu!

Liste 1

472 Cycloadditions-Reaktion

473 Elektrophile aromatische Substitution

Liste 2

(A) Williamson-Synthese
(B) Cannizzaro-Reaktion
(C) Diels-Alder-Reaktion
(D) Vilsmeier-Reaktion
(E) Clemmensen-Reaktion

474 Bei welchen der folgenden Reaktionen wird eine Carben-Zwischenstufe diskutiert?

(1) Kolbe-Schmitt-Synthese
(2) Wolff-Umlagerung
(3) Reimer-Tiemann-Synthese
(4) Hofmannscher Säureamidabbau
(5) Beckmann-Umlagerung

(A) nur 2 und 3 sind richtig
(B) nur 4 und 5 sind richtig
(C) nur 1, 2 und 3 sind richtig
(D) nur 1, 3 und 4 sind richtig
(E) nur 2, 4 und 5 sind richtig

475 Welche der folgenden Eduktpaare können zu Triphenylmethan oder einem seiner Derivate führen?

(1) $3\ C_6H_6 + HCCl_3$
(2) $C_6H_5CHCl_2 + 2\ C_6H_6$
(3) $C_6H_5CO_2C_2H_5 + 2\ C_6H_5\text{-}MgBr$
(4) $C_6H_5CHO + 2(CH_3)_2N\text{-}C_6H_5$

(A) nur 3 ist richtig
(B) nur 1 und 2 sind richtig
(C) nur 3 und 4 sind richtig
(D) nur 1, 2 und 4 sind richtig
(E) 1–4 = alle sind richtig

Substituenteneinflüsse

476 Bei welchen der angegebenen Substituenten sind induktiver und mesomerer Effekt gleichgerichtet?

(1) $-\underline{\overline{O}}-R$

(3) 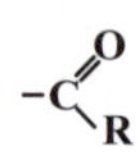

(2) $-\underline{\overline{O}}|^{\ominus}$

(4) $-C\equiv N$

(A) nur 2 ist richtig
(B) nur 1 und 2 sind richtig
(C) nur 3 und 4 sind richtig
(D) nur 1, 2 und 4 sind richtig
(E) nur 2, 3 und 4 sind richtig

477 Bei welchen der angegebenen Substituenten sind induktiver und mesomerer Effekt gleichgerichtet? (R = Alkyl)

(1) $-\overline{\underline{O}}-R$ (3) $-\overline{N}R_2$
(2) $-\overline{\underline{S}}-R$ (4) $-NO_2$

(A) nur 1 ist richtig
(B) nur 4 ist richtig
(C) nur 2 und 3 sind richtig
(D) nur 3 und 4 sind richtig
(E) nur 1, 2 und 4 sind richtig

478 Welcher der folgenden Substituenten am Benzenring dirigiert bei einer elektrophilen Substitution bevorzugt in die ortho- und/oder para-Stellung?

(A) $-NO_2$ (D) $-CONH_2$
(B) $-NHCOR$ (E) $-CF_3$
(C) $-C{\equiv}N$

479 Welcher der folgenden Substituenten am Benzenring dirigiert bei einer elektrophilen Substitution bevorzugt in die meta-Stellung?

(A) $-NH_2$ (D) $-Hal$
(B) $-\overset{\oplus}{N}H_3$ (E) $-NH-\underset{\underset{O}{\|}}{C}-CH_3$
(C) $-OH$

480 Welche der folgenden Substituenten am Benzenkern dirigieren bei der elektrophilen aromatischen Substitution einen neu eintretenden Substituenten vorwiegend in die meta-Stellung?

(1) -F
(2) $-NO_2$
(3) $-SO_3H$
(4) $-CF_3$

(A) nur 2 ist richtig
(B) nur 1 und 3 sind richtig
(C) nur 1, 2 und 3 sind richtig
(D) nur 2, 3 und 4 sind richtig
(E) 1–4 = alle sind richtig

481 Welche der aufgeführten Substituenten im monosubstituierten Benzen dirigieren einen durch S_{EAr}-Reaktion eintretenden Zweitsubstituenten in die m-Position?

(1) H_3C-
(2) $NC-$
(3) H_2N-
(4) Cl_3C-
(5) O_2N-

(A) nur 1 und 3 sind richtig
(B) nur 2 und 5 sind richtig
(C) nur 1, 3 und 4 sind richtig
(D) nur 2, 4 und 5 sind richtig
(E) nur 2, 3, 4 und 5 sind richtig

482 Welche der nachfolgend aufgeführten Substituenten ergeben bei der elektrophilen Substitution entsprechender Benzenderivate bevorzugt m-Substitutionsprodukte?

(1) $-C_2H_5$ (3) $-OCH_3$ (5) $-\overset{\oplus}{N}(CH_3)_3$
(2) $-CF_3$ (4) $-\overline{\underline{O}}|^{\ominus}$

(A) nur 4 ist richtig
(B) nur 2 und 4 sind richtig
(C) nur 2 und 5 sind richtig
(D) nur 1, 2 und 3 sind richtig
(E) nur 1, 3 und 5 sind richtig

483 Bei welchen der folgenden Verbindungen ist beim Angriff von elektrophilen Reagenzien Substitution an C-2 zu erwarten?

(1) Anisol
(2) Nitrobenzen
(3) Chlorbenzen
(4) Pyrrol
(5) Pyridin

(A) nur 1 ist richtig
(B) nur 5 ist richtig
(C) nur 2 und 3 sind richtig
(D) nur 1, 3 und 4 sind richtig
(E) nur 2, 4 und 5 sind richtig

484 Bei welchen der folgenden Verbindungen ist beim Angriff von elektrophilen Reagenzien Substitution an C-3 zu erwarten?

(1) Anisol
(2) Nitrobenzen
(3) Chlorbenzen
(4) Pyrrol
(5) Pyridin

(A) nur 3 ist richtig
(B) nur 2 und 4 sind richtig
(C) nur 2 und 5 sind richtig
(D) nur 1, 3 und 4 sind richtig
(E) nur 2, 3 und 5 sind richtig

485 Welche Aussagen treffen zu?
Die folgenden Verbindungen sind aus den angegebenen Edukten durch Chlorierung darstellbar:

(1) 4-Chlor-o-kresol aus o-Kresol
(2) 5-Chlor-o-kresol aus o-Kresol
(3) 4-Chlor-m-kresol aus m-Kresol
(4) 3-Chlor-p-kresol aus p-Kresol

(A) nur 1 ist richtig
(B) nur 1 und 3 sind richtig
(C) nur 2 und 3 sind richtig
(D) nur 2 und 4 sind richtig
(E) nur 1, 3 und 4 sind richtig

486 Welche der folgenden Verbindungen können **in einem** präparativen Arbeitsschritt in m-Nitranilin übergeführt werden?

(1) Acetanilid
(2) Nitrobenzen
(3) m-Dinitrobenzen
(4) m-Toluidin

(A) nur 1 ist richtig
(B) nur 3 ist richtig
(C) nur 2 und 4 sind richtig
(D) nur 1, 2 und 3 sind richtig
(E) nur 2, 3 und 4 sind richtig

487 Welche der nachfolgenden Umsetzungen führen zu 4-Nitroanilin?

(1) 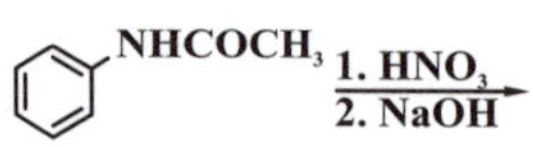

(2) 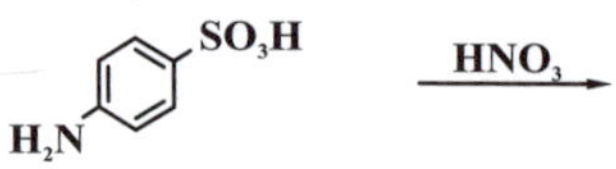

(3) 

(4) 

(A) nur 1 ist richtig
(B) nur 4 ist richtig
(C) nur 1 und 4 sind richtig
(D) nur 2 und 3 sind richtig
(E) nur 1, 2 und 3 sind richtig

3.7 Halogenkohlenwasserstoffe

(siehe Ehlers, Chemie II-Kurzlehrbuch)

488 Die C-F-Bindung ist thermodynamisch stabiler als die C-Cl-Bindung,
weil
die Elektronenaffinität von Fluor größer ist als die von Chlor.

489 Fluorchlorkohlenwasserstoffe, wie CCl_2F_2, werden als Treibmittel für Aerosole verwendet,
weil
Fluorchlorkohlenwasserstoffe, wie CCl_2F_2, relativ niedrige Siedepunkte besitzen sowie chemisch relativ inert sind.

490+ Welche der folgenden Reaktionen sind zur Darstellung der entsprechenden Alkyl- bzw. Arylhalogenide geeignet?

(1) 

(2) 

(3) 

(4) $H_3C-(CH_2)_4-CH_2OH \xrightarrow{+PCl_3}$

(5) 

(A) nur 3 ist richtig
(B) nur 1, 2 und 3 sind richtig
(C) nur 2, 4 und 5 sind richtig
(D) nur 1, 3, 4 und 5 sind richtig
(E) 1–5 = alle sind richtig

491⁺ Welche der folgenden schematisierten Reaktionen führt **nicht** zu einem Alkylhalogenid?

(A) $RH + I_2 \longrightarrow$
(B) $ROH + HI \longrightarrow$
(C) $ROH + SOCl_2 \longrightarrow$
(D) $ROH + PBr_3 \longrightarrow$
(E) $RCOOAg + Br_2 \longrightarrow$

492⁺ Welche der folgenden Edukte sind **nicht** zur präparativen Herstellung von Ethyliodid geeignet?

(A) Ethanol und Iodwasserstoff
(B) Ethylchlorid und Kaliumiodid in Aceton
(C) Ethylbromid und Kaliumiodid in Ethanol
(D) Ethanol und roter Phosphor/Iod
(E) Silberacetat und Iod

493 Welche Aussagen treffen zu?
Zur Darstellung von Dichlordifluormethan sind die folgenden Reaktionen geeignet:

(1) $CH_2Cl_2 + 2\,F_2 \longrightarrow$
(2) $CH_2Cl_2 + 2\,HF \longrightarrow$
(3) $3\,CCl_4 + 2\,SbF_3 \xrightarrow{(SbCl_5)}$
(4) $CCl_4 + 2\,HF \xrightarrow{(SbCl_5)}$

(A) nur 1 ist richtig
(B) nur 4 ist richtig
(C) nur 1 und 3 sind richtig
(D) nur 2 und 3 sind richtig
(E) nur 3 und 4 sind richtig

494⁺ Welche Verfahren sind zur Darstellung von Monofluorbenzen geeignet?

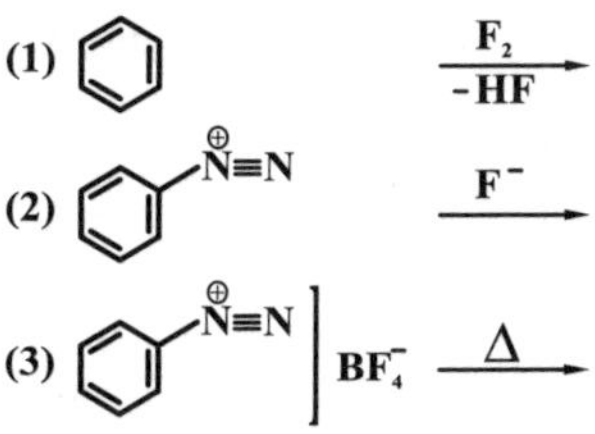

(A) nur 2 ist richtig
(B) nur 3 ist richtig
(C) nur 1 und 2 sind richtig
(D) nur 2 und 3 sind richtig
(E) 1–3 = alle sind richtig

495⁺ Welche Aussage über Alkylhalogenide trifft **nicht** zu?

(A) Sie eignen sich zur nucleophilen aromatischen Substitution.
(B) Sie lassen sich in metallorganische Reagenzien überführen.
(C) Sie werden als Alkylantien verwendet.
(D) Ihre α-Eliminierung führt zu Carbenen.
(E) Durch β-Eliminierung werden Alkene erhalten.

496⁺ Welche Aussage trifft **nicht** zu?
Mit Alkyliodiden sind alkylierbar:

(A) Dialkylsulfide
(B) Natriumalkoholate
(C) Silbersalze der Carbonsäuren
(D) tertiäre Amine
(E) Nitrile

497⁺ Welche Aussage über aromatische Halogenverbindungen trifft zu?

(A) Halogen verhält sich bei der Zweitsubstitution wie ein Substituent 2. Ordnung.
(B) Die Einführung von Halogen kann durch einfache Umsetzung von Diazoniumsalzen mit Halogenwasserstoffsäuren erfolgen.
(C) Brombenzen und Iodbenzen sind geeignete Edukte für die Herstellung von Grignard-Verbindungen.
(D) Die Oxidation von Arylhalogeniden führt zu Phenolen.
(E) Keine der Aussagen (A) bis (D) trifft zu.

498⁺ Welche Aussage trifft **nicht** zu?
Chloroform

(A) entsteht beim Behandeln von Chloralhydrat mit wäßrigem Alkali
(B) kann als Trichlorid der Orthoameisensäure aufgefaßt werden
(C) ist als Kohlenwasserstoff-Derivat brennbar
(D) reagiert unter Lichteinwirkung mit O_2 zu Phosgen und HCl
(E) geht bei Einwirkung von wäßriger Alkalihydroxid-Lösung in Dichlorcarben über

499+ Trihalogenmethane heißen Haloforme,
weil
Trihalogenmethane in saurer Lösung rasch zu Ameisensäure hydrolysiert werden.

500+ Thioharnstoff wird durch Methyliodid bevorzugt am Schwefel methyliert,
weil
in Thioharnstoff der Schwefel nucleophiler als der Stickstoff ist.

Halogenierung von Carbonylverbindungen

501+ Die α-Halogenierung bei Aldehyden oder Ketonen des nachfolgenden Typs kann durch Säuren, z. B. H_2SO_4, katalysiert werden,

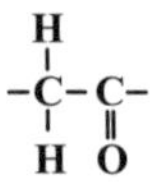

weil
durch Säurezugabe die Geschwindigkeit der Enolisierung bei Aldehyden oder Ketonen (Schema s. oben) erhöht wird.

502+ Die α-Halogenierung bei Ketonen wie z. B. Aceton kann durch Alkalizusatz **nicht** beeinflußt werden,
weil
die Enolisierung von Ketonen pH-unabhängig ist.

503 Die Bromierung von Acetophenon zu Phenacylbromid ist eine autokatalysierte Reaktion,
weil
bei der Bromierung von Acetophenon zu Phenacylbromid Protonen freigesetzt werden.

504+ Die Bromierung von Acetophenon zu Phenacylbromid ist eine autokatalysierte Reaktion,
weil
die Enolisierung von Acetophenon sauer katalysiert ist.

505 Welche Aussagen treffen zu?
Die Geschwindigkeit der säurekatalysierten Bromierung von 4-Bromacetophenon in wäßrigem Ethanol ist folgenden Größen proportional:

(1) der Konzentration an 4-Bromacetophenon
(2) der Konzentration an Brom
(3) der Konzentration an Bromid-Ionen
(4) dem Quadrat der Konzentration an Oxonium-Ionen

(A) nur 1 ist richtig
(B) nur 1 und 2 sind richtig
(C) nur 3 und 4 sind richtig
(D) nur 1, 2 und 3 sind richtig
(E) nur 1, 2 und 4 sind richtig

506 Welche Aussagen zur Umsetzung von 4-Bromacetophenon mit Brom (1:1) in Eisessig treffen zu?
Die Reaktion verläuft

(1) bimolekular
(2) radikalisch
(3) säurekatalysiert
(4) autokatalysiert

(A) nur 1 ist richtig
(B) nur 3 ist richtig
(C) nur 2 und 4 sind richtig
(D) nur 3 und 4 sind richtig
(E) nur 2, 3 und 4 sind richtig

507+ Welche Aussage über die Haloform-Reaktion trifft **nicht** zu?

(A) Stoffe mit $CH_3{-}CH(OH){-}$ und $CH_3{-}C(=O){-}$ Gruppen ergeben eine positive Reaktion.
(B) Als Nebenprodukt entsteht stets Formiat.
(C) Als Oxidationsmittel wird ein Hypohalogenit eingesetzt.
(D) Sie ist zur Darstellung von Carbonsäuren verwendbar.
(E) Sie wird in alkalischem Milieu durchgeführt.

508+ Welche der folgenden Verbindungen wird bei der Umsetzung von Acetophenon mit einem Überschuß von Brom und wäßriger Natriumhydroxid-Lösung als Endprodukt erhalten?

(A) 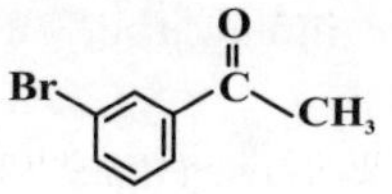

(B) 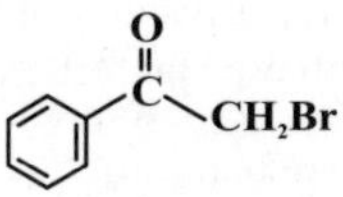

(C) 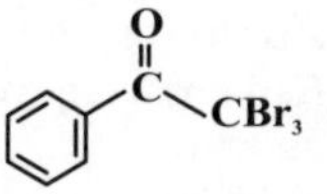

(D) 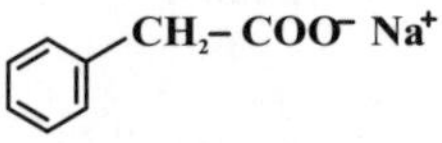

(E) 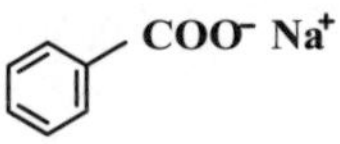

509⁺ Bei welcher der folgenden Kettenverkürzungen (um 1 C-Atom) wird das C-Atom **nicht** als CO_2 eliminiert?

(A) Schmidt-Reaktion
(B) Ketonspaltung
(C) Haloform-Reaktion
(D) Hunsdiecker-Reaktion
(E) Ruff-Abbau

510 Welche der folgenden Zwischenstufen werden bei der Hell-Volhard-Zelinsky-Reaktion durchlaufen?

(1) 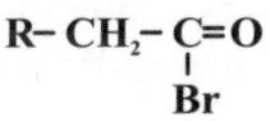

(2) 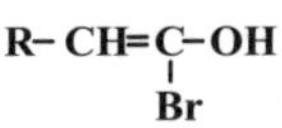

(3) 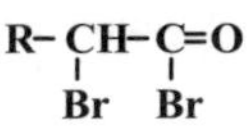

(4) 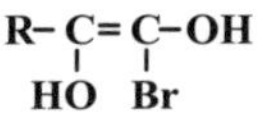

(A) nur 1 und 3 sind richtig
(B) nur 2 und 4 sind richtig
(C) nur 1, 2 und 3 sind richtig
(D) nur 2, 3 und 4 sind richtig
(E) 1–4 = alle sind richtig

3.8 Metallorganische Verbindungen

(siehe Ehlers, Chemie II-Kurzlehrbuch)

511⁺ Welche Aussage über alkalimetallorganische Verbindungen trifft **nicht** zu?

(A) Ihr Ionencharakter wächst mit zunehmender Elektronegativitätsdifferenz zwischen Kohlenstoff und Metallatom.
(B) Natrium- und Kaliumorganyle sind reaktiver als die entsprechenden Lithiumorganyle.
(C) Die Metall-Kohlenstoffbindung ist hydrolysestabil.
(D) Sie sind an der Luft selbstentzündlich.
(E) Einfache Alkyllithium-Verbindungen sind im Kristallzustand oligomer.

512 Lithiumethyl ist eine metallorganische Verbindung,
weil
Lithiumethyl aus metallischem Lithium und Ethylchlorid hergestellt wird.

513⁺ Quecksilber bildet luft- und wasserstabile Organometallverbindungen,
weil
Quecksilber ein positives Normalpotential besitzt.

514⁺ Welche der folgenden Reaktionen kann **nicht** als Ummetallierung bezeichnet werden?

(A) $Ti(OR)_3Cl + LiCH_3 \rightarrow CH_3Ti(OR)_3 + LiCl$
(B) $(CH_3)_2Hg + 2\,Na \rightarrow 2\,CH_3Na + Hg$
(C) $LiC_6H_5 + HgBr_2 \rightarrow C_6H_5HgBr + LiBr$
(D) $2\,RMgI + CdCl_2 \rightarrow R_2Cd + MgI_2 + MgCl_2$
(E) $Al_2Mg_3 + 6\,C_2H_5Cl \rightarrow 2\,Al(C_2H_5)_3 + 3\,MgCl_2$

515 Welche der folgenden Umsetzungen ist eine Ummetallierung?

(A) $2\,Na + 2\,RI \rightarrow R\text{-}R + 2\,NaI$
(B) $Mg + RBr \rightarrow R\text{-}MgBr$
(C) $R\text{-}MgCl + R'COOH \rightarrow RH + R'COOMgCl$
(D) $R\text{-}MgCl + HgCl_2 \rightarrow R\text{-}HgCl + MgCl_2$
(E) $Hg + HgCl_2 \rightarrow Hg_2Cl_2$

516 Über welche Reaktion ist die entsprechende alkaliorganische Verbindung **nicht** zugänglich?

(A) $(CH_3)_2Hg + 2\,Na \rightarrow 2\,CH_3Na + Hg$

(B) $CH_3Cl + 2\,Na \rightarrow CH_3Na + NaCl$

(C) $HC{\equiv}CH + NaNH_2 \rightarrow HC{\equiv}CNa + NH_3$

(D) $C_6H_5Cl + 2\,Li \rightarrow C_6H_5Li + LiCl$

(E) $R_2CHCN + LiNR_2 \rightarrow R_2C{<}^{Li}_{CN} + HNR_2$

517+ Welche Aussagen über metallorganische Reagenzien treffen zu?

(1) Der metallgebundene Kohlenstoff ist nucleophil.
(2) Die Alkylgruppe in Alkylmetallverbindungen reagiert basisch.
(3) Sie sollten unter Feuchtigkeitsausschluß hergestellt werden.
(4) Cadmiumorganyle können aus Grignard-Reagenzien erhalten werden.

(A) nur 3 ist richtig
(B) nur 1 und 2 sind richtig
(C) nur 3 und 4 sind richtig
(D) nur 1, 2 und 3 sind richtig
(E) 1–4 = alle sind richtig

518 Welche der folgenden Umsetzungen führt **nicht** zu einem metallorganischen Produkt (Ph = Phenyl)?

(A) CH_3-Cl + 2 Li
(B) Ph-Br + 2 Li
(C) Ph-Br + Mg
(D) C_2H_5Br + 2 K
(E) $(CH_3)_2Hg$ + 2 Na

Grignard-Reaktion

519+ Welche Aussage trifft **nicht** zu?
Alkylmagnesiumhalogenide

(A) reagieren als Nucleophile mit Carbonylgruppen
(B) entstehen durch Reaktion von Alkylhalogeniden mit Magnesium
(C) addieren sich an Heteroatom-Kohlenstoff-Mehrfachbindungen
(D) reagieren mit Anilin unter überwiegender Bildung von N-Monoalkylanilinen
(E) reagieren mit Acetessigsäureethylester vorwiegend zum Magnesiumenolat und dem entsprechenden Kohlenwasserstoff

520 Welche Aussage trifft **nicht** zu?
Grignard-Verbindungen

(A) liegen in Lösung bevorzugt dimer vor
(B) sind in wasserfreien Alkanolen stabil
(C) dienen der Synthese von tert. Alkanolen aus Ketonen
(D) können durch Einleiten von trockenem CO_2 in ihre wasserfreien Lösungen zur Synthese von Carbonsäuren verwendet werden
(E) bilden mit Formaldehyd – nach Hydrolyse – primäre Alkanole

521+ Welche Aussagen treffen zu?
Grignard-Verbindungen entstehen bei der Umsetzung von Magnesium in geeigneten Lösungsmitteln mit:

(1) C_6H_5-Br
(2) $H_3C-CH_2-CH_2-CH_2-Br$
(3) $H_3C-CH_2-CH(Br)-CH_3$
(4) $CH_2{=}CH-CH_2-Br$

(A) nur 1 und 2 sind richtig
(B) nur 3 und 4 sind richtig
(C) nur 1, 2 und 3 sind richtig
(D) nur 1, 2 und 4 sind richtig
(E) 1–4 = alle sind richtig

522 Brombenzen läßt sich im Unterschied zu Butylbromid **nicht** in ein Grignard-Reagenz überführen,
weil
Arylhalogenide im Vergleich zu Alkylhalogeniden als Elektrophile nur wenig reaktiv sind.

523+ Mit Methylmagnesiumbromid kann die Zahl der „aktiven" H-Atome in einem Molekül bestimmt werden,
weil
bei der Reaktion von „aktiven" H-Atomen mit Methylmagnesiumbromid stöchiometrische Mengen Methan freigesetzt werden.

524+ Welche der folgenden Verbindungen reagiert mit Methylmagnesiumiodid **nicht** unter Bildung von Methan?

(A) $H_2C{=}O$
(B) $CH_3{-}C{\equiv}CH$
(C) $CH_3{-}CH_2{-}OH$
(D) H_2O
(E) $CH_3{-}C({=}O){-}OH$

525⁺ Welche der folgenden Verbindungen entwickelt mit Methylmagnesiumbromid Methan?

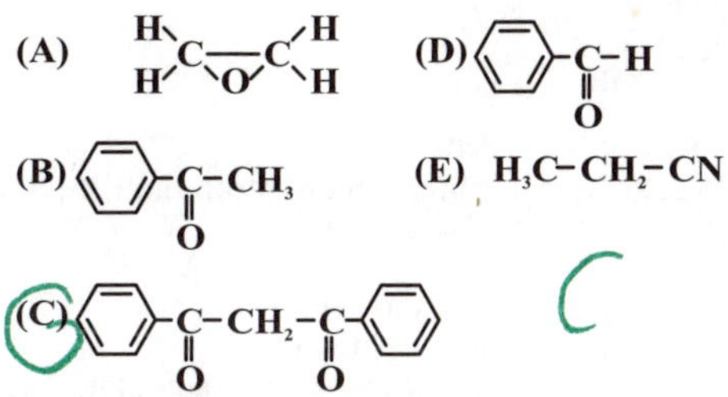

526⁺ Welche der folgenden Verbindungen entwickeln bei Raumtemperatur unter Einwirkung von CH_3MgI Methan?

(1) $C_6H_5{-}OH$
(2) $CH_3{-}C({=}O){-}CH_2{-}C({=}O){-}CH_3$
(3) $H{-}C{\equiv}C{-}CH_3$
(4) $CH_3{-}C({=}O){-}NH_2$

(A) nur 1 ist richtig
(B) nur 2 ist richtig
(C) nur 1 und 2 sind richtig
(D) nur 3 und 4 sind richtig
(E) 1–4 = alle sind richtig

527 Bei der Umsetzung von Methylmagnesiumbromid mit Acetamid erhält man Methan,
weil
Acetamid mit Methylmagnesiumbromid als CH-acide Verbindung reagiert.

528⁺ Beim Umsetzen von Methylmagnesiumbromid mit Acetamid erhält man Methan,
weil
Methylmagnesiumbromid an Carbonylfunktionen addiert werden kann.

529 Welche der folgenden Edukte entwickeln mit Ethylmagnesiumbromid Ethan?

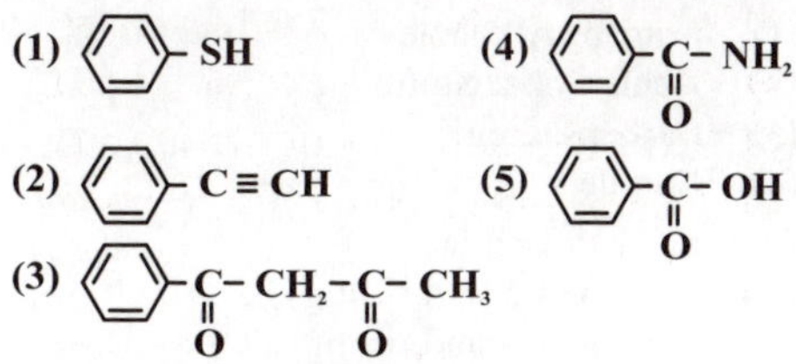

(A) nur 1 und 5 sind richtig
(B) nur 4 und 5 sind richtig
(C) nur 2, 3 und 4 sind richtig
(D) nur 1, 2, 3 und 5 sind richtig
(E) 1–5 = alle sind richtig

530⁺ Welche Aussage trifft **nicht** zu?
Grignard-Reagenzien bilden Kohlenwasserstoffe mit:

(A) Methanol
(B) Ammoniak (wasserfrei)
(C) Phenol
(D) Anisol
(E) Essigsäure

531 Welche Aussagen über die Reaktionen von Metallorganylen treffen zu?

(1) Cadmium-organische Verbindungen vom Typ CdR_2 reagieren mit Säurechloriden zu Ketonen.
(2) Die Reaktion von Alkylfluoriden mit Magnesium ist zur Darstellung von Grignard-Verbindungen gut geeignet.
(3) Mit α,β-ungesättigten Ketonen reagieren Grignard-Verbindungen sowohl im Sinne einer 1,2- als auch einer 1,4-Addition.
(4) Lithium-organische Verbindungen reagieren mit CO_2 primär zu Li-Salzen von Carbonsäuren.

(A) nur 1 und 2 sind richtig
(B) nur 3 und 4 sind richtig
(C) nur 1, 3 und 4 sind richtig
(D) nur 2, 3 und 4 sind richtig
(E) 1–4 = alle sind richtig

532⁺ Welche der folgenden Substanzklassen können aus Grignard-Verbindungen gewonnen werden?

(1) primäre Alkohole
(2) Kohlenwasserstoffe
(3) Carbonsäuren
(4) Ketone

(A) nur 1 ist richtig
(B) nur 1 und 2 sind richtig
(C) nur 2 und 4 sind richtig
(D) nur 1, 2 und 3 sind richtig
(E) 1–4 = alle sind richtig

533+ Welche der folgenden, schematisch dargestellten Additionsreaktionen von Grignard-Verbindungen läuft **nicht** ab?

(A) 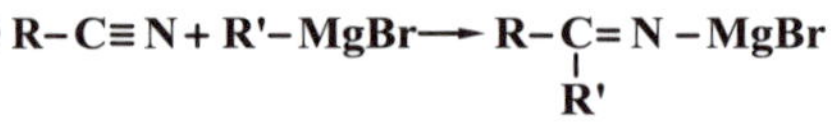

(B) 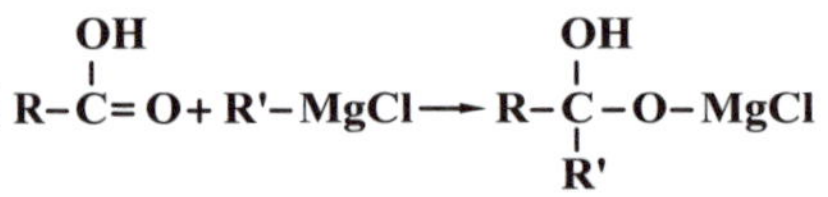

(C) 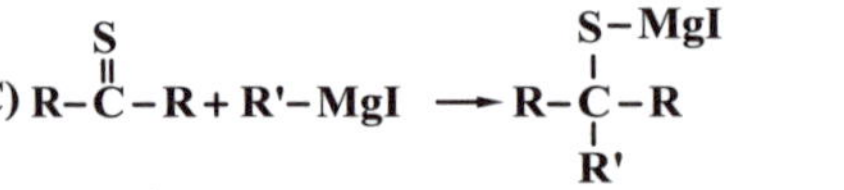

(D) 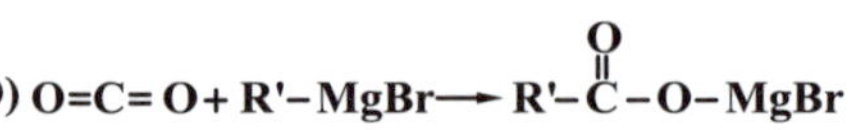

(E) 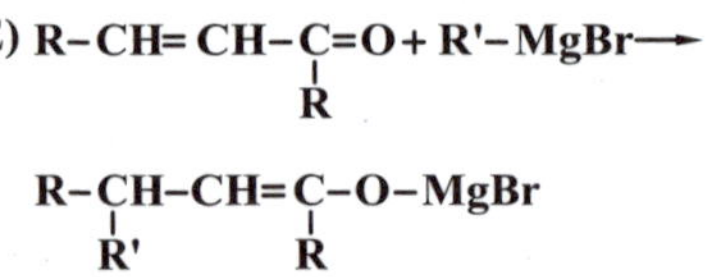

534+ Propionitril soll zu Pentan-3-on umgesetzt werden.
Welche Reaktanden sind hierzu bei nachfolgender Hydrolysereaktion geeignet?

(1) C_3H_7MgBr
(2) C_2H_5MgBr
(3) C_4H_9Li
(4) $C_5H_{11}MgBr$

(A) nur 2 ist richtig
(B) nur 1 und 3 sind richtig
(C) nur 1 und 4 sind richtig
(D) nur 1, 2 und 4 sind richtig
(E) nur 2, 3 und 4 sind richtig

535 Welche Aussage trifft zu?
Eine Grignard-Lösung reagiert mit Kohlendioxid nach entsprechender Aufarbeitung zu einem (einer):

(A) primären Alkohol
(B) sekundären Alkohol
(C) Aldehyd
(D) Keton
(E) Carbonsäure

536+ Über eine Grignard-Reaktion soll folgender tertiärer Alkohol

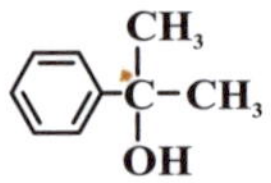

dargestellt werden.
Welche der nachfolgenden Stoffkombinationen sind hierfür geeignet?

(1) Brombenzen, Aceton
(2) Acetophenon, Methyliodid
(3) Benzoesäureethylester, Methyliodid
(4) Acetaldehyd, Benzylchlorid

(A) nur 1 ist richtig
(B) nur 2 und 3 sind richtig
(C) nur 1, 2 und 3 sind richtig
(D) nur 2, 3 und 4 sind richtig
(E) 1–4 = alle sind richtig

537+ Welche der folgenden Stoffklassen erhält man durch Umsetzung eines höheren aliphatischen Aldehyds mit Methylmagnesiumiodid (Grignard-Reagenz) nach entsprechender Aufarbeitung?

(A) prim. Alkohol
(B) sek. Alkohol
(C) tert. Alkohol
(D) Acetal
(E) Keton

538+ Welche Aussage trifft zu?
Eine Grignard-Lösung setzt sich mit einem Carbonsäureester zu folgendem Endprodukt um:

(A) prim. Alkohol
(B) sek. Alkohol
(C) tert. Alkohol
(D) Keton
(E) Dicarbonsäure

539+ Welches Produkt wird aus Orthoameisensäureester und Methylmagnesiumiodid erhalten?

(A) Acetal
(B) Ketal
(C) tert. Alkohol
(D) Ether
(E) Kohlenwasserstoff

Ordnen Sie bitte den in Liste 1 genannten Edukten das jeweils entsprechende Produkt aus Liste 2 zu, das nach der Umsetzung dieser Verbindung mit Phenylmagnesiumbromid und gegebenenfalls anschließender Hydrolyse entsteht!

Liste 1

540+ Formaldehyd

541+ Essigsäure

Liste 2

(A) Benzen
(B) Benzylalkohol
(C) 1-Phenylethylalkohol
(D) Diphenylmethylcarbinol
(E) Benzoesäure

Ordnen Sie bitte den in Liste 1 genannten Edukten die jeweils entsprechende Substanzklasse aus Liste 2 zu, die nach der Umsetzung dieser Verbindung mit einem Grignard-Reagenz und gegebenenfalls anschließender Hydrolyse entsteht!

Liste 1

542 Acetaldehyd

543 Aceton

544 Formaldehyd

545 Acetophenon

Liste 2

(A) Carbonsäureester
(B) Ether
(C) primärer Alkohol
(D) sekundärer Alkohol
(E) tertiärer Alkohol

3.9 Alkohole, Phenole, Ether, Chinone

(siehe Ehlers, Chemie II-Kurzlehrbuch)

Alkohole

Ordnen Sie bitte jeder Verbindung der Liste 1 die jeweils zutreffende Bezeichnung aus Liste 2 zu!

Liste 1

546+

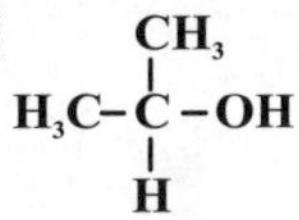

547

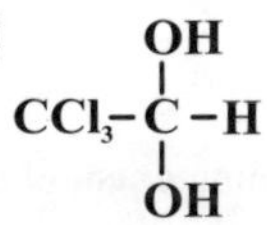

Liste 2

(A) primärer Alkohol
(B) sekundärer Alkohol
(C) tertiärer Alkohol
(D) zweiwertiger Alkohol
(E) Aldehydhydrat

Ordnen Sie bitte den in Liste 1 aufgeführten Bezeichnungen die jeweils entsprechende Verbindung aus Liste 2 zu!

Liste 1

548 sek. Alkohol

549 tert. Alkohol

550 zweiwertiger Alkohol

Liste 2

(A) Isopropanol
(B) Isobutanol
(C) Propylenglycol
(D) Glycerol
(E) Triphenylcarbinol

551 Welche der folgenden Verbindungen mit etwa gleichen relativen Molmassen hat bei Normaldruck den höchsten Siedepunkt?

(A) $CH_3CH_2OCH_2CH_3$
(B) $CH_3CH_2CH_2CH_2CH_3$
(C) $CH_3CH_2CH_2OCH_3$
(D) $CH_3CH_2CH_2CH_2OH$
(E) 

552 Welche der folgenden Verbindungen mit etwa gleichen relativen Molmassen ist mit Wasser am besten mischbar?

(A) $CH_3CH_2OCH_2CH_3$
(B) $CH_3CH_2CH_2CH_2CH_3$
(C) $CH_3CH_2CH_2OCH_3$
(D) $CH_3CH_2CH_2CH_2OH$
(E) 

553⁺ Bei welcher Umsetzung entsteht ein sekundärer Alkohol?

(A) $CH_3-CH_2-NH_2 \xrightarrow{HNO_2/H_2O}$

(B) 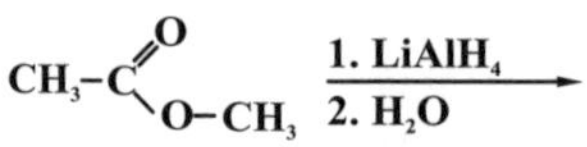

(C) $H_2C{=}CH_2 \xrightarrow[2.\ H_2O]{1.\ H_2SO_4}$

(D) 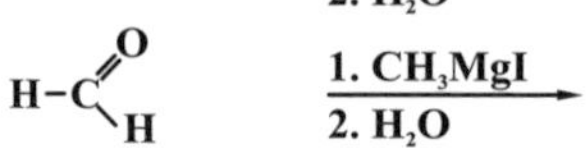

(E) bei keiner der unter (A) bis (D) aufgeführten Umsetzungen

554⁺ Welche Edukte sind zur Darstellung von 2-Pentanol **nicht** geeignet?

(A) Acetaldehyd, 1-Iodpropan, Mg
(B) Propionaldehyd, 1-Iodethan, Mg
(C) 2-Pentanon, $NaBH_4$
(D) 2-Brompentan, wäßrige KOH
(E) 1-Penten, H_2SO_4, H_2O

555 Welche Aussage über Alkohole trifft **nicht** zu?

(A) n-Butanol läßt sich durch Druckhydrierung aus Crotonaldehyd gewinnen.
(B) tert.-Butanol geht bei der Oxidation in das entsprechende Keton über.
(C) Die Oxidation von Ethylalkohol führt zu Essigsäure.
(D) Aceton kann durch Oxidation von Isopropylalkohol gewonnen werden.
(E) Die Reaktion von Acetaldehyd mit Ethylmagnesiumbromid führt bei anschließender saurer Hydrolyse zu sekundärem Butylalkohol.

556 Welche Aussage über sek. Alkohole trifft zu?

(A) Sekundäre Alkohole lassen sich zu Aldehyden oxidieren.
(B) Sekundäre Alkohole entstehen z. B. bei der Umsetzung von aromatischen Aldehyden mit Grignard-Reagenzien.
(C) Aus sekundären Alkoholen entstehen bei Eliminierungsreaktionen stabilere Carbenium-Ionen als aus tert. Alkoholen.
(D) Ester sek. Alkohole lassen sich **nicht** durch Säuren hydrolysieren.
(E) Die Ether-Bildung nach Williamson erfolgt bei sek. Alkoholen leichter als bei tert. Alkoholen.

557 Welche der folgenden Aussagen über Alkohole trifft **nicht** zu?

(A) Die auf n-Butanol folgenden n-Alkohole sind nur begrenzt mit Wasser mischbar.
(B) Von zwei strukturisomeren Alkoholen besitzt der n-Alkohol stets den niedrigeren Siedepunkt.
(C) Die drei ersten Glieder der homologen Reihe der einwertigen primären Alkohole sieden sämtlich tiefer als Wasser.
(D) Die relativ hohen Siedepunkte der Alkohole werden durch Wasserstoffbrückenbindungen hervorgerufen.
(E) Im Dampfzustand wie auch in sehr verdünnten Lösungen in unpolaren Lösungsmitteln liegen die Alkohole weitgehend monomer vor.

558⁺ Natriumethanolat ist eine metallorganische Verbindung,
weil
Natriumethanolat aus metallischem Natrium und Ethanol hergestellt wird.

Mehrwertige Alkohole

559+ Welche Aussage trifft **nicht** zu?
1,2-Diole, z. B. Ethylenglycol, können erhalten werden durch:

(A) saure Hydrolyse von Epoxiden
(B) Addition von OsO_4 an Alkene und nachfolgende Hydrolyse
(C) Addition von MnO_4^- an Alkene und nachfolgende Hydrolyse
(D) alkalische Hydrolyse von Chlorhydrinen
(E) Addition von Wasser an Alkine

560 Welche der folgenden Umsetzungen sind zur Darstellung von Glycerol geeignet?

(1) Hydrolyse von 2,3-Dichlor-1-propanol
(2) Hydrolyse von Glycidsäureethylester
(3) Epoxidierung von Allylalkohol und nachfolgende saure Hydrolyse
(4) Hydroxymethylierung von Glycol

(A) nur 2 ist richtig
(B) nur 3 ist richtig
(C) nur 1 und 3 sind richtig
(D) nur 2 und 4 sind richtig
(E) 1–4 = alle sind richtig

Phenole

Ordnen Sie bitte den in Liste 1 genannten Verbindungen die jeweils entsprechende Formel aus Liste 2 zu!

Liste 1

561 Pyrogallol

562 Phloroglucin

Liste 2

(A) 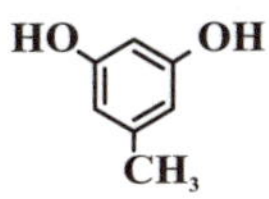

(D) 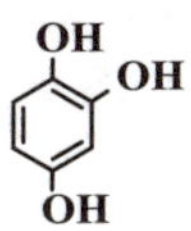

(B) 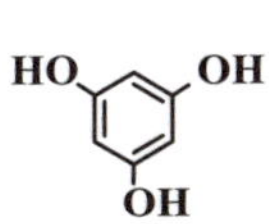

(E) 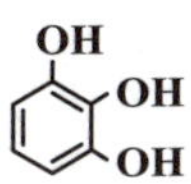

(C) 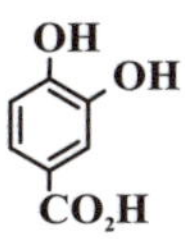

Ordnen Sie bitte den Namen der Liste 1 die jeweils entsprechende Formel aus Liste 2 zu!

Liste 1

563 Xylenol

564 Kresol

565 Resorcin

566 Orcin

Liste 2

(A) 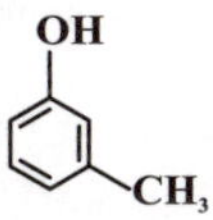

(D) 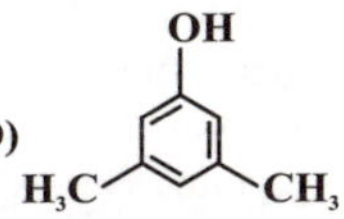

(B) 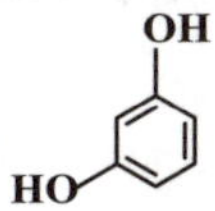

(E) 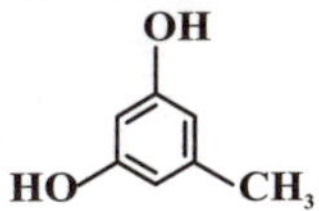

(C) 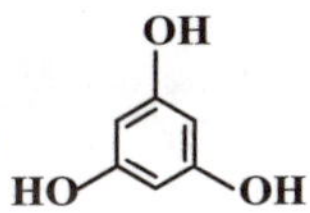

567+ Welches der folgenden Verfahren ist zur Darstellung von Phenol **nicht** geeignet?

(A) Alkalischmelze von Natriumbenzensulfonat
(B) Hydrolyse von Chlorbenzen
(C) Diazotierung von Arylaminen und nachfolgende Verkochung
(D) Luftoxidation von Isopropylbenzen und nachfolgende protonenkatalysierte Umlagerung
(E) Seitenketten-Oxidation von Toluen

568+ Aus Chlorbenzen kann technisch Phenol gewonnen werden,
weil
Chlorbenzen in Wasser leicht hydrolysiert.

569+ Welche Verbindung bzw. welches Intermediärprodukt eignet sich **nicht** zur Darstellung von Phenol?

(A) 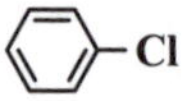

(D) 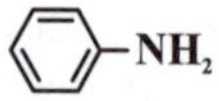

(B) 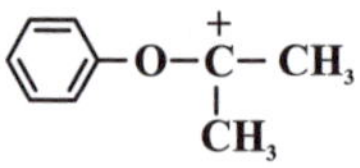

(E) 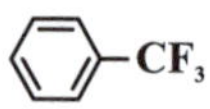

(C) 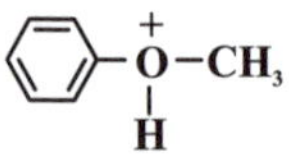

570 Welche Aussage über Phenole trifft **nicht** zu?

(A) Phenole sind schwächere Säuren als Carbonsäuren.
(B) Die im Vergleich zu Alkoholen erhöhte Acidität der Phenole ist auf die Mesomeriestabilisierung des Phenolat-Anions zurückzuführen.
(C) Wäßrige Phenolat-Lösungen reagieren gegen Lackmus alkalisch.
(D) Pyrogallol wirkt in alkalischer Lösung oxidierend.
(E) Resorcin kann durch Alkalischmelze aus m-Benzendisulfonsäure hergestellt werden.

Ordnen Sie bitte den Reagenzien der Liste 1 das jeweils entsprechende, aus der Umsetzung mit Phenol resultierende Produkt aus Liste 2 zu!

Liste 1

571 KOH/CO_2

572 HNO_3 (verd.)

573 1. H_2SO_4/2. HNO_3

Liste 2

(A) o-Hydroxybenzoesäure
(B) m-Hydroxybenzoesäure
(C) Pikrinsäure
(D) o- und p-Nitrophenol
(E) p-Hydroxybenzoesäure

574⁺ Im Gegensatz zu p-Nitrophenol ist o-Nitrophenol wasserdampfflüchtig,
weil
o-Nitrophenol keine intramolekularen Wasserstoffbrückenbindungen ausbildet.

575⁺ Welche Aussage über die Verbindungen I und II trifft **nicht** zu?

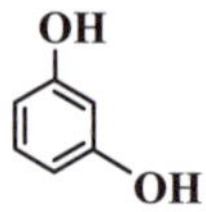

I

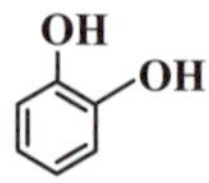

II

(A) I und II enthalten je sechs π-Elektronen.
(B) II ist oxidationsempfindlicher als I.
(C) I ist ein Hydrochinon.
(D) II entsteht bei der Reduktion von 1,2-Benzochinon.
(E) I und II sind Stellungsisomere.

576⁺ Welche Aussage über Hydrochinon trifft **nicht** zu?

(A) Hydrochinon besitzt reduzierende Eigenschaften.
(B) Hydrochinon färbt sich an feuchter Luft dunkel.
(C) Bei der Oxidation geht Hydrochinon in p-Benzochinon über.
(D) Hydrochinon und p-Benzochinon bilden einen farbigen charge-transfer-Komplex.
(E) Chinhydron zerfällt in saurem Medium in Radikal-Anionen.

Chinone

577 Welche der folgenden Reaktionen führt **nicht** zu einem Chinon bzw. chinoiden Produkt?

(A) 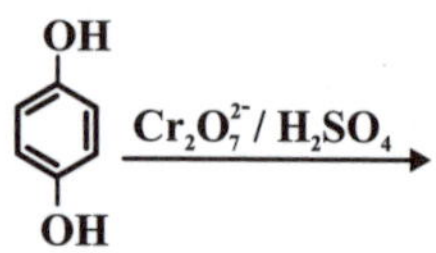

(B) 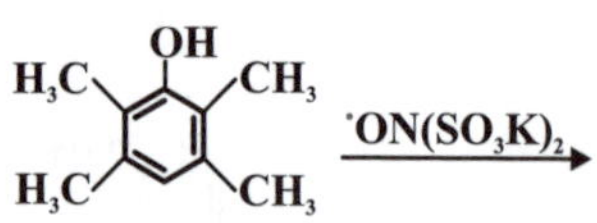

(C) 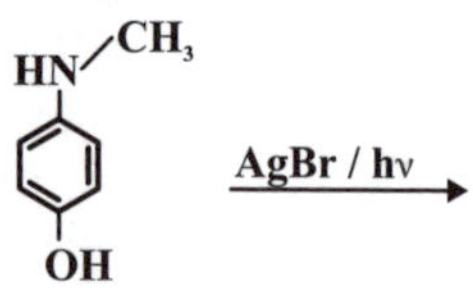

(D) 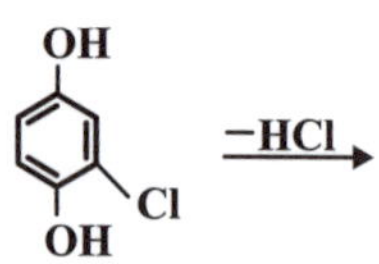

(E) 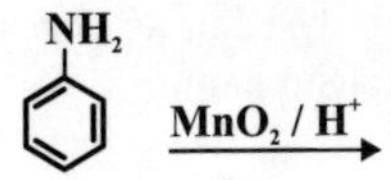

578⁺ 1,4-Benzochinone können aus 4-Nitrosophenolen hergestellt werden,
weil
Oxime in saurer Lösung zur entsprechenden Carbonylverbindung und Hydroxylamin gespalten werden können.

579 Welche Aussage über die stöchiometrischen Faktoren a und b bei der folgenden Reaktionsgleichung trifft zu?

Chinon + a H^+ + b e^- $\rightleftharpoons$ Hydrochinon

(A) a = b = 1
(B) a = 1; b = 2
(C) a = b = 2
(D) a = 2; b = 1
(E) a = 2; b = 4

580⁺ p-Durochinon (2,3,5,6-Tetramethyl-p-benzochinon) ist ein stärkeres Oxidationsmittel als p-Benzochinon,
weil
beim p-Durochinon elektronenliefernde Gruppen das Oxidationspotential im Vergleich zu p-Benzochinon erhöhen.

581 Welche der folgenden Reaktionen kann **nicht** an 1,4-Benzochinon durchgeführt werden?

(A) Hydrierung
(B) Grignard-Reaktion
(C) Michael-Addition
(D) Diels-Alder-Reaktion
(E) Aldoladdition

Ether

582⁺ Welche der folgenden Ether lassen sich nach Williamson in der Regel **nicht** herstellen?

(A) Dialkylether
(B) Diarylether
(C) Arylbenzylether
(D) Arylalkylether
(E) Dibenzylether

583 Welche Aussagen zur Williamsonschen Ethersynthese treffen zu?

(1) Bei der Reaktion erfolgt ein elektrophiler Angriff des Alkoholat-Ions am Alkylhalogenid.
(2) Die Darstellung von Dialkylethern wird unter Wasserausschluß durchgeführt.
(3) Die Darstellung von Phenylalkylethern kann in wäßriger oder wäßrig-alkoholischer Lösung erfolgen.

(A) nur 2 ist richtig
(B) nur 3 ist richtig
(C) nur 1 und 2 sind richtig
(D) nur 2 und 3 sind richtig
(E) 1–3 = alle sind richtig

584 Welche Aussagen zum Verlauf und zur Durchführung der Williamsonschen Ethersynthese treffen zu?

(1) Vom Reaktionstyp her handelt es sich um eine S_N-Reaktion.
(2) Zur Darstellung von Alkylphenylethern kann in wäßriger oder wäßrig-alkoholischer Lösung gearbeitet werden.
(3) Unter bestimmten strukturellen Voraussetzungen können die eingesetzten Alkylhalogenide in Olefine übergehen.

(A) nur 1 ist richtig
(B) nur 3 ist richtig
(C) nur 1 und 2 sind richtig
(D) nur 2 und 3 sind richtig
(E) 1–3 = alle sind richtig

585⁺ Welche Zwischenstufen werden bei der sauer katalysierten Veretherung von Alkoholen (R-OH) diskutiert?

(1) $R-\overline{\underline{O}}|^{\ominus}$
(2) $R-\overset{\oplus}{\overline{O}}-H$ (mit H am O)
(3) $R^{\oplus}$
(4) $R-\overset{\oplus}{\overline{O}}-H$ (mit R am O)

(A) nur 1 und 2 sind richtig
(B) nur 1 und 4 sind richtig
(C) nur 2 und 4 sind richtig
(D) nur 2, 3 und 4 sind richtig
(E) 1–4 = alle sind richtig

586⁺ Welche Aussage trifft **nicht** zu?
Als Methylierungsmittel für eine phenolische Hydroxylgruppe kann unter geeigneten Reaktionsbedingungen eingesetzt werden:

(A) Dimethylformamid
(B) Dimethylsulfat
(C) p-Toluensulfonsäuremethylester
(D) Diazomethan
(E) Methyliodid

587 Welche der nachfolgend aufgeführten Stoffklassen eignen sich zur Alkylierung phenolischer Hydroxylgruppen im alkalischen Medium?

(1) p-Toluensulfonsäureester
(2) Thioether (Dialkylsulfide)
(3) Alkylhalogenide, z. B. Alkylchloride
(4) Alkylmercaptane

(A) nur 3 ist richtig
(B) nur 1 und 3 sind richtig
(C) nur 2 und 3 sind richtig
(D) nur 1, 2 und 4 sind richtig
(E) 1–4 = alle sind richtig

588 Welche der folgenden Reaktionen treffen für Ether zu?

(1) 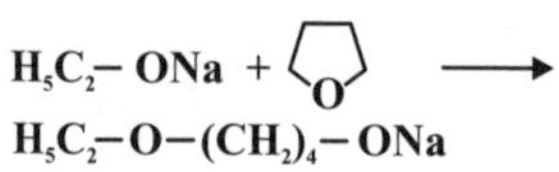

(2) 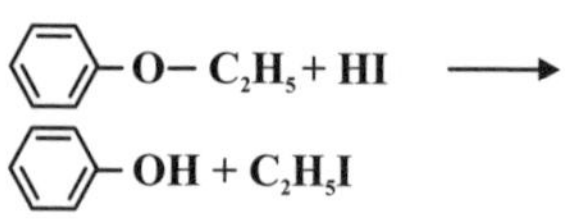

(3) $H_9C_4-O-C_4H_9 + H_3C-C(=O)-OH \longrightarrow H_3C-C(=O)-OC_4H_9 + C_4H_9OH$

(4) $H_5C_2-O-C_2H_5 + C_2H_5F + BF_3 \longrightarrow \left[H_5C_2-\overset{+}{O}(C_2H_5)-C_2H_5\right] BF_4^-$

(A) nur 2 ist richtig
(B) nur 1 und 2 sind richtig
(C) nur 2 und 4 sind richtig
(D) nur 1, 3 und 4 sind richtig
(E) nur 2, 3 und 4 sind richtig

589 Im Gegensatz zu Estern sind offenkettige aliphatische Ether nicht alkalisch hydrolysierbar,
weil
eine alkalische Hydrolyse nur an ungesättigten Gruppierungen erfolgen kann.

590⁺ Welche Aussage trifft zu?
Zur Spaltung von Alkylphenylethern des Typs

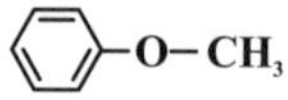

verwendet man am besten:

(A) Schwefelsäure
(B) Salpetersäure
(C) Phosphorsäure
(D) Iodwasserstoffsäure
(E) Chlorwasserstoffsäure

591⁺ Welche Aussage trifft zu?
Durch Behandeln von 4-Ethoxyacetanilid

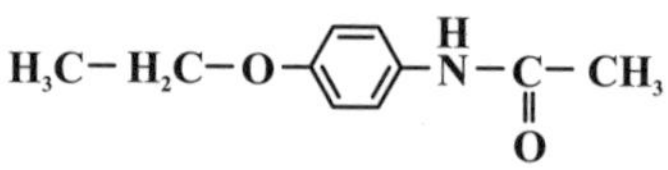

mit siedender Iodwasserstoffsäure (57%ig) erhält man nach **längerer** Reaktionszeit:

(A) 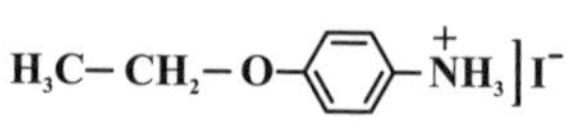

(B) 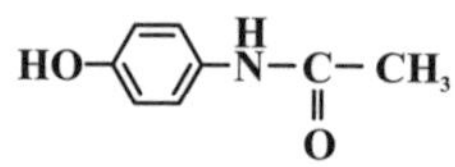

(C) 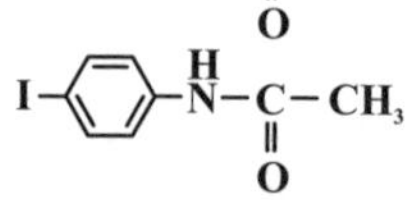

(D) 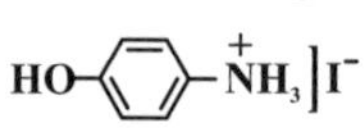

(E) 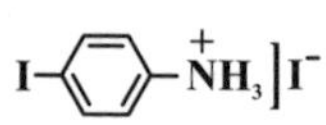

592⁺ Welche der folgenden Verbindungen läßt sich mit 10%-wäßriger Natriumhydroxid-Lösung glatt hydrolysieren?

(A) 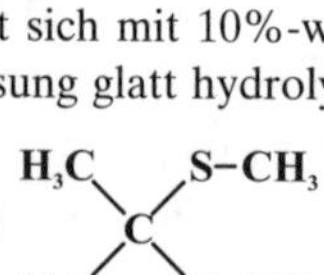

(B) 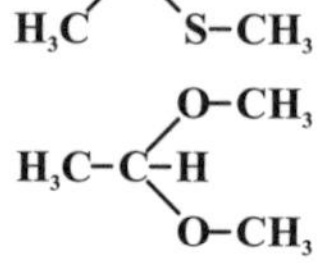

(C) 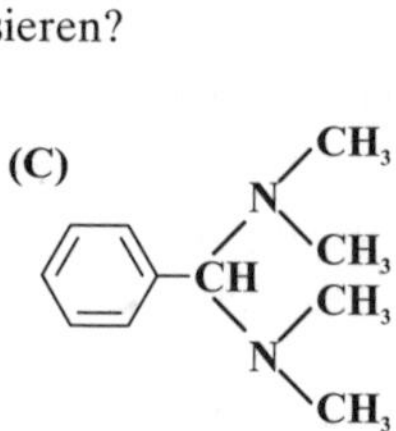

(D) $H_2C=CH-OCH_3$

(E) 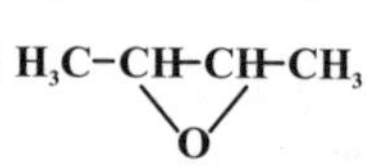

593+ Welche der folgenden Verbindungen reagieren mit einer Lösung von Natriummethanolat in Ethanol?

(1) $CH_3-\overset{\overset{O}{\|}}{C}-CH_3$

(2) $C_2H_5-O-C_2H_5$

(3) 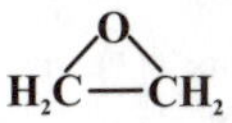

(4) $CH_3-O-CH_2-O-CH_3$

(A) nur 1 ist richtig
(B) nur 4 ist richtig
(C) nur 1 und 3 sind richtig
(D) nur 1, 2 und 4 sind richtig
(E) 1–4 = alle sind richtig

594+ Welche Aussage trifft zu?
Eine Etherspaltung mit nucleophilen Agenzien wie z. B. Ammoniak ist bei Raumtemperatur am leichtesten zu realisieren bei

(A) 

(B) 

(C) 

(D) 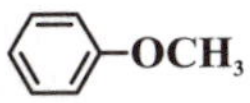

(E) 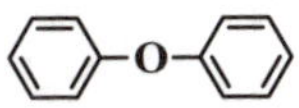

595 Welche der folgenden Verbindungen läßt sich mit 10%iger wäßriger Natriumhydroxid-Lösung glatt hydrolysieren?

(A) 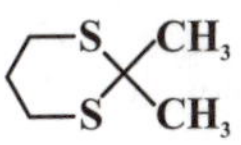

(B) 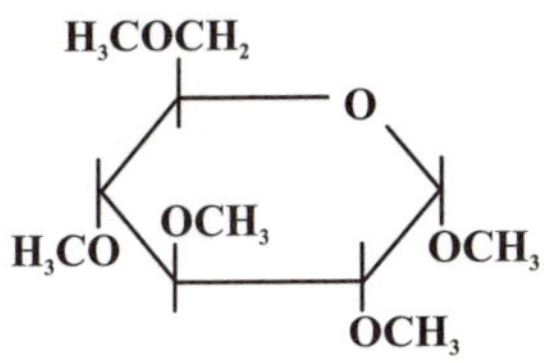

(C) $H_2C=CH-O-CH_3$

(D) 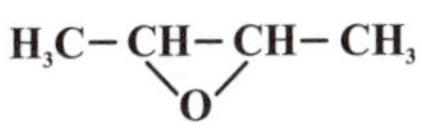

(E) 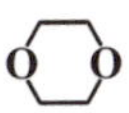

596+ Welche der folgenden Umsetzungen führt **nicht** zu Epoxiden?

(A) Olefin/Percarbonsäure
(B) Olefin/Wasserstoffperoxid
(C) Olefin/Ozon
(D) Keton/Chloressigsäureester (Darzens-Reaktion)
(E) β-Halogenalkohol/Base

Kronenether

597 Welche Aussage trifft **nicht** zu?
Kronenether

(A) stellen makrocyclische Polyether dar
(B) werden auch als Kryptate bezeichnet
(C) bilden stabile Komplexe mit Alkali- und Erdalkali-Ionen
(D) bilden Komplexe aufgrund von Ion-Dipol-Wechselwirkungen
(E) können S_N2-Reaktionen beschleunigen

598 [18]Krone-6 kann Anionen eine hohe Nucleophilie verleihen,
weil
Kronenether Kationen gut chelatisieren können.

3.10 Stickstoffverbindungen

(Siehe Ehlers, Chemie II-Kurzlehrbuch)

Amine

Ordnen Sie bitte den in Liste 1 aufgeführten Bezeichnungen die jeweils entsprechende Strukturformel aus Liste 2 zu!

Liste 1

599 primäres Amin

600+ sekundäres Amin

601 tertiäres Amin

Liste 2

(A) $H_3C-\overset{\overset{O}{\|}}{C}-NH_2$

(B) 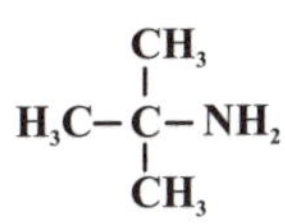

(C) 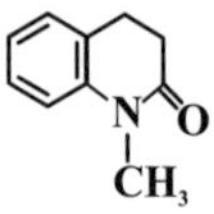

(D) 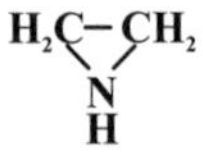

(E) 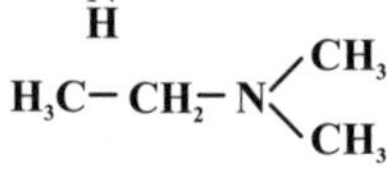

602 Welche der folgenden Verbindungen besitzen ein Strukturmerkmal, das in der chemischen Nomenklatur als „tertiär" bezeichnet wird?

(1) 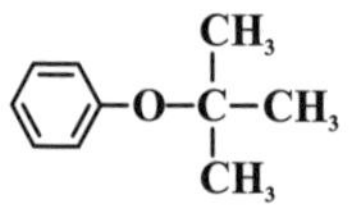

(3) 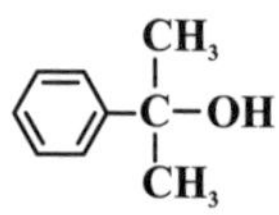

(2) 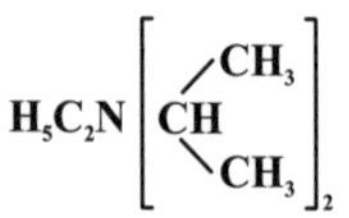

(4) 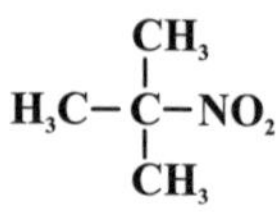

(A) nur 1 und 3 sind richtig
(B) nur 2 und 4 sind richtig
(C) nur 1, 2 und 3 sind richtig
(D) nur 2, 3 und 4 sind richtig
(E) 1–4 = alle sind richtig

Ordnen Sie bitte den in Liste 1 aufgeführten Verbindungen die jeweils an ihrem Aufbau beteiligte funktionelle Gruppe aus Liste 2 zu!

	Liste 1	**Liste 2**
603⁺	Toluidin	(A) Amino-Gruppe
604⁺	Benzidin	(B) Azo-Gruppe
		(C) Diazo-Gruppe
		(D) Diazonium-Gruppe
		(E) Diazoamino-Gruppe

605 Welche der nachstehenden Strukturformeln entspricht der Bezeichnung 2-n-Butylamino-1-(p-hydroxyphenyl)-ethanol?

(A) 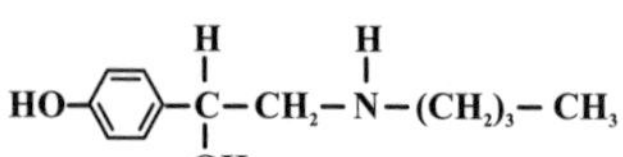

(B) 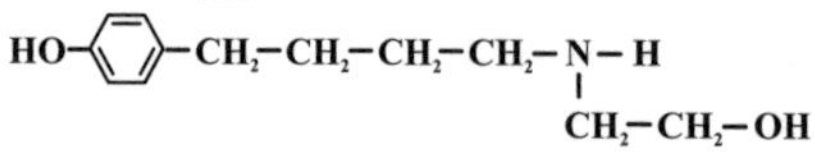

(C) 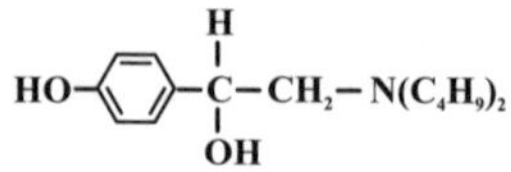

(D) 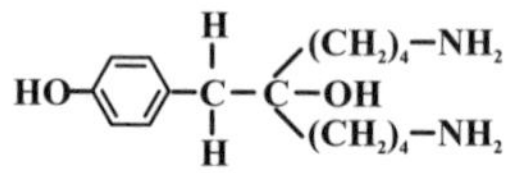

(E) keine der unter (A) bis (D) gezeigten Strukturformeln trifft zu

606⁺ Welche Aussage trifft **nicht** zu?
Amine können hergestellt werden durch

(A) Umsetzung von Ammoniak mit Alkylhalogeniden
(B) Hydrolyse von Carbonitrilen
(C) thermische Zersetzung von Säureaziden in alkoholischer Lösung und anschließende Hydrolyse
(D) Reaktion von Säureamiden mit Brom und Natronlauge
(E) Umsetzung von Alkylhalogeniden mit Phthalimid-Kalium und anschließende Hydrazinolyse

607 Welche Aussage trifft **nicht** zu?
Primäre Amine lassen sich gezielt darstellen durch:

(A) Hofmann-Abbau von primären Carbonsäureamiden
(B) Umsetzung von Isocyanaten mit Wasser
(C) Umsetzung von 1-Halogenalkanen mit NH_3
(D) Reduktion von 1-Nitroalkanen
(E) Gabriel-Synthese

608 Welche der folgenden Verbindungen gehen mit NH_3 eine nucleophile Substitution unter Bildung eines primären Amins ein?

(1) Isopropylbromid
(2) 1-Brom-2-methyl-2-phenylpropan
(3) 3-Chlortoluen
(4) 1-Chlor-2,4,6-trinitrobenzen

(A) nur 3 ist richtig
(B) nur 1 und 2 sind richtig
(C) nur 1, 2 und 4 sind richtig
(D) nur 2, 3 und 4 sind richtig
(E) 1–4 = alle sind richtig

609 Welche der folgenden Reaktionen sind zur Darstellung von primären Aminen geeignet?

(1) $R_2CH-NO_2 + H_2 \xrightarrow{\text{Kat.}}$

(2) $R-NCO + H_2O \longrightarrow$

(3) $R-C(=O)-NHR' + LiAlH_4 \longrightarrow$

(4) $R-C(=O)-NH_2 \quad + NaOCl \xrightarrow{H_2O}$

(A) nur 1 ist richtig
(B) nur 3 ist richtig
(C) nur 2 und 4 sind richtig
(D) nur 1, 2 und 4 sind richtig
(E) 1–4 = alle sind richtig

610 Welcher der folgenden Reaktionswege führt **nicht** zu Methylamin?

(A) $CH_3-C(=O)-\overline{N}=\overset{\oplus}{N}=\underline{\overline{N}}^{\ominus} \xrightarrow[\text{2. Hydrolyse}]{\text{1. Erhitzen in } C_2H_5OH}$

(B) $CH_3-\overset{\oplus}{N}H_3 \quad Cl^{\ominus} \xrightarrow{OH^{\ominus}}$

(C) 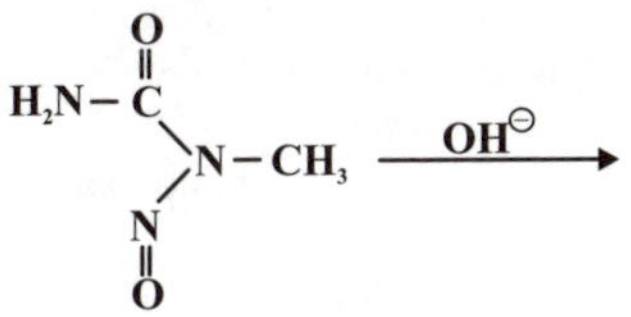

(D) $CH_3-C(=O)-NH_2 \xrightarrow[\text{2. Hydrolyse}]{\text{1. } OH^{\ominus} / Br_2}$

(E) 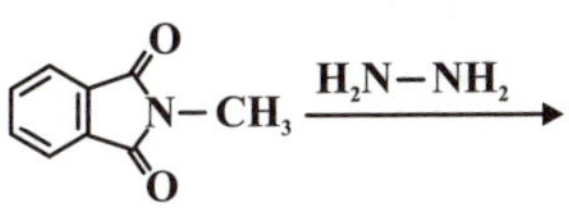

Ordnen Sie bitte den Begriffen der Liste 1 die jeweils zutreffende Umwandlung aus Liste 2 zu!

Liste 1

611 Hofmann-Abbau

612 Gabriel-Synthese

Liste 2

(A) 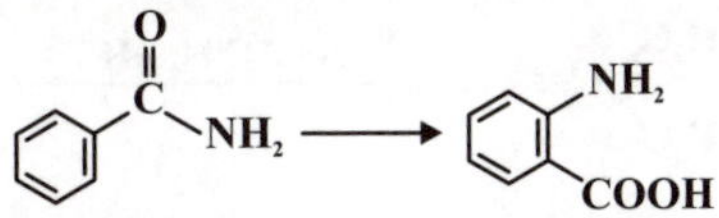

(B) 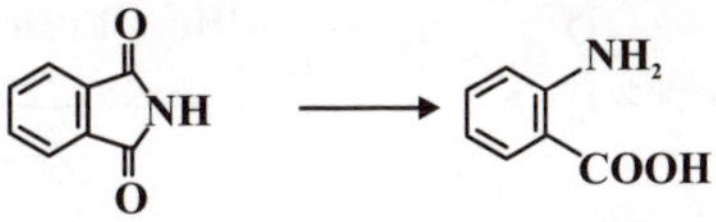

(C) 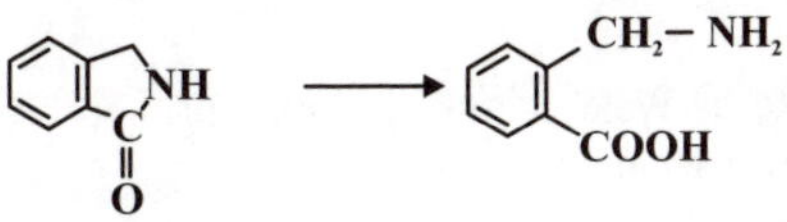

(D) 

(E) 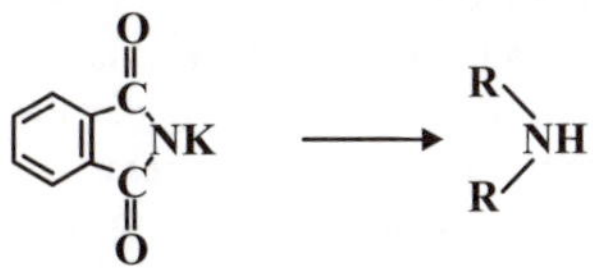

613⁺ Welche Aussage trifft **nicht** zu?
Ein sekundäres Amin wird erhalten bei der:

(A) Reduktion von Carbonsäureamiden des Typs

$$R-\overset{O}{\overset{\|}{C}}-\overset{H}{\underset{|}{\underline{N}}}-R \quad \text{mit } LiAlH_4$$

(B) katalytischen Hydrierung von Azomethinen
(C) Hydrazinolyse von N-Alkyl-phthalimiden
(D) katalytischen Hydrierung von Isonitrilen
(E) sauren Hydrolyse von Dialkylnitrosaminen

614⁺ Bei welcher der folgenden Umsetzungen entsteht ein sekundäres Amin?

(A) 

(B) 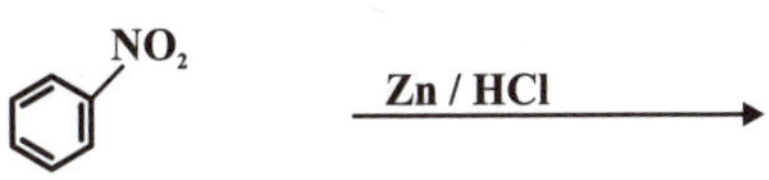

(C) 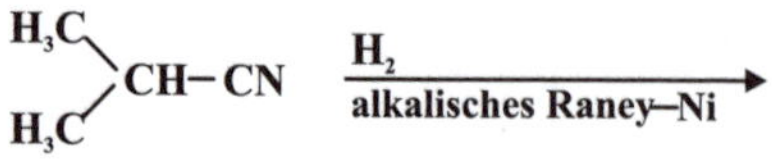

(D) 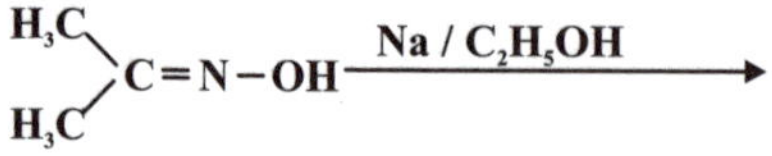

(E) 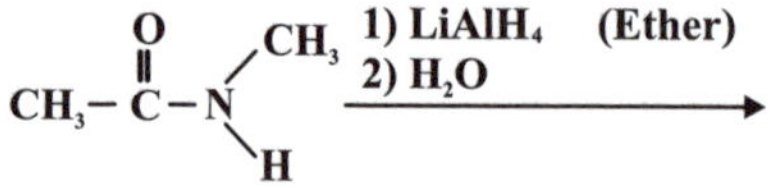

615 Welche Aussage über primäre Amine trifft **nicht** zu?

(A) Die Gabriel-Synthese erlaubt die gezielte Darstellung primärer aliphatischer Amine.
(B) Primäre aromatische Amine sind reaktionsfähigere Nucleophile als primäre aliphatische Amine.
(C) Primäre aliphatische Amine lassen sich mit Natriumnitrit/Säure in die entsprechenden Alkohole umwandeln.
(D) Durch zweifache Acylierung primärer Amine werden Imide erhalten.
(E) Durch Kondensation primärer Amine mit Aldehyden und Ketonen werden Imine erhalten.

616 Welche Aussage trifft zu?
Als Isonitril-Reaktion bezeichnet man die Umsetzung von:

(A) primären Aminen mit $CHCl_3$ in NaOH
(B) Phthalimid-Kalium mit Alkylhalogeniden
(C) sekundären Aminen mit CH_2Cl_2 in KOH
(D) primären Aminen mit HNO_2
(E) tertiären Aminen mit H_2O_2

617 Welche der folgenden Aussagen über die Isonitril-Reaktion und hierbei auftretende Zwischenprodukte trifft **nicht** zu?

(A) Es können ausschließlich primäre Amine nachgewiesen werden.
(B) Ihre Durchführung muß im alkalischen Medium erfolgen.
(C) Als Nebenreaktion wird Nitrilbildung beobachtet.
(D) Die Bildung des im Rahmen der Isonitril-Reaktion intermediär auftretenden Dichlorcarbens verläuft über eine α-Eliminierung.
(E) Das C-Atom von Dichlorcarben weist ein Elektronensextett auf.

618 Welche Aussagen treffen zu?
Methylamin

(1) kann durch Reduktion von Nitromethan hergestellt werden
(2) entsteht als Hauptprodukt bei der Alkylierung von Ammoniak mit Methyliodid
(3) entsteht bei der Hofmann-Eliminierung von Ethyltrimethylammoniumhydroxid
(4) ist ähnlich basisch wie Dimethylamin
(5) reagiert mit Salpetriger Säure in präparativem Maßstab zu Diazomethan

(A) nur 1 ist richtig
(B) nur 3 ist richtig
(C) nur 1 und 4 sind richtig
(D) nur 2 und 5 sind richtig
(E) nur 1, 2, 4 und 5 sind richtig

619 Welche der folgenden Aussagen treffen zu?
Methylamin

(1) kann aus Phthalimid-Kalium und Methyliodid hergestellt werden
(2) entsteht aus Acetamid und Natriumhypobromit-Lösung
(3) wird technisch aus Methanol und Ammoniak gewonnen
(4) ist ein Wasserstoffbrückenbildner
(5) besitzt einen größeren pK_b-Wert als Ammoniak

(A) nur 1 und 3 sind richtig
(B) nur 2 und 4 sind richtig
(C) nur 1, 3 und 4 sind richtig
(D) nur 3, 4 und 5 sind richtig
(E) nur 1, 2, 3 und 4 sind richtig

620 Methylamin ist wie Methanol bei Raumtemperatur flüssig,
weil
die relativen Molekülmassen von Methylamin und Methanol sich nur um (etwa) 1 unterscheiden.

621 Welche Aussagen über Anilin treffen zu?
Anilin kann

(1) technisch durch Ammonolyse von Chlorbenzen gewonnen werden
(2) technisch durch Ammonolyse von Phenol gewonnen werden
(3) katalytisch zu Cyclohexylamin hydriert werden
(4) mit Acetylchlorid in Acetanilid übergeführt werden

(A) nur 1 ist richtig
(B) nur 1 und 2 sind richtig
(C) nur 3 und 4 sind richtig
(D) nur 1, 2 und 4 sind richtig
(E) 1–4 = alle sind richtig

622+ Welche Aussage trifft **nicht** zu?
Anilin

(A) kann in Analogie zu primären aliphatischen Aminen in ein Isonitril übergeführt werden
(B) ist im Vergleich zu Methylamin die schwächere Base
(C) ist durch katalytische Hydrierung der entsprechenden Nitroverbindung darstellbar
(D) bildet mit metallischem Kalium in wasserfreiem Medium eine salzartige Verbindung
(E) reagiert mit Essigsäure in wäßrigem Medium zu Acetanilid

623 Welche Aussage trifft **nicht** zu?
Anilin kann

(A) diazotiert werden
(B) mit Aryldiazoniumsalzen gekuppelt werden
(C) zu Azoverbindungen kondensiert werden
(D) zu Triazenen umgesetzt werden
(E) mit jeder Säure neutrale Salze bilden

624 Welche der folgenden Aussagen über Nitraniline trifft **nicht** zu?

(A) Die Nitraniline werden durch direkte Nitrierung von Anilin hergestellt.
(B) o- und m-Nitranilin sind wasserdampfflüchtig.
(C) Die Hydrochloride der Nitraniline sind im Unterschied zu den Basen farblos.
(D) Die Nitraniline sind schwächer basisch als Anilin.
(E) In o- und p-Nitranilin kann NH_2 nucleophil durch die OH-Gruppe ausgetauscht werden.

Verhalten gegenüber Salpetriger Säure

625 Welche der folgenden Verbindungsklassen können Hauptprodukte bei der Zersetzung aliphatischer Diazoniumsalze in wäßrig-salzsaurer Lösung sein?

(1) Alkohole
(2) Ether
(3) Alkylchloride
(4) Alkene
(5) Ketone

(A) nur 1 und 3 sind richtig
(B) nur 1 und 4 sind richtig
(C) nur 2 und 3 sind richtig
(D) nur 2, 3 und 5 sind richtig
(E) 1–5 = alle sind richtig

626 Welche Aussagen treffen zu?
Bei der Umsetzung von n-Propylamin mit KNO_2/Essigsäure erhält man u. a. folgende Produkte:

(1) n-Propanol
(2) Isopropanol
(3) Propen

(A) nur 1 ist richtig
(B) nur 2 ist richtig
(C) nur 1 und 3 sind richtig
(D) nur 2 und 3 sind richtig
(E) 1–3 = alle sind richtig

627 Bei der Umsetzung von primären n-Alkylaminen mit Salpetriger Säure können neben primären Alkoholen auch Olefine entstehen,
weil
die bei der Stickstoffabspaltung aus n-Alkyldiazonium-Ionen entstehenden Carbenium-Ionen nach einem S_N1- oder E1-Mechanismus weiterreagieren können.

628 Bei der Umsetzung von primären aliphatischen Aminen mit KNO_2/Essigsäure (Raumtemperatur) können neben den jeweiligen Alkoholen auch Olefine entstehen,
weil
zahlreiche Alkohole nach Protonierung und anschließender Wasserabspaltung via nachfolgender β-Eliminierung in Olefine überführbar sind.

629⁺ Welche der nachfolgend genannten Verbindungen wird bei der Umsetzung von N-Methylanilin mit $NaNO_2$/HCl als Hauptprodukt erhalten?

(A) N-Nitroso-N-methylanilin
(B) 3-Nitroso-N-methylanilin
(C) 4-Nitroso-N-methylanilin
(D) 4-Nitro-N-methylanilin
(E) N-Nitro-N-methylanilin

630 Welche Aussage über die Reaktionen mit NO^+ trifft **nicht** zu?

(A) Nitrosierungen werden mit Nitrit in verdünnter saurer Lösung durchgeführt.
(B) Primäre aliphatische Amine bilden mit NO^+ Diazoniumsalze, die in Gegenwart starker Basen stabil sind.
(C) Aromaten mit Substituenten 1. Ordnung werden in der o- bzw. p-Position nitrosiert.
(D) Sekundäre Amine bilden mit NO^+ Nitrosamine.
(E) Bei der Nitrosierung primärer aromatischer Amine erhält man reaktivere Diazoniumsalze, wenn in o- oder p-Position ein Substituent 2. Ordnung vorhanden ist.

Von Aminen abgeleitete Stoffklassen

Ordnen Sie bitte den Verbindungen der Liste 1 die jeweils zutreffende Stoffklasse aus Liste 2 zu!

Liste 1

631 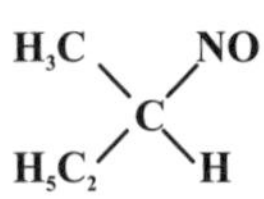

632 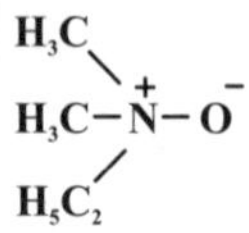

Liste 2

(A) Aminoxid
(B) Hydroxamsäure
(C) Isonitrosoverbindung
(D) Salpetrigsäureester
(E) Nitrosoverbindung

Ordnen Sie bitte den Verbindungen der Liste 1 die jeweils zutreffende Stoffklasse aus Liste 2 zu!

Liste 1

633 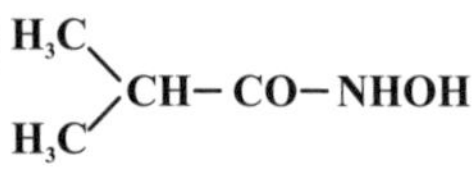

634 H_9C_4-NCO

Liste 2

(A) Cyansäureester
(B) Hydroxamsäure
(C) Urethan
(D) Isocyansäureester
(E) Cyanursäureester

Ordnen Sie bitte den Produkten der Liste 1 die jeweils entsprechende Ausgangsverbindung aus Liste 2 zu!

Liste 1

635 Alkylisocyanid (Isonitril)

636 Nitrosamin

Liste 2

(A) Diazoniumsalz, Phenol
(B) Nitrosomethylharnstoff
(C) sekundäres aliphat. Amin, Salpetrige Säure
(D) tertiäres Amin, Wasserstoffperoxid
(E) primäres Amin, Chloroform, Kaliumhydroxid-Lösung

Ordnen Sie bitte den in Liste 1 aufgeführten Stoffklassen die jeweils entsprechende Formel aus Liste 2 zu!

Liste 1 **Liste 2**

637 Isocyanat

638 Isonitril

(A) H_2N-CN

(B) 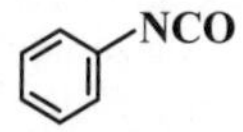

(C) 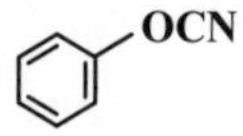

(D) R−NC

(E) 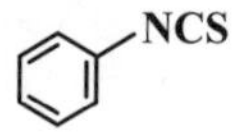

639 Bei welcher der folgenden Verbindungen handelt es sich um ein Nitrosamin?

(A) CH_3-NO

(B) $(CH_3)_2N-NO_2$

(C) $(CH_3)_2N-CO-N(NO)CH_3$

(D) $(CH_3)_2N-NO$

(E) $(CH_3)_3N-O$

640+ Welche der folgenden Formeln bezeichnet eine Azoverbindung?

(A) $CH_2=\overset{\oplus}{N}=\overset{\ominus}{\underline{N}}$

(B) 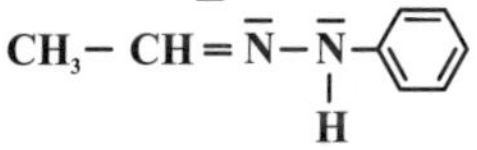

(C) 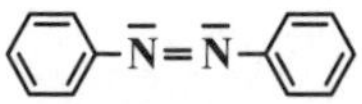

(D) 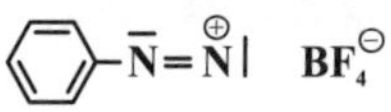

(E) $(H_3C)_2C=\overline{N}-\overline{N}=C(CH_3)_2$

Ordnen Sie bitte den Verbindungen der Liste 1 die jeweils zutreffende Stoffklasse aus Liste 2 zu!

Liste 1

641 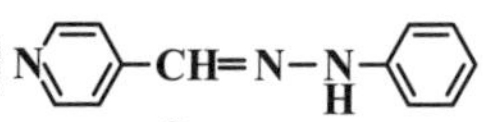

642 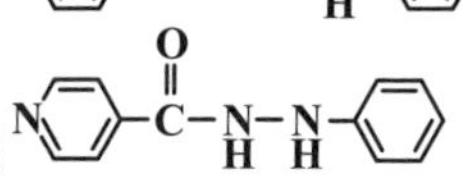

Liste 2

(A) Hydrazin
(B) Hydroxamsäure
(C) Hydrazid
(D) Hydrazobenzen
(E) Hydrazon

Ordnen Sie bitte den in Liste 1 genannten Substanzen die jeweils entsprechende Formel aus Liste 2 zu!

Liste 1

643 Benzidin

644 Hydrazobenzen

Liste 2

(A) 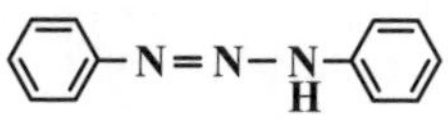

(B) 

(C) 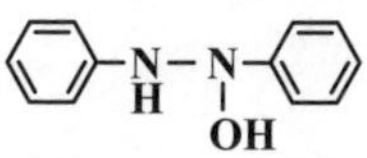

(D) 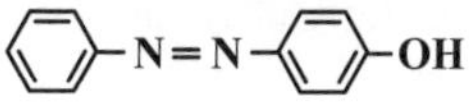

(E) 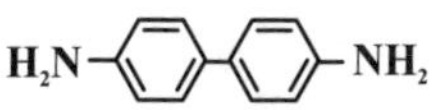

645 Welche Aussage trifft **nicht** zu?
Phenylhydrazin

(A) kann durch Protonenkatalyse in m-Phenylendiamin umgelagert werden
(B) besitzt reduzierende Eigenschaften
(C) wird aus Benzendiazoniumsalzen, z. B. Benzendiazoniumchlorid, durch Reduktion erhalten
(D) kann – als Hydrazon – bei Indol-Synthesen eingesetzt werden
(E) dient zur Darstellung von Osazonen

Diazo- und Diazoniumverbindungen

646+ Welche Aussage trifft **nicht** zu?
Diazomethan

(A) kann durch folgende mesomere Grenzformeln beschrieben werden:

$$H_2\underset{\ominus}{\underline{C}}-\overset{\oplus}{N}\equiv N| \longleftrightarrow H_2C=\overset{\oplus}{N}=\overset{\ominus}{\underline{N}}$$

(B) kann aus N-Methyl-N-nitroso-p-toluensulfonamid dargestellt werden

(C) kann zur N-Methylierung eines primären oder sekundären Amins dienen
(D) kann mit Säurechloriden unter Chlorwasserstoffabspaltung zu Diazoketonen reagieren
(E) kann mit Carbonsäuren zum jeweiligen Methylester und Stickstoff reagieren

647 Welche Aussagen treffen zu?
Mit Diazomethan können methyliert werden:

(1) Ethanol
(2) Methylamin
(3) Phenol
(4) Benzoesäure

(A) nur 3 ist richtig
(B) nur 4 ist richtig
(C) nur 1 und 2 sind richtig
(D) nur 3 und 4 sind richtig
(E) nur 1, 2 und 3 sind richtig

648 Welche der folgenden Reaktionen von Diazomethan (CH_2N_2) sind möglich?

(1) 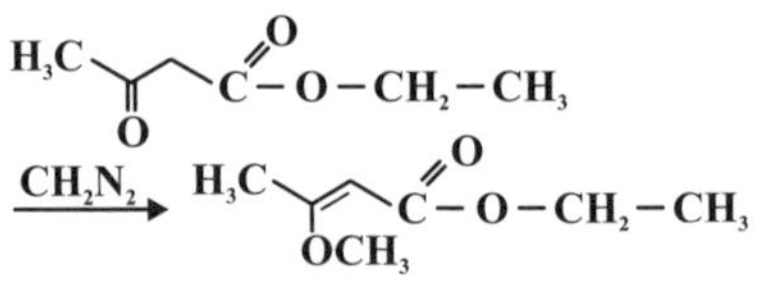

(2) $HBr \xrightarrow{CH_2N_2} CH_3Br$

(3) 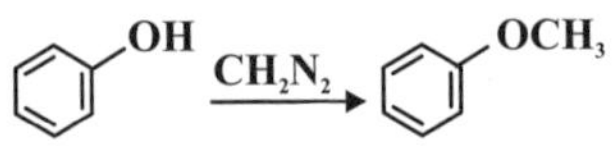

(4) 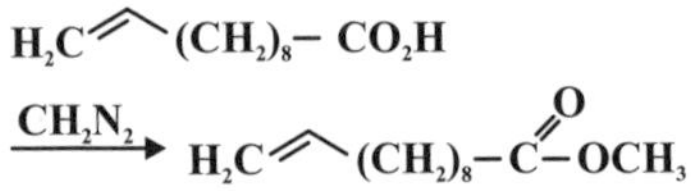

(A) nur 2 ist richtig
(B) nur 3 ist richtig
(C) nur 1 und 2 sind richtig
(D) nur 3 und 4 sind richtig
(E) 1–4 = alle sind richtig

649 Welche Aussagen über aromatische Diazoniumsalze treffen zu?

(1) Sie sind kristalline Verbindungen.
(2) Die Salze starker Säuren sind in Wasser vollständig dissoziiert.
(3) Die Salze starker Säuren reagieren in Wasser infolge Hydrolyse sauer.
(4) Die meisten Salze sind in trockenem Zustand explosiv.
(5) Über Diazoniumsalze lassen sich nach Sandmeyer alle Halogene in Aromaten einführen.

(A) nur 1 und 4 sind richtig
(B) nur 4 und 5 sind richtig
(C) nur 1, 2 und 4 sind richtig
(D) nur 2, 3 und 5 sind richtig
(E) 1–5 = alle sind richtig

650+ Welche Aussagen treffen zu?
Das Benzendiazonium-Ion

(1) gehört zu den elektrophilen Reagenzien
(2) kann mit OH^--Ionen zum Diazotat-Anion reagieren
(3) kann mit Anilin zu einer Verbindung zusammentreten, bei der drei Stickstoffatome miteinander verknüpft sind
(4) läßt sich zu Phenylhydrazin reduzieren

(A) nur 1 und 2 sind richtig
(B) nur 3 und 4 sind richtig
(C) nur 1, 2 und 3 sind richtig
(D) nur 1, 2 und 4 sind richtig
(E) 1–4 = alle sind richtig

Ordnen Sie bitte die Reagenzien der Liste 2 dem jeweiligen Produkt ihrer Umsetzung mit Phenyldiazoniumsalzen in Liste 1 zu!

Liste 1

651 Azoverbindung

652 Phenol

Liste 2

(A) $H_2O/\Delta T$
(B) Phenol/OH^-
(C) 1.) Na_2SO_3; 2.) HCl
(D) $BF_4^-/\Delta T$
(E) $K_3[Cu(CN)_4]$

653 Welche der folgenden Verbindungen wird nach der Umsetzung von Pyrrol mit Benzendiazoniumchlorid als Hauptprodukt isoliert?

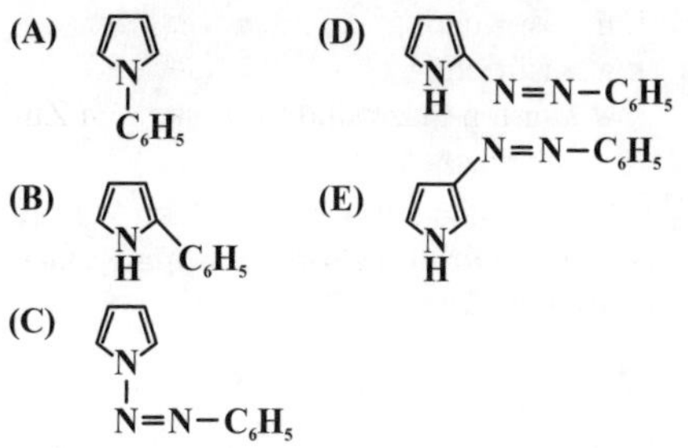

654 Welche Aussagen treffen zu?
Aromatische Diazoniumverbindungen wie Benzendiazoniumchlorid können unter geeigneten Bedingungen über eine Kupplungsreaktion verknüpft werden mit:

(1) 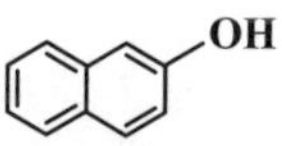

(2) 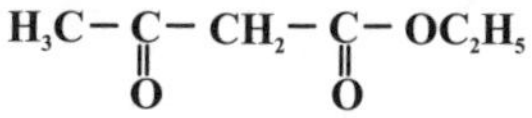

(3) 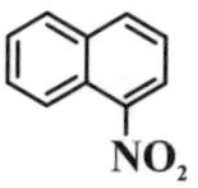

(4) 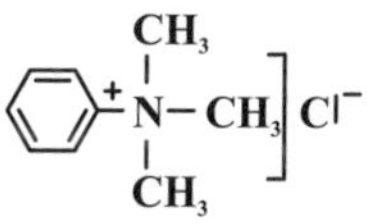

(A) nur 1 ist richtig
(B) nur 1 und 2 sind richtig
(C) nur 3 und 4 sind richtig
(D) nur 1, 3 und 4 sind richtig
(E) 1–4 = alle sind richtig

655 Aryldiazonium-Ionen kuppeln mit kernsubstituierten Arylaminen in stark saurem Milieu praktisch **nicht**,
weil
Arylamine als Kupplungskomponenten in stark saurem Milieu desaktiviert werden.

656 Azokupplungen können auch in alkalischer Lösung stattfinden,
weil
in stark alkalischen Lösungen cis-Diazotate sich in die entsprechenden trans-Diazotate umlagern können.

657 Die nachstehend formulierte Umsetzung verläuft in schwach saurem Milieu schneller als in stark saurem,

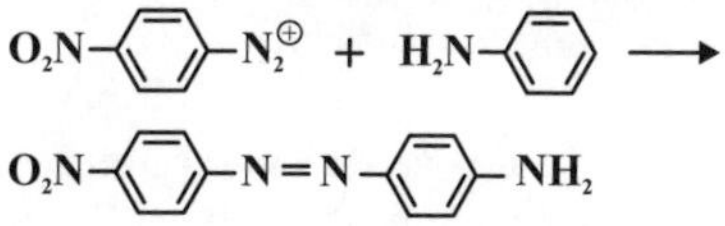

weil
Anilin in saurem Milieu reversibel protoniert wird.

658⁺ Bei welcher der folgenden Reaktionen ist die Bildung eines Carbenium-Ions der geschwindigkeitsbestimmende Schritt?

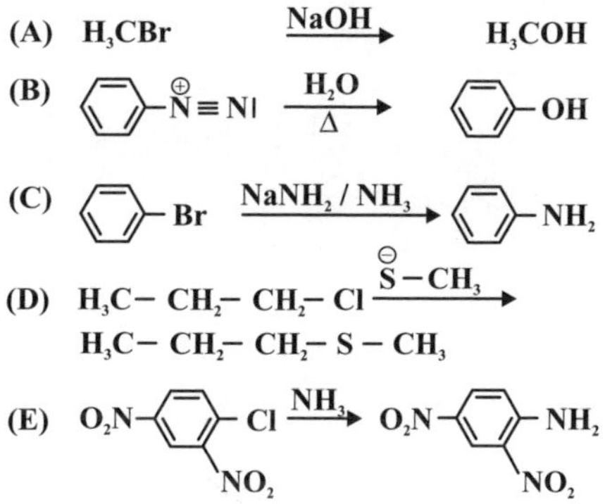

659 Welche der folgenden Reaktionen des Phenyldiazonium-Ions führen zu den jeweils angegebenen Hauptprodukten?

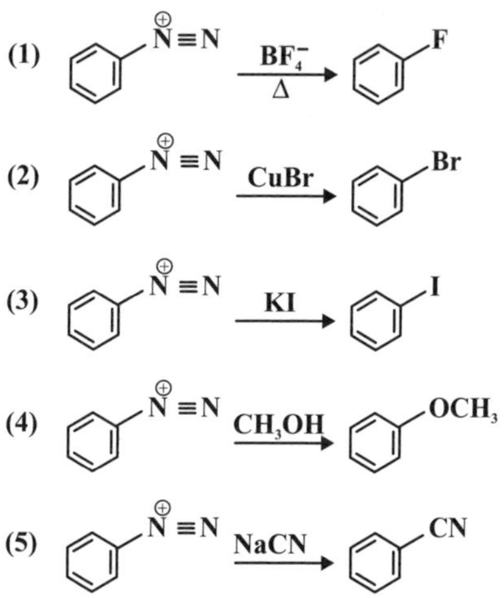

(A) nur 1 und 2 sind richtig
(B) nur 1 und 4 sind richtig
(C) nur 3 und 5 sind richtig
(D) nur 2, 4 und 5 sind richtig
(E) nur 1, 2, 3 und 4 sind richtig

660 Bei der Sandmeyer-Reaktion werden als Nebenprodukte Diarylverbindungen beobachtet,
weil
die Sandmeyer-Reaktion über Arylradikale abläuft.

661⁺ Bei welchen der nachstehend aufgeführten Umsetzungen von 3-Chlorphenyldiazoniumchlorid (I) ist das richtige Produkt angegeben?

(1) I $\xrightarrow{H_3PO_2}$ 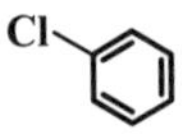

(2) I $\xrightarrow{HCOOH}$ 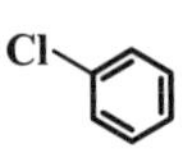

(3) I $\xrightarrow{Na[Sn(OH)_3]}$ 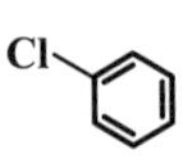

(4) I $\xrightarrow{HSO_3^-}$ 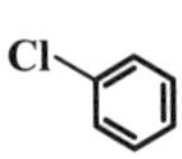

(A) nur 3 ist richtig
(B) nur 1 und 2 sind richtig
(C) nur 1 und 3 sind richtig
(D) nur 1, 2 und 3 sind richtig
(E) nur 1, 3 und 4 sind richtig

662⁺ Welche Aussagen treffen zu?
Setzt man 3-Chloranilin mit Natriumnitrit/Salzsäure bei +5 °C um und erhitzt anschließend die Lösung zum Sieden, so entstehen:

(1) 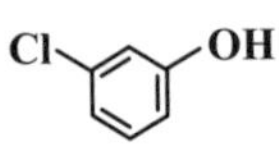

(3) 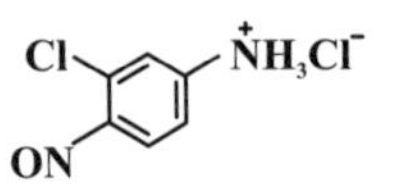

(2) 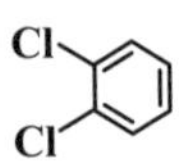

(4) 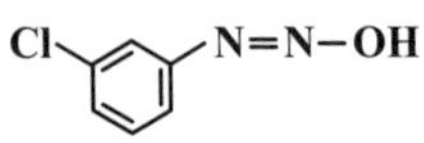

(A) nur 1 ist richtig
(B) nur 2 ist richtig
(C) nur 3 ist richtig
(D) nur 4 ist richtig
(E) nur 1 und 2 sind richtig

663⁺ Aus welchen der nachfolgenden Verbindungen ist 2,4-Dichlornitrobenzen **ohne** einen Nitrierungsschritt darstellbar?

(1) 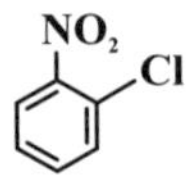

(3) 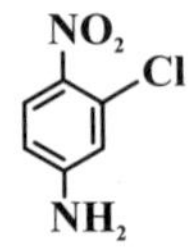

(2) 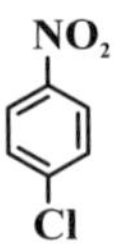

(4) 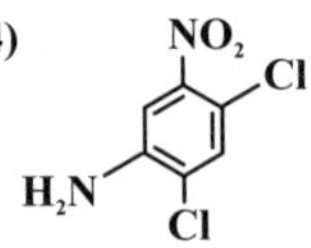

(A) nur 1 ist richtig
(B) nur 2 ist richtig
(C) nur 1 und 3 sind richtig
(D) nur 2 und 3 sind richtig
(E) nur 3 und 4 sind richtig

Nitro- und Nitrosoverbindungen

(vgl. auch MC-Fragen Nr. 223–227)

664 Welche Aussage trifft **nicht** zu?
Primäre Nitroalkane

(A) können aus Alkylbromiden und $AgNO_2$ hergestellt werden
(B) besitzen die allgemeine Struktur R-CH_2-O-NO
(C) können mit Laugen Salze bilden
(D) zeigen in speziellen Fällen die sog. aci-nitro-Tautomerie
(E) können durch direkte Nitrierung von Alkanen gewonnen werden

665 Welche der folgenden Umsetzungen führt **nicht** zu einem Nitroalkan als Hauptprodukt?

(A) C_2H_5OH + HNO_3 ⟶
(B) $(CH_3CO)_2O$ + 4 HNO_3 ⟶
(C) $R_3C\text{-}NH_2$ + $KMnO_4$ ⟶
(D) $CH_3(CH_2)_6\text{-}I$ + $AgNO_2$ ⟶
(E) $Cl\text{-}CH_2CO_2H$ + $NaNO_2$ ⟶

666 Bei welchen der nachstehend aufgeführten Umsetzungen sind die Produkte richtig angegeben?

(1)

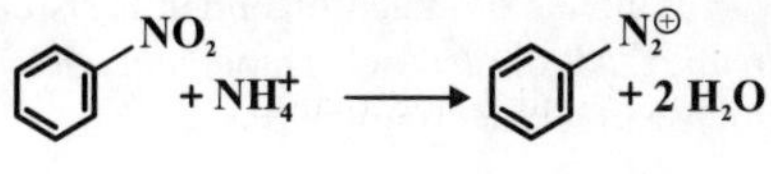

(2)

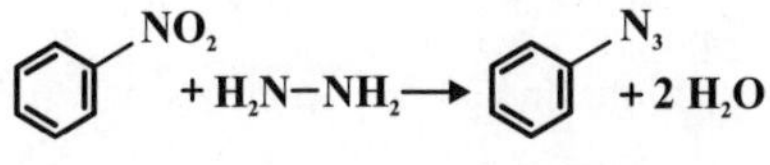

(3)

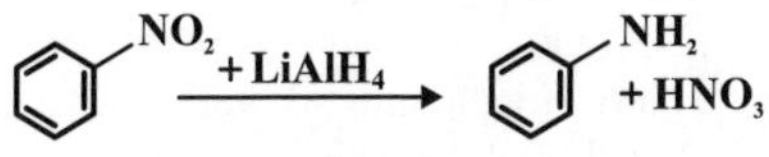

(A) bei keiner der Reaktionen
(B) nur 3 ist richtig
(C) nur 1 und 2 sind richtig
(D) nur 2 und 3 sind richtig
(E) 1–3 = alle sind richtig

Liste 2

(A) 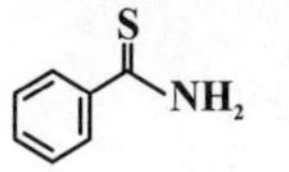

(D) 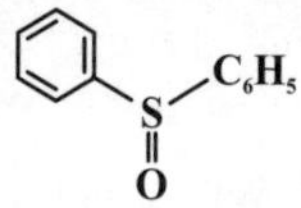

(B) 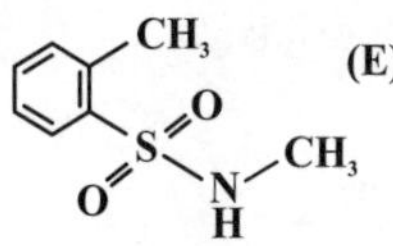

(E) 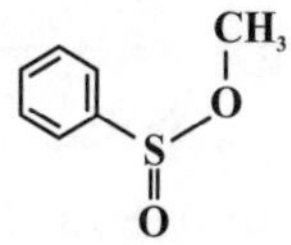

(C) 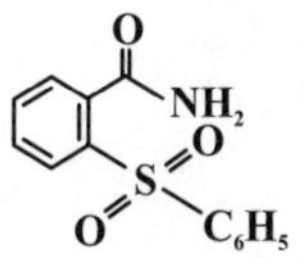

Ordnen Sie bitte den Namen der Liste 1 die jeweils entsprechende Formel aus Liste 2 zu!

Liste 1

672 Sulfanilsäure

673 Anthranilsäure

Liste 2

(A) 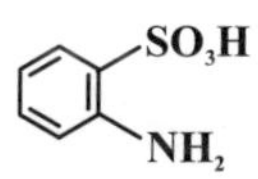

(D) 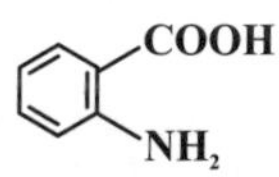

(B) 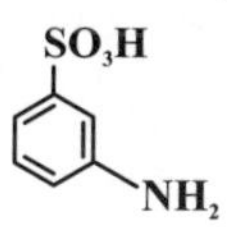

(E) 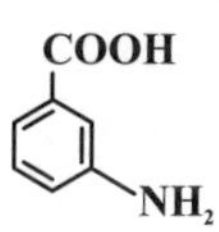

(C) 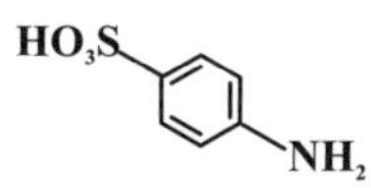

3.11 Schwefelverbindungen

(siehe Ehlers, Chemie II-Kurzlehrbuch)

667⁺ Bei welcher der aufgeführten Verbindungen handelt es sich um Thiophenol?

(A) 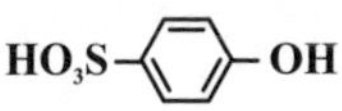

(D) 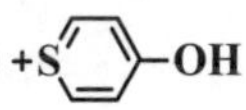

(B) 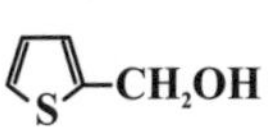

(E) 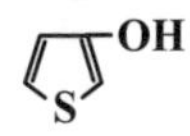

(C) 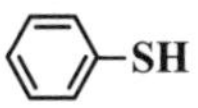

Ordnen Sie bitte den in Liste 1 aufgeführten Substanzklassen die jeweils entsprechende Struktur aus Liste 2 zu!

Liste 1

668⁺ Sulfonamid

669⁺ Sulfon

670 Thioamid

671 Sulfoxid

674⁺ Welche der folgenden Verbindungen ist eine Thionthiolcarbonsäure?

(A) $HO-C(=S)-CH_2-C(=S)-OH$

(B) $CH_3-CH_2-C(=S)-SH$

(C) $HS-CH_2-C(=S)-OH$

(D) 

(E) 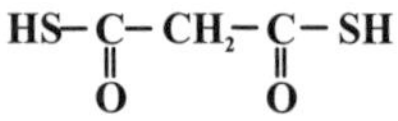

675⁺ Welcher der genannten Reaktionswege führt **nicht** zu einem Mercaptan?

(A) $CH_3Br \xrightarrow{NaSH}$

(B) $C_2H_5{-}O{-}SO_3K \xrightarrow{KSH}$

(C) $S{=}C(NH_2)_2 \xrightarrow[2.\ NaOH]{1.\ CH_3Br}$

(D) $CH_3OH + H_2S \xrightarrow{Kat.\ /\ \Delta}$

(E) $(C_2H_5)_3S^+\ OH^- \xrightarrow{\Delta}$

676 Welche Aussage trifft **nicht** zu?
Von den folgenden Verbindungen siedet die erstgenannte Verbindung jeweils höher als die zweitgenannte:

(A) CH_3-CH_2-CH_2-CH_2-Cl; $(CH_3)_3C$-Cl
(B) $(CH_3)_3C$-OH; $(CH_3)_2CH$-O-CH_3
(C) CH_3-CH_2-CH_2-NH_2; $(CH_3)_3N$
(D) CH_3-S-CH_3; CH_3-O-CH_3
(E) CH_3-CH_2-SH; CH_3-CH_2-OH

677 Ethylmercaptan ist stärker sauer als Ethanol,
weil
Ethylmercaptan bei Raumtemperatur durch Wasserstoffbrücken stärker intermolekular assoziiert ist als Ethanol.

678⁺ Welche Aussage über Methanol bzw. Methylmercaptan trifft **nicht** zu?

(A) Methylmercaptan ist wie Methanol bei Raumtemperatur und Normaldruck flüssig.
(B) Methanol und Methylmercaptan sind Ampholyte.
(C) Methanol läßt sich zu CO_2 oxidieren.
(D) Methylmercaptan bildet mit Hg^{2+}-Ionen in wäßriger Lösung einen Niederschlag.
(E) Bei der Oxidation von Methylmercaptan zum Disulfid ändert sich die Oxidationszahl des Schwefels.

679⁺ Welchen der nachfolgenden Feststellungen über Alkohole und Thiole mit gleichem Kohlenstoffgerüst stimmen Sie zu?

(1) Alkohole besitzen niedrigere Siedepunkte als Thiole.
(2) Thiole sind stärker sauer als Alkohole.
(3) Thiole werden im Gegensatz zu Alkoholen nur durch starke Oxidationsmittel angegriffen.
(4) Thiolat-Ionen sind stärkere Nucleophile als Alkoholat-Ionen.

(A) nur 1 und 2 sind richtig
(B) nur 2 und 4 sind richtig
(C) nur 3 und 4 sind richtig
(D) nur 1, 2 und 3 sind richtig
(E) nur 2, 3 und 4 sind richtig

680⁺ Bei der Reduktion eines organischen Disulfids in wäßriger Lösung bildet sich ein Thioether,
weil
Disulfide und Thioether ein reversibles Redoxsystem darstellen.

681⁺ Welche Aussagen treffen zu?
In Abhängigkeit vom Oxidationsmittel liefern Alkanthiole folgende Oxidationsprodukte:

(1) $R{-}CH_2{-}S{-}S{-}CH_2{-}R$

(2) 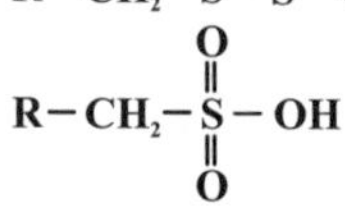

(3) 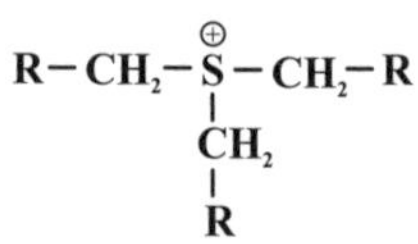

(A) nur 2 ist richtig
(B) nur 3 ist richtig
(C) nur 1 und 2 sind richtig
(D) nur 2 und 3 sind richtig
(E) 1–3 = alle sind richtig

682⁺ Welche der folgenden Umsetzungen eignen sich zur Darstellung von Thioethern?

(1) $R{-}S^-\ Na^+ \xrightarrow{R'{-}Hal,\Delta} R{-}S{-}R'$

(2) $R{-}S^-\ Na^+ \xrightarrow{R_2'SO_4} R{-}S{-}R'$

(3) $K_2S \xrightarrow{R-Hal,\Delta} R-S-R$

(4) $R-S(=O)-R' \xrightarrow{Zn\,/\,HCl} R-S-R'$

(A) nur 1 ist richtig
(B) nur 1 und 3 sind richtig
(C) nur 3 und 4 sind richtig
(D) nur 1, 2 und 3 sind richtig
(E) 1–4 = alle sind richtig

683+ Welche der nachfolgend angegebenen Reaktionen von Thioethern sind möglich? (R = Alkyl)

(1) $R-S-R + HI \longrightarrow R-SH + RI$

(2) $R-S-R + RI \longrightarrow R_3S^+ I^-$

(3) $R-S-R + 2\,H_2O_2 \xrightarrow{CH_3COOH} R-S(=O)_2-R + 2\,H_2O$

(A) nur 2 ist richtig
(B) nur 1 und 2 sind richtig
(C) nur 1 und 3 sind richtig
(D) nur 2 und 3 sind richtig
(E) 1–3 = alle sind richtig

684+ Sulfanilsäure ist in organischen Lösungsmitteln schwerlöslich,
weil
Sulfanilsäure als Zwitterion salzartigen Charakter besitzt.

685 Welche Aussagen über aromatische Sulfonsäuren treffen zu?

(1) Aromatische Sulfonsäuren sind leicht aus aromatischen Kohlenwasserstoffen und Oleum zu gewinnen.
(2) Als sulfonierendes Agens von Oleum fungiert das trimere SO_2.
(3) Die Ca- und Ba-Salze der Benzensulfonsäure sind in Wasser schwerlöslich.
(4) Die Acidität der Benzensulfonsäure entspricht etwa der von Schwefelsäure.
(5) Die aromatisch gebundene Sulfonsäuregruppe ist nucleophil gegen die OH- und CN-Gruppe austauschbar.

(A) nur 1 und 4 sind richtig
(B) nur 2 und 3 sind richtig
(C) nur 3 und 5 sind richtig
(D) nur 1, 4 und 5 sind richtig
(E) 1–5 = alle sind richtig

686+ Welche der folgenden Aussagen trifft zu?
Dimethylsulfat ist ein

(A) Salz einer Sulfonsäure
(B) Sulfonsäureester
(C) Schwefelsäureester
(D) Salz der Schwefelsäure
(E) Sulfon

687 Welche Aussage über die Eigenschaften von Dimethylsulfoxid (DMSO) trifft **nicht** zu?
DMSO

(A) besitzt eine hohe Dielektrizitätszahl
(B) begünstigt als protisch polares Lösungsmittel S_N1-Reaktionen
(C) ist sowohl mit Benzen als auch mit Wasser mischbar
(D) stellt ein gutes Lösungsmittel für viele makromolekulare Stoffe dar
(E) ist oxidierbar

688+ Welche Aussage trifft **nicht** zu?
Schwefelkohlenstoff

(A) kann als Anhydrid der Thiolthionkohlensäure aufgefaßt werden
(B) ist leicht brennbar
(C) besitzt ausgeprägte lipophile Eigenschaften
(D) reagiert mit einem Na-Alkoholat zum Na-Salz des jeweiligen sog. Xanthogensäureesters
(E) kann mit Hydrazin zu Thioharnstoff umgesetzt werden

689 Welcher der abgebildeten Stoffe ist ein Dithiocarbamat?

(A) $H_2N-C(=O)-S-C(=S)-CH_3$

(B) $H_2N-C(=O)-S-S-C(=O)-NH_2$

(C) $^-S-C(=S)-O^-\quad 2\,NH_4^+$

(D) $H_2N-C(=S)-S^-$ NH_4^+

(E) $^-S-C(=O)-S^-$ $2\,NH_4^+$

Synthese von Chloramin T

690+ Über welchen Reaktionsansatz kann das Edukt p-Toluensulfonamid am besten hergestellt werden?

(A) 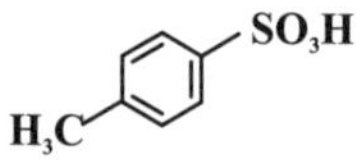 + NH_4Cl

(B) 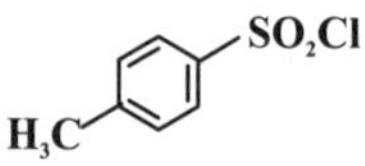 + NH_3 / H_2O

(C) 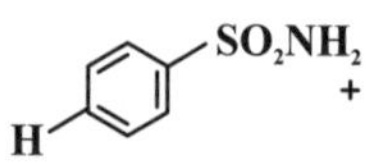 + H_3CCl / $ZnCl_2$

(D) 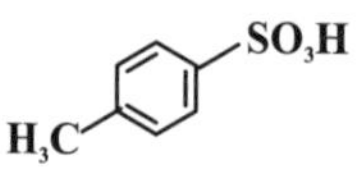 + NH_3-Gas

(E) 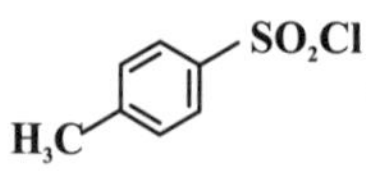 + NH_4Cl

691+ Mit welchem der folgenden Reagenzien kann p-Toluensulfonamid direkt in Chloramin T übergeführt werden?

(A) Natriumchlorat
(B) Natriumhypochlorit
(C) N-Chlorsuccinimid
(D) Natriumperchlorat
(E) Chlor

692+ Welche Aussagen treffen zu?
Chloramin T

(1) ist ein Feststoff
(2) ist farblos
(3) bildet in wäßriger Lösung Hypochlorit-Ionen

(A) nur 1 ist richtig
(B) nur 2 ist richtig
(C) nur 3 ist richtig
(D) nur 1 und 2 sind richtig
(E) 1–3 = alle sind richtig

3.12 Aldehyde und Ketone

(siehe Ehlers, Chemie II-Kurzlehrbuch)

Ordnen Sie bitte den Namen in Liste 1 die jeweils entsprechende Formel aus Liste 2 zu!

Liste 1

693 Acrolein
694 Benzil

Liste 2

(A) 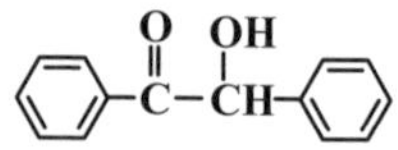

(B) $H_3C-CH=CH-CH=O$

(C) 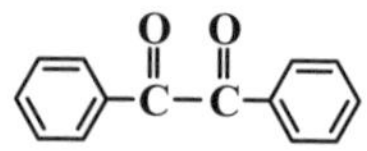

(D) $H_2C=CH-CH=O$

(E) 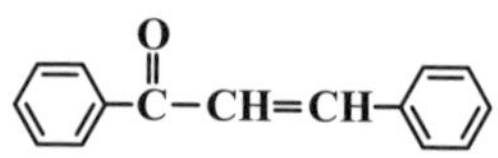

Aldehyde

695+ Welche Aussage zum nachstehenden Reaktionsschema der Darzens-Reaktion trifft **nicht** zu?

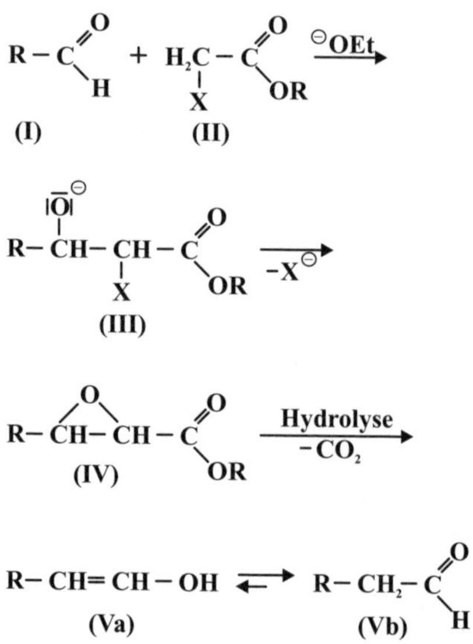

(A) (I) und (Vb) sind Homologe.
(B) Der Substituent X in (II) ist in der Regel eine Cyano- oder Nitrogruppe.
(C) Die Bildung von (IV) und (III) verläuft über einen intramolekularen S_N-Mechanismus.
(D) Bei der Bildung von (Va) aus (IV) wird ein cyclischer Übergangszustand durchlaufen.
(E) (IV) wird als Glycidester bezeichnet.

696 Welche Aussage trifft **nicht** zu?
Acetaldehyd kann auf folgende Weise gewonnen werden:

(A) Decarboxylierung von Brenztraubensäure
(B) protonenkatalysierte Depolymerisation von Paraldehyd
(C) katalytische Reduktion von Acetylchlorid nach Rosenmund
(D) Addition von Wasser an Acetylen
(E) alkalische Spaltung von 1,1,1-Trichloraceton

697+ Welche Aussage trifft **nicht** zu?
Folgende Verfahren sind zur Darstellung von Acetaldehyd geeignet:

(A) Addition von Wasser an Acetylen
(B) Dehydrierung von Ethanol
(C) Reduktion von Acetylchlorid mit komplexen Hydriden
(D) Decarboxylierung von Acetessigsäure
(E) protonenkatalysierte Depolymerisation von Paraldehyd

698 Welche der folgenden Reaktionen ist zur Darstellung aromatischer Aldehyde **nicht** geeignet?

(A) Hydrierung von Carbonsäurechloriden
(B) Reaktion von Phenol mit N-Methylformanilid und Phosphoroxychlorid
(C) Reaktion von Toluen mit Kohlenmonoxid und Chlorwasserstoff in Gegenwart von Aluminiumchlorid
(D) Reaktion von Benzonitril mit Alkylmagnesiumchlorid
(E) Reaktion von Phenol mit Chloroform und Alkalihydroxid-Lösung

699 Welche der folgenden Verbindungen können zur Gewinnung von Benzaldehyd nach Sommelet direkt eingesetzt werden?

(1) Urotropin
(2) Benzoylbromid
(3) Benzylchlorid
(4) Harnstoff
(5) Acetamid

(A) nur 1 ist richtig
(B) nur 3 ist richtig
(C) nur 1 und 3 sind richtig
(D) nur 4 und 5 sind richtig
(E) nur 2, 4 und 5 sind richtig

700 Bei der Darstellung von Benzaldehyd nach Sommelet wird als weiteres Reaktionsprodukt auch Methylamin erhalten,
weil
Methylamin als primäres Amin durch eine Abbaureaktion aus einem Säureamid erhalten werden kann.

701 Welche Aussage über Formaldehyd bzw. Acetaldehyd trifft **nicht** zu?

(A) Die Carbonylaktivität von Formaldehyd ist größer als die von Acetaldehyd.
(B) Sowohl Formaldehyd als auch Acetaldehyd sind redoxamphoter.
(C) Das Trimere von Acetaldehyd heißt Paraldehyd.
(D) Bei der Behandlung mit wäßriger Natriumhydroxid-Lösung unterliegen sowohl Formaldehyd als auch Acetaldehyd der Aldoladdition.
(E) Aus Formaldehyd und Ammoniak entsteht Hexamethylentetramin.

702+ Welche Aussage über Formaldehyd trifft **nicht** zu?

(A) Er liegt in wäßriger Lösung als Hydrat im Gemisch mit hydratisierten Oligomeren vor.
(B) Er polymerisiert zu Paraldehyd.
(C) Sein cyclisches Trimeres ist 1,3,5-Trioxan.
(D) Seine etwa 40%ige wäßrige Lösung heißt Formalin.
(E) Seine wäßrige Lösung neigt zur Abscheidung von festem, polymerem Formaldehyd.

703 Welche Aussage über Reaktionen des Formaldehyds trifft **nicht** zu?

(A) Formaldehyd kondensiert mit NH_3 zu einem säurestabilen Produkt.
(B) Die Kondensation von Formaldehyd mit NH_3 verläuft über ein instabiles Aldimin.
(C) Formaldehyd und NH_3 kondensieren im Molverhältnis 3:2 zu Methenamin (Urotropin).
(D) Mit primären Aminen kann Formaldehyd cyclische Aminale bilden.
(E) Sekundäre Amine bilden mit Formaldehyd säurelabile Aminale.

704^{+} Welche Aussage über Formaldehyd trifft **nicht** zu?

(A) Formaldehyd liegt in wäßriger Lösung teilweise als Hydrat vor.
(B) Mit überschüssigem Ammoniak reagiert Formaldehyd zu Hexamethylentetramin.
(C) Beim Einsatz von Formaldehyd in gekreuzten Cannizzaro-Reaktionen wird Formaldehyd zu Methanol reduziert.
(D) Die Carbonylaktivität von Formaldehyd ist größer als die von Acetaldehyd.
(E) Aus Formaldehyd entsteht durch Polymerisation Paraformaldehyd.

705 Paraformaldehyd kann durch Alkalihydroxid-Lösungen nicht depolymerisiert werden,
weil
Paraformaldehyd eine Acetalstruktur besitzt.

706^{+} Welche der genannten Reaktionen läßt sich mit Acetaldehyd **nicht** durchführen?

(A) Kondensation mit Phenylhydrazin
(B) Oxim-Bildung
(C) Strecker-Synthese
(D) Kondensation mit Acetamid
(E) Reduktion mit Lithiumaluminiumhydrid

Ordnen Sie bitte den Reagenzien der Liste 1 das aus der jeweiligen Umsetzung mit Acetaldehyd erhältliche Produkt aus Liste 2 zu!

Liste 1

707 Phenylhydrazin

708 Ethylmagnesiumbromid

Liste 2

(A) $CH_3-CH=N-NH-C_6H_5$

(B) 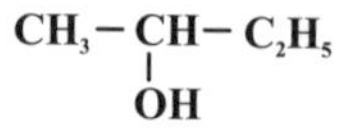

(C) $CH_3-CH=N-C_6H_5$

(D) 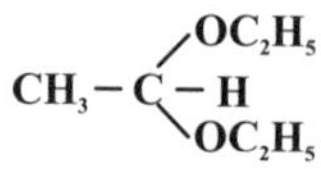

(E) 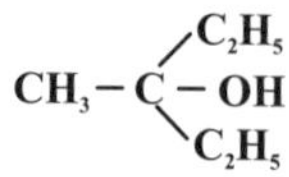

709 Welche Aussage trifft zu?
Paraldehyd

(A) wird nach IUPAC als 1,3,5-Trimethyl-2,4,6-trioxan bezeichnet
(B) entsteht aus Acetaldehyd in Alkalihydroxid-Lösungen
(C) ist in alkalischer Lösung stabil
(D) ist in saurer Lösung stabil
(E) besitzt als Aldehyd reduzierende Eigenschaften

710^{+} Welche Aussage trifft **nicht** zu?
Paraldehyd

(A) ist bei Raumtemperatur eine charakteristisch riechende Flüssigkeit
(B) ist das Trimere des Formaldehyds
(C) ist in Alkalilauge beständig
(D) zeigt keine Aldehydreaktionen
(E) löst sich in Wasser und in organischen Lösungsmitteln

711 Trichloracetaldehyd liefert relativ stabile Additionsverbindungen mit Wasser, Alkoholen und Ammoniak,
weil
beim Trichloracetaldehyd durch einen -I-Effekt die elektrophilen Eigenschaften des Carbonylkohlenstoffs erhöht sind.

712 Welche der folgenden Substanzen können **entgegen** der Erlenmeyer-Regel als Aldehyd- bzw. Ketonhydrate isoliert werden?

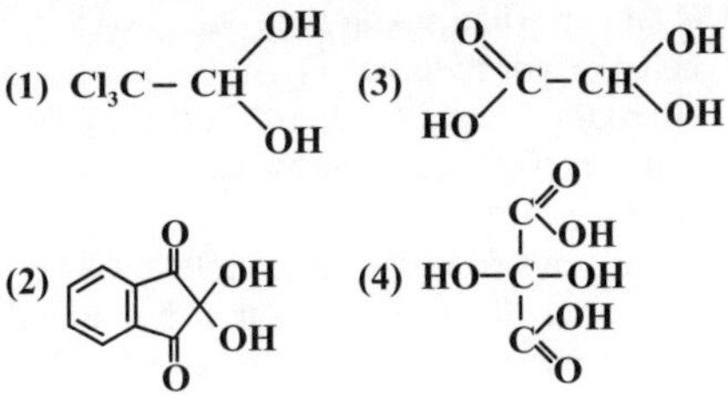

(A) nur 1 ist richtig
(B) nur 2 und 4 sind richtig
(C) nur 3 und 4 sind richtig
(D) nur 1, 2 und 3 sind richtig
(E) 1–4 = alle sind richtig

713 Welche Aussagen treffen zu?
Die folgenden Reaktionen sind sowohl sauer als auch basisch katalysierbar. (Die angegebenen Reaktionsprodukte können Intermediärprodukte sein.)

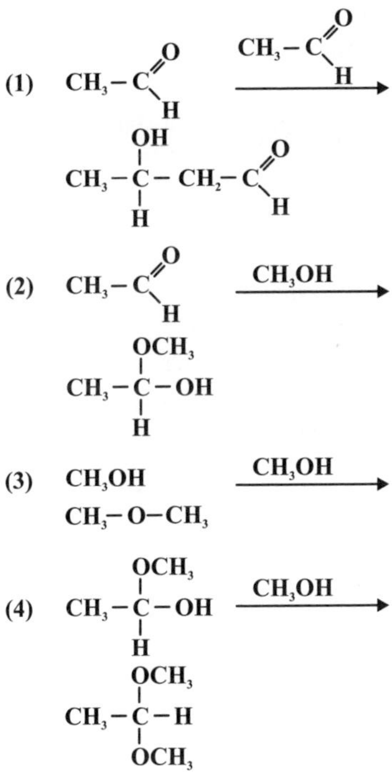

(A) nur 2 ist richtig
(B) nur 1 und 2 sind richtig
(C) nur 1, 2 und 4 sind richtig
(D) nur 1, 3 und 4 sind richtig
(E) nur 2, 3 und 4 sind richtig

714 Welche Aussage über die Reaktivität von Aldehyden trifft **nicht** zu?

(A) Gesättigte Aldehyde mit α-ständigem Wasserstoff bilden in wäßrig/alkalischer Lösung mesomeriestabilisierte Carbanionen.
(B) Aromatische Aldehyde setzen sich mit Grignard-Reagenzien zu prim. Alkoholen um.
(C) Aldehyde bilden mit Hydroxylamin Oxime.
(D) Der Primärschritt typischer Carbonylreaktionen ist die Addition nucleophiler Reagenzien an $>C=O$.
(E) Mit Blausäure entstehen aus Aldehyden Cyanhydrine.

715+ Welche Aussage trifft zu?

Die Bildung von 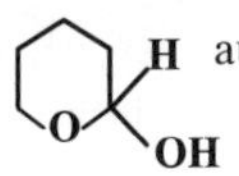 aus 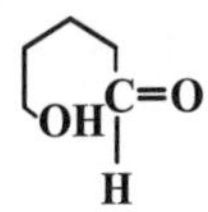

ist eine:

(A) nucleophile Addition
(B) nucleophile Substitution
(C) 1,5-dipolare Cycloaddition
(D) Reduktion
(E) Cycloreversion

716+ Welche Aussage trifft zu?

Die Bildung von 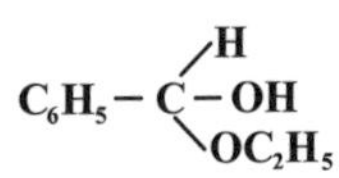

aus C_6H_5-CHO und C_2H_5OH verläuft als:

(A) elektrophile Addition
(B) nucleophile Addition
(C) elektrophile Substitution
(D) nucleophile Substitution
(E) Keine der Aussagen (A) bis (D) trifft zu.

717+ Welche der nachfolgend genannten Eigenschaften bzw. Verwendungsmöglichkeiten aromatischer Aldehyde trifft **nicht** zu?

Aromatische Aldehyde vom Typ des Benzaldehyds

(A) können als Carbonylkomponente bei Aldolreaktionen fungieren
(B) bilden mit prim. Aminen Azomethine
(C) reagieren mit sek. Aminen zu Enaminen
(D) sind einsetzbar zur Synthese von α,β-ungesättigten Carbonsäuren vom Typ Ar-CH=CH-COOH
(E) können unter dem katalytischen Einfluß von Cyanid-Ionen Acyloine bilden

718 Die Bildung von Enaminen aus Benzaldehyd und sekundären aliphatischen Aminen ist grundsätzlich unmöglich,

weil

bei der Umsetzung von Benzaldehyd mit sekundären aliphatischen Aminen unter Wasserabspaltung – geeignete Reaktionsbedingungen vorausgesetzt – Aminalbildung erfolgt.

719⁺ Welche der folgenden Reaktionen kann mit Furan-2-aldehyd **nicht** durchgeführt werden?

(A) Enamin-Bildung
(B) Cannizzaro-Reaktion
(C) Knoevenagel-Kondensation
(D) Phenylhydrazon-Bildung
(E) Oxim-Bildung

Ketone

(vgl. auch MC-Fragen Nr. 208–219)

720 Welche der folgenden Reaktionen sind zur Synthese von Ketonen geeignet?

(1) Reaktion von Nitrilen mit Grignard-Verbindungen und anschließende Hydrolyse
(2) Reduktion von Säurechloriden nach Rosenmund
(3) Acylierung nach Friedel-Crafts
(4) Erhitzen (Destillation) der Calciumsalze von Carbonsäuren

(A) nur 2 und 3 sind richtig
(B) nur 2 und 4 sind richtig
(C) nur 3 und 4 sind richtig
(D) nur 1, 3 und 4 sind richtig
(E) 1–4 = alle sind richtig

721⁺ Welche Aussage trifft **nicht** zu?
Ketone können dargestellt werden durch:

(A) Dehydrierung sekundärer Alkohole
(B) saure Hydrolyse von Cyanhydrinen
(C) Reaktion von Grignard-Verbindungen mit Nitrilen und anschließende Hydrolyse
(D) Erhitzen sekundärer Alkohole mit Ketonen bei Gegenwart von Aluminium-tert.butanolat
(E) Decarboxylierung von β-Ketocarbonsäuren

722 Welche Reaktionswege eignen sich zur Darstellung der nachstehend formulierten Substanz?

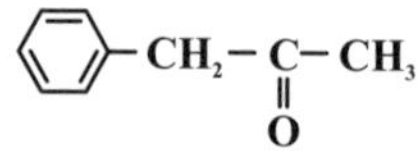

(1) 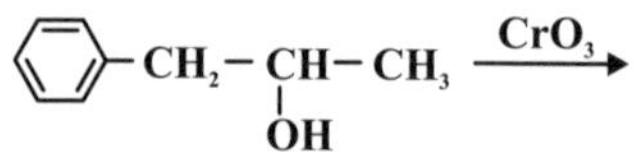

(2) 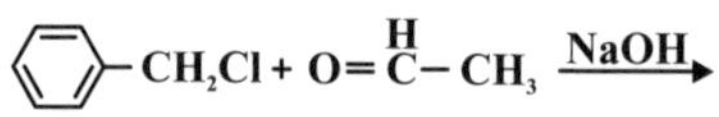

(3) 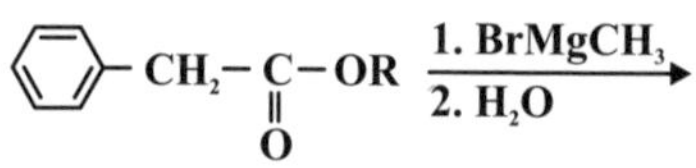

(4) 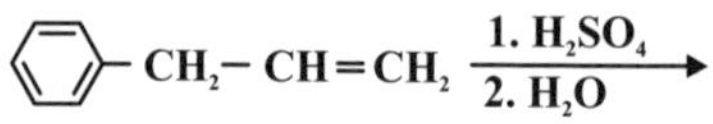

(A) nur 1 ist richtig
(B) nur 1 und 4 sind richtig
(C) nur 1, 3 und 4 sind richtig
(D) nur 2, 3 und 4 sind richtig
(E) 1–4 = alle sind richtig

723 Welche Aussagen über Acetophenon treffen zu?

(1) Die zur Carbonylgruppe α-ständigen H-Atome sind acide.
(2) Elektrophile Substitutionen am Aromaten werden durch die Carbonylgruppe erschwert.
(3) Acetophenon kann am α-C-Atom bromiert werden.
(4) Die mit Hydroxylamin gebildeten Oxime können E- oder Z-Konfiguration besitzen.

(A) nur 2 ist richtig
(B) nur 3 und 4 sind richtig

(C) nur 1, 3 und 4 sind richtig
(D) nur 2, 3 und 4 sind richtig
(E) 1–4 = alle sind richtig

724 Welche Reaktionswege eignen sich zur Darstellung der nachstehend formulierten Substanz?

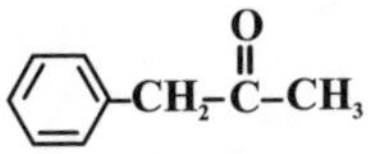

(1) 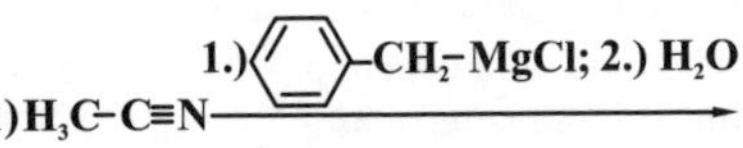

(2) 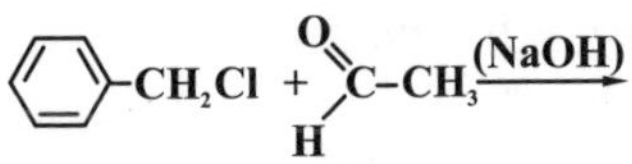

(3) 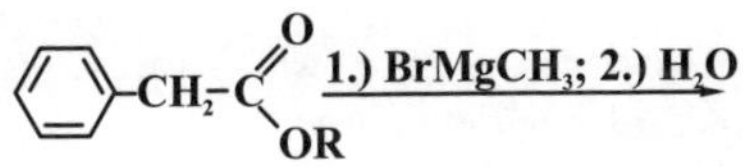

(4) 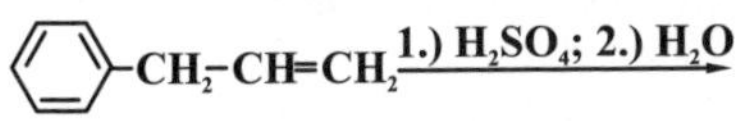

(A) nur 1 ist richtig
(B) nur 1 und 4 sind richtig
(C) nur 1, 3 und 4 sind richtig
(D) nur 2, 3 und 4 sind richtig
(E) 1–4 = alle sind richtig

725 Eine Carbonylverbindung
– ist in wäßrigem Alkali unter Salzbildung löslich und
– bildet mit Pyrrolidin ein Enamin.

Welche der folgenden Verbindungen ist von ihrer Struktur her zu diesen beiden Reaktionen befähigt?

(A) 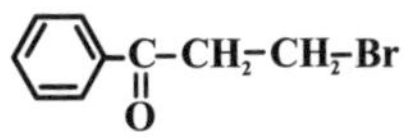 (D) 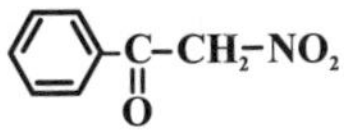

(B) 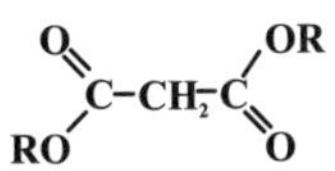 (E) 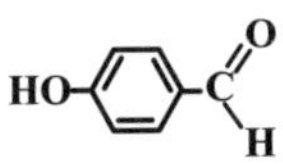

(C) 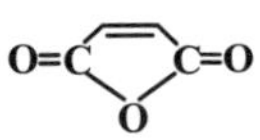

726 Welche der folgenden Verbindungen werden technisch aus Aceton hergestellt?

(1) $H_2C=C=O$

(2) 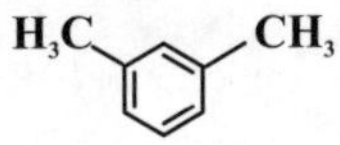

(3) 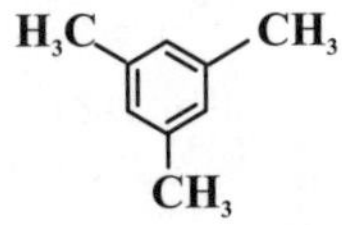

(A) nur 1 ist richtig
(B) nur 2 ist richtig
(C) nur 1 und 3 sind richtig
(D) nur 2 und 3 sind richtig
(E) 1–3 = alle sind richtig

Von Carbonylverbindungen abgeleitete Stoffklassen

727 Welches Produkt entsteht bevorzugt bei der Einwirkung von **wasserfreier** methanolischer HCl auf n-Butyraldehyd?

(A) 2-Methoxy-n-butyraldehyd
(B) 1-Methoxy-1-buten
(C) n-Butyraldehyddimethylacetal
(D) 2-Ethyl-3-hydroxy-hexanal
(E) n-Butanol und Kalium-n-butyrat

728⁺ Acetale können als Schutzgruppen für Umsetzungen von Aldehyden in alkalischem Milieu dienen,
weil
Acetale gegen Basen stabil sind.

729 Welche Aussage trifft zu?

Die Verbindung 
entsteht in einer „Eintopfreaktion" durch Umsetzung von:

(A) Aceton und Phenylhydrazin
(B) Acetylchlorid und Phenylhydrazin
(C) Acetaldehyd und Phenylhydrazin
(D) Acetamid und Anilin
(E) Acetaldehyd und Anilin

730⁺ Welche der folgenden Strukturen ist für die Stoffklasse der Enamine charakteristisch?

(A)  (D) 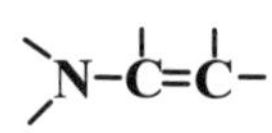

(B) 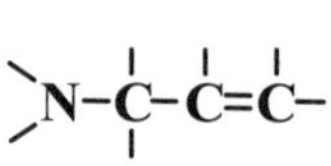 (E) 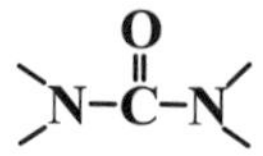

(C) 

731 Welcher der nachfolgenden Heterocyclen ist ein Enamin?

(A) 

(D) 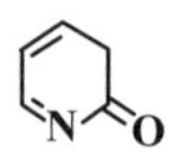

(B) 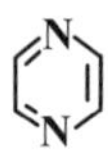

(E) 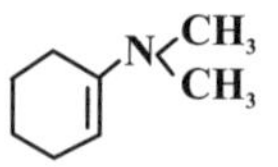

(C) 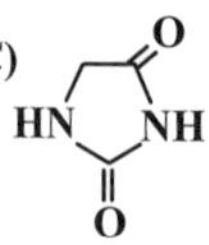

732 Welche der folgenden Strukturen ist für die Stoffklasse der Aminale charakteristisch?

(A) 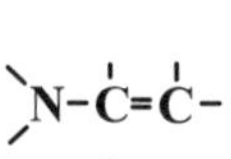

(D) 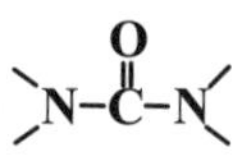

(B) 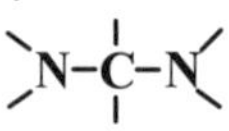

(E) 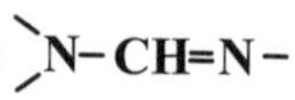

(C) 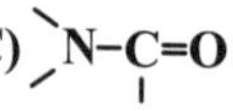

733 Aldoxime werden in der Regel aus Aldehyden und Hydroxylamin in alkalischer Lösung hergestellt,
weil
Aldoxime durch verdünnte Säuren in Aldehyd und Hydroxylaminsalz gespalten werden.

734⁺ Welche der folgenden Formeln stellt ein Semicarbazon dar?

(A) 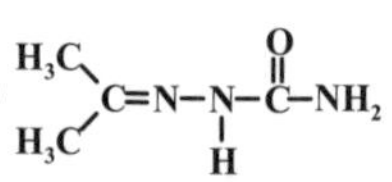

(D) 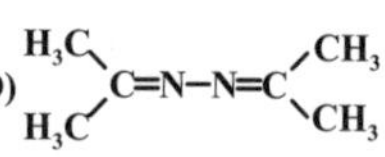

(B) 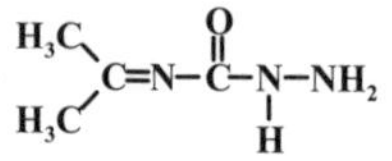

(E) 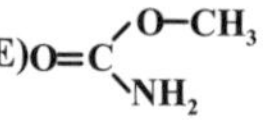

(C) 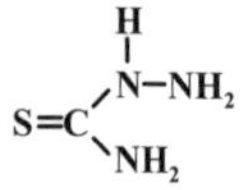

735 Welche Aussagen treffen zu?
Die Cyanhydrin-Bildung, z. B. aus Aldehyden und Blausäure,

(1) ist säurekatalysiert
(2) ist autokatalysiert
(3) ist basekatalysiert
(4) kann zum Aufbau von Aldosen eingesetzt werden

(A) nur 1 ist richtig
(B) nur 2 ist richtig
(C) nur 3 ist richtig
(D) nur 1 und 4 sind richtig
(E) nur 3 und 4 sind richtig

Dicarbonylverbindungen

736 Welche Aussage über Acetylaceton (2,4-Pentandion) trifft **nicht** zu?

(A) Acetylaceton zeigt wie Acetessigester Keto-Enol-Tautomerie.
(B) Mit Eisen(III)-chlorid tritt eine Rotfärbung auf.
(C) Das Keto-Enol-Gleichgewicht ist weitgehend zugunsten des Diketons verschoben.
(D) Im Enol liegen ein konjugiertes Bindungssystem und eine intramolekulare Wasserstoffbrücke vor.
(E) Acetylaceton bildet mit den Ionen verschiedener Leicht- und Schwermetalle Innerkomplexe.

737⁺ Welche der folgenden Aussagen über β-Diketone trifft **nicht** zu?

(A) Diacetyl ist das einfachste β-Diketon.
(B) Benzoylaceton hat eine vergleichsweise hohe CH-Acidität.
(C) β-Diketone bilden ein Keto-Enol-Tautomeren-Gleichgewicht.
(D) β-Diketone reagieren im allgemeinen mit Eisen(III)-chlorid zu einem gefärbten Chelatkomplex.
(E) Die Enolform offenkettiger β-Diketone ist meist über eine intramolekulare H-Brücke stabilisiert.

738 Welche Aussage über 1,2-Diketone trifft **nicht** zu?

(A) Diacetyl läßt sich durch Selendioxid-Oxidation von Ethylmethylketon erhalten.

(B) Das Dioxim des Diacetyls bildet mit Nickelsalzen einen schwerlöslichen Komplex.
(C) Benzil läßt sich durch Salpetersäure-Oxidation des Benzoins gewinnen.
(D) Benzil geht beim Erhitzen mit wäßrig-alkoholischer Kaliumhydroxid-Lösung in das Kaliumsalz der Benzilsäure über.
(E) Bei der Umsetzung von Benzil zu Benzilsäure erfolgt eine Hydridwanderung.

739 Welche Aussage über 1,2-Dicarbonylverbindungen trifft **nicht** zu?

(A) Die Benzilsäure-Umlagerung von α-Diketonen ist eine intramolekulare Disproportionierung.
(B) Methylglyoxal disproportioniert in Lauge zu Milchsäure.
(C) Diacetyl hydrolysiert in saurer Lösung in präparativem Maßstab zu Essigsäure.
(D) Die Umsetzung von Ethylmethylketon mit $NaNO_2/HCl$ führt über ein Oxim vorwiegend zu 2,3-Butandion.
(E) Diacetyl kann mit $NaIO_4$ zu Essigsäure gespalten werden.

Reaktionen CH-acider und α,β-ungesättigter Carbonylverbindungen, Aldolreaktion und verwandte Reaktionen

740 Welche Aussage trifft zu?
Bei der Reaktion

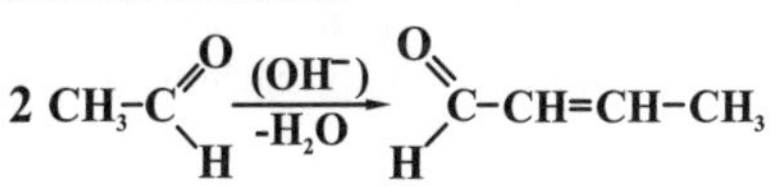

handelt es sich um eine:

(A) Oligomerisation
(B) Aldolkondensation
(C) Cannizzaro-Reaktion
(D) Claisen-Kondensation
(E) Acyloinkondensation

741 Welche der folgenden Verbindungen sind Aldolkondensationsprodukte?

(1) $H_3C-CH=CH-C(=O)-CH_3$

(2) 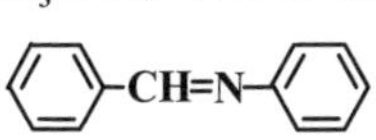

(3) 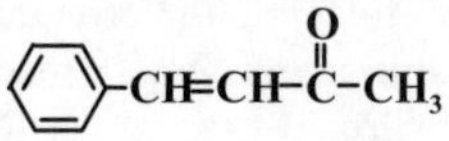

(4) 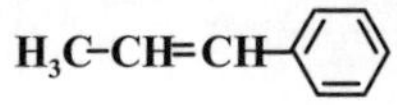

(5) 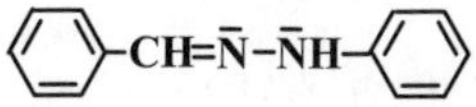

(A) keine der angegebenen Verbindungen
(B) nur 1 und 3 sind richtig
(C) nur 1 und 4 sind richtig
(D) nur 2 und 5 sind richtig
(E) nur 1, 2 und 4 sind richtig

742⁺ Welche der folgenden Substanzen kann bei Aldolreaktionen als Methylenkomponente fungieren?

(A) 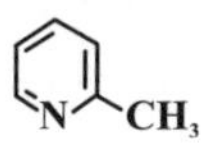

(B) 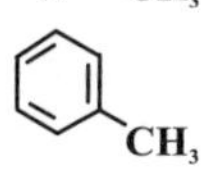

(C) $H-C(=O)-O-CH_3$

(D) 

(E) 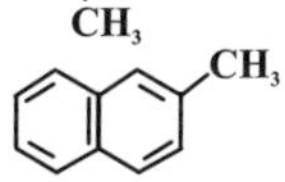

743 Welches Produkt erhält man bei der Umsetzung von Nitroethan mit überschüssigem Formaldehyd in Gegenwart von wäßrigem Natriumhydroxid?

(A) 2-Nitro-1-propanol
(B) 3-Nitro-1-propanol
(C) 2-Nitro-1,4-butandiol
(D) 2-Methyl-2-nitro-1,3-propandiol
(E) 2-Nitromethyl-1,3-propandiol

744 Welche Aussage trifft zu?
Bei der Umsetzung von Nitromethan mit überschüssigem Formaldehyd in Gegenwart von wäßrigem Natriumhydroxid erhält man als Hauptprodukt:

(A) $CH_3NH-CHO$
(B) $O_2N-CH_2-CH_2-OH$
(C) $O_2N-CH=CH_2$
(D) $O_2N-CH(CH_2OH)-CH_2OH$
(E) $O_2N-C(CH_2OH)_3$

745+ Welche der folgenden Verbindungen entsteht bei der Umsetzung von Propanal in wäßriger Natriumhydroxid-Lösung bei Raumtemperatur als Hauptprodukt?

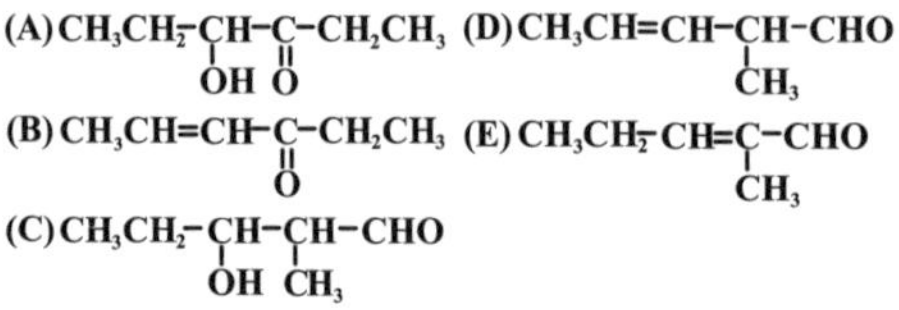

746 Welches Produkt entsteht bei der Einwirkung von methanolischer KOH auf n-Butyraldehyd?

(A) 2-Methoxy-n-butyraldehyd
(B) 1-Methoxy-1-buten
(C) n-Butyraldehyddimethylacetal
(D) 2-Ethyl-3-hydroxy-hexanal
(E) n-Butanol und Kalium-n-butyrat

747 Welches Edukt liefert durch intramolekulare Aldolkondensation 2-Cyclohexen-1-on?

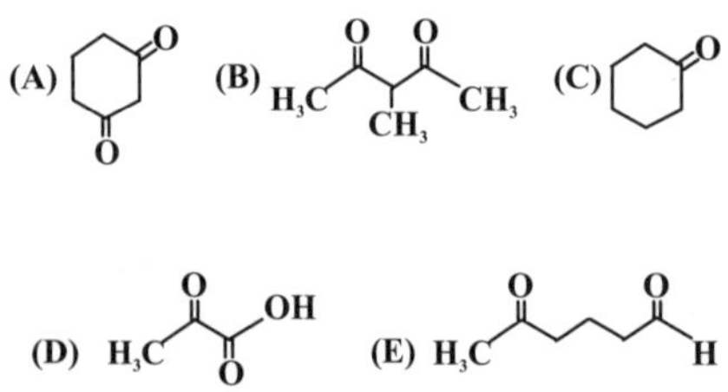

748 Welche der folgenden Verbindungen führt nach einer intramolekularen Aldoladdition unter 1,2-Wassereliminierung zum 2-Cyclopentenon?

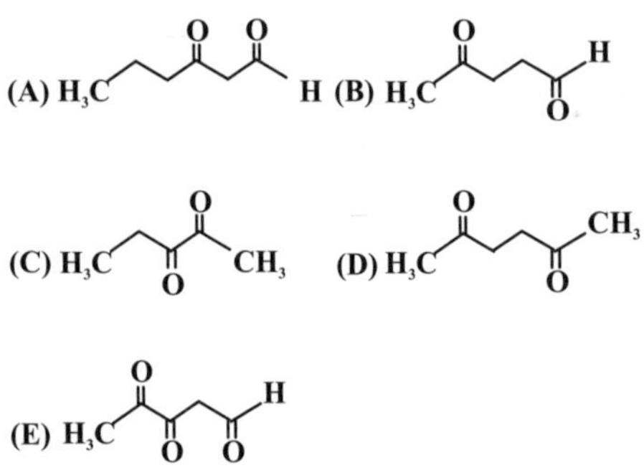

749 Buten-2-al (Crotonaldehyd)

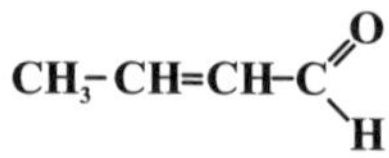

kann – ebenso wie Acetaldehyd – als Methylenkomponente bei Aldolkondensationen eingesetzt werden,

weil

die Methylgruppe des Crotonaldehyds aufgrund ihrer Verknüpfung mit einem vinylogen Carbonylsystem (s. Abb.) „aktiv" ist.

750 Buten-2-al (Crotonaldehyd)

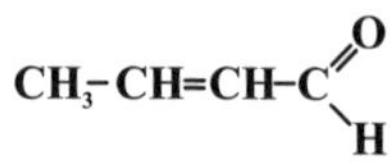

kann **nicht** – wie beispielsweise Acetaldehyd – als Methylenkomponente bei Aldolkondensationen eingesetzt werden,

weil

Buten-2-al (Crotonaldehyd) eine vinyloge Carbonylverbindung darstellt.

751 Eine Disproportionierung von Acetaldehyd oder Propionaldehyd ist – im Gegensatz zu aromatischen Aldehyden – in verdünnter, wäßrig-alkalischer Lösung **nicht** die Hauptreaktion,

weil

Acetaldehyd und Propionaldehyd über eine zur Carbonylgruppe α-ständige Methyl- bzw. Methylengruppe verfügen.

752 Bei welchem der folgenden Aldehyde ist die Cannizzaro-Reaktion **nicht** bevorzugt, wenn man mit 10%iger wäßriger Natriumhydroxid-Lösung behandelt?

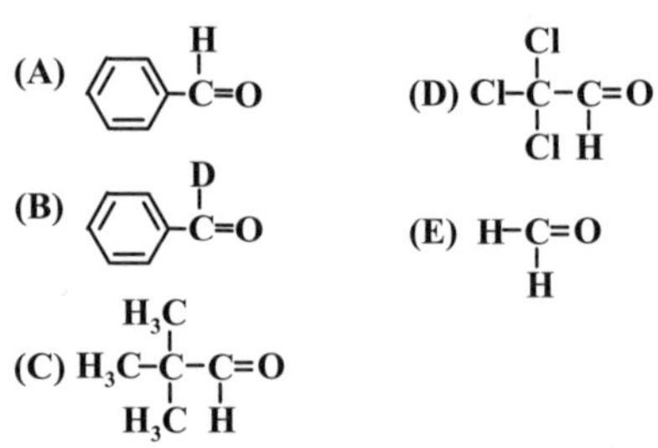

753 Aus welchen Edukten kann Pentaerythritol unter alkalischer Katalyse dargestellt werden?

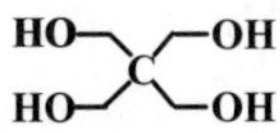

(A) 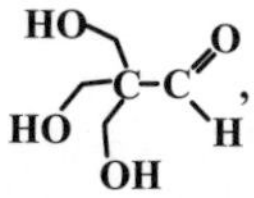 , HCOOH

(B) H_2CO , H_3C-CHO

(C) $CH_2OH-CHOH-CH_2OH$, HCOOH , H_2CO

(D) H_3C-CH_2-CHO , H_2CO

(E) $CH_2OH-CHOH-CHOH-CH_2OH$, HCOOH

754 Der Mechanismus der Cannizzaro-Reaktion ähnelt dem der Benzilsäure-Umlagerung,
weil
die Cannizzaro-Reaktion und die Benzilsäure-Umlagerung intermolekulare Umlagerungen beinhalten.

755 Welches der folgenden Produkte ist durch eine Acyloin-Reaktion entstanden?

(A) $H_5C_6-CH(OH)-C(=O)-O-C_6H_5$

(B) $H_5C_6-CH(OH)-CH_2-C(=O)-C_6H_5$

(C) $H_5C_6-CH(OH)-C(=O)-C_6H_5$

(D) $H_5C_6-C(=O)-C(=O)-C_6H_5$

(E) $H_5C_6-C(=O)-CH(CH_3)-CH_2OH$

756 Welche Aussagen über die Perkin-Synthese treffen zu?

(1) Die Perkin-Synthese gleicht vom Prinzip her der Aldoladdition bzw. Aldolkondensation.
(2) Bei der Perkin-Synthese finden basische Kondensationsmittel wie Na-acetat oder Pyridin Anwendung.
(3) Über eine Perkin-Synthese können aus aromatischen Aldehyden und Acetanhydrid α,β-ungesättigte Carbonsäuren erhalten werden.

(A) nur 1 ist richtig
(B) nur 3 ist richtig
(C) nur 1 und 2 sind richtig
(D) nur 2 und 3 sind richtig
(E) 1–3 = alle sind richtig

757 Welche Verbindung ist das Endprodukt einer Perkin-Reaktion mit Benzaldehyd als Carbonylkomponente?

(A) $C_6H_5-C(=O)-CH_2-COOH$

(B) $C_6H_5-CH=CH-NH-CH_3$

(C) $C_6H_5-CH=CH-COOH$

(D) $C_6H_5-CH=CH-CHO$

(E) $C_6H_5-CH=CH-CH_2-OH$

Synthese von Zimtsäure nach Knoevenagel

758+ Als Edukt eignet sich:

(A) Benzaldehyd
(B) Benzalaceton
(C) Vanillin
(D) Benzylcyanid
(E) Salicylaldehyd

759+ Das betreffende Edukt wird mit folgenden Reagenzien umgesetzt:

(1) Pyridin/Piperidin
(2) Malonsäurediethylester
(3) Natriummethanolat
(4) Acetessigester

(A) nur 2 ist richtig
(B) nur 1 und 2 sind richtig
(C) nur 1 und 4 sind richtig

(D) nur 2 und 3 sind richtig
(E) nur 3 und 4 sind richtig

760⁺ Die nach Aufarbeiten des Kondensationsproduktes erhaltene Zimtsäure liegt in der Z-Form vor,
weil
die Z-Form die energieärmere Form der Zimtsäure ist.

Mannich-Reaktion

761 Welche Aussage trifft **nicht** zu?
Folgende Substanzen können bei der Mannich-Reaktion als CH-acide Komponenten eingesetzt werden:

(A) 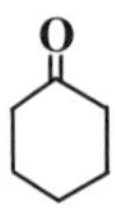

(D) 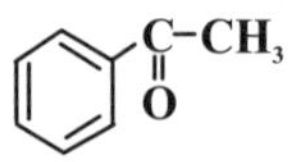

(B) 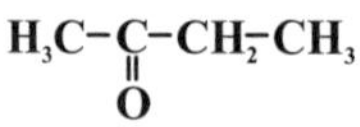

(E) 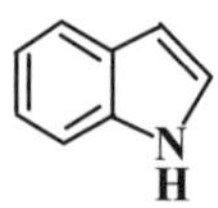

(C) 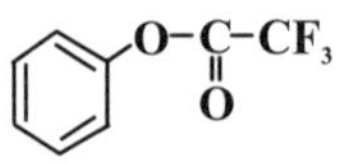

762 Welche der nachfolgenden Verbindungen eignen sich als Aminkomponenten bei der Mannich-Reaktion?

(1) 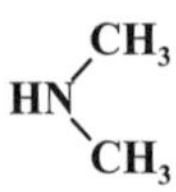

(3) 

(2) 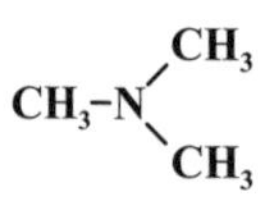

(4) 

(A) nur 1 und 2 sind richtig
(B) nur 1 und 3 sind richtig
(C) nur 2 und 3 sind richtig
(D) nur 2 und 4 sind richtig
(E) nur 1, 3 und 4 sind richtig

763 Welche der folgenden Verbindungen können als Aminkomponente bei Mannich-Reaktionen eingesetzt werden?

(1) $H_4\overset{\oplus}{N}\ \overset{\ominus}{Cl}$
(2) $H_3\overset{\oplus}{N}Me\ \overset{\ominus}{Cl}$
(3) $H_2\overset{\oplus}{N}Me_2\ \overset{\ominus}{Cl}$
(4) $H\overset{\oplus}{N}Me_3\ \overset{\ominus}{Cl}$
(5) $H_3C-C(=O)-\overset{\oplus}{N}H_3\ \overset{\ominus}{Cl}$

(A) nur 1 ist richtig
(B) nur 2 und 3 sind richtig
(C) nur 4 und 5 sind richtig
(D) nur 1, 2 und 3 sind richtig
(E) nur 3, 4 und 5 sind richtig

764 Welches Produkt wird bei der Umsetzung von Dimethylamin, Formaldehyd und Propiophenon nach Mannich gebildet?

(A) 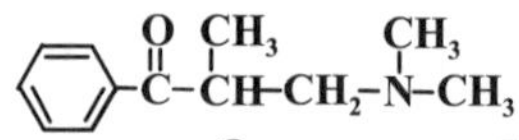

(B) 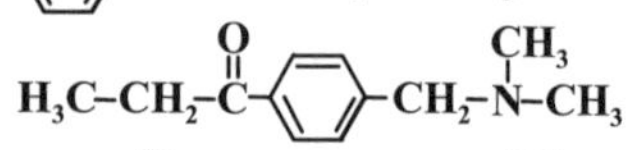

(C) 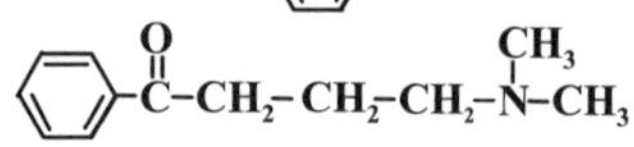

(D) 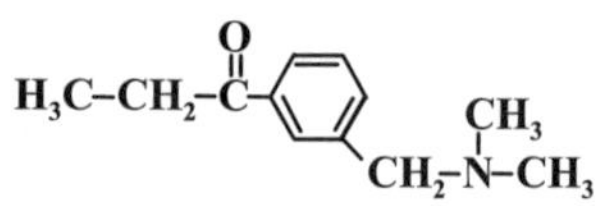

(E) 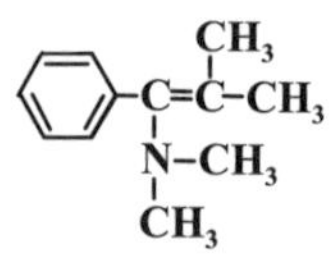

765 Welche Aussage trifft **nicht** zu?
Folgende Verbindungen sind Mannich-Basen:

(A) 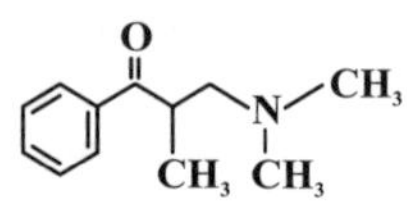

(B) 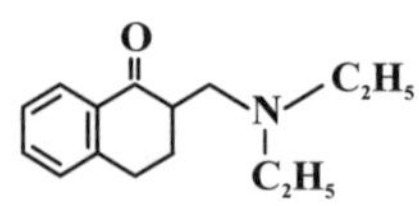

(C) 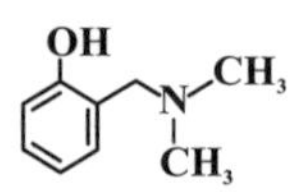

(D) 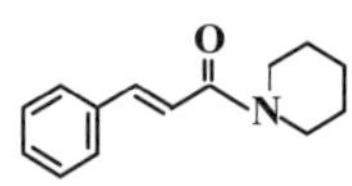

(E) 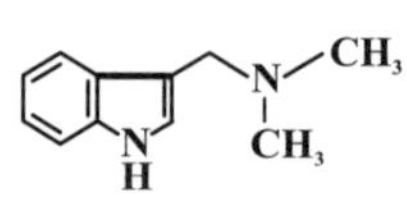

766 Welche der folgenden Verbindungen ist direktes Produkt einer Mannich-Reaktion?

(A) Indol
(B) Skatol
(C) Gramin
(D) Tryptophan
(E) Tryptamin

Themenübergreifende Fragen

767 Welche Aussage trifft **nicht** zu?
Eine H-Anionotropie wird diskutiert bei der:

(A) Mannich-Reaktion
(B) Meerwein-Ponndorf-Verley-Reduktion
(C) Leuckart-Wallach-Reaktion
(D) Sommelet-Reaktion
(E) Cannizzaro-Reaktion

768 Bei welcher der folgenden Reaktionen wird eine Iminium-Zwischenstufe diskutiert?

(1) Gabriel-Synthese
(2) Säureamidabbau nach Hofmann
(3) Mannich-Reaktion
(4) Hydroxamsäureabbau nach Lossen

(A) nur bei 1
(B) nur bei 3
(C) nur bei 2 und 4
(D) nur bei 1, 2 und 3
(E) nur bei 2, 3 und 4

Ordnen Sie bitte den Reaktionen der Liste 1 das jeweils zu einem Zimtsäure-Derivat führende Edukt aus Liste 2 zu! (Ph = Phenyl)

Liste 1

769 Wittig-Reaktion

770 Perkin-Reaktion

Liste 2

(A) $Ph\text{-}CHO/Ph_3P\text{-}CH_2\text{-}CO_2C_2H_5]^+ Hal^-$
(B) $Ph\text{-}CHO/(H_5C_2O)_2P(O)\text{-}CH_2CO_2C_2H_5$
(C) $Ph\text{-}CHO/(CH_3CO)_2O$
(D) $Ph\text{-}CHO/CH_2(CO_2H)_2$
(E) $Ph\text{-}C{\equiv}C\text{-}CO_2R/H_2$

Ordnen Sie bitte den Reaktionen der Liste 1 den jeweils entsprechenden Hydriddonor aus Liste 2 zu!

Liste 1

771 Leuckart-Wallach-Reaktion

772 gekreuzte Cannizzaro-Reaktion

Liste 2

(A) Alkoholat
(B) Wasser
(C) Formaldehyd
(D) Ameisensäure
(E) Amin

Ordnen Sie bitte den in Liste 1 angegebenen Umsetzungen das jeweils hierfür geeignete Agens aus Liste 2 zu! ($R = C_6H_5$)

Liste 1

773+ 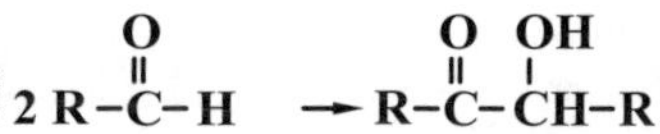

774+ 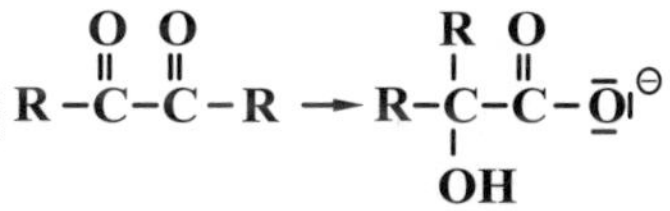

775 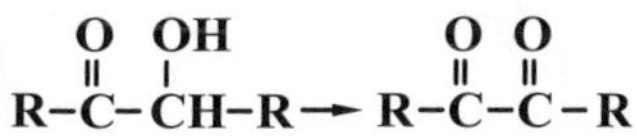

Liste 2

(A) OH^-
(B) BF_3
(C) CH_3O^-
(D) HNO_3
(E) CN^-

3.13 Carbonsäuren und Derivate

(siehe Ehlers, Chemie II-Kurzlehrbuch)

Carbonsäuren

776 In welcher Reihenfolge sind die folgenden Monocarbonsäuren zutreffend nach steigender Zahl der Kohlenstoffatome geordnet?

(1) Capronsäure
(2) Valeriansäure
(3) Buttersäure
(4) Palmitinsäure
(5) Stearinsäure

(A) 1, 2, 3, 4, 5
(B) 1, 3, 2, 5, 4
(C) 2, 3, 1, 4, 5
(D) 3, 1, 2, 5, 4
(E) 3, 2, 1, 4, 5

777 In welcher Reihenfolge sind die folgenden Monocarbonsäuren zutreffend nach steigender Zahl der Kohlenstoffatome geordnet?

(1) Capronsäure
(2) Caprinsäure
(3) Caprylsäure
(4) Palmitinsäure
(5) Stearinsäure

(A) 1, 2, 3, 4, 5
(B) 1, 3, 2, 4, 5
(C) 2, 3, 1, 4, 5
(D) 3, 1, 2, 5, 4
(E) 3, 2, 1, 4, 5

Ordnen Sie bitte den Namen der Liste 1 die jeweils entsprechende Formel aus Liste 2 zu!

Liste 1

778 Capronsäure
779 Caprinsäure

Liste 2

(A) $H_3C-(CH_2)_7-C(=O)-COOH$
(B) $H_3C-(CH_2)_8-COOH$
(C) $HOOC-(CH_2)_8-COOH$
(D) $H_3C-(CH_2)_4-COOH$
(E) $HOOC-(CH_2)_4-COOH$

Ordnen Sie bitte den chemischen Namen der Liste 1 die jeweils entsprechende Struktur aus Liste 2 zu!

Liste 1

780 Tropasäure
781 Tropolon

Liste 2

(A) 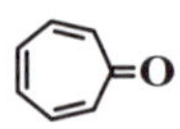

(D) 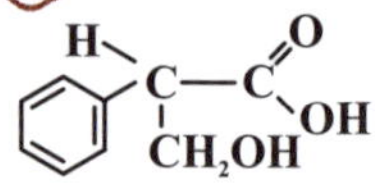

(B) 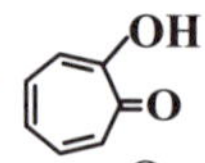

(E) 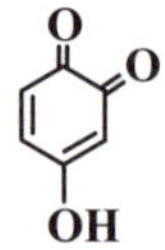

(C) 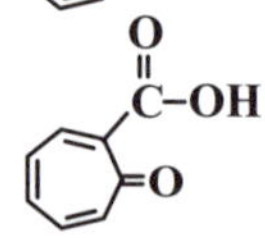

Ordnen Sie bitte den Begriffen der Liste 1 die jeweils entsprechende Struktur aus Liste 2 zu!

Liste 1

782+ vinyloge Carbonsäure
783+ phenyloge Carbonsäure

Liste 2

(A) 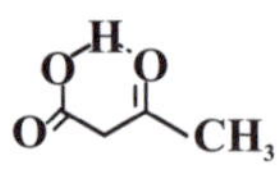

(D) 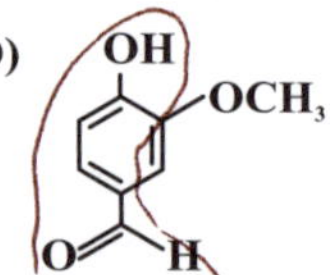

(B) 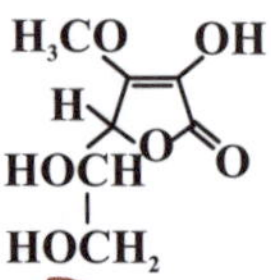

(C) 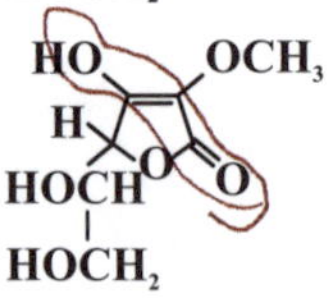

(E) 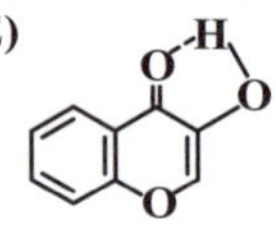

784 Welche der folgenden Methoden können – ohne Spaltung von Kohlenstoff-Kohlenstoff-Bindungen – zur Herstellung von Carbonsäuren dienen?

(1) Oxidation primärer Alkohole
(2) Oxidation sekundärer Alkohole
(3) Oxidation von Toluen

(4) Addition von Grignard-Verbindungen an CO_2
(5) Hydrolyse von Nitrilen

(A) nur 1 und 2 sind richtig
(B) nur 1, 3 und 4 sind richtig
(C) nur 2, 4 und 5 sind richtig
(D) nur 1, 3, 4 und 5 sind richtig
(E) 1–5 = alle sind richtig

785+ Welche Aussage trifft **nicht** zu?
Carbonsäuren

(A) sind durch Decarboxylierung substituierter Malonsäuren darstellbar
(B) werden durch Oxidation von Aldehyden mit H_2O_2 erhalten
(C) entstehen neben Alkoholen bei der Einwirkung von Alkali auf Aldehyde ohne α-ständiges H-Atom
(D) entstehen bei der Hydrolyse von Nitrilen
(E) entstehen bei der Umsetzung von Olefinen mit Kohlendioxid

786 Welches der angegebenen Verfahren ist zur Synthese aromatischer Carbonsäuren **nicht** geeignet?

(A) Permanganat-Oxidation von Alkylbenzenen
(B) Oxidation von aromatischen Nitrilen
(C) direkte Carboxylierung von Aryl-Grignard-Verbindungen
(D) Hydrolyse von Benzotrichlorid-Derivaten
(E) Disproportionierung aromatischer Aldehyde

787+ Welche Aussage über die homologe Reihe gesättigter Monocarbonsäuren trifft **nicht** zu?

(A) In Analogie zu den n-Alkanen alternieren ihre Schmelzpunkte.
(B) Mit steigender relativer Molekülmasse nimmt die Acidität in wäßriger Lösung zu.
(C) In kristalliner Form weist die Kohlenstoffkette eine Zick-Zack-Anordnung auf.
(D) In unpolaren Lösungsmitteln liegen Carbonsäuren als dimere Assoziate vor.
(E) Mit Ausnahme der Ameisensäure verhalten sich die normalen geradkettigen Carbonsäuren gegenüber Oxidationsmitteln resistent.

788 Bei Carbonsäuren findet man in festem und flüssigem Zustand nicht die relative Molekülmasse, die ihrer Summenformel entspricht,
weil
Carbonsäuren in festem und flüssigem Zustand über H-Brücken dimer assoziiert vorliegen.

789 Welche der folgenden Eigenschaften von Carbonsäuren treffen zu?

(1) Die Monocarbonsäuren liegen in festem und flüssigem Zustand sowie in unpolaren Lösungsmitteln dimer vor.
(2) Monocarbonsäuren sind acider als Alkohole.
(3) Das Dissoziationsgleichgewicht von Monocarbonsäuren in Wasser liegt ganz auf der Seite der Carboxylat-Anionen.
(4) Die Carboxylat-Anionen weisen praktisch keine Carbonylaktivität auf.

(A) nur 1 ist richtig
(B) nur 2 ist richtig
(C) nur 2 und 3 sind richtig
(D) nur 1, 2 und 4 sind richtig
(E) nur 1, 3 und 4 sind richtig

790 Welche Aussage trifft **nicht** zu?
Folgende Carbonsäuren können durch Erhitzen in der angegebenen Weise decarboxyliert werden:

(A) 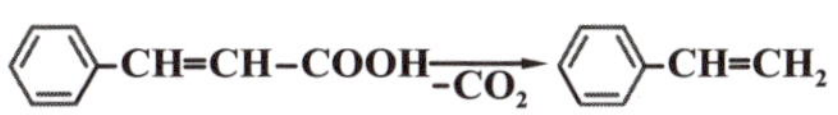

(B) $H_3C\text{-}CH(OH)\text{-}CH_2\text{-}COOH \xrightarrow{-CO_2} H_3C\text{-}CH(OH)\text{-}CH_3$

(C) $HOOC\text{-}CH_2\text{-}COOH \xrightarrow{-CO_2} H_3C\text{-}COOH$

(D) $O_2N\text{-}CH_2\text{-}COOH \xrightarrow{-CO_2} O_2N\text{-}CH_3$

(E) 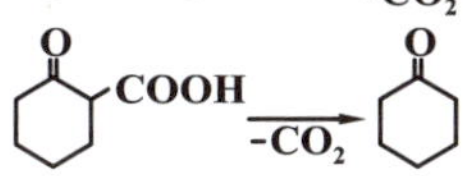

791+ Welche der folgenden Aussagen über die Decarboxylierung von substituierten Carbonsäuren treffen zu?

(1) Die Carboxylfunktion wird zu CO_2 oxidiert.
(2) Die Oxidation der Carboxylgruppe erfolgt durch Luftsauerstoff.
(3) Decarboxylierungen können bereits bei leichtem Erwärmen erfolgen.

(A) nur 1 ist richtig
(B) nur 2 ist richtig
(C) nur 1 und 3 sind richtig
(D) nur 2 und 3 sind richtig
(E) 1–3 = alle sind richtig

792+ Die Decarboxylierung ist eine Redoxreaktion,
weil
die Carboxylfunktion die höchste Oxidationsstufe des Kohlenstoffs darstellt.

793 Bei welcher Reaktion entsteht **nicht** Ameisensäure bzw. Formiat?

(A) $H_3C\text{-}CH_2OH \xrightarrow{\text{Chlorkalk}}$
(B) $Cl_3C\text{-}CH(OH)_2 \xrightarrow{\text{NaOH}}$
(C) $x\,HCHO + H_3C\text{-}CHO \xrightarrow{Ca(OH)_2}$
(D) $CO + H_2O \xrightarrow{H_2SO_4}$
(E) $CO + NaOH \xrightarrow[\text{Druck}]{\Delta}$

794 Welche Aussage über Essigsäure trifft **nicht** zu?
Essigsäure

(A) entsteht bei der katalytischen Carbonylierung von Methanol
(B) verdankt ihre Acidität u. a. dem -I-Effekt der Acetylgruppe
(C) ist ein häufig verwendetes Lösungsmittel, z. B. bei Oxidationsreaktionen
(D) gibt keine Haloform-Reaktion
(E) liegt nur im festen Zustand dimer vor

795 Welche Aussage zur Octadecansäure trifft **nicht** zu?

(A) Sie hat die Formel $H_3C\text{-}(CH_2)_{16}\text{-}COOH$.
(B) Ihr Natriumsalz ist eine Seife.
(C) Sie wird auch als Stearinsäure bezeichnet.
(D) Ihr Natriumsalz reagiert in Wasser neutral.
(E) Ihr Calciumsalz ist in Wasser schwerlöslich.

796 Welche Aussage über Benzoesäure trifft **nicht** zu?

(A) Sie wird technisch durch Oxidation von Toluen hergestellt.
(B) Sie ist acider als Cyclohexancarbonsäure.
(C) Sie ist weniger acid als Ameisensäure.
(D) Ihr 4-Hydroxyderivat wird aus Kaliumphenolat und CO_2 hergestellt.
(E) Sie reagiert mit Nitriersäure zu einem Gemisch von 2- und 4-Nitro- sowie 2,4-Dinitrobenzoesäure.

Dicarbonsäuren

Ordnen Sie bitte den Dicarbonsäuren der Liste 1 den jeweils entsprechenden Trivialnamen aus Liste 2 zu!

	Liste 1	Liste 2
797+	Pentandisäure	(A) Malonsäure
798+	Hexandisäure	(B) Pimelinsäure
799+	Heptandisäure	(C) Adipinsäure
		(D) Bernsteinsäure
		(E) Glutarsäure

800+ Welche Reihenfolge trifft zu?
Die Dicarbonsäuren (1) bis (5) sollen nach steigender Kohlenstoffzahl geordnet werden.

(1) Adipinsäure
(2) Glutarsäure
(3) Pimelinsäure
(4) Malonsäure
(5) Bernsteinsäure

(A) 2, 1, 5, 3, 4
(B) 2, 5, 4, 1, 3
(C) 3, 2, 1, 4, 5
(D) 4, 2, 1, 5, 3
(E) 4, 5, 2, 1, 3

801 Welche der folgenden Umsetzungen sind zur Synthese von Dicarbonsäuren geeignet?

(1) $CH_3\text{–}CH(Cl)\text{–}CN + KCN$;
anschließend Hydrolyse

(2) $HOOC{-}(CH_2)_3{-}\overset{\overset{O}{\parallel}}{C}{-}H + CrO_3 \longrightarrow$

(3) $ClCH_2{-}COOH + Na_2CO_3 \longrightarrow$

(4) $F_3C{-}COOH + NaOH \longrightarrow$

(A) nur 1 und 2 sind richtig
(B) nur 3 und 4 sind richtig
(C) nur 1, 2 und 3 sind richtig
(D) nur 2, 3 und 4 sind richtig
(E) 1–4 = alle sind richtig

802 Welche Reaktionsfolge ist ein möglicher Syntheseweg für Oxalsäure?

(A) $(CN)_2 \xrightarrow{H_2} 2\,HCN \xrightarrow[-2\,NH_3,\ -H_2]{4\,H_2O} (COOH)_2$

(B) $2\,HCOONa \xrightarrow[-H_2]{\Delta} (COONa)_2 \xrightarrow{H_3O^+} (COOH)_2$

(C) $Ca(CN)_2 \xrightarrow[-2\,NH_3,\ -H_2]{4\,H_2O} (COO)_2\,Ca \xrightarrow{H_3O^+} (COOH)_2$

(D) $2\,HCOOH \xrightarrow[-2\,H_2O]{\Delta} 2\,CO \xrightarrow[-H_2]{2\,H_2O} (COOH)_2$

(E) $2\,CO_2 \xrightarrow[-H_2O_2]{2\,NaOH} (COONa)_2 \xrightarrow{H_3O^+} (COOH)_2$

803 Welche der folgenden Aussagen über Dicarbonsäuren treffen zu?

(1) Phthalsäurediethylester bildet mit primären Aminen cyclische Imide.
(2) Terephthalsäure kann man technisch aus p-Xylen gewinnen.
(3) Bei der katalytischen Hydrierung von Maleinsäure und Fumarsäure entsteht Bernsteinsäure.

(A) nur 1 ist richtig
(B) nur 2 ist richtig
(C) nur 3 ist richtig
(D) nur 1 und 3 sind richtig
(E) 1–3 = alle sind richtig

804 Welche Aussage über Di- und Tricarbonsäuren trifft zu?

(A) Beim raschen Erhitzen von Äpfelsäure (200 °C) entsteht bevorzugt Fumarsäure.
(B) Wegen der hohen Symmetrie der Bernsteinsäure sind pK_{s1} und pK_{s2} gleich.
(C) Die natürlich vorkommende Citronensäure gehört der D-Reihe an.
(D) In konz. Schwefelsäure liefert Citronensäure unter Wasserabspaltung Aconitsäure.
(E) Beim Erhitzen von Malonsäure über den Schmelzpunkt hinaus entstehen Essigsäure und Kohlendioxid.

805 Welche Aussage über Malonsäure trifft **nicht** zu?

(A) Sie kann durch Verseifung von Cyanessigsäure dargestellt werden.
(B) Ihr Diethylester verfügt über eine „aktive“ Methylengruppe.
(C) Sie enthält zwei sp^2-hybridisierte Kohlenstoffatome.
(D) Beim Erhitzen über ihren Schmelzpunkt hinaus entsteht ein dimeres cyclisches Anhydrid.
(E) Ihr Decarboxylierungsprodukt ist die Essigsäure.

Carbonsäure-Derivate

Fette – Seifen – Wachse

806+ Welche Aussage trifft zu?
Natürliche Fette und fette Öle bestehen im wesentlichen aus:

(A) Estern höherer Fettsäuren mit einem höheren einwertigen Alkohol
(B) Estern höherer Fettsäuren mit Glycol
(C) Gemischen höherer Fettsäuren mit Glycerol
(D) Estern des Glycerols mit Phosphorsäure
(E) Keine der Aussagen (A) bis (D) trifft zu.

807+ Welche Aussagen über natürliche Fette und Wachse treffen zu?

(1) Beide stellen Triacylglycerol-Gemische dar.
(2) In beiden liegen höhere Fettsäuren verestert vor.

(3) Beide enthalten hauptsächlich Fettsäuren mit ungerader Kohlenstoffzahl.
(4) Beide liefern beim Kochen mit wäßriger Natriumhydroxid-Lösung Seifen.

(A) nur 1 ist richtig
(B) nur 3 ist richtig
(C) nur 1 und 4 sind richtig
(D) nur 2 und 3 sind richtig
(E) nur 2 und 4 sind richtig

808 Wachse liefern beim Verseifen Glycerol und höhere Fettsäuren,
weil
Wachse Ester höherer Fettsäuren enthalten.

809+ Wachse und Fette liefern beim Kochen mit Natriumhydroxid-Lösung Seifen,
weil
Wachse ebenso wie Fette mit Glycerol veresterte höhere Fettsäuren enthalten.

Kohlensäure-Derivate

810+ Welche Aussage trifft zu?
Als Phosgen bezeichnet man

(A) den Orthokohlensäureethylester
(B) das Carbaminsäurechlorid
(C) das Kohlensäuredichlorid
(D) den Chlorkohlensäureethylester
(E) Keine der Aussagen (A) bis (D) trifft zu.

811 Welche der folgenden Reaktionen von Derivaten der Kohlensäure ist **nicht** möglich?

(A) 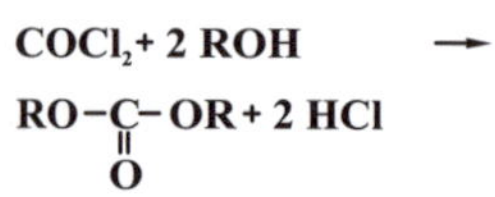

(B) 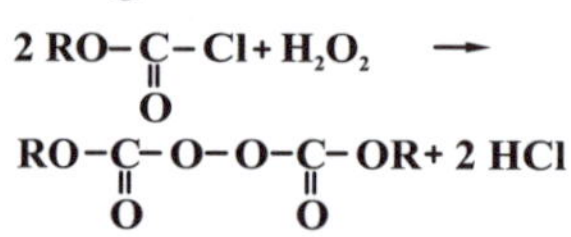

(C) 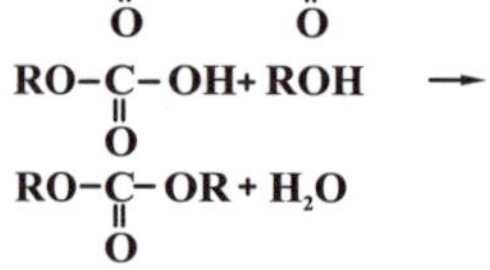

(D) 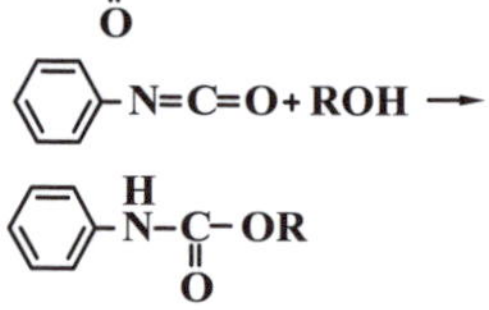

(E) 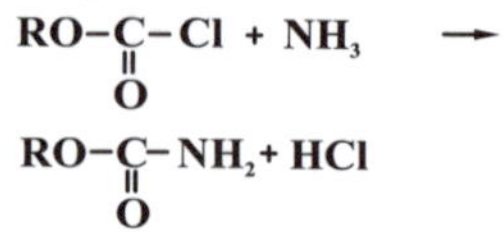

812+ Zu welcher Substanzklasse gehört die folgende Struktur?

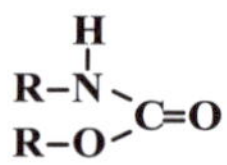

(A) Iminoester
(B) Amidine
(C) Ureide
(D) Urethane
(E) Hydantoine

813+ Welche Aussagen treffen zu?
Am Stickstoffatom substituierte Urethane können dargestellt werden durch:

(1) Aminolyse von Chlorkohlensäureestern
(2) säurekatalysierte Addition von Alkoholen an Nitrile
(3) Addition primärer Alkohole an Isocyansäureester

(A) nur 1 ist richtig
(B) nur 2 ist richtig
(C) nur 1 und 3 sind richtig
(D) nur 2 und 3 sind richtig
(E) 1–3 alle sind richtig

814 Carbamidsäureester **(RO−C(=O)−NH$_2$)** sind bei Raumtemperatur unbeständige Verbindungen,
weil
Carbamidsäureester bei Raumtemperatur in Alkohol und Isocyansäure zerfallen.

815+ Welche Aussage trifft **nicht** zu?
Harnstoff

(A) wird technisch aus Kohlendioxid und Ammoniak hergestellt
(B) kann aus Phosgen und Ammoniak hergestellt werden
(C) wird beim Erhitzen mit Salzsäure zu Ammoniumchlorid und CO_2 hydrolysiert
(D) ist mesomeriestabilisiert

(E) reagiert mit Salpetriger Säure zu Kohlenmonoxid, Ammoniak und Wasser

816⁺ Welche Aussage trifft zu?
Die Umsetzung von Harnstoff mit HNO_2 führt letztlich zu:

(A) Nitrosoharnstoff
(B) $H_2O + CO_2 + N_2$
(C) Nitroharnstoff
(D) Diazomethan
(E) $H_2N\text{-}CO\text{-}NH_3^+\ NO_2^-$

Cyanate – Isocyanate

817⁺ Welche der folgenden Reaktionen sind zur präparativen Gewinnung von Isocyansäureestern geeignet?

(1) $R-C(=O)-N_3 \xrightarrow{h\nu/\text{Benzen}}$

(2) $R-NH_2 + COCl_2 \longrightarrow$

(3) $R-C(=O)-NH_2 \xrightarrow[H_2O]{NaOCl}$

(A) nur 1 ist richtig
(B) nur 2 ist richtig
(C) nur 3 ist richtig
(D) nur 1 und 2 sind richtig
(E) nur 1 und 3 sind richtig

818 Welches Produkt bildet sich bei der Addition von Schwefelwasserstoff an ein Arylcyanat?
(Ar = Aryl)

(A) $ArO-C(=S)-OAr$

(B) $H_2N-C(=S)-NH-Ar$

(C)
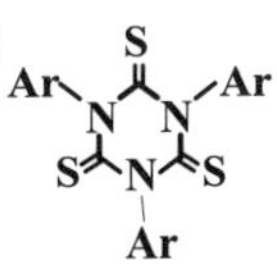

(D)
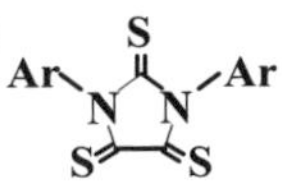

(E) $ArO-C(=S)-NH_2$

Themenübergreifende Fragen

Ordnen Sie bitte den Namen der Liste 1 die jeweils entsprechende Formel aus Liste 2 zu!

Liste 1

819 Guanidin

820 Semicarbazid

Liste 2

(A)
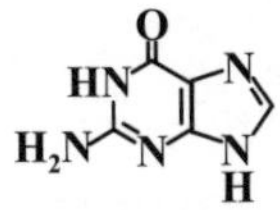

(B) $H_2N-N=C(NH_2)_2$

(C) $O=C(NH_2)-NH-NH_2$

(D) $HN=C(NH_2)_2$

(E) $H_2N(HN=)C-NH-C(=NH)-NH_2$

Ordnen Sie bitte den chemischen Namen der Liste 1 die jeweils entsprechende Formel aus Liste 2 zu!

Liste 1

821 Hydroxamsäure

822 Carbaminsäure

Liste 2

(A) $R-NH-C(=O)-OH$

(B) $R-CH=N-C(=O)-R'$

(C) $R-CH(OH)-C(=O)-NH_2$

(D) $R-C(=O)-NHOH$

(E) $R-C(=NH)-OH$

Säurechloride – Anhydride – Ketene

823 Welche der folgenden Reaktionen von Carbonsäuren bzw. Carbonsäure-Derivaten sind möglich? (R = Alkyl)

(1)
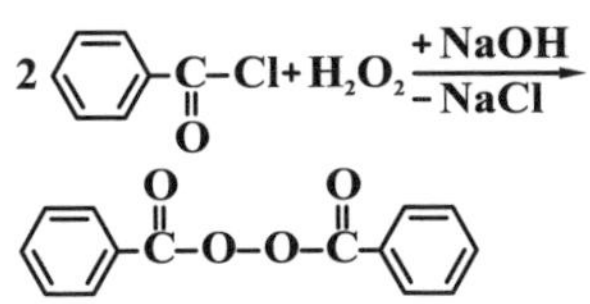

(2) $R-C(=O)-OR' \xrightarrow{Na\ /\ C_2H_5OH} R-CH_2OH + R'OH$

(3) $R-C(=O)-Cl + KCN \longrightarrow R-C(=O)-CN + KCl$

(4) $R-C(=O)-OH + HN_3 \xrightarrow{\text{konz. } H_2SO_4} R-NH_2 + CO_2 + N_2$

(A) nur 3 ist richtig
(B) nur 1 und 3 sind richtig
(C) nur 2 und 4 sind richtig
(D) nur 1, 2 und 4 sind richtig
(E) 1–4 = alle sind richtig

824+ Welche Aussage trifft **nicht** zu?
Keten kann umgesetzt werden mit:

(A) Blausäure zu Acetonitril
(B) Ammoniak zu Acetamid
(C) Essigsäure zu Acetanhydrid
(D) Wasser zu Essigsäure
(E) Ethanol zu Essigsäureethylester

825 Welche der folgenden Umsetzungen mit Keten gemäß dem Schema I $\xrightarrow{\text{Keten}}$ II ist **nicht** möglich?

	I		II
(A)	Ethanol	⟶	Essigsäureethylester
(B)	Acetaldehyd	⟶	Acetessigester
(C)	Wasser	⟶	Essigsäure
(D)	Essigsäure	⟶	Acetanhydrid
(E)	Methylamin	⟶	Essigsäuremethylamid

826 Aus welchen der folgenden Carbonsäuren kann beim Erhitzen das cyclische Anhydrid der betreffenden Carbonsäure erhalten werden?

(1) Malonsäure
(2) Bernsteinsäure
(3) Glutarsäure
(4) Maleinsäure
(5) Fumarsäure

(A) nur 1 und 2 sind richtig
(B) nur 3 und 5 sind richtig
(C) nur 1, 3 und 5 sind richtig
(D) nur 2, 3 und 4 sind richtig
(E) nur 2, 3, 4 und 5 sind richtig

827 Welche Aussage trifft **nicht** zu?
Bei der Umsetzung von Essigsäureanhydrid (Ac_2O) mit verschiedenen Nucleophilen bilden sich **primär** die angegebenen Reaktionsprodukte:

(A) $Ac_2O + H_2O \longrightarrow$ Essigsäure
(B) $Ac_2O + NH_3 \longrightarrow$ Ammoniumacetat
(C) Ac_2O + verd. $HCl \longrightarrow$ Essigsäure
(D) $Ac_2O + CH_3OH \longrightarrow$ Essigsäuremethylester
(E) $Ac_2O + CH_3CH_2\text{-}NH_2 \longrightarrow$ N-Ethyl-acetamid

828+ Welche der aufgeführten Verbindungen ist **nicht** zutreffend gekennzeichnet?

(A) 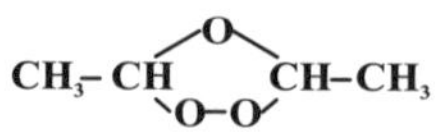 – Ozonid

(B) 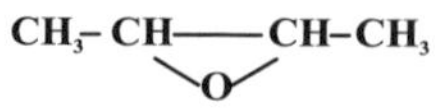 – Dialkyloxiran

(C) $CH_3-CH_2-O-O-CH_2-CH_3$ – Dialkylperoxid

(D) 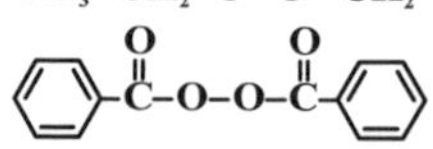 – Benzoylperoxid

(E) 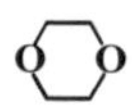 – Dioxolan

829 Welche der aufgeführten Verbindungen ist **nicht** mit der korrekten Stoffklasse bezeichnet?

(A) Ozonid 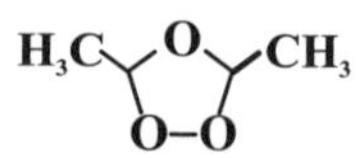

(B) Dialkyloxiran 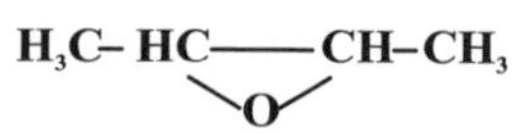

(C) Diacylperoxid $H_3C-C(=O)-O-O-C(=O)-CH_3$

(D) Hydroperoxid $H_3C-C(CH_3)_2-O-O-H$

(E) Säureanhydrid $Ph-C(=O)-O-O-C(=O)-Ph$

Carbonsäureamide

830 Welche Aussage über Carbonsäureamide trifft **nicht** zu?

(A) Säureamide lassen sich aus Säureanhydriden gewinnen.
(B) Durch Umsetzung von Säurehalogeniden mit Ammoniak entstehen Säureamide.

(C) Säureamide entstehen u. a. durch Erhitzen der Ammoniumsalze von Carbonsäuren.
(D) Aus γ-Hydroxy-substituierten Säureamiden werden cyclische Amide (Lactame) erhalten.
(E) Säureamide können aus Nitrilen gewonnen werden.

831⁺ Welche der folgenden Lösungsmittel sind mit Wasser mischbar?

(1) Dimethylformamid
(2) 1,4-Dioxan
(3) Pyridin
(4) Aceton

(A) nur 1 ist richtig
(B) nur 2 und 3 sind richtig
(C) nur 1, 3 und 4 sind richtig
(D) nur 2, 3 und 4 sind richtig
(E) 1–4 = alle sind richtig

Carbonsäureester

Ordnen Sie bitte den Begriffen der Liste 1 die jeweils entsprechende Reaktion aus Liste 2 zu!

Liste 1

832⁺ Alkylierung

833⁺ Acylierung

Liste 2

(A) 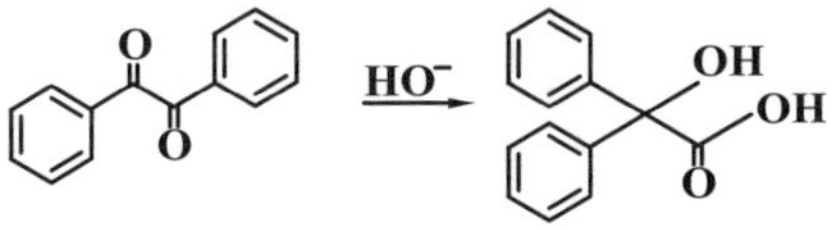

(B) 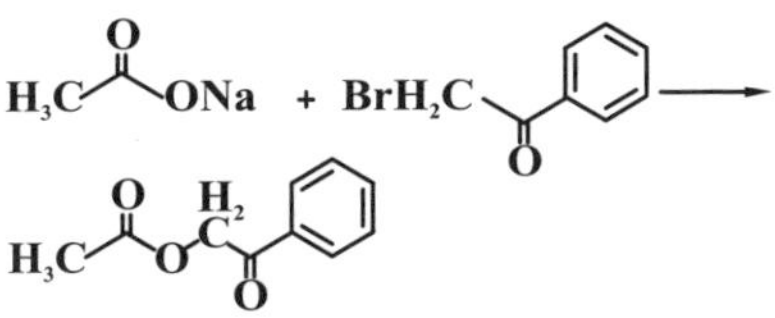

(C) 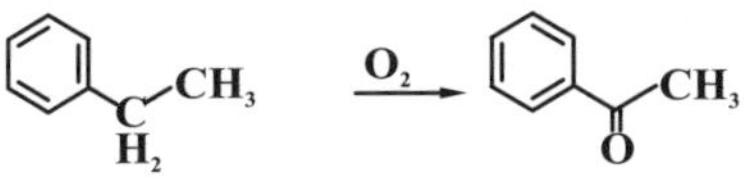

(D) 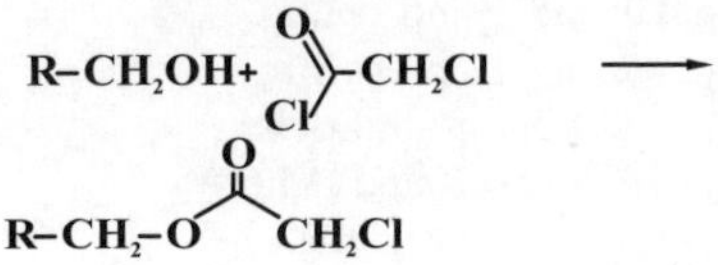

(E) 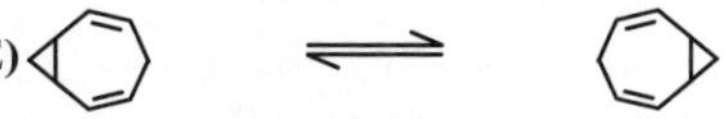

834 Welche der folgenden Gleichungen beschreiben gebräuchliche Laboratoriumsmethoden zur Darstellung eines Carbonsäuremethylesters (E)?

(1) $R-\overset{O}{\overset{\|}{C}}-OH + CH_2N_2 \longrightarrow (E) + N_2$

(2) $R-\overset{O}{\overset{\|}{C}}-OH + H_2N-CH_3 \xrightarrow{[H^+]} (E) + NH_4^+$

(3) $R-\overset{O}{\overset{\|}{C}}-OH + (CH_3)_2SO_4 \xrightarrow{NaOH}$
$(E) + CH_3O-SO_3Na + H_2O$

(4) $R-\overset{O}{\overset{\|}{C}}-OH + Cl-CH_3 \xrightarrow{[H^+]} (E) + HCl$

(A) nur 2 ist richtig
(B) nur 1 und 3 sind richtig
(C) nur 2 und 4 sind richtig
(D) nur 1, 3 und 4 sind richtig
(E) 1–4 = alle sind richtig

835 Welche der angegebenen Edukte liefern **nicht** Carbonsäureester?

(A) Alkohol + Keten
(B) Alkohol + Carbonsäurehalogenid
(C) Alkylhalogenid + Silbersalz einer Carbonsäure
(D) Grignard-Reagenz + Kohlendioxid
(E) Acetaldehyd + Aluminiumalkoholat

836⁺ Welche Aussagen treffen zu?
Umesterungen von Carbonsäureestern sind/können sein:

(1) säurekatalysiert
(2) basenkatalysiert
(3) typische Gleichgewichtsreaktionen
(4) Alkoholysen
(5) zur Herstellung homologer Ester aus Methylestern geeignet

(A) nur 1 und 3 sind richtig
(B) nur 2 und 3 sind richtig
(C) nur 1, 4 und 5 sind richtig
(D) nur 2, 4 und 5 sind richtig
(E) 1–5 = alle sind richtig

837+ Bei welcher der nachfolgend aufgeführten Carbonsäuren verläuft die Alkoholyse (z. B. Darstellung des Ethylesters) **ohne** Zusatz von Mineralsäure als Katalysator am schnellsten?

(A) Benzoesäure
(B) Essigsäure
(C) Oxalsäure
(D) Adipinsäure
(E) Phenylessigsäure

838 Bei welcher der nachfolgend aufgeführten Carbonsäuren verläuft die Esterbildung mit Ethanol (Alkoholyse) **ohne** Mineralsäurezusatz am schnellsten?

(A) Benzoesäure
(B) 4-Aminobenzoesäure
(C) Ameisensäure
(D) Bernsteinsäure
(E) Capronsäure

839 Aus welchen der nachfolgenden Verbindungen kann unter geeigneten Bedingungen Buttersäure-4-nitrobenzylester erhalten werden?

(1) aus Buttersäureanhydrid und 4-Nitrobenzylalkohol
(2) aus Buttersäurechlorid und 4-Nitrobenzylalkohol
(3) aus Buttersäuremethylester und 4-Nitrobenzylalkohol

(A) nur aus 2
(B) nur aus 3
(C) nur aus 1 und 2
(D) nur aus 2 und 3
(E) aus 1–3 = Aus alle

840 Welche Aussagen über Ester treffen zu?

(1) Die Esterbildung aus Alkohol und Säure ist eine Gleichgewichtsreaktion, die durch das Massenwirkungsgesetz beschrieben werden kann.
(2) Alkylhalogenide können als Ester der Halogenwasserstoffsäuren aufgefaßt werden.
(3) Dimethylsulfat ist ein wirksames Methylierungsmittel.
(4) Bei der Darstellung von Salpetersäureestern mit konzentrierter Salpetersäure tritt als Nebenreaktion die Oxidation des Alkohols ein.

(A) nur 1 ist richtig
(B) nur 2 ist richtig
(C) nur 2 und 3 sind richtig
(D) nur 1, 2 und 3 sind richtig
(E) 1–4 = alle sind richtig

841+ Der geschwindigkeitsbestimmende Schritt bei der säurekatalysierten Veresterung von tert. Butanol mit Carbonsäuren ist die Protonierung der alkoholischen Hydroxylgruppe,
weil
tert. Carbenium-Ionen eine höhere Stabilität als sekundäre und primäre Carbenium-Ionen aufweisen.

842 Die säurekatalysierte Hydrolyse von Essigsäureethylester ist eine bimolekulare Reaktion,
weil
im geschwindigkeitsbestimmenden Reaktionsschritt der säurekatalysierten Esterhydrolyse ein Estermolekül protoniert wird.

843+ Welche der folgenden Aussagen über die Veresterung bzw. Ester trifft **nicht** zu?

(A) Das Wassermolekül, das bei der Veresterung eines tertiären Alkohols mit einer Carbonsäure entsteht, setzt sich aus der OH-Gruppe des Carboxyls und dem Proton der alkoholischen OH-Gruppe zusammen.
(B) Die Veresterung von Alkoholen mit Carbonsäuren wird durch Säuren katalysiert.
(C) Die alkalische Esterhydrolyse verläuft nach einem Additions-Eliminierungs-Mechanismus.
(D) Für die quantitative alkalische Esterhydrolyse ist mindestens ein Äquivalent Base erforderlich.
(E) Bei der sauren Hydrolyse der Ester tertiärer Alkohole entsteht intermediär ein tertiäres Carbokation.

844 Welche Aussagen treffen zu?
Carbonsäureester lassen sich zu primären Alkoholen reduzieren mit:

(1) $LiAlH_4$
(2) Na/C_2H_5OH
(3) N_2H_4/KOH
(4) $Zn(Hg)/HCl$

(A) nur 1 ist richtig
(B) nur 2 ist richtig
(C) nur 1 und 2 sind richtig
(D) nur 1 und 3 sind richtig
(E) nur 2, 3 und 4 sind richtig

845⁺ Welche Aussage über die Esterhydrolyse trifft **nicht** zu?

(A) Bei der sauren Esterhydrolyse ist immer eine gewisse Menge an Ester im Gleichgewicht vorhanden.
(B) Bei der alkalischen Esterhydrolyse entsteht das Salz der Säure.
(C) Bei der alkalischen Esterhydrolyse wird pro Mol Mono-Ester ein Mol Alkalihydroxid verbraucht.
(D) Die alkalische Esterhydrolyse ist unter thermodynamisch kontrollierten Reaktionsbedingungen reversibel.
(E) Bei der sauren Hydrolyse von Essigsäurebenzylester erfolgt im geschwindigkeitsbestimmenden Schritt die Bildung eines Benzyl-Kations.

846 Die sauer katalysierte Hydrolyse des Essigsäureethylesters ist eine monomolekulare Reaktion,
weil
die Hydrolyse eines Estermoleküls durch jeweils **ein** Proton katalysiert wird.

847 Die basisch katalysierte Hydrolyse von Carbonsäureestern ist eine irreversible Reaktion,
weil
Carboxylat-Ionen sich mit Alkoholen **nicht** zu Estern umsetzen lassen.

848⁺ Das Hydrolysegleichgewicht bei der Spaltung von Carbonsäureestern mit überschüssigem Alkalihydroxid liegt praktisch quantitativ auf der Produktseite,
weil
die hohe thermodynamische Stabilität der Carboxylatanionen ihre Rückreaktion mit Alkoholen zu Estern verhindert.

849 Bei der sauren Hydrolyse von Essigsäure-tert.-butylester tritt bevorzugt eine Spaltung zwischen Sauerstoff und tert.-Butylrest ein,
weil
die intermediäre Bildung eines stabilen tert.-Butyl-Kations energetisch begünstigt ist.

850 Mit welcher der folgenden Stickstoffverbindungen ist die Spaltung einer Methyl- und Ethylestergruppe (im Sinne einer Aminolyse) **nicht** möglich?

(A) Methylamin
(B) Dimethylamin
(C) Trimethylamin
(D) Hydroxylamin
(E) Hydrazin

851 Welcher der folgenden Stoffe läßt sich aus einem Carbonsäureester in einer einstufigen Reaktion und entsprechender Aufarbeitung **nicht** darstellen?

(A) Carbonsäureamid
(B) Acetal
(C) Hydroxamsäure
(D) Alkohol
(E) Hydrazid

852⁺ Welche Aussage über Benzoesäuremethylester trifft **nicht** zu?

(A) Er entsteht aus Benzoesäure und Diazomethan.
(B) Seine säurekatalysierte Hydrolyse ist eine Gleichgewichtsreaktion.
(C) Er reagiert mit Phenylmagnesiumbromid zu Benzophenon als Endprodukt.
(D) Lithiumaluminiumhydrid reduziert ihn zu Benzylalkohol.
(E) Er kann mittels Ammonolyse in Benzamid übergeführt werden.

853 Welche Aussage über die gegebene Reaktion trifft zu?

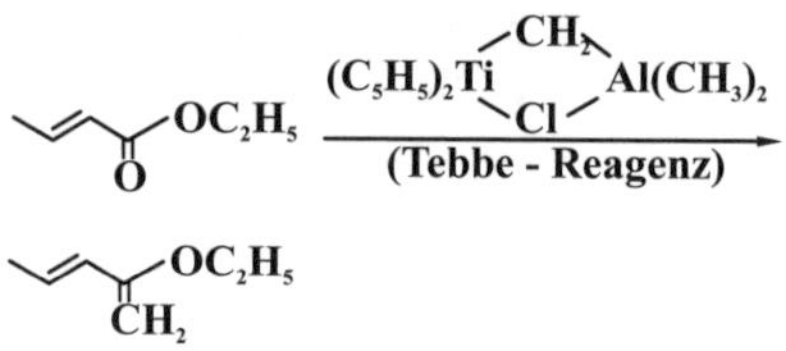

Es handelt sich um eine :

(A) Lewis-Säure-katalysierte Isomerisierung
(B) Olefinierung eines Esters zum Enolether
(C) E/Z-Isomerisierung
(D) Variante der Michael-Addition
(E) Carben-Cycloaddition

Nitrile - Isonitrile

854 Welche Aussagen über die Darstellung von Carbonitrilen treffen zu?
Carbonitrile

(1) können durch Umsetzung von Alkylhalogeniden mit Silbercyanid erhalten werden
(2) werden durch Einwirken von Chloroform und Kaliumhydroxid-Lösung auf primäre Amine erhalten
(3) entstehen aus formylierten primären Aminen mit Phosphoroxychlorid in Gegenwart einer Hilfsbase (z. B. Triethylamin)
(4) entstehen durch Umsetzung von Ketoximen mit Acetanhydrid

(A) Keine der Aussagen (1) bis (4) trifft zu.
(B) nur 1 ist richtig
(C) nur 1 und 4 sind richtig
(D) nur 2 und 4 sind richtig
(E) nur 1, 3 und 4 sind richtig

855 Welche Aussage über Nitrile trifft **nicht** zu?

(A) Aromatische Nitrile erhält man durch Umsetzung von Diazoniumsalzen mit (komplexem) Kupfer(I)-cyanid.
(B) Die Umsetzung von Nitrilen mit Grignard-Reagenzien liefert Ketone.
(C) α-Hydroxynitrile entstehen durch HCN-Addition an Aldehyde.
(D) Die Addition von Wasser an Nitrile liefert Oxime.
(E) Nitrile können bis zu prim. Aminen reduziert werden.

856⁺ Welche Aussage trifft zu?
Im Rahmen einer Kolbeschen Nitrilsynthese soll als Nebenprodukt entstandenes Isonitril entfernt werden. Dies geschieht am zweckmäßigsten durch Behandeln des Reaktionsansatzes mit:

(A) wäßriger Natriumhydroxid-Lösung
(B) verdünnter Schwefelsäure
(C) ethanolischer Kaliumhydroxid-Lösung
(D) wäßriger Natriumhydrogencarbonat-Lösung
(E) wäßriger Natriumsulfat-Lösung

857 Welche der folgenden Reaktionen kann zur Darstellung von Acetonitril dienen?

(A) $CH_3-C(=O)-NH_2 + Br_2 + KOH \longrightarrow$
(B) $CH_3-NH_2 + CHCl_3 + KOH \longrightarrow$
(C) $CH_3NH-C(=O)-H + POCl_3 + (C_2H_5)_3N \longrightarrow$
(D) $CH_3I + AgCN \longrightarrow$
(E) $CH_3CH{=}NOH \xrightarrow{\text{Acetanhydrid}}$

858 Welche der folgenden Eigenschaften haben Nitrile mit Carbonylfunktionen gemeinsam?

(1) Reduzierbarkeit
(2) Hydrolysierbarkeit zu Carbonsäuren
(3) Polarisierbarkeit
(4) Fähigkeit zur Ketalbildung

(A) nur 1 ist richtig
(B) nur 3 ist richtig
(C) nur 1 und 3 sind richtig
(D) nur 2 und 4 sind richtig
(E) nur 1, 2 und 4 sind richtig

859⁺ Welche Aussage trifft **nicht** zu?
Mit einem Nitril, z. B. n-Butyronitril (R-CN), können folgende Umsetzungen vorgenommen werden (R' = Alkyl):

(A) $R-CN \xrightarrow{4H/\ [Ni]} R-CH_2-NH_2$
(B) $R-CN \xrightarrow{H_2O[H_2SO_4]} R-C(=O)-NH_2$
(C) $R-CN \xrightarrow[-NH_3/-Mg(OH)Br]{1.)\ R'-MgBr\quad 2.)\ H_2O} R-C(=O)-R'$

(D) $R{-}CN \xrightarrow{R'{-}H[SnCl_2/HCl]} R{-}CH{=}N{-}R'$

(E) $R{-}CN \xrightarrow[-NH_3/-H_2O]{2\ H_2O[HO^-]} R{-}COO^{\ominus}$

860⁺ Welche der folgenden Stoffklassen kann durch Alkali, z. B. wäßrig-ethanolische KOH, im allgemeinen glatt hydrolysiert werden?

(A) Acetale
(B) Aminale
(C) aromatische Ether
(D) Isonitrile
(E) Nitrile

861 Welche der folgenden Reaktionen geht ein Isonitril normalerweise **nicht** ein?

(A) $R{-}NC + H_2O/H^+ \longrightarrow R{-}\overset{\oplus}{N}H_3 + HCO_2H$
(B) $R{-}NC + 2\ H_2/Kat \longrightarrow R{-}NH{-}CH_3$
(C) $R{-}NC + LiAlH_4 \longrightarrow R{-}NH{-}CH_3$
(D) $R{-}NC + S \longrightarrow R{-}N{=}C{=}S$
(E) $R{-}NC + H_2O/OH^- \longrightarrow R{-}NH_2 + HCO_2^-$

862 Welche der folgenden Verbindungen werden unter Protonenkatalyse an Carbonitrile addiert?

(1) Wasser
(2) Alkohole
(3) Aromaten
(4) Ammoniak

(A) nur 2 ist richtig
(B) nur 3 ist richtig
(C) nur 1 und 3 sind richtig
(D) nur 2 und 3 sind richtig
(E) nur 1, 2 und 4 sind richtig

3.14 Hydroxy- und Ketocarbonsäuren

(siehe Ehlers, Chemie II-Kurzlehrbuch)

Ordnen Sie bitte den in Liste 1 genannten Substanzen die jeweils entsprechende Formel aus Liste 2 zu!

Liste 1

863⁺ Citronensäure

864⁺ Weinsäure

Liste 2

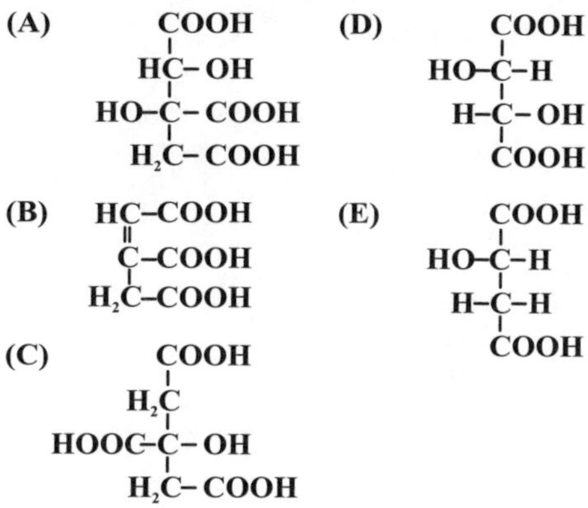

Ordnen Sie bitte den Namen der Liste 1 die jeweils entsprechende Formel aus Liste 2 zu.

Liste 1

865 Glycolsäure

866 Glyoxylsäure

Liste 2

(A) HOOC-CO-COOH
(B) HOH_2C-COOH
(C) HOOC-CH_2-CO-COOH
(D) OHC-COOH
(E) HOH_2C-CHOH-COOH

Ordnen Sie bitte den Bezeichnungen der Salze der Liste 1 die jeweils zutreffende Säure aus Liste 2 zu.

Liste 1	**Liste 2**
867 Maleat	(A) Malonsäure
868 Malat	(B) Äpfelsäure
	(C) Bernsteinsäure
	(D) Maleinsäure
	(E) Hydroxymalonsäure

869 Welche der nachstehend aufgeführten Bezeichnungen trifft für folgendes Anion

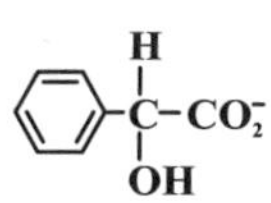

zu?

(A) Benzilat
(B) α-Hydroxybenzoat
(C) Hydrocinnamat
(D) Mandelat
(E) Phenylglyoxylat

870 Welche der nachstehenden Bezeichnungen treffen für das folgende Anion

$H_3C-C(=O)-CH_2-CO_2^-$ zu?

(1) Lactat
(2) Acetylacetat
(3) Methylmalonat
(4) 3-Oxobutyrat

(A) nur 1 ist richtig
(B) nur 2 ist richtig
(C) nur 2 und 4 sind richtig
(D) nur 3 und 4 sind richtig
(E) nur 1, 2 und 4 sind richtig

Ordnen Sie bitte den Namen der Liste 1 die jeweils entsprechende Strukturformel aus Liste 2 zu!

Liste 1

871 Pyruvat

872 Succinat

Liste 2

(A) $H_3C-CH(OH)-COO^-$
(B) $^-OOC-CH_2-COO^-$
(C) $^-OOC-CH_2-CH_2-COO^-$
(D) $^-OOC-CH_2-C(=O)-CH_2-COO^-$
(E) $H_3C-C(=O)-COO^-$

Hydroxycarbonsäuren

873 Welche der folgenden Reaktionen sind zur Synthese von Hydroxycarbonsäuren oder ihren Estern geeignet?

(1) 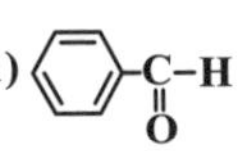 $\xrightarrow[\text{2.) } H^+/H_2O]{\text{1.) HCN}}$

(2) 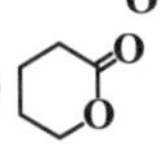 $\xrightarrow{H^+/H_2O}$

(3) $Br-ZnCH_2-C(=O)-OR \xrightarrow[\text{2.) } H_2O]{\text{1.) } CH_2O}$

(4) $CH_3-CH(NH_2)-C(=O)-OH \xrightarrow[KNO_2/H_2O]{\text{Essigsäure}}$

(A) nur 2 ist richtig
(B) nur 4 ist richtig
(C) nur 1 und 4 sind richtig
(D) nur 2 und 3 sind richtig
(E) 1–4 = alle sind richtig

874 Welche der nachfolgend kurz skizzierten chemischen Operationen führt praktisch **nicht** zur Bildung von α-Hydroxycarbonsäuren?

(A) Umsetzung von α-Aminocarbonsäuren, z. B. Glycin, mit KNO_2/HCl
(B) Addition von HBr an α,β-ungesättigte Carbonsäuren und nachfolgend Hydrolyse mit einer Alkalihydroxid-Lösung
(C) Hydrolyse von Cyanhydrinen
(D) Katalytische Hydrierung von α-Ketocarbonsäuren
(E) Hydrolyse von Lactiden

875 Welche Aussagen treffen zu?
Die Cyanhydrin-Bildung

(1) ist säurekatalysiert
(2) ist autokatalysiert
(3) ist basenkatalysiert
(4) kann zum Aufbau von Aldosen eingesetzt werden

(A) nur 1 ist richtig
(B) nur 2 ist richtig
(C) nur 3 ist richtig
(D) nur 1 und 4 sind richtig
(E) nur 3 und 4 sind richtig

876 Welche Aussagen zu Weinsäure treffen zu?

(1) Sie ist die Dihydroxybernsteinsäure.
(2) Sie ist die Dihydroxyglutarsäure.
(3) Ihr Mono-Kaliumsalz heißt Weinstein.
(4) Ihr Kaliumnatriumsalz heißt Weinstein.
(5) Ihr Kaliumnatriumsalz heißt Seignettesalz.

(A) nur 1 ist richtig
(B) nur 2 ist richtig
(C) nur 3 ist richtig
(D) nur 2 und 4 sind richtig
(E) nur 1, 3 und 5 sind richtig

877$^+$ Welche Aussage trifft zu?
Beim Erhitzen von D,L-Weinsäure mit Kaliumhydrogensulfat entsteht:

(A) Äpfelsäure
(B) Brenztraubensäure
(C) Dihydroxyfumarsäure
(D) Fumarsäure
(E) Maleinsäure

878 Welche Aussage trifft zu?
Beim Erhitzen von

HOOC-CH(OH)-CH(OH)-COOH

mit Kaliumhydrogensulfat entsteht:

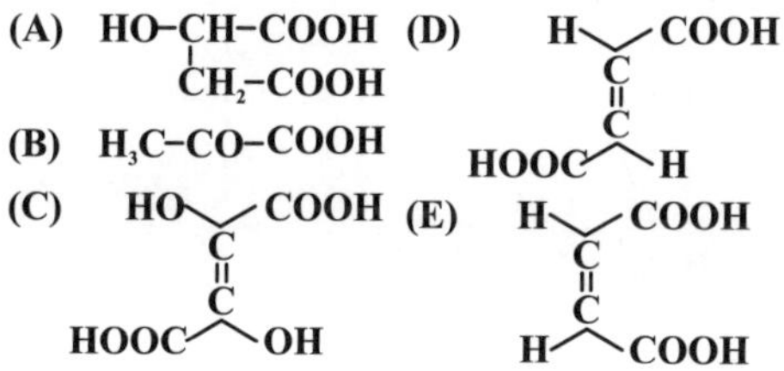

879 α-Hydroxycarbonsäuren sind in Wasser leichter löslich als die entsprechenden unsubstituierten Carbonsäuren,
weil
eine α-ständige Hydroxylgruppe die Acidität von Carbonsäuren erhöht.

880$^+$ Citronensäure ist zur Komplexbildung befähigt,
weil
Citronensäure eine Hydroxydicarbonsäure ist.

881$^+$ 3-Hydroxycarbonsäuren sind unter Protonenkatalyse **nicht** lactonisierbar,
weil
3-Hydroxycarbonsäuren leicht unter Eliminierung von Wasser reagieren.

882 2-Hydroxyalkansäuren, wie Milchsäure, haben eine höhere Siedetemperatur als Alkansäuren mit gleicher Kohlenstoffzahl,
weil
2-Hydroxyalkansäuren stärkere Säuren sind als Alkansäuren mit gleicher Kohlenstoffzahl.

883 α-Hydroxycarbonsäuren sind in Ether schwerer löslich als die entsprechenden unsubstituierten Carbonsäuren,
weil
eine α-ständige Hydroxylgruppe die Acidität von Carbonsäuren erhöht.

Lactone – Lactame

Ordnen Sie bitte den Strukturformeln der Liste 1 die jeweils zutreffende Stoffklasse aus Liste 2 zu!

Liste 1

884 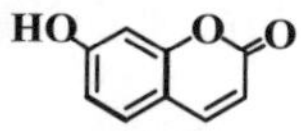

885 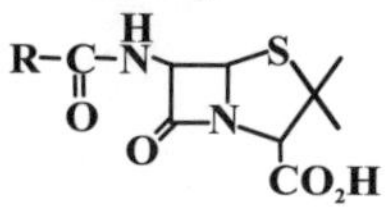

Liste 2

(A) γ-Lacton
(B) β-Lacton
(C) δ-Lactam
(D) δ-Lacton
(E) β-Lactam

Ordnen Sie bitte den in der Liste 1 aufgeführten Begriffen jeweils eine in Liste 2 aufgeführte Formel zu!

Liste 1

886$^+$ Lacton

887$^+$ Lactam

888$^+$ Lactid

Liste 2

(A) 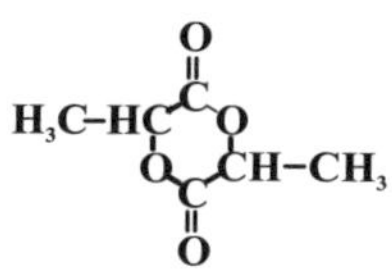

(B) 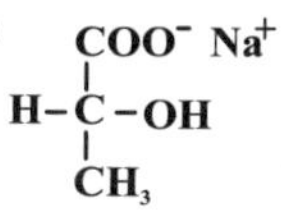

(C) 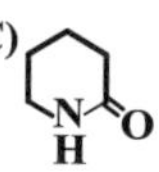

(D) 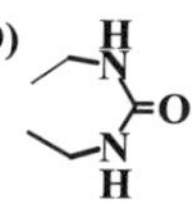

(E) 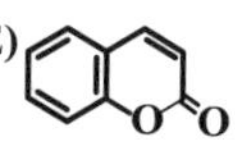

Ordnen Sie bitte den Strukturbegriffen der Liste 1 die betreffende Formel aus Liste 2 zu!

Liste 1

889 Enolether

890 Lacton

891 vinyloges Lacton

Liste 2

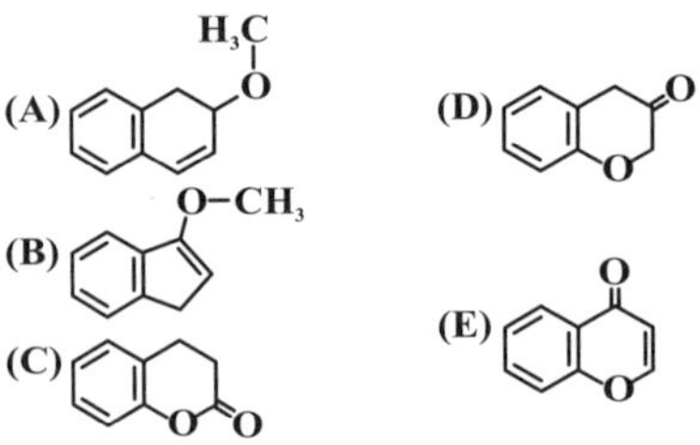

892 Welche Aussagen treffen zu?
Die abgebildete Verbindung enthält folgende Partialstrukturen:

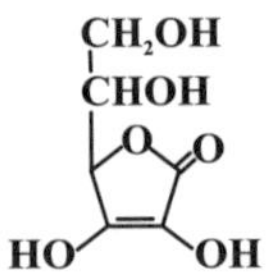

(1) prim. Alkohol
(2) sek. Alkohol
(3) Endiol
(4) Lacton
(5) 5H-Furan-2-on

(A) nur 1 und 2 sind richtig
(B) nur 3 und 4 sind richtig
(C) nur 1, 2 und 3 sind richtig
(D) nur 1, 2, 4 und 5 sind richtig
(E) 1–5 = alle sind richtig

893 Welche der folgenden Aussagen über cyclische Carbonsäureester bzw. -amide trifft **nicht** zu?

(A) Lactide bilden sich aus zwei Molekülen α-Hydroxysäure.
(B) β-Lactone sind durch H_2O-Eliminierung aus β-Hydroxysäuren darstellbar.
(C) β-Lactame können aus Aldiminen bzw. Ketiminen und Ketenen dargestellt werden.
(D) γ-Lactame sind durch Ammonolyse der entsprechenden Lactone und anschließende Dehydratisierung zugänglich.
(E) 2,5-Diketopiperazine bilden sich aus α-Aminosäuren beim Erhitzen.

Esterkondensation und verwandte Reaktionen

894⁺ Welche Aussage trifft **nicht** zu?
Als CH-acide Komponenten für Kondensationsreaktionen mit Carbonsäureestern sind geeignet:

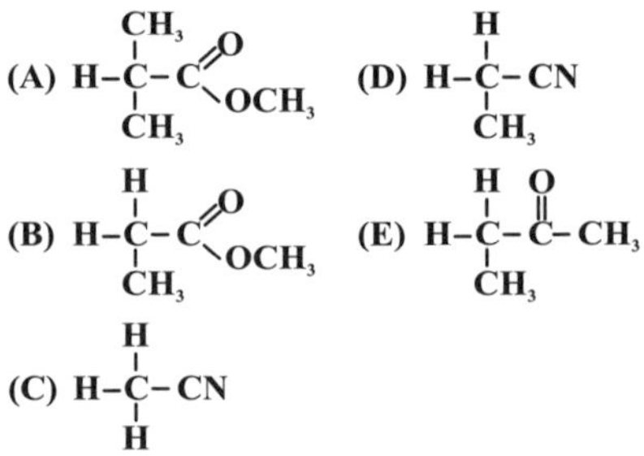

895 Bei welcher Reaktion handelt es sich um eine „Claisen-Kondensation"?

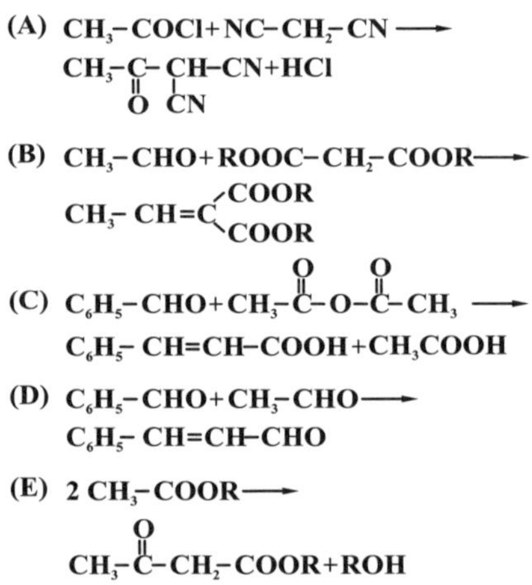

Ordnen Sie bitte den in Liste 1 aufgeführten Verbindungen den jeweils für ihre Darstellung zutreffenden Reaktionstyp aus Liste 2 zu!

Liste 1

896 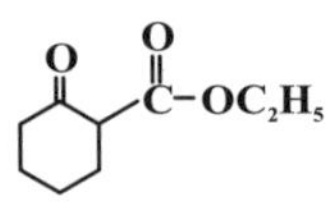

897 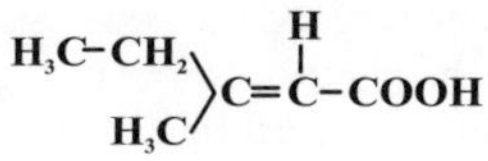

Liste 2

(A) Michael-Addition
(B) Acyloin-Kondensation
(C) Knoevenagel-Kondensation
(D) Dieckmann-Kondensation
(E) Stobbe-Kondensation

Ordnen Sie bitte den in Liste 1 angegebenen Reaktionen die jeweils entsprechende Umsetzung aus Liste 2 zu!

Liste 1

898 Dieckmann-Cyclisierung

899 En-Reaktion

Liste 2

(A)

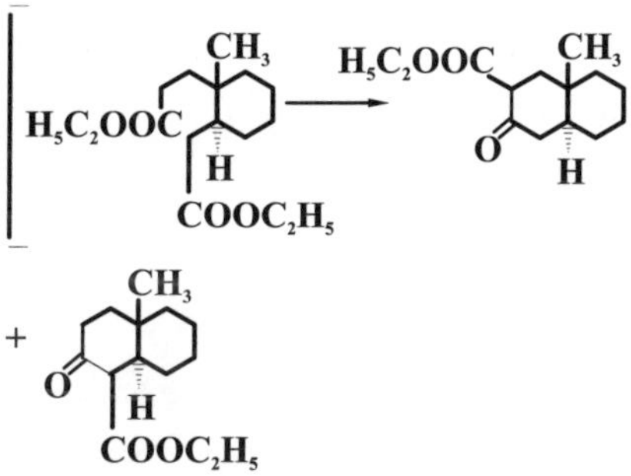

(B)

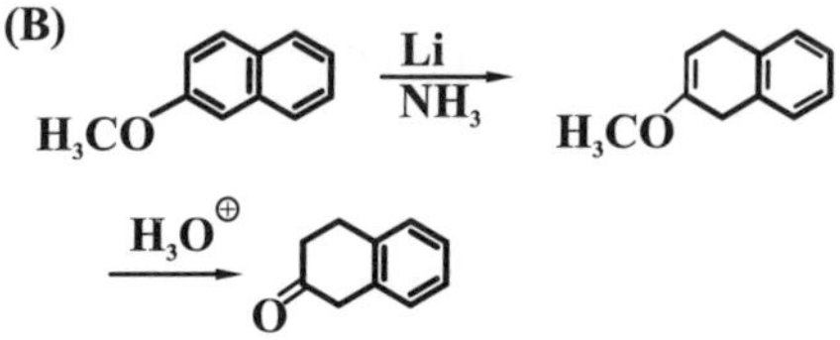

(C)

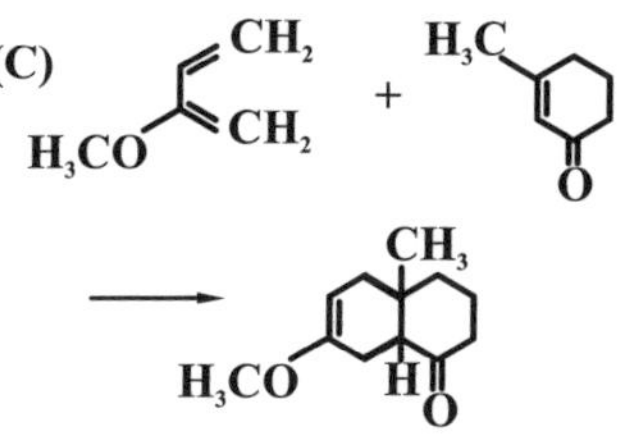

(D)

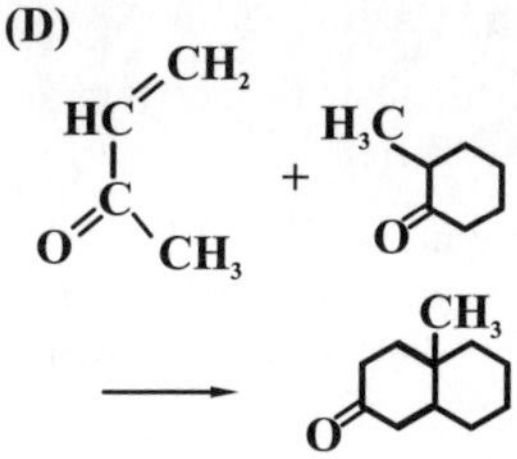

(E)

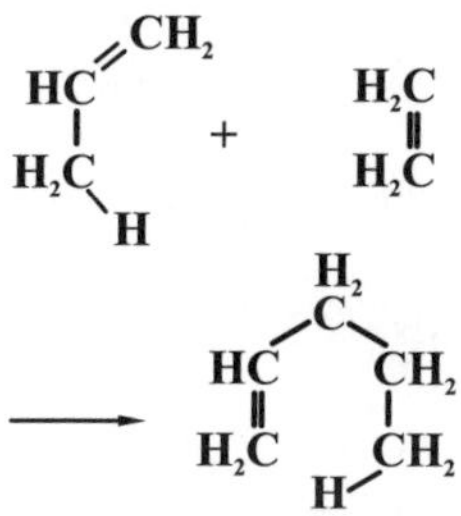

Darstellung von 3-Oxo-2,4-diphenylbuttersäureethylester durch Claisen-Kondensation

900⁺ Welche Aussage trifft zu?
Als Ausgangsverbindung dient:

(A) Benzoesäure
(B) Phenylessigsäure
(C) Diphenylessigsäure
(D) Benzylmalonsäure
(E) Malonsäure

901⁺ Welche Aussagen treffen zu?
Die Carbonsäure wird nach Veresterung mit Ethanol in folgendem Reaktionsmedium zur gewünschten Substanz umgesetzt:

(1)	Toluen	(A)	nur 5 ist richtig
(2)	C_2H_5ONa	(B)	nur 1 und 2 sind richtig
(3)	KOH	(C)	nur 1 und 4 sind richtig
(4)	H^+	(D)	nur 3 und 5 sind richtig
(5)	H_2O	(E)	nur 4 und 5 sind richtig

902⁺ Das gewonnene Produkt dreht die Ebene des linear polarisierten Lichts,
weil
das gewonnene Produkt ein chirales C-Atom besitzt.

Ketocarbonsäuren

903+ Welche Aussagen über Ketocarbonsäuren und ihre Derivate treffen zu?

(1) Die Kondensation von 2 Mol Essigsäureethylester in Gegenwart einer geeigneten starken Base führt zu einem β-Ketosäureester.
(2) Das Kondensationsprodukt von 1 Mol Essigsäureethylester mit 1 Mol Oxalsäureester ergibt nach anschließender Hydrolyse und Decarboxylierung eine α-Ketosäure.
(3) α-Ketocarbonsäuren sind in freier Form unbeständig.

(A) nur 1 ist richtig
(B) nur 3 ist richtig
(C) nur 1 und 2 sind richtig
(D) nur 1 und 3 sind richtig
(E) 1–3 = alle sind richtig

904+ Welche der folgenden Aussagen über Ketocarbonsäuren bzw. ihre Ester trifft zu?

(A) α-Ketosäuren zerfallen bereits bei Raumtemperatur in Aldehyde und Kohlendioxid.
(B) β-Ketosäuren sind beständig und auch im freien Zustand leicht isolierbar.
(C) Das Keto-Enol-Gleichgewicht beim Acetessigsäureethylester liegt weitgehend auf der Seite des Enols.
(D) Das Enol des Acetessigsäureethylesters läßt sich durch Umsetzung mit Brom in den α-Bromacetessigsäureethylester überführen.
(E) Das Anion des Acetessigesters bildet zwei tautomere Formen.

905+ Welche Aussagen über Ketocarbonsäuren und ihre Derivate treffen zu?

(1) Im Gegensatz zu den α-Ketosäuren sind die freien β-Ketosäuren sehr beständig.
(2) Keto- und Enol-Form von Acetessigester lassen sich bei tiefer Temperatur trennen.
(3) Die „Säurespaltung" der β-Ketocarbonsäureester wird durch Erhitzen mit starken wäßrigen Basen durchgeführt.

(A) nur 1 ist richtig
(B) nur 2 ist richtig
(C) nur 1 und 2 sind richtig
(D) nur 2 und 3 sind richtig
(E) 1–3 = alle sind richtig

906 Welche Aussage über die im nachfolgenden Schema zur Darstellung von Brenztraubensäure skizzierten Reaktionsschritte bzw. über die hierbei erhaltenen Verbindungen trifft **nicht** zu?

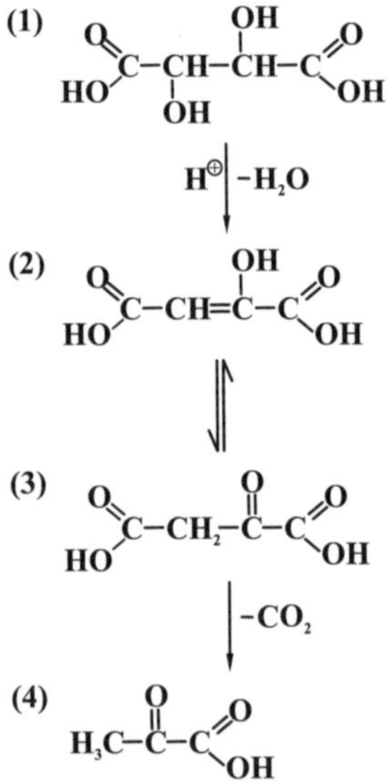

(A) Die protonenkatalysierte Dehydratisierung von (1) verläuft über eine ß -Eliminierung.
(B) Sämtliche C-Atome von (2) sind sp^2-hybridisiert.
(C) (3) ist Oxalessigsäure.
(D) (2) ist eine tautomere Form von (3).
(E) (4) kann durch Decarboxylierung in Essigsäure übergeführt werden.

907+ Beim Erwärmen von Brenztraubensäure mit konzentrierter Schwefelsäure entsteht Acetaldehyd,
weil
α-Ketocarbonsäuren – im Gegensatz zu β-Ketocarbonsäuren – erst durch konzentrierte Schwefelsäure decarboxyliert werden.

Acetessigester und Acetessigester-Synthesen

908 Welche Aussagen über Acetessigester treffen zu?

(1) Die zur Estercarbonylgruppe α-ständigen H-Atome sind acid.
(2) Seine Keto-Form ist durch eine intramolekulare Wasserstoffbrücke stabilisiert.
(3) Er liegt – unverdünnt und bei Raumtemperatur – überwiegend in der Keto-Form vor.
(4) Die Einstellung des Tautomeriegleichgewichts wird durch Basen katalysiert.
(5) Acetessigester gibt keine positive Eisen(III)-chlorid-Reaktion.

(A) nur 1 ist richtig
(B) nur 2 und 3 sind richtig
(C) nur 1, 3 und 4 sind richtig
(D) nur 2, 3 und 5 sind richtig
(E) nur 1, 2, 4 und 5 sind richtig

909+ Welche Aussage über Acetessigsäureethylester trifft **nicht** zu?

(A) Seine Darstellung erfolgt über eine Claisen-Reaktion.
(B) Die Enol-Form ist das ausschließlich vorliegende Tautomere.
(C) Zwischen enolischem Hydroxyl und Estercarbonylgruppe bildet sich eine Wasserstoffbrücke aus.
(D) Mit Phenylhydrazin erfolgt Ringschluß zu einem Pyrazolinon.
(E) Mit Natriumethylat entsteht ein resonanzstabilisiertes Anion.

910 Welche Aussagen treffen zu?
Natriumacetessigester

(1) entsteht aus Acetessigester und Natrium
(2) entsteht aus Essigsäureethylester und $NaOC_2H_5$
(3) reagiert mit Methylbromid zu Acetessigsäuremethylester
(4) wird von Brombenzen überwiegend O-aryliert

(A) nur 1 ist richtig
(B) nur 2 ist richtig
(C) nur 1 und 2 sind richtig
(D) nur 3 und 4 sind richtig
(E) nur 1, 3 und 4 sind richtig

911 Welche Aussagen über Natriumacetessigester treffen zu?

(1) Er entsteht in der Wärme aus Essigsäureethylester und Natronlauge.
(2) Er entsteht aus Essigsäureethylester und Natriumethanolat.
(3) Sein Anion ist ambident.
(4) Er wird von Alkylhalogeniden bevorzugt C-alkyliert.
(5) Er wird von Chlorbenzen ausschließlich O-aryliert.

(A) nur 1 ist richtig
(B) nur 1 und 3 sind richtig
(C) nur 2 und 4 sind richtig
(D) nur 2, 3 und 4 sind richtig
(E) nur 1, 3, 4 und 5 sind richtig

912 Welche der folgenden Aussagen über Reaktionen mit Natriumacetessigester treffen zu?

(1) Primäre Alkylbromide liefern C-Alkylderivate.
(2) Sekundäre Alkylbromide führen neben der C- auch zur O-Alkylierung.
(3) Brombenzen führt bevorzugt zur O-Arylierung.
(4) Die Einwirkung von Iod liefert Diacetylbernsteinsäureester.

(A) nur 1 ist richtig
(B) nur 1 und 2 sind richtig
(C) nur 3 und 4 sind richtig
(D) nur 1, 2 und 3 sind richtig
(E) nur 1, 2 und 4 sind richtig

913 Enolat-Ionen, wie z. B. im Natriumacetessigester, sind sowohl am Kohlenstoff als auch am enolischen Sauerstoff elektrophil angreifbar,
weil
Enolat-Ionen infolge Delokalisierung der negativen Ladung über drei Atome die **gleiche** Elektronendichte am Kohlenstoff- und Sauerstoffatom aufweisen.

914⁺ Bei der Alkylierung von Natriumacetessigester mit n-Alkylhalogeniden erhält man O- und C-Alkylierungsprodukte in etwa gleichen Mengen,
weil
Natriumacetessigester ein ambidentes Anion darstellt.

915⁺ Bei Acetessigester ist sowohl eine C- als auch eine O-Alkylierung/Acylierung möglich,
weil
bei dem aus Acetessigester gebildeten mesomeren Anion die negative Ladung über mehrere Atome delokalisiert ist und somit C- und O-Atom als Nucleophil wirken können.

916⁺ Welcher der genannten Hilfsstoffe (X) ist für die folgende Reaktion am besten geeignet?

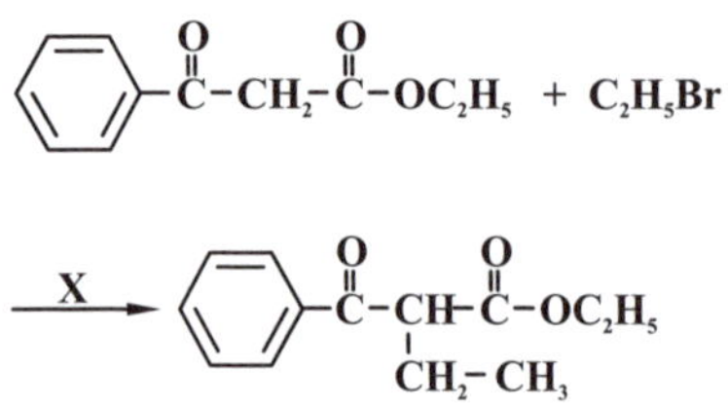

(A) Magnesium
(B) Natriumethanolat
(C) Natriumhydroxid
(D) Piperidin
(E) Pyridin

917⁺ Welche Aussage trifft **nicht** zu?
Die Verbindung

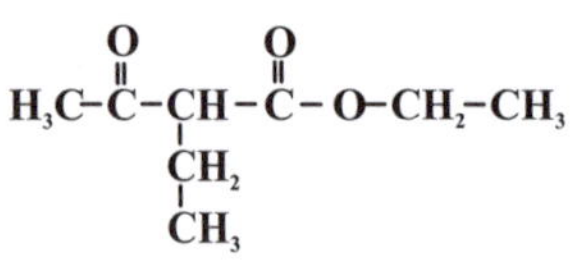

(A) kann durch Alkylierung von Acetessigester mit Ethyliodid in absol. Ethanol/Na-ethylat erhalten werden
(B) ist chiral
(C) kann ein Tautomerengleichgewicht bilden
(D) ergibt nach einer „Ketonspaltung" 2-Butanon
(E) liefert bei der „Säurespaltung" n-Buttersäure

918 Bei welcher der angegebenen Reaktionen handelt es sich um die „Säurespaltung"?

(A) $CH_3-CH(OH)-CN \xrightarrow{H_3O^+} CH_3-CH(OH)-COOH$

(B) $CH_3-C(=O)-OC_2H_5 \xrightarrow{^-OH} CH_3-C(=O)-O^-$

(C) $2\ CH_3-C(=O)-OC_2H_5 \xrightarrow{^-O-C_2H_5} CH_3-C(=O)-CH_2-C(=O)-OC_2H_5$

(D) $CH_3-C(=O)-CH_2-C(=O)-OC_2H_5 \xrightarrow{^-OH} 2\ CH_3-C(=O)-O^-$

(E) $CH_3-C(=O)-CH_2-C(=O)-OC_2H_5 \xrightarrow{H_3O^+} CH_3-C(=O)-CH_2-COOH \longrightarrow CH_3-C(=O)-CH_3 + CO_2$

919⁺ Welche Aussage trifft zu?
Ethylacetessigester wird mit überschüssiger **verdünnter** Natriumhydroxid-Lösung (5%) bis zur Beendigung der damit verbundenen Spaltungsreaktion behandelt. Nach der Aufarbeitung des Ansatzes erhält man als Reaktionsprodukt:

(A) Propionsäure
(B) Buttersäure
(C) Essigsäure
(D) 2-Pentanon
(E) 2-Hexanon

920 Welche Aussage trifft zu?
Ethylacetessigester wird mit überschüssiger **konzentrierter** Natriumhydroxid-Lösung bis zur Beendigung der damit verbundenen Spaltungsreaktion behandelt. Nach der Aufarbeitung des Ansatzes erhält man als Reaktionsprodukt u. a.:

(A) Propionsäure
(B) Buttersäure
(C) Valeriansäure
(D) Isobuttersäure
(E) 2-Hexanon

921⁺ Welche Aussage trifft zu?
Die „Säurespaltung“ der rechts gezeigten Verbindung liefert:

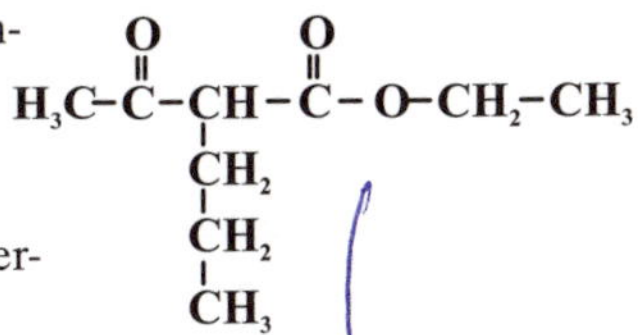

(A) Propionsäure
(B) Buttersäure
(C) Isobuttersäure
(D) Valeriansäure
(E) Capronsäure

Malonester-Synthesen

922 Welche Aussage trifft zu?
Zur Darstellung von Phenylessigsäure können unter geeigneten Reaktionsbedingungen folgende Ausgangsstoffe verwendet werden:

(A) Benzylchlorid und Acetessigester
(B) Chlorbenzen und Acetessigester
(C) Benzoylchlorid, Mg und CO_2
(D) Benzylchlorid und Malonsäurediethylester
(E) Keine der Aussagen (A) bis (D) trifft zu.

923 Im Laboratorium wird folgende Synthese durchgeführt: Kondensation von Benzaldehyd mit Malonsäurediethylester, Hydrolyse des Kondensationsproduktes, Decarboxylierung des Hydrolyseproduktes, abschließende katalytische Hydrierung.
Welche Substanz wurde dargestellt? ($R = C_6H_5$)

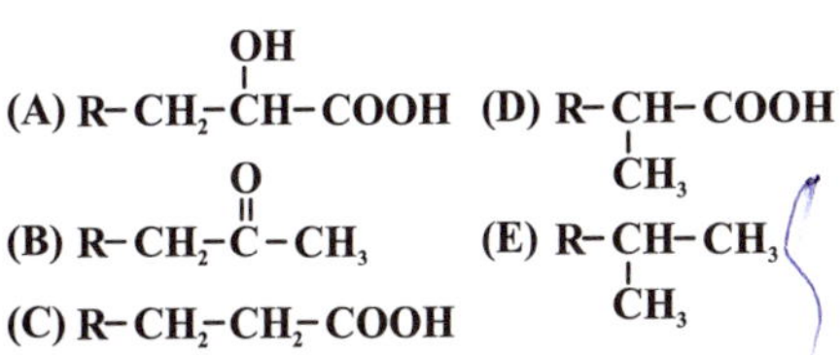

924⁺ Welche Aussage trifft zu?
Benzoylmalonsäurediethylester wird in saurer Lösung (Eisessig + Salzsäure) erwärmt. Nach **vollständiger** Beendigung der Gasentwicklung und Aufarbeitung des Ansatzes erhält man:

(A) Acetophenon
(B) Propiophenon
(C) β-Acetoxyzimtsäure
(D) β-Phenylpropionsäure
(E) Benzoylessigsäure

3.15 Heterocyclen

(siehe Ehlers, Chemie II-Kurzlehrbuch)

Nomenklatur und Struktur

Ordnen Sie bitte den Formeln der Liste 1 den jeweils entsprechenden Namen aus Liste 2 zu!

Liste 1

925 

926⁺ 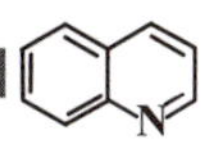

Liste 2

(A) Pyrrol
(B) Oxazol
(C) Imidazol
(D) Pyrimidin
(E) Chinolin

Ordnen Sie bitte den in Liste 1 aufgeführten Heterocyclen die jeweils zutreffende Bezeichnung aus Liste 2 zu!

Liste 1

927⁺ 

928 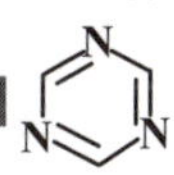

Liste 2

(A) Pyrimidin
(B) Triazol
(C) Imidazol
(D) Pyridazin
(E) Triazin

Ordnen Sie bitte den Trivialnamen der Liste 1 die jeweils entsprechende Formel aus Liste 2 zu!

Liste 1

929⁺ Chinoxalin

930⁺ Chinazolin

Liste 2

(A) 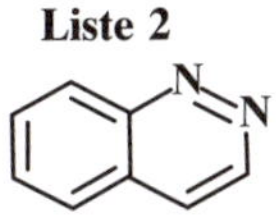

(B) 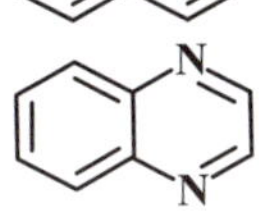

(C) 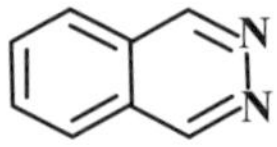

(D) 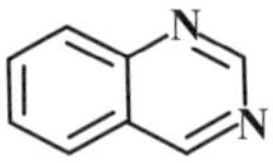

(E) 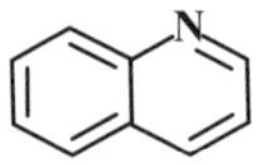

Ordnen Sie bitte den in Liste 1 angegebenen Heterocyclen den jeweils zutreffenden Trivialnamen aus Liste 2 zu!

Liste 1

931 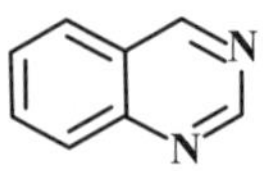

932 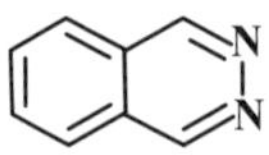

Liste 2

(A) Cinnolin
(B) Chinazolin
(C) Chinoxalin
(D) Phthalazin
(E) Chinolizin

Ordnen Sie bitte den in Liste 1 angegebenen Formeln die jeweils zutreffende Bezeichnung aus Liste 2 zu!

Liste 1

933 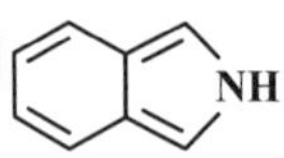

934 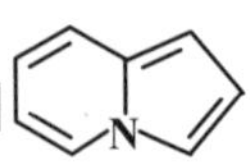

Liste 2

(A) Isoindol
(B) Indoxyl
(C) Indolizin
(D) Indolin
(E) Chinolizin

Ordnen Sie bitte den Trivialnamen der Liste 1 die jeweils entsprechende Bezeichnung aus Liste 2 zu!

Liste 1

935 Oxin

936 Chinaldin

Liste 2

(A) 2-Hydroxyisochinolin
(B) 8-Hydroxymethylchinolin
(C) 2-Methylchinolin
(D) 8-Hydroxychinolin
(E) 2-Methylisochinolin

Ordnen Sie bitte den Namen der Liste 1 die jeweils entsprechende Strukturformel aus Liste 2 zu!

Liste 1

937 γ-Pyran

938 α-Pyron

Liste 2

(A) 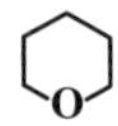

(B) 

(C) 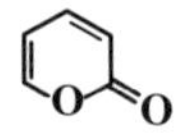

(D) 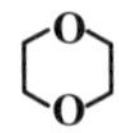

(E) 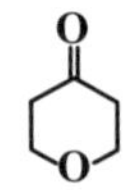

939 Pyran ist wie Pyridin aromatisch,
weil
im Pyran der Sauerstoff zwei Elektronen für ein cyclisch konjugiertes System zur Verfügung stellt.

940⁺ Welche Aussagen treffen zu?
Zu den sog. „π-elektronenreichen" Heteroaromaten werden folgende heterocyclischen Systeme gerechnet:

(1) Furan
(2) Pyrimidin
(3) Thiophen
(4) Pyridin

(A) nur 2 ist richtig
(B) nur 1 und 3 sind richtig
(C) nur 2 und 4 sind richtig
(D) nur 3 und 4 sind richtig
(E) 1, 2 und 3 sind richtig

941⁺ Welche Aussage über das wiedergegebene Pyridinderivat trifft **nicht** zu?

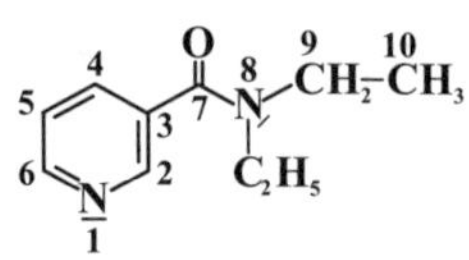

(A) Der Bindungswinkel an C-3 beträgt 120°.
(B) N-1 ist sp^2-hybridisiert.

(C) N-1 ist der Ort der geringsten Elektronendichte im Ringsystem.
(D) Das freie Elektronenpaar an N-8 kann mit der Carbonylgruppe in Resonanz treten.
(E) Um die N8-C9-Bindung besteht bei Raumtemperatur freie konformative Beweglichkeit.

942 Welche Aussage über das abgebildete Indolderivat trifft **nicht** zu?

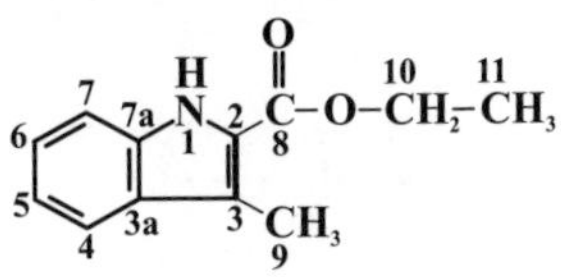

(A) Die von C-9 ausgehenden Bindungen weisen in die Ecken eines Tetraeders.
(B) Die Atome 5, 7 und 8 sind sp^2-hybridisiert.
(C) Die Atome 9, 10 und 11 sind sp^3-hybridisiert.
(D) Die angulären Atome 3a und 7a sind sp-hybridisiert.
(E) Das Atom 1 ist sp^2-hybridisiert.

943 Welche Aussage zum Chinin (s. Abb.) trifft **nicht** zu?

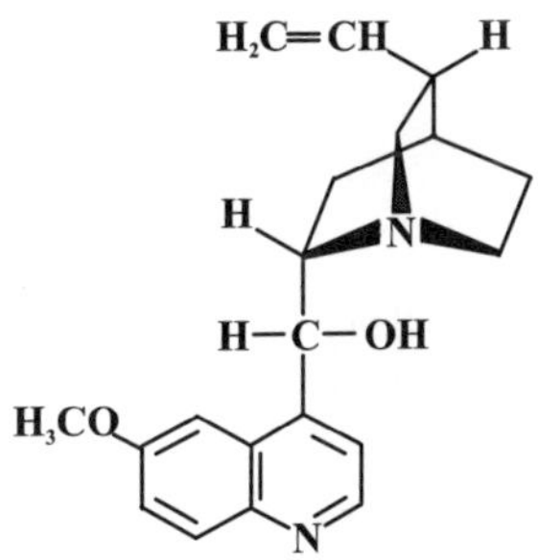

Das Molekül enthält:

(A) 4 chirale C-Atome
(B) 1 chirales N-Atom
(C) zwei Stickstoffatome unterschiedlicher Basizität
(D) eine Aminoalkohol-Partialstruktur
(E) einen Isochinolin-Ring

944 Welche der folgenden Strukturelemente sind in der abgebildeten Verbindung enthalten?

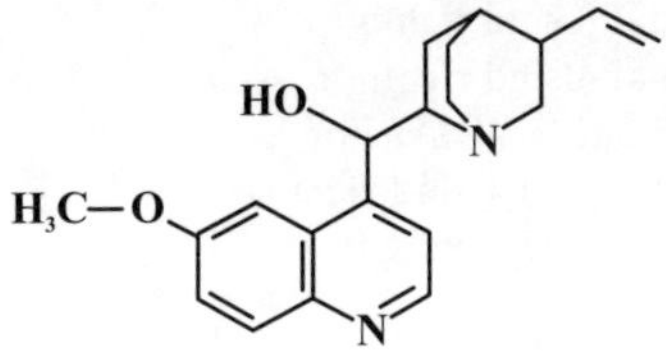

(1) Phenolether
(2) Pyrrol
(3) Chinolin
(4) Vinylgruppe
(5) Azepin

(A) nur 1 ist richtig
(B) nur 1 und 3 sind richtig
(C) nur 1, 3 und 4 sind richtig
(D) nur 2, 4 und 5 sind richtig
(E) 1–5 = alle sind richtig

945 Welche Aussage zum (-)-Morphin (s. Abb.) trifft zu?

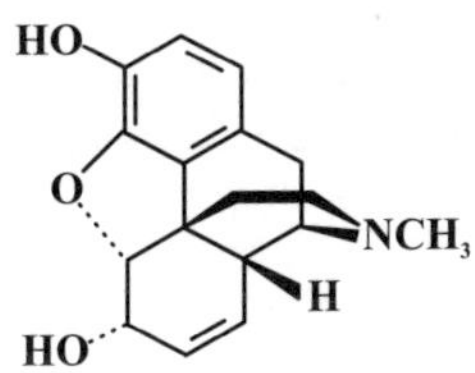

Das Molekül enthält:

(A) 3 chirale C-Atome
(B) 4 chirale C-Atome
(C) eine hydrierte Pyrrol-Teilstruktur
(D) ein Phenylpropylamin-Strukturelement
(E) eine vinyloge Halbaminalstruktur

946 Welche Aussagen treffen zu?
Die abgebildete Verbindung enthält folgende Partialstrukturen:

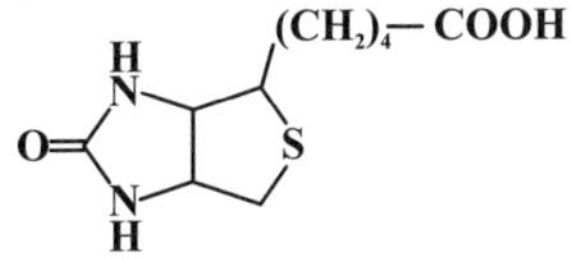

(1) Harnstoff
(2) Imidazolidon
(3) Tetrahydrothiophen
(4) Thioether
(5) Thiosemicarbazid

(A) nur 1 und 3 sind richtig
(B) nur 3 und 4 sind richtig
(C) nur 1, 2 und 5 sind richtig
(D) nur 1, 2, 3 und 4 sind richtig
(E) 1–5 = alle sind richtig

Synthesen von Heterocyclen

Ordnen Sie bitte den Heterocyclen der Liste 1 den jeweils zutreffenden Autor ihrer Synthese aus Liste 2 zu!

Liste 1	Liste 2
947^{+} Pyrrol	(A) Paal-Knorr
948 Pyridin	(B) Fischer
949 Furan	(C) Skraup
	(D) Hantzsch
	(E) Mannich

950^{+} Aus Phenylhydrazin und Acetessigester wird ein Pyrazolinon-Derivat erhalten,
weil
nach Hydrazonbildung (zwischen Phenylhydrazin und Acetessigester) eine intramolekulare Aminolyse der Estergruppe erfolgt.

951^{+} Welche Aussage trifft zu?
Acetessigsäureethylester reagiert mit Phenylhydrazin zu folgendem Endprodukt:

(A) $H_3C{-}CO{-}CH_2{-}CO{-}NH{-}NH{-}C_6H_5$

(B)

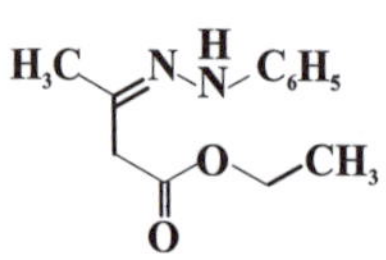

(C)

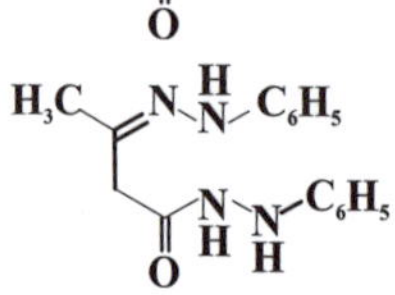

(D)

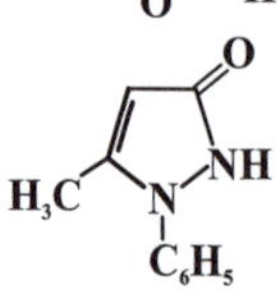

(E)

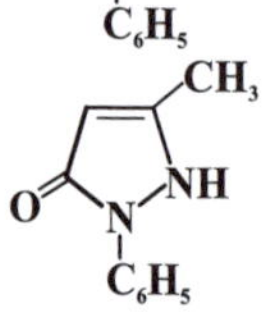

952 Welches Zwischenprodukt kann – bei der Synthese von Phenylmethylpyrazolon – aus Acetessigester und Phenylhydrazin isoliert werden?

(A)

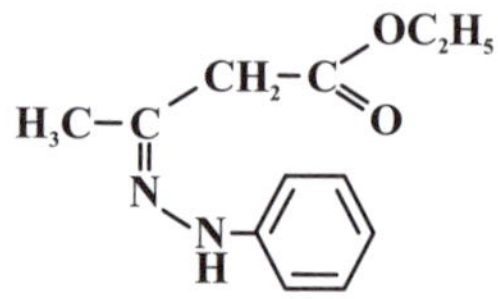

(B)

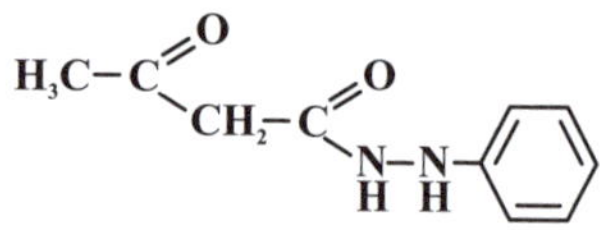

(C)

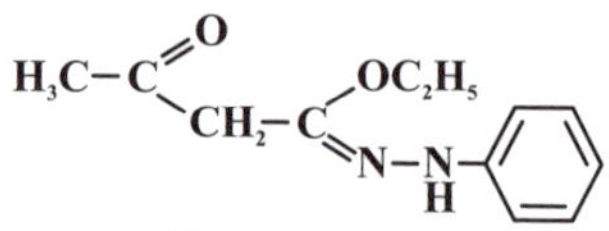

(D)

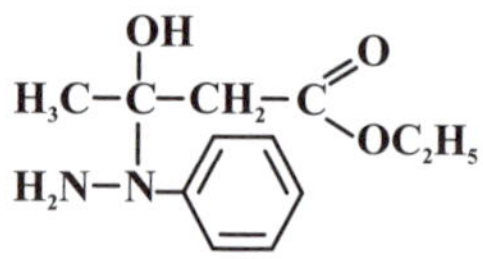

(E)

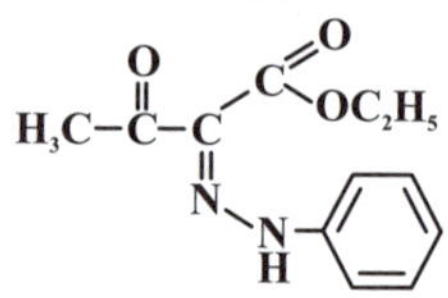

953^{+} Welche Aussagen über die Paal-Knorr-Synthese treffen zu?

(1) Sie wird zur Darstellung von 3,4-disubstituierten Pyrrolen eingesetzt.
(2) Ein Edukt ist ein 1,4-Diketon.
(3) Als weiterer Reaktionspartner kann Ammoniak verwendet werden.
(4) Wird anstelle von Ammoniak ein primäres Amin eingesetzt, so entstehen N-substituierte Pyrrole.

(A) nur 1 und 2 sind richtig
(B) nur 1 und 3 sind richtig
(C) nur 2 und 3 sind richtig
(D) nur 2 und 4 sind richtig
(E) nur 2, 3 und 4 sind richtig

954 Welche Aussagen über Barbitursäure bzw. ihre Derivate treffen zu?

(1) Die unsubstituierte Barbitursäure kann als Pyrimidin-Derivat aufgefaßt werden.
(2) Die Barbitursäure kann durch Kondensation von Malonsäurediethylester mit Harnstoff dargestellt werden.
(3) Als Nebenprodukt der Kondensation von 1 Mol Malonsäurediethylester mit 1 Mol Harnstoff entsteht 1 Mol Ammoniak.
(4) Wird bei der Kondensation mit Malonsäurediethylester N-Alkylharnstoff anstelle von Harnstoff eingesetzt, so entstehen in 5-Stellung substituierte Barbitursäuren.

(A) nur 1 und 2 sind richtig
(B) nur 1 und 3 sind richtig
(C) nur 2 und 4 sind richtig
(D) nur 3 und 4 sind richtig
(E) 1–4 = alle sind richtig

955 Welche der folgenden Bausteine lassen sich für die Hantzsche Thiazolsynthese einsetzen?

(1) $HS-CH_2-\underset{NH_2}{\underset{|}{CH}}-COOH$

(2) $H-\underset{S}{\underset{\|}{C}}-NH_2$

(3) $Cl-CH_2-CHO$

(4) CH_3-CHO

(A) nur 1 ist richtig
(B) nur 2 und 3 sind richtig
(C) nur 2 und 4 sind richtig
(D) nur 1, 2 und 3 sind richtig
(E) 1–4 = alle sind richtig

956 Welche der folgenden Verbindungen werden u. a. als Ausgangsstoffe für die Hantzsche-Dihydropyridinsynthese eingesetzt?

(1) $CH_3-CH=H-CH-\underset{COOR}{\underset{|}{CH}}-\overset{O}{\overset{\|}{C}}-CH_3$

(2) $CH_3-\underset{O}{\underset{\|}{C}}-H$

(3) $CH_3-\underset{O}{\underset{\|}{C}}-CH_2-COOR$

(4) $CH_3-\underset{OH}{\underset{|}{C}}=CH-CONH_2$

(A) nur 1 ist richtig
(B) nur 2 ist richtig
(C) nur 2 und 3 sind richtig
(D) nur 3 und 4 sind richtig
(E) 1–4 = alle sind richtig

Synthese von Chinolin nach Skraup

957+ Welche Aussagen treffen zu?
Die Durchführung der Chinolin-Synthese nach Skraup ist beim Einsatz folgender Verbindungen möglich:

(1) Pyridin
(2) Phenylhydrazin
(3) Anilin
(4) N-Methylformanilid

(A) nur bei 2
(B) nur bei 3
(C) nur bei 2 und 4
(D) nur bei 3 und 4
(E) nur bei 1, 3 und 4

958+ Ein weiteres Edukt ist Glycerol,
weil
Glycerol bei geeigneten Reaktionsbedingungen u. a. zu Glycerinaldehyd oxidiert werden kann.

959+ Welche der folgenden Aussagen über den Reaktionsablauf sind zutreffend?

(1) Die primäre Verknüpfung der zum Aufbau des Chinolinmoleküls erforderlichen Reaktionspartner erfolgt durch Kondensation zu einer Schiffschen Base.
(2) Für die Durchführung der Skraup-Synthese ist ein saures Dehydratisierungsagens erforderlich.
(3) Der abschließende, zu Chinolin führende Reaktionsschritt stellt eine Dehydrierung dar.

(A) nur 1 ist richtig
(B) nur 2 ist richtig
(C) nur 1 und 3 sind richtig
(D) nur 2 und 3 sind richtig
(E) 1–3 = alle sind richtig

960 Welche Aussagen über die Chinolin-Synthese nach Skraup treffen zu?

(1) Als Ausgangsstoffe können Anilin, Glycerol, Nitrobenzen und konz. Schwefelsäure dienen.
(2) Ein Reaktionsschritt besteht in der Kondensation von Anilin mit Nitrobenzen.
(3) Durch Dehydratisierung entsteht aus Glycerol Acrolein.
(4) Acrolein reagiert mit dem Kondensationsprodukt aus Anilin und Nitrobenzen.
(5) Nitrobenzen dehydriert das cyclische Zwischenprodukt zum aromatischen System.

(A) nur 1 ist richtig
(B) nur 1 und 3 sind richtig
(C) nur 2 und 3 sind richtig
(D) nur 1, 3 und 5 sind richtig
(E) nur 2, 4 und 5 sind richtig

961 Welche Aussage zur Skraupschen Chinolin-Synthese trifft **nicht** zu?

(A) Chinolin wird aus Anilin, Glycerol und Schwefelsäure synthetisiert.
(B) Nitrobenzen dehydriert Glycerol intermediär zu Acrolein.
(C) Anilin wird an Acrolein im Sinne einer Michael-Addition addiert.
(D) Der Ringschluß zum Dihydrochinolin verläuft säurekatalysiert.
(E) Nitrobenzen dehydriert Dihydrochinolin zu Chinolin.

962⁺ Die Chinolin-Synthese nach Skraup verläuft über 1,2-Dihydrochinolin,
weil
bei der Chinolin-Synthese nach Skraup Nitrobenzen als Dehydrierungsmittel dient.

Darstellung von Indol-Derivaten nach E. Fischer am Beispiel von 5-Methyl-2-phenyl-indol

963⁺ Aus welchen beiden Ausgangsstoffen kann 5-Methyl-2-phenyl-indol nach der Fischer-Indolsynthese dargestellt werden?

(1) 3-Methyl-phenylhydrazin
(2) 4-Methyl-phenylhydrazin
(3) Phenylacetaldehyd
(4) Acetophenon
(5) Phenylaceton (1-Phenyl-2-propanon)

(A) nur 1 und 3 sind richtig
(B) nur 1 und 4 sind richtig
(C) nur 1 und 5 sind richtig
(D) nur 2 und 3 sind richtig
(E) nur 2 und 4 sind richtig

964⁺ Die Umsetzung der betreffenden Edukte zu 5-Methyl-2-phenyl-indol erfolgt – nach vorausgegangener Kondensation – in Anwesenheit von Lewis-Säuren wie z. B. Zink(II)-chlorid,
weil
die Bildung von Phenylhydrazonen häufig im sauren Medium durchgeführt wird.

965⁺ Welche Aussagen zum Reaktionsverlauf treffen zu?

(1) Ein wesentlicher Teilschritt der Reaktion ist eine Tautomerisierung eines Hydrazons in ein En-Hydrazin.
(2) Im Verlauf der Reaktion erfolgt eine Umlagerung.
(3) Es kommt zur Abspaltung von Ammoniak (bzw. NH_4^+).

(A) nur 2 ist richtig
(B) nur 3 ist richtig
(C) nur 1 und 2 sind richtig
(D) nur 2 und 3 sind richtig
(E) 1–3 = alle sind richtig

966⁺ Welche Aussage zur Indolsynthese nach Fischer trifft zu?

(A) Edukte sind die in alkalischer Lösung hergestellten Semicarbazone von Aldehyden oder Ketonen.
(B) Die Reaktion ist eine säurekatalysierte Umlagerung.
(C) Die Reaktion verläuft auch bei Raumtemperatur unkatalysiert.
(D) Sie ist eine intermolekulare Reaktion.
(E) Die entstehenden Indole sind nach Maßgabe der eingesetzten Aldehyde bzw. Ketone C-5/6-substituiert.

967 Welche der folgenden Stoffe können an einer Fischerschen Indolsynthese beteiligt sein?

(1) Acrolein
(2) Phenylhydrazin
(3) Acetophenon
(4) Anilin
(5) Zinkchlorid

(A) nur 1 und 2 sind richtig
(B) nur 2 und 3 sind richtig
(C) nur 3 und 5 sind richtig
(D) nur 1, 2 und 4 sind richtig
(E) nur 2, 3 und 5 sind richtig

968+ Die Fischersche Indolsynthese verläuft über einen [3.3]-sigmatropen Schritt zu einem Anilin-Intermediat,
weil
Aniline eine hohe Ladungsdichte an ortho- und para-Positionen aufweisen.

Eigenschaften und Reaktionsverhalten

969 Welche der folgenden heterocyclischen Verbindungen sind mit Wasser in jedem Verhältnis mischbar?

(1) Tetrahydrofuran
(2) Chinolin
(3) Thiophen
(4) 1,4-Dioxan
(5) Pyridin

(A) nur 1 und 4 sind richtig
(B) nur 2 und 5 sind richtig
(C) nur 1, 4 und 5 sind richtig
(D) nur 2, 3 und 4 sind richtig
(E) 1–5 = alle sind richtig

970+ Welche Aussage über einfache N-Heterocyclen trifft **nicht** zu?

(A) Pyrrol weist in wäßrigem Medium im Vergleich zu Pyrrolidin eine geringere Basizität auf.
(B) Pyridin ist als π-Elektronenmangel-Heteroaromat nucleophilen Substitutionen zugänglich.
(C) Pyrrol zählt zu den π-elektronenreichen Heteroaromaten.
(D) Pyrrol wird bei elektrophilen Substitutionen bevorzugt in 3-Position angegriffen.
(E) Pyrrolidin ist der Grundkörper des Prolins und Hydroxyprolins.

971+ Welche Aussagen über Heterocyclen treffen zu?

(1) Pyrrol, Furan und Thiophen gehören zu den π-elektronenreichen Heteroaromaten.
(2) Pyridin ist ein Vertreter der π-elektronenarmen Heteroaromaten.
(3) Der Azepinring hat folgende Formel:

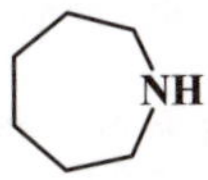

(4) Furan reagiert in der Diels-Alder-Reaktion mit Maleinsäureanhydrid zu folgendem Addukt:

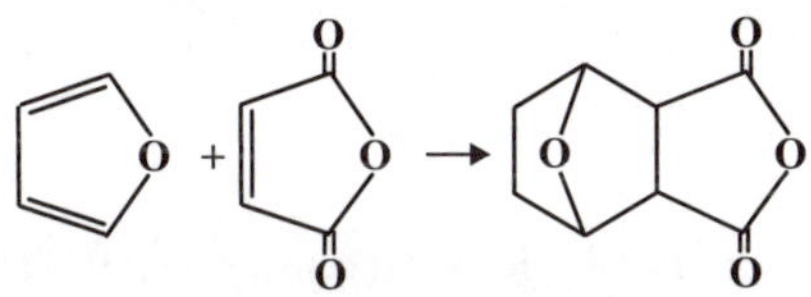

(A) nur 1 und 2 sind richtig
(B) nur 1 und 3 sind richtig
(C) nur 1, 3 und 4 sind richtig
(D) nur 2, 3 und 4 sind richtig
(E) 1–4 = alle sind richtig

972 Welche der folgenden Heterocyclen werden bei der Umsetzung mit Salpetersäure/Acetanhydrid (am Kohlenstoff) nitriert?

(1) Pyridin
(2) Pyrrol
(3) Thiophen

(A) nur 1 ist richtig
(B) nur 3 ist richtig
(C) nur 1 und 3 sind richtig
(D) nur 2 und 3 sind richtig
(E) 1–3 = alle sind richtig

973 Die elektrophile Substitution an Furan, Pyrrol und Thiophen erfolgt bevorzugt in 2-Stellung,
weil
Furan, Pyrrol und Thiophen zu den π-elektronenarmen Heterocyclen gehören.

974+ Welche Aussage über Furan trifft **nicht** zu?

Furan

(A) ist elektrophil substituierbar
(B) wird durch Alkalihydroxid-Lösungen leicht hydrolytisch gespalten
(C) bildet mit Maleinsäureanhydrid ein Diels-Alder-Addukt
(D) ist leichter acylierbar als Benzen
(E) polymerisiert unter der Einwirkung von Säuren

975 Welche der folgenden Aussagen über Furan trifft zu?

(A) Seine Derivate lassen sich durch Erhitzen von 1,5-Diketonen mit wasserentziehenden Mitteln darstellen.
(B) Es ist als Dien für Diels-Alder-Reaktionen geeignet.
(C) Es ist ein π-elektronenarmer Heteroaromat.
(D) Es läßt sich in Gegenwart von BF_3 als Katalysator mit Säureanhydriden nach Friedel-Crafts zu 3-Acyl-Furanen umsetzen.
(E) Seine Darstellung gelingt durch Decarboxylierung von Nicotinsäure.

976⁺ Welche Aussage trifft **nicht** zu?
Thiophen

(A) wird bei elektrophilen Substitutionen bevorzugt in 2-Stellung angegriffen
(B) ist ein ständiger Begleiter des aus Teer gewonnenen Benzens
(C) verhält sich gegen konzentrierte Schwefelsäure weitgehend inert
(D) kann zu einem Sulfon oxidiert werden
(E) besitzt aromatischen Charakter

977 Welche der folgenden Aussagen über Thiophen trifft **nicht** zu?

(A) Elektrophile Substitutionen an Thiophen erfolgen bevorzugt in 3- und 4-Stellung.
(B) Im Unterschied zu Benzen wird Thiophen schon mit kalter konz. Schwefelsäure sulfoniert.
(C) Thiophen liefert mit Maleinsäureanhydrid unter den üblichen Bedingungen kein Diels-Alder-Produkt.
(D) Thiophen ist in „Teerbenzol" als Verunreinigung enthalten.
(E) Thiophen wird zu den π-elektronenreichen Heteroaromaten gezählt.

978 Welche Aussagen treffen zu?
Indol

(1) wird aus dem Phenylhydrazon des Acetons hergestellt
(2) bildet als Tautomeres Isoindol
(3) bildet mit Mineralsäuren stabile Salze
(4) reagiert mit Elektrophilen als Enamin

(A) nur 2 ist richtig
(B) nur 4 ist richtig
(C) nur 2 und 4 sind richtig
(D) nur 1, 2 und 3 sind richtig
(E) nur 1, 3 und 4 sind richtig

979 Welche Aussagen über Pyridin treffen zu?

(1) Es zählt zu den π-elektronenarmen Heteroaromaten.
(2) Seine Basizität ist geringer als die von Piperidin.
(3) Sein Hydrochlorid wird in wäßriger Lösung hydrolysiert.
(4) Friedel-Crafts-Reaktionen sind mit Pyridin nicht durchführbar.

(A) nur 1 ist richtig
(B) nur 2 ist richtig
(C) nur 1 und 4 sind richtig
(D) nur 2 und 3 sind richtig
(E) 1–4 = alle sind richtig

980 Welche der folgenden Aussagen zu Pyridin und seinen Derivaten treffen zu?

(1) Pyridin ist ein π-elektronenreicher Heteroaromat.
(2) Pyridin ist ein schwach basisches sekundäres Amin
(3) Pyridin wird bei der Tschitschibabin-Reaktion mit Natriumamid zu 3-Aminopyridin umgesetzt.
(4) Die Nitrierung von Pyridin mit Kaliumnitrat in rauchender Salpetersäure bei 370 °C ergibt als Hauptprodukt 2-Nitropyridin.
(5) 2-Hydroxypyridin läßt sich durch Umsetzung von γ-Pyron mit Ammoniak darstellen.

(A) Keine der obigen Aussagen trifft zu.
(B) nur 3 ist richtig
(C) nur 2 und 4 sind richtig
(D) nur 1, 3 und 5 sind richtig
(E) nur 1, 2, 4 und 5 sind richtig

981 Pyridin ist – wenn überhaupt – nur schwer einer elektrophilen Substitution zugänglich,
weil
Pyridin zu den π-elektronenreichen Heteroaromaten gehört.

982 Aus welchem der nachfolgenden Heterocyclen erhält man durch Methylierung den abgebildeten Naturstoff?

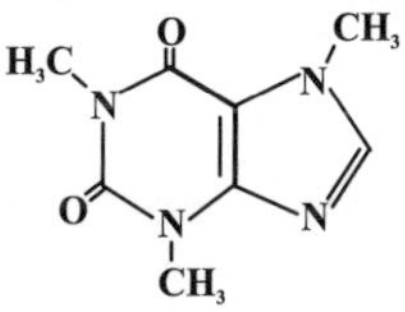

(A) Xanthin
(B) Hypoxanthin
(C) Purin
(D) Guanin
(E) Harnsäure

3.16 Kohlenhydrate

(siehe Ehlers, Chemie II-Kurzlehrbuch)

Nomenklatur und Struktur

983+ Welche der folgenden Verbindungen ist ein Monosaccharid?

(A) Galactose
(B) Cellobiose
(C) Lactose
(D) Saccharose
(E) Maltose

984+ Welcher der folgenden Zucker ist ein Trisaccharid?

(A) Maltose
(B) Lactose
(C) Raffinose
(D) Saccharose
(E) Trehalose

Ordnen Sie bitte den in Liste 1 aufgeführten Disacchariden die jeweils zutreffenden Monosaccharidbausteine aus Liste 2 zu!

Liste 1

985+ Lactose

986+ Saccharose

987+ Cellobiose

Liste 2

(A) D-Galactose, D-Glucose
(B) D-Glucose, D-Glucose
(C) D-Glucose, D-Fructose
(D) D-Glucose, L-Fructose
(E) D-Glucose, L-Galactose

Ordnen Sie bitte den Begriffen der Liste 1 die jeweils entsprechende Formel aus Liste 2 zu!

Liste 1

988 Pentose

989 Aldose

Liste 2

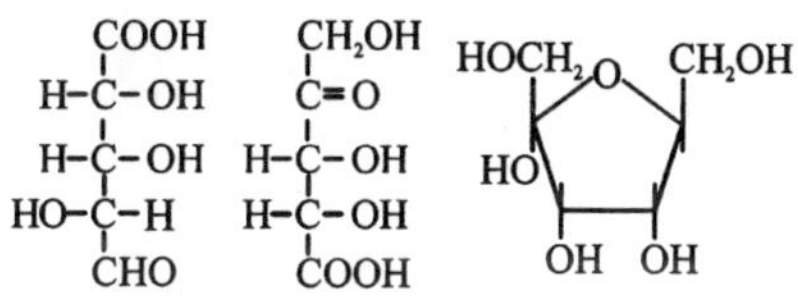

(A) (B) (C)

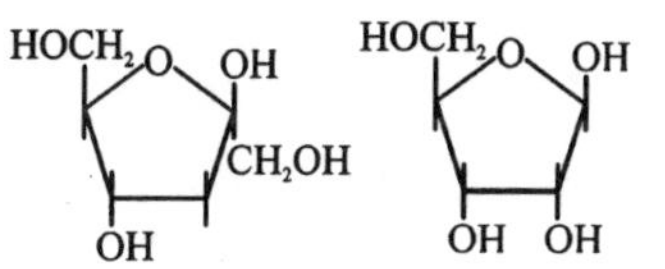

(D) (E)

Ordnen Sie bitte den Fischer-Projektionsformeln der Liste 1 die jeweils zutreffende Bezeichnung aus Liste 2 zu!

Liste 1

990

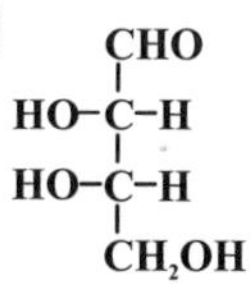

Liste 2

(A) D-Threose
(B) L-Threose
(C) D-Ribose
(D) L-Erythrose
(E) D-Erythrose

991 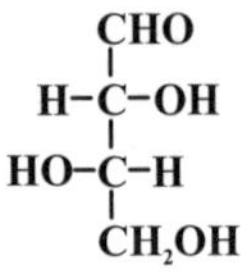

Ordnen Sie bitte den Oxidationsprodukten der Galactose in Liste 1 die jeweils zutreffende Bezeichnung aus Liste 2 zu!

Liste 1	Liste 2
992 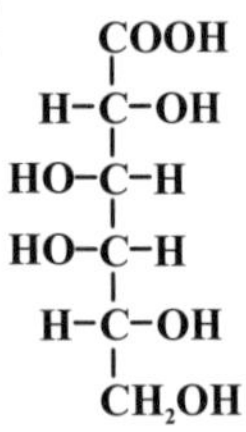	(A) Galacturonsäure (B) Schleimsäure (C) Galactonsäure (D) Zuckersäure (E) Korksäure

993 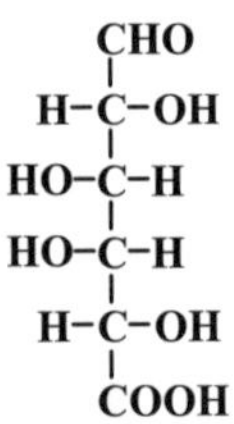

Ordnen Sie bitte den Verbindungen der Liste 1 die jeweils übergeordnete Stoffklasse aus Liste 2 zu!

Liste 1	Liste 2
994 Schleimsäure	(A) Onsäure
995 D-Sorbitol	(B) Aldose
	(C) Zuckersäure
	(D) Uronsäure
	(E) Zuckeralkohol

Ordnen Sie bitte den Begriffen der Liste 1 das jeweils zutreffende Formelpaar aus Liste 2 zu!

Liste 1

996+ Anomere

997+ identische Moleküle

998 Enantiomere

999 Konformere

Liste 2

(A) 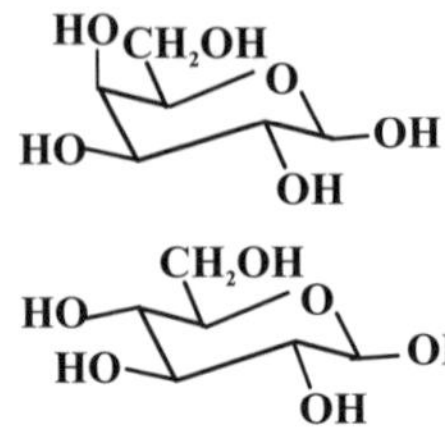

(B) 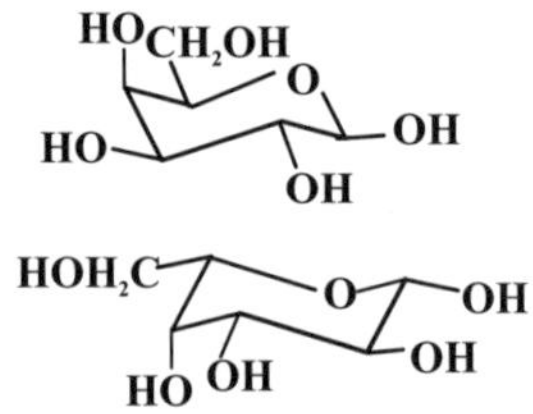

(C) 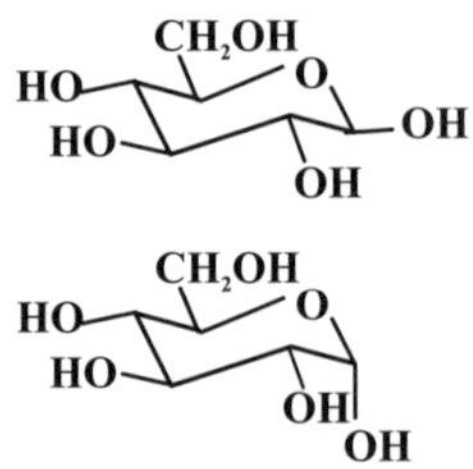

(D) 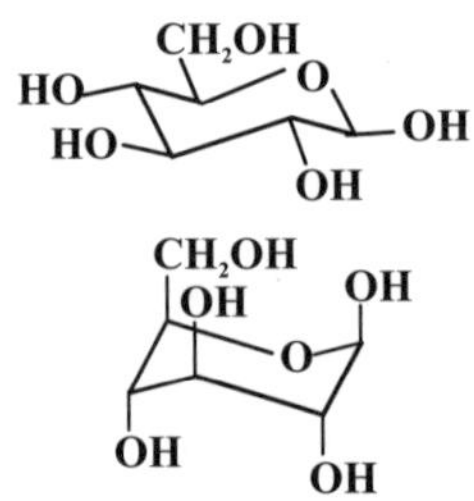

(E) 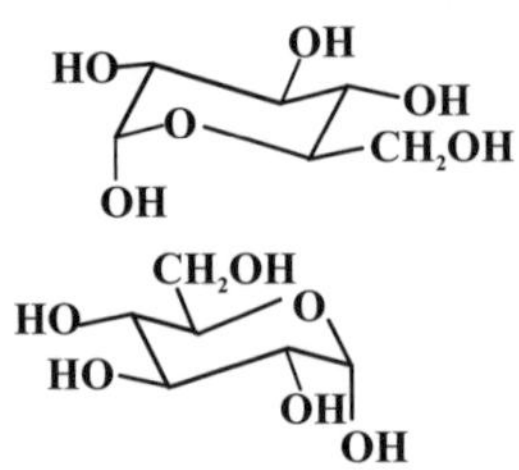

Monosaccharide

1000 Welche Aussagen über Monosaccharide treffen zu?

(1) Glucose und Fructose sind Stereoisomere.
(2) Glucose und Mannose sind Epimere.
(3) Glucose und Galactose sind Anomere.
(4) Fructose und Mannose sind Diastereomere.

(A) nur 1 ist richtig
(B) nur 2 ist richtig
(C) nur 1 und 2 sind richtig
(D) nur 3 und 4 sind richtig
(E) nur 1, 3 und 4 sind richtig

1001+ Welche Aussagen über Aldosen und Ketosen treffen zu?

(1) Aldosen werden auch als Hexosen bezeichnet.
(2) Aldosen und Ketosen sind Stereoisomere.
(3) Ketosen bilden keine Cyclohalbacetalstruktur.
(4) Aldosen weisen nur alkoholische Funktionen auf.

(A) Keine der genannten Aussagen trifft zu.
(B) nur 2 ist richtig
(C) nur 1 und 2 sind richtig
(D) nur 1 und 3 sind richtig
(E) nur 2 und 4 sind richtig

1002 Welche Aussage über Pentosen trifft **nicht** zu?

(A) Alle natürlichen Pentosen sind Aldosen.
(B) Aldopentosen werden durch Hefe nicht vergoren.
(C) Pentosen bilden mit Acetanhydrid/Schwefelsäure Tetraacetate.
(D) Pentosen geben bei der Destillation mit Salzsäure Furfural.
(E) Pentosen kommen im Pflanzen- und Tierreich vor.

1003+ Welcher der folgenden Zucker ist eine Ketose?

(A) Threose
(B) Arabinose
(C) Mannose
(D) Sorbose
(E) Galactose

1004 Glucose kann durch Alkalikatalyse partiell zu Fructose und Mannose isomerisiert werden,
weil
Glucose unter Alkalieinfluß im Gleichgewicht zum Endiol tautomerisiert.

1005 Die basische Isomerisierung von Glucose zu Mannose und Fructose verläuft über ein gemeinsames Endiol,
weil
Glucose, Mannose und Fructose enolisierbare Dicarbonylverbindungen sind.

1006+ Welche der folgenden Aussagen trifft **nicht** zu?
α-D-Glucose und β-D-Glucose

(A) bilden mit Phenylhydrazin das gleiche Osazon
(B) sind Enantiomere
(C) sind Diastereomere
(D) sind Anomere
(E) stehen in wäßriger Lösung miteinander im Gleichgewicht

1007+ Welche Aussagen zur Osazonbildung bei Zuckern treffen zu?

(1) Bei der Darstellung eines Osazons treten als Nebenprodukte u. a. stets Anilin und Ammoniak auf.
(2) Zur Überführung von 1 Mol Fructose in das entsprechende Osazon sind 2 Mol Phenylhydrazin erforderlich.
(3) Mannose und Glucose sind in das gleiche Osazon überführbar.

(A) nur 1 ist richtig
(B) nur 2 ist richtig
(C) nur 1 und 3 sind richtig
(D) nur 2 und 3 sind richtig
(E) 1–3 = alle sind richtig

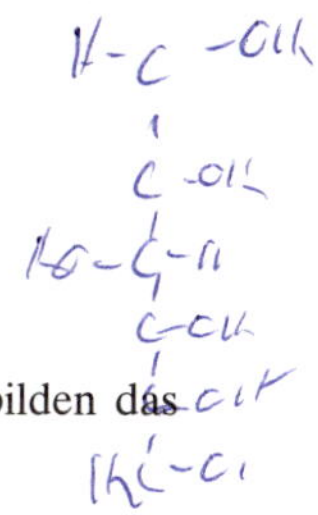

1008+ D-Glucose und D-Mannose bilden das gleiche Osazon,
weil
D-Glucose und D-Mannose epimere Zucker sind.

1009 Welche der folgenden Monosaccharide bilden das gleiche Osazon?

(1) D-Fructose
(2) D-Glucose
(3) D-Galactose
(4) D-Ribose
(5) D-Mannose

(A) nur 1 und 2 sind richtig
(B) nur 1 und 4 sind richtig
(C) nur 2 und 3 sind richtig
(D) nur 1, 2 und 5 sind richtig
(E) nur 3, 4 und 5 sind richtig

1010+ Welche Aussage über das Osazon der Fructose trifft **nicht** zu?

(A) Bei seiner Bildung aus Fructose werden insgesamt zwei Moleküle Phenylhydrazin verbraucht.
(B) Seine Bildung schließt einen Oxidationsschritt an C-1 ein.
(C) Es enthält zwei Phenylhydrazon-Gruppen.
(D) Es ist identisch mit dem Osazon der Glucose.
(E) Es ist identisch mit dem Osazon der Mannose.

1011 In Verbindungen mit einer 4- oder 5-Hydroxyaldehyd-Teilstruktur zeigt die Aldehydgruppe keine reduzierenden Eigenschaften,
weil
Verbindungen mit einer 4- oder 5-Hydroxyaldehyd-Teilstruktur in Lösung überwiegend als cyclische Halbacetale vorliegen.

1012+ Bei der Reduktion einer Monosaccharid-Ketose entsteht ein Diastereomerenpaar des entsprechenden Zuckeralkohols,
weil
bei der Reduktion einer Monosaccharid-Ketose ein neues asymmetrisches C-Atom gebildet wird.

1013 Welche Aussagen treffen zu?
Die nachfolgende Verbindung (Ph = Phenyl)

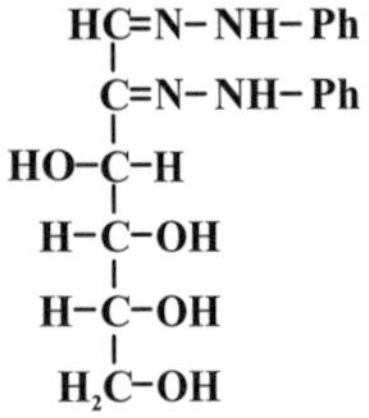

(1) ist ein Osazon
(2) wird aus Glucose erhalten
(3) wird aus Fructose erhalten
(4) wird aus Mannose erhalten
(5) ist gelb

(A) nur 1 ist richtig
(B) nur 1 und 5 sind richtig
(C) nur 2 und 3 sind richtig
(D) nur 2 und 4 sind richtig
(E) 1–5 = alle sind richtig

1014+ Welche Aussage trifft **nicht** zu?
Gluconsäure und Glucuronsäure

(A) sind Strukturisomere
(B) sind Oxidationsprodukte der Glucose
(C) sind zur Lactonbildung befähigt
(D) weisen eine endständige COOH-Gruppe auf
(E) weisen mehr als eine sekundäre Hydroxylgruppe auf

1015 Welche Aussage über die Mutarotation der D-Glucose trifft **nicht** zu?

(A) Der Endwert der Mutarotation ist vom Lösungsmittel abhängig.
(B) Die Geschwindigkeit der Endwerteinstellung ist temperaturabhängig.
(C) Die Geschwindigkeit der Endwerteinstellung ist vom pH-Wert der Lösung abhängig.
(D) Der Endwert der Mutarotation entspricht dem arithmetischen Mittel der Drehwerte der beiden Anomeren.
(E) Die Mutarotation ergibt in wäßriger Lösung unterschiedliche Mengen der beiden Anomeren.

1016 Neutrale wäßrige Lösungen von Glykosiden zeigen keine Mutarotation,
weil
Glykoside in neutraler wäßriger Lösung stabile Acetale sind.

Disaccharide und Oligosaccharide

1017 Welche Aussage trifft zu?
Verbindet man C-1 der D-Glucose (Pyranose-Form) mit einem zweiten Zucker, so erhält man ein α-D- und ein β-D-Glucosid. Die beiden unterscheiden sich in der:

(A) Summenformel
(B) Zahl der asymmetrischen C-Atome
(C) Konfiguration an allen asymmetrischen C-Atomen
(D) Konfiguration an C-1
(E) Konfiguration an C-2

1018 Welche der folgenden Aussagen über Rohrzucker und Milchzucker treffen zu?

(1) Rohrzucker weist eine Cyclohalbacetalstruktur auf.
(2) Beide Zucker enthalten als Baustein D-Glucose.
(3) Milchzucker reduziert Fehlingsche Lösung.
(4) Beide Zucker zählen zur Gruppe der Disaccharide.
(5) Rohrzucker reagiert mit Phenylhydrazin zu einem Osazon.

(A) nur 1 ist richtig
(B) nur 2 und 3 sind richtig
(C) nur 2, 3 und 4 sind richtig
(D) nur 2, 3 und 5 sind richtig
(E) nur 1, 2, 4 und 5 sind richtig

1019 Rohrzucker reduziert Fehlingsche Lösung,
weil
Rohrzucker eine Cyclohalbacetalstruktur aufweist.

1020 Welche Aussagen über Milchzucker treffen zu?

(1) Milchzucker zeigt das Phänomen der Mutarotation.
(2) Durch säurekatalysierte Hydrolyse von Milchzucker entsteht ein Gemisch von D-Glucose und D-Galactose.
(3) Fehlingsche Lösung wird durch Milchzucker reduziert.
(4) Milchzucker bildet mit Phenylhydrazin ein Osazon.

(A) nur 1 ist richtig
(B) nur 2 ist richtig
(C) nur 1 und 4 sind richtig
(D) nur 1, 2 und 3 sind richtig
(E) 1–4 = alle sind richtig

1021 Die Spaltung der Saccharose in wäßriger Lösung in Glucose und Fructose ist ein Beispiel für eine **monomolekulare** Reaktion,
weil
die Spaltung der Saccharose in Glucose und Fructose ohne Beteiligung von Wasser abläuft.

1022⁺ Welche Aussage trifft **nicht** zu?
Milchzucker

(A) weist eine Cyclohalbacetalstruktur auf
(B) enthält als Baustein D-Glucose
(C) zählt zur Gruppe der Monosaccharide
(D) reduziert Fehlingsche Lösung
(E) kann ein Osazon bilden

1023⁺ Milchzucker und Malzzucker zeigen beim Auflösen in Wasser Mutarotation,
weil
Milchzucker und Malzzucker in Wasser Anomerengleichgewichte bilden.

1024 Cellobiose und Maltose sind nichtreduzierende Disaccharide,
weil
Cellobiose und Maltose keine Cyclohalbacetalstruktur aufweisen.

1025 Welche Aussage über Milchzucker und Malzzucker trifft **nicht** zu?
Beide

(A) reduzieren Fehlingsche Lösung
(B) weisen eine Cyclohalbacetalstruktur auf
(C) zeigen beim Auflösen in Wasser Mutarotation
(D) weisen eine α-glykosidische Bindung auf
(E) sind zur Osazonbildung befähigt

Ordnen Sie bitte den in Liste 1 aufgeführten Begriffen die jeweils zutreffende Aussage in Liste 2 zu!

Liste 1

1026 Rohrzucker

1027 Malzzucker

Liste 2

(A) reduziert Fehlingsche Lösung
(B) ist ein Monosaccharid

(C) enthält als Baustein D-Galactose
(D) weist keine Cyclohalbacetalstruktur auf
(E) enthält D-Glucose in β-glykosidischer Bindung

Ordnen Sie bitte den in Liste 1 aufgeführten Begriffen die jeweils zutreffende Aussage in Liste 2 zu!

Liste 1

1028 Cellobiose

1029 Maltose

Liste 2

(A) enthält D-Glucose in α-glykosidischer Bindung
(B) ist ein nichtreduzierendes Disaccharid
(C) ist ein Polysaccharid
(D) enthält als Baustein D-Galactose
(E) ist ein β-glykosidisch verknüpftes Disaccharid

3.17 Aminosäuren und Peptide

(siehe Ehlers, Chemie II-Kurzlehrbuch)

Nomenklatur und Struktur

1030⁺ Für welche Aminosäure wird die zutreffende Kurzbezeichnung angegeben?

(A)	L-Tryptophan	=	Tyr
(B)	L-Asparaginsäure	=	Asn
(C)	L-Isoleucin	=	Ile
(D)	L-Hydroxyprolin	=	Pro
(E)	L-Glutamin	=	Glu

1031 Welche der folgenden Aminosäuren enthält das Indol-Ringsystem als Strukturelement?

(A) Tyrosin
(B) Cystein
(C) Tryptophan
(D) Pyroglutaminsäure
(E) Ornithin

1032⁺ Bei welcher der aufgeführten Aminosäuren handelt es sich um eine „basische Aminosäure“?

(A) Arginin
(B) Alanin
(C) Asparaginsäure
(D) Cystein
(E) Glutamin

1033 Welche der folgenden Aminosäuren sind „saure Aminosäuren“?

(1) Ornithin
(2) Glycin
(3) Asparaginsäure
(4) Glutaminsäure
(5) Arginin

(A) nur 1 ist richtig
(B) nur 2 und 3 sind richtig
(C) nur 3 und 4 sind richtig
(D) nur 4 und 5 sind richtig
(E) nur 1, 3 und 4 sind richtig

1034⁺ Welche der folgenden Aminosäuren besitzt keine weiteren funktionellen Gruppen?

(A) Methionin
(B) Glutamin
(C) Isoleucin
(D) Serin
(E) Cystein

Ordnen Sie bitte den in Liste 1 aufgeführten Aminosäuren die jeweils zutreffende Strukturformel aus Liste 2 zu!

Liste 1

1035 Histidin

1036 Prolin

1037 Tyrosin

Liste 2

(A)

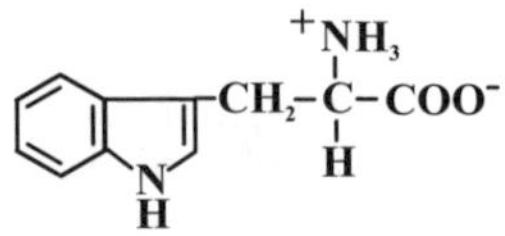

(B)

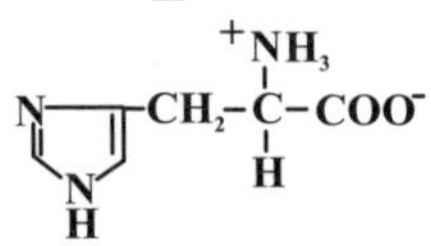

(C)

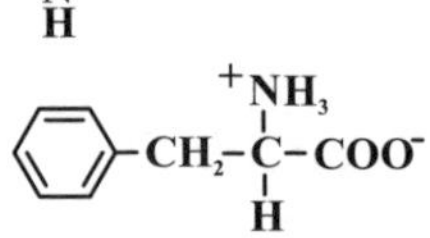

(D)

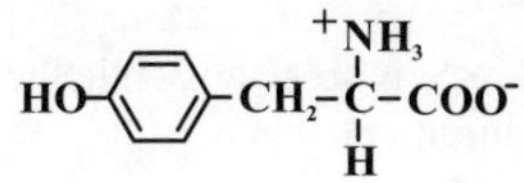

(E)

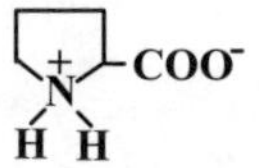

Ordnen Sie bitte den folgenden Formeln der Liste 1 den jeweils zutreffenden Namen aus Liste 2 zu!

Liste 1

1038

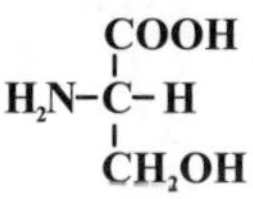

1039

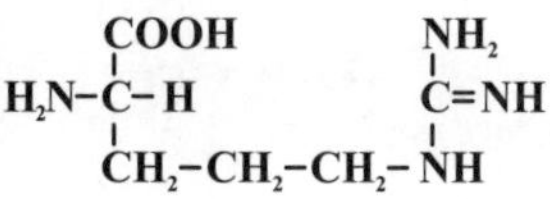

1040

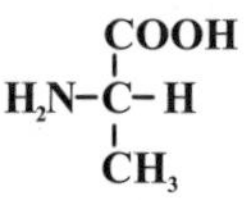

Liste 2

(A) Serin
(B) Alanin
(C) Tryptophan
(D) Arginin
(E) Asparaginsäure

Ordnen Sie bitte den Aminosäuren der Liste 1 die jeweils entsprechende Struktur aus Liste 2 zu!

Liste 1

1041+ Lysin

1042+ Leucin

Liste 2

(A)

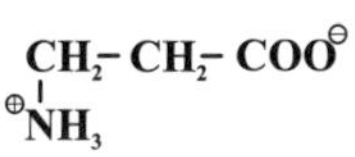

(B)

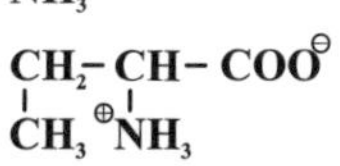

(C)

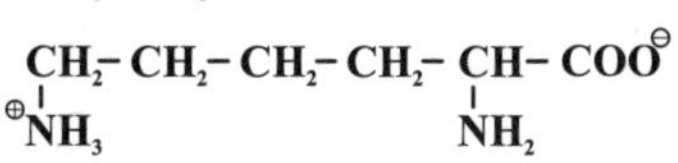

(D)

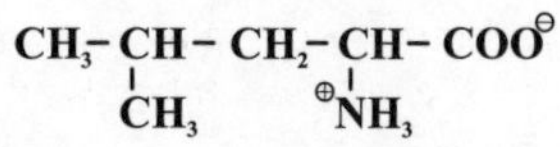

(E)

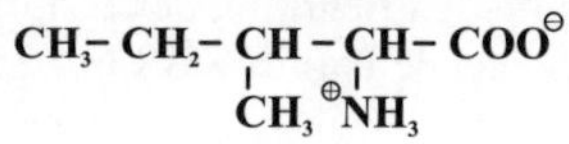

1043+ Welche der folgenden Verbindungen sind Diaminomonocarbonsäuren?

(1) Ornithin
(2) Glutamin
(3) Asparagin
(4) Threonin
(5) Lysin

(A) nur 3 ist richtig
(B) nur 1 und 2 sind richtig
(C) nur 1 und 5 sind richtig
(D) nur 2 und 3 sind richtig
(E) nur 4 und 5 sind richtig

1044 In welchen der folgenden Verbindungspaaren sind die α-Aminosäuren homolog?

(1) Lysin-Asparagin
(2) Ornithin-Glutamin
(3) Ornithin-Lysin
(4) Lysin-Glutamin
(5) Asparagin-Glutamin

(A) nur bei 1 und 2
(B) nur bei 1 und 4
(C) nur bei 3 und 4
(D) nur bei 3 und 5
(E) nur bei 4 und 5

1045+ Welche der folgenden Aminosäuren besitzt zwei Chiralitätszentren?

(A) Tyrosin
(B) Phenylalanin
(C) Cystein
(D) Isoleucin
(E) Valin

1046+ Welche Aussage trifft **nicht** zu?
Die folgenden Aminosäuren besitzen ein Chiralitätszentrum:

(A) Glutamin
(B) Histidin
(C) Glycin

(D) Leucin
(E) Cystein

Ordnen Sie bitte den Begriffen der Liste 1 die jeweils entsprechende Formel aus Liste 2 zu!

Liste 1

1047+ N-geschütztes Alanin-Derivat

1048+ C-aktiviertes Alanin-Derivat

Liste 2

(A) 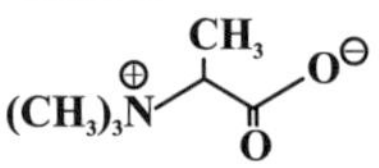

(B) 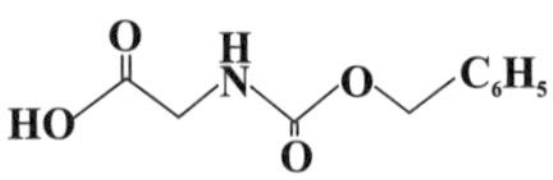

(C) 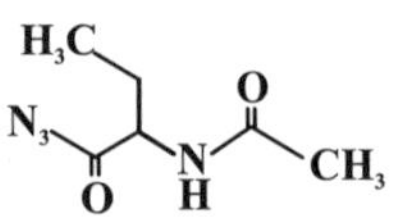

(D) 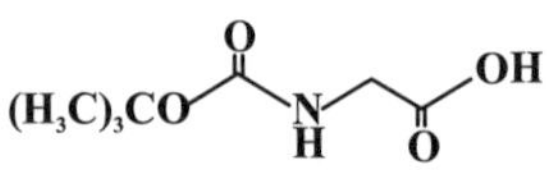

(E) 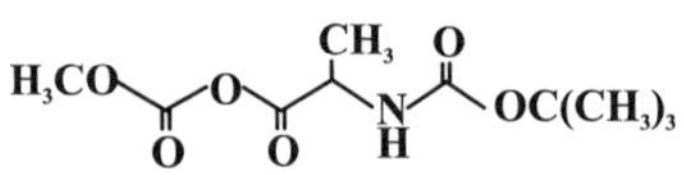

Darstellung und Eigenschaften

1049 Aus welchen Komponenten läßt sich die angegebene Verbindung in einfacher Weise synthetisieren?

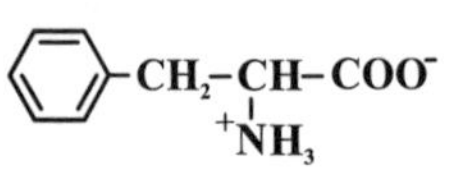

(A) Acetophenon, Methylamin, Formaldehyd
(B) Phenylacetaldehyd, Kaliumcyanid, Ammoniumchlorid / Ammoniak
(C) Phenylessigsäure, Ammoniumchlorid
(D) 3-Phenylpropionsäure, Formaldehyd, Ammoniak
(E) Benzoesäure, Glycin

1050+ Prolin kann **nicht** durch Strecker-Synthese dargestellt werden,

weil

bei der Strecker-Synthese ausschließlich α-Aminocarbonsäuren entstehen.

1051 α-Aminosäuren werden als Ampholyte bezeichnet,

weil

α-Aminosäuren am IEP als Zwitterionen vorliegen.

1052 In welcher der folgenden Formen liegen α-Aminosäuren am isoelektrischen Punkt ganz überwiegend vor (R=Alkyl)?

(A) 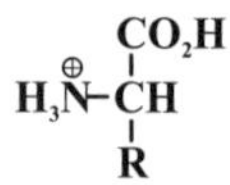

(D) 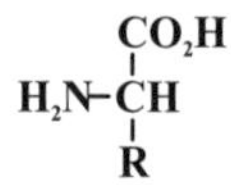

(B) 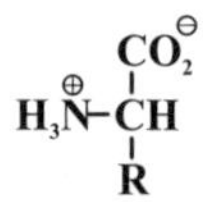

(E) 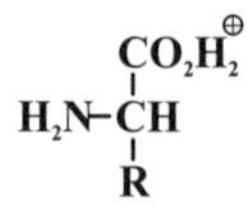

(C) 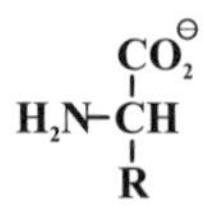

1053 In welchem Bereich liegt der pK_a-Wert der Carboxylgruppe einer α-Aminosäure, die keine zusätzliche saure oder basische Funktion enthält?

(A) ca. 2–3
(B) ca. 4–5
(C) ca. 6–7
(D) ca. 8–9
(E) ca. 10–11

1054 L-Serin besitzt in Wasser die pK_a-Werte: $pK_{a(COOH)} = 2{,}2$ und $pK_{a(NH_3)} = 9{,}2$
Welcher Wert ergibt sich danach für pI („isoelektrischer pH-Wert") von L-Serin?

(A) 2,2
(B) 5,7
(C) 7,0
(D) 9,2
(E) 11,4

1055 Welche Spezies der Glutaminsäure überwiegt in einer wäßrigen Lösung von pH = 1?

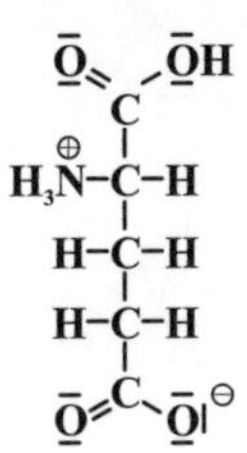

(A)

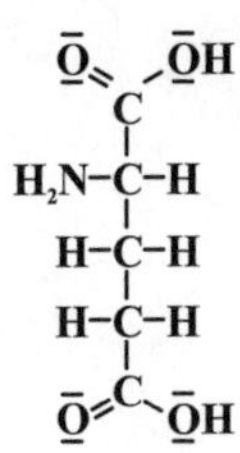

(B)

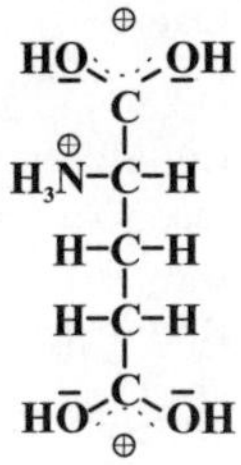

(C)

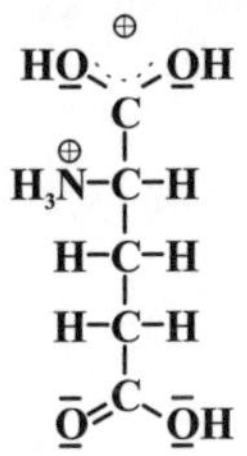

(D)

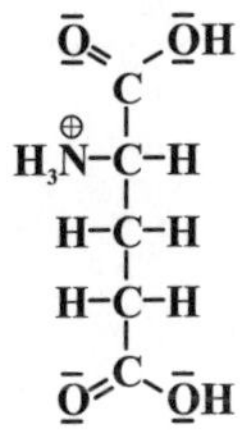

(E)

1056 Welche Aussage über Aminosäuren trifft zu?

(A) Alle am Aufbau natürlich vorkommender Peptide beteiligten Aminosäuren sind optisch aktiv.
(B) Die Mehrzahl der natürlich vorkommenden Aminosäuren sind β-Aminosäuren.
(C) Die Mehrzahl der natürlich vorkommenden Aminosäuren gehört der L-Reihe an.
(D) Der menschliche Organismus kann alle Aminosäuren synthetisieren.
(E) Aminosäuregemische lassen sich durch Destillation in ihre Komponenten auftrennen.

1057⁺ Welche Aussage über neutrale, proteinogene Aminosäuren trifft zu?

(A) In Wasser liegen sie als Ampholyte vor.
(B) Am isoelektrischen Punkt (IEP) besitzen sie optimale Puffereigenschaften.
(C) Sie sind alle optisch aktiv.
(D) Mit wäßriger HNO_2 werden sie in α-Ketocarbonsäuren übergeführt.
(E) Auf Zusatz von Formaldehyd wird der pH ihrer wäßrigen Lösung erhöht.

1058 Welche Aussage über die Eigenschaften von Aminosäuren treffen zu?

(1) Ihr Schmelzpunkt liegt im allgemeinen höher als der entsprechender einfacher Carbonsäuren.
(2) Natürlich vorkommende α-Aminosäuren sind meist L-konfiguriert.
(3) Die Wasserlöslichkeit von α-Aminosäuren ist am isoelektrischen Punkt am größten.
(4) Alle natürlich vorkommenden Aminosäuren besitzen ein asymmetrisches C-Atom.

(A) nur 2 ist richtig
(B) nur 1 und 2 sind richtig
(C) nur 1, 3 und 4 sind richtig
(D) nur 2, 3 und 4 sind richtig
(E) 1–4 = alle sind richtig

1059⁺ Welche Aussagen treffen zu?
α-Aminosäuren

(1) können sowohl mit Säuren als auch mit Basen Salze bilden
(2) wandern an ihrem isoelektrischen Punkt nicht unter dem Einfluß eines elektrischen Feldes
(3) liegen in kristalliner Form als Zwitterion vor
(4) besitzen meist L-Konfiguration, wenn sie durch Hydrolyse von Eiweißstoffen gewonnen werden
(5) besitzen an ihrem isoelektrischen Punkt die geringste Wasserlöslichkeit

(A) nur 1, 2 und 4 sind richtig
(B) nur 1, 3 und 5 sind richtig
(C) nur 2, 3 und 4 sind richtig
(D) nur 3, 4 und 5 sind richtig
(E) 1–5 = alle sind richtig

1060 Enantiomere der optisch aktiven Aminosäuren vom Typ A und B racemisieren bei Einwirkung von Alkali (Raumtemperatur) gleich schnell,

(A) 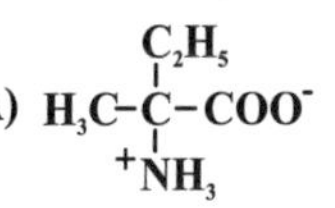

(B) 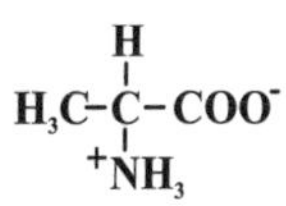

weil
unter Alkalieinfluß die Racemisierung der Aminosäuren vom Typ A und B radikalisch verläuft.

1061⁺ Der Schmelzpunkt von α-Aminosäuren ist im Vergleich zu dem der entsprechenden unsubstituierten Carbonsäuren erhöht,
weil
α-Aminosäuren im festen Zustand als Zwitterionen („innere Salze") vorliegen.

1062⁺ α-Aminosäuren sind in unpolaren Lösungsmitteln nahezu unlöslich,
weil
α-Aminosäuren eine zwitterionische Struktur besitzen.

1063⁺ Welche der folgenden Strukturformeln stellt das cyclische Kondensationsprodukt von Glycin dar?

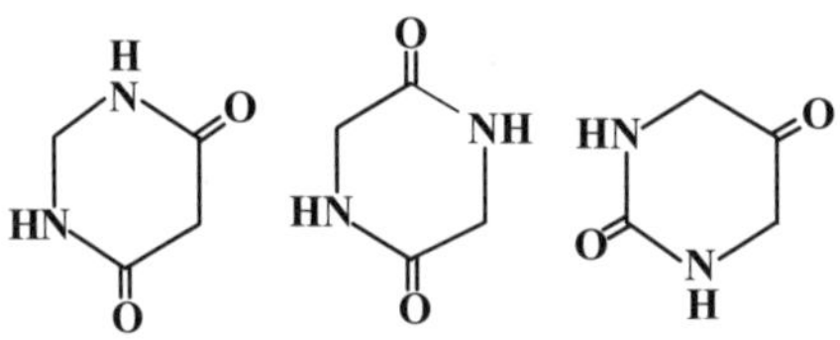

(A) (B) (C)

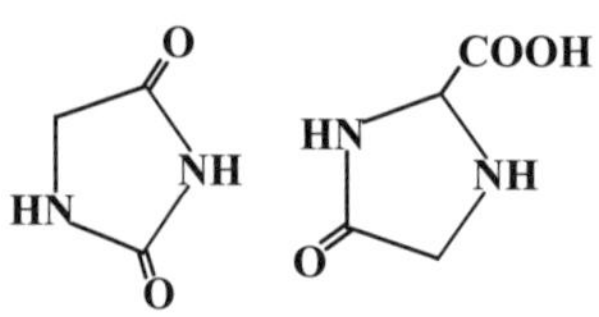

(D) (E)

1064 Beim Erhitzen von freien α-Aminosäuren bilden sich unter Wasseraustritt 2,5-Dioxopiperazine,
weil
2,5-Dioxopiperazine offenkettige Dipeptide von α-Aminosäuren sind.

Ordnen Sie bitte den Ausgangssubstanzen der Liste 1 das jeweils zutreffende (intra- oder intermolekulare) Kondensationsprodukt aus Liste 2 zu.

Liste 1

1065 γ -Aminosäure

1066 α-Aminosäure

Liste 2

(A) Diketopiperazin
(B) Butyrolacton
(C) Diketopyrazin
(D) Butyrolactam
(E) Butyrolactid

Peptide und Proteine

1067⁺ Wieviele isomere Tripeptide können **zusätzlich** zu dem Peptid Cys-Ala-Gly synthetisiert werden?

(A) 3
(B) 4
(C) 5
(D) 6
(E) 7

1068 Wieviele **zusätzliche** isomere Tripeptide können aus den Aminosäuren des Peptids

$H_2N{-}CH_2{-}C(=O){-}NH{-}CH(CH_3){-}C(=O){-}NH{-}CH_2{-}COOH$

synthetisiert werden?

(A) 2
(B) 3
(C) 4
(D) 5
(E) 6

1069⁺ Welche Aussagen über die Kondensation von α-Aminosäuren zu Polypeptiden treffen zu?

(1) Sämtliche funktionellen Gruppen der Aminosäuren müssen geschützt werden.
(2) Die Kondensation kann an polymeren Trägern erfolgen.
(3) Mit der geschützten Aminogruppe wird jeweils die Peptidbindung geknüpft.
(4) Die zu kondensierende Carboxylgruppe muß aktiviert werden.
(5) Nach Abspalten der Schutzgruppen liegen die terminalen Aminosäuren im Polypeptid aktiviert vor.

(A) nur 1 und 2 sind richtig
(B) nur 1 und 5 sind richtig
(C) nur 2 und 4 sind richtig
(D) nur 1, 3 und 5 sind richtig
(E) nur 2, 3 und 4 sind richtig

1070 Proteine zählen zu den Polymeren,
weil
die am Proteinaufbau beteiligten Aminosäuren durch Peptidbindungen zu Makromolekülen verknüpft sind.

Themenübergreifende Fragen

Ordnen Sie bitte den Formeln der Liste 1 den jeweils zutreffenden Begriff aus Liste 2 zu!

Liste 1

1071⁺
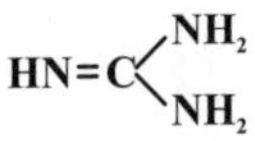

1072⁺
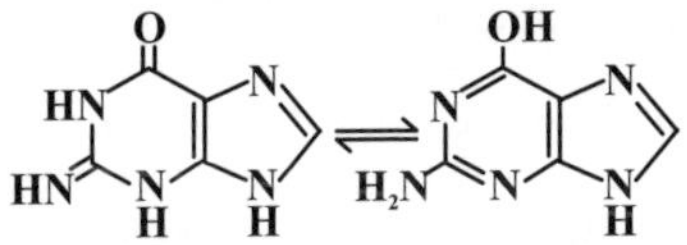

1073⁺
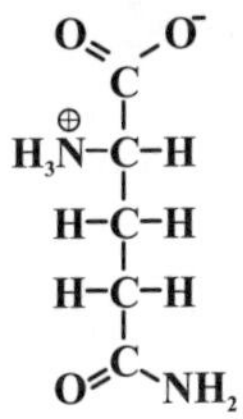

Liste 2

(A) Glutamin
(B) Guano
(C) Guanin
(D) Guanidin
(E) Guanosin

Ordnen Sie bitte den Bezeichnungen in Liste 1 das jeweils passende Formelbild aus Liste 2 zu!

Liste 1

1074 Dipeptid

1075 Triglycerid

1076 Glykosid

Liste 2

(A)
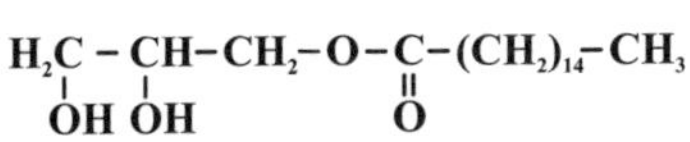

(B)
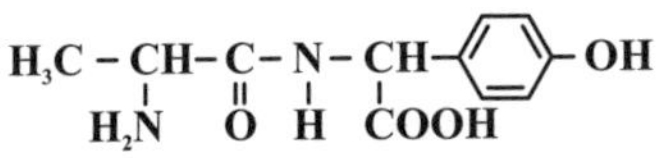

(C)
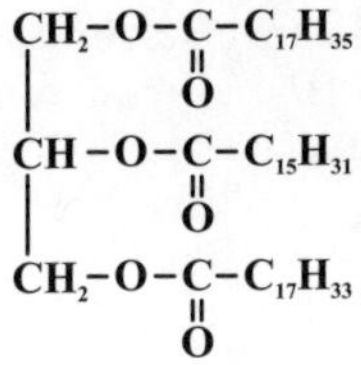

(D)
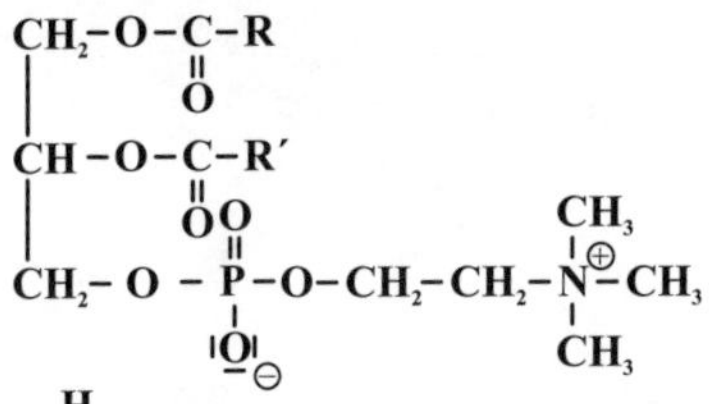

(E)
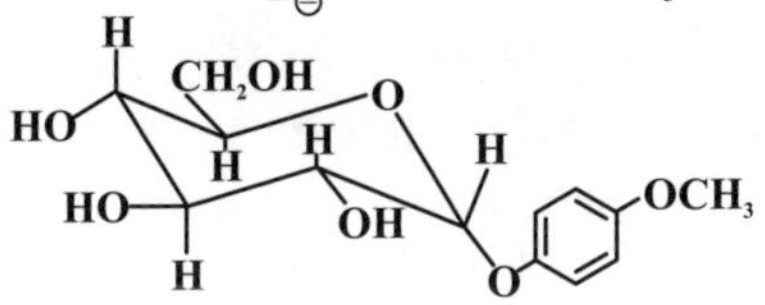

1077 Die Verbindung

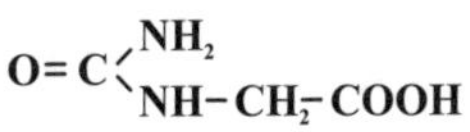

ist ein Ureid der Essigsäure,
weil
Ureide Acylderivate von Harnstoff sind.

1078 Kreatin

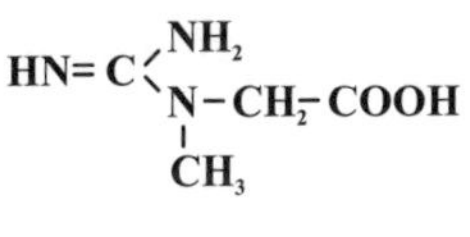

ist ein Imino-Ureid der Essigsäure,
weil
Ureide amidartige Derivate von organischen Säuren mit Harnstoff sind.

1079 Welche der folgenden Verbindungen ist definitionsgemäß ein „Betain“?

(A)
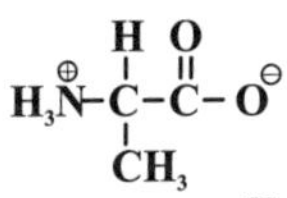

(B)
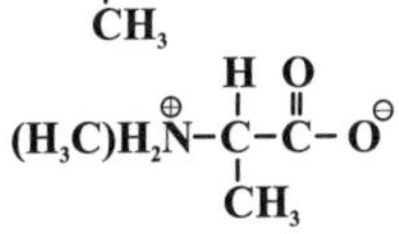

(C) 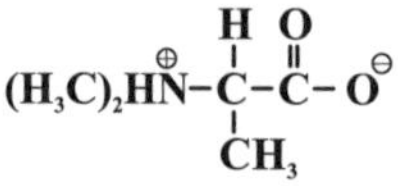

(D) 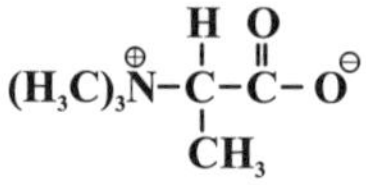

(E) 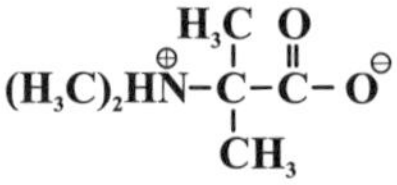

3.18 Synthetische Polymere

(siehe Ehlers, Chemie II-Kurzlehrbuch)

Ordnen Sie bitte den Stoffen in Liste 1 die jeweils zutreffende Bezeichnung aus Liste 2 zu!

Liste 1

1080⁺ Polymethacrylsäureester

1081 Polycaprolactam

1082⁺ Diolen

Liste 2

(A) Vinylpolymer
(B) Polyamid
(C) Polyester
(D) Polypeptid
(E) Polyurethan

Ordnen Sie bitte den Kunststoffen der Liste 1 die jeweils für ihre Struktur maßgebende Stoffgruppe aus Liste 2 zu!

Liste 1

1083⁺ Teflon

1084 Nylon-6,6

Liste 2

(A) Polyurethan
(B) Polyester
(C) Polyolefin
(D) Polyamid
(E) Polysiloxan

Ordnen Sie bitte den Grundstrukturen der Liste 1 das jeweils entsprechende Polymerisat aus Liste 2 zu!

Liste 1

1085 $-(CF_2\text{-}CF_2)_n-$

1086⁺ $-(CH_2\text{-}CHCl)_n-$

Liste 2

(A) Plexiglas
(B) Teflon
(C) PVC (Polyvinylchlorid)
(D) Perlon
(E) Polystyrol

Ordnen Sie bitte den Polymerstrukturen in Liste 1 die jeweils zutreffende Stoffgruppe aus Liste 2 zu!

Liste 1

1087⁺ $[\text{O}-(CH_2)_4-\text{O}-\text{CO}-\text{NH}-(CH_2)_6-\text{NH}-\text{CO}]_n$

1088 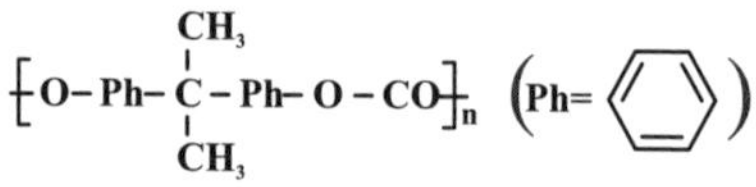

1089⁺ 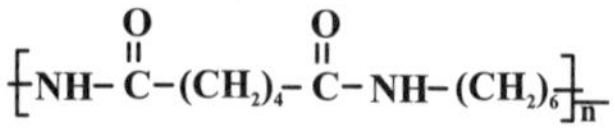

Liste 2

(A) Polypeptid
(B) Polyurethan
(C) Polycarbonat
(D) Polyolefin
(E) Polyamid

1090 Wie heißt das in der Formel abgebildete Polymer?

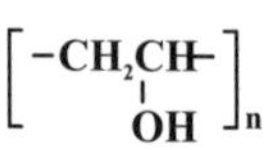

(A) Polyvinylalkohol
(B) Polystyrol
(C) Polyoxymethylen
(D) Polyethylenoxid
(E) Polyurethan

1091⁺ Welche der folgenden Strukturen trifft für Naturkautschuk zu?

(A) 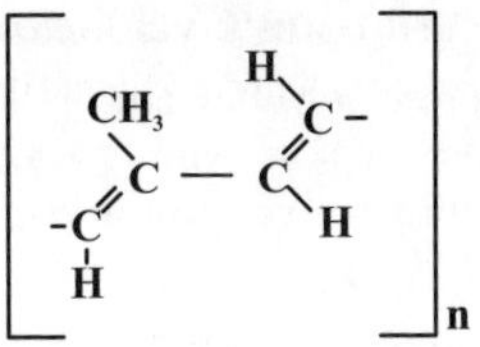

(B) 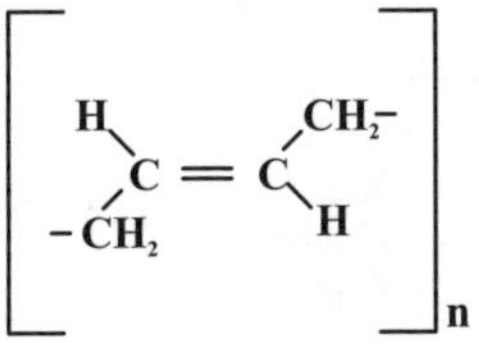

(C) 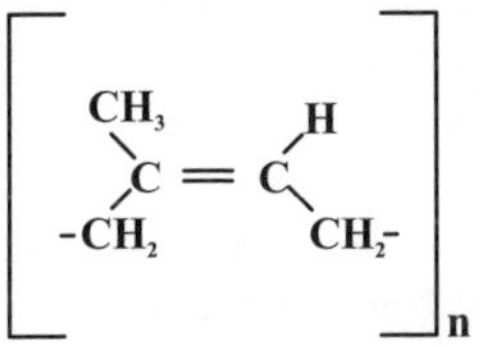

(D) 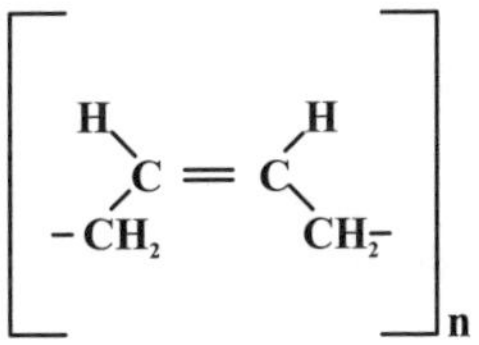

(E) 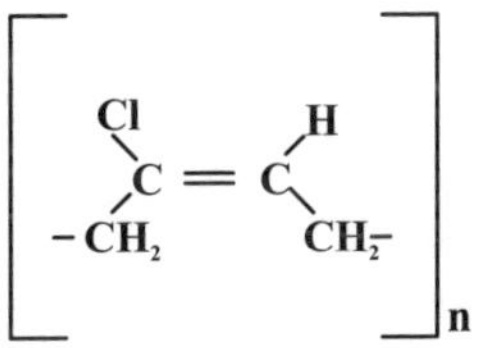

1092+ Welche der folgenden, aus den Monomeren A und B gebildeten Polymerisate zählen zu den Copolymeren?

(1) -A-B-A-B-A-B-A-B-
(2) -A-A-B-A-B-B-A-B-
(3) -A-A-B-B-B-B-B-A-

(A) nur 1 ist richtig
(B) nur 2 ist richtig
(C) nur 3 ist richtig
(D) nur 1 und 2 sind richtig
(E) 1–3 = alle sind richtig

Ordnen Sie bitte den Begriffen der Liste 1 die jeweils zutreffende Bedeutung aus Liste 2 zu!

Liste 1

1093+ isotaktisch

1094 syndiotaktisch

1095+ ataktisch

Liste 2

(A) Die Polymeren sind achiral.
(B) Es liegt ein Polymer aus zwei alternierenden Monomeren vor.
(C) Es liegt ein Polymer mit Asymmetriezentren vor, die alle gleiche Konfiguration besitzen.
(D) Es liegt ein Polymer mit Asymmetriezentren vor, die alternierend R- und S-Konfiguration besitzen.
(E) Es liegt ein Polymer mit Asymmetriezentren vor, deren Konfiguration eine unregelmäßige Abfolge zeigt.

Ordnen Sie bitte den Begriffen der Liste 1 die jeweils zutreffende Struktur aus Liste 2 zu ($R \neq H$).

Liste 1

1096+ Syndiotaktisches Polymer

1097+ Isotaktisches Polymer

Liste 2

(A) 

(B) 

(C) 

(D) 

(E) 

1098+ Wie groß ist der Polymerisationsgrad des nachstehend formulierten Oligomeren?

$H_3C-CH=CH-CH_2-CH_2-CH=CH-CH_2-CH_2-CH=CH-CH_3$

(A) 2
(B) 3

(C) 4
(D) 6
(E) Keine der Aussagen (A) bis (D) trifft zu.

1099 Welcher der folgenden hochmolekularen Stoffe entsteht **nicht** durch Polymerisation?

(A) Polyethylen
(B) Polystyrol
(C) Polyvinylchlorid
(D) Polyamid
(E) Polymethylacrylat

1100+ Welche Aussage über die kationische Polymerisation der Olefine trifft **nicht** zu?

(A) Sie kann durch elektrophile Katalysatoren initiiert werden.
(B) Sie bleibt im allgemeinen durch Antioxidantien ungehemmt.
(C) Sie wird durch Lewis-Säuren nur in Gegenwart von freien Säuren oder Wasser eingeleitet.
(D) Das Kettenwachstum erfolgt unter Addition von Carbenium-Ionen an weiteres Olefin.
(E) Der Kettenabbruch erfolgt durch Zugabe von Kationen.

1101+ Welche Eigenschaft eines Polymers ist aus seiner Sedimentationskonstanten zu ermitteln?

(A) Löslichkeit
(B) mittlere Diffusionsgeschwindigkeit
(C) maximale Molmasse
(D) mittlere relative Molmasse
(E) untere Grenze der Molmassen-Verteilung

1102 Lösungen von Polymeren, wie Polyamid, zeigen keinen osmotischen Druck,
weil
Polymere in Lösung keine Diffusion aufweisen.

1103+ Die mittlere relative Molmasse eines Polymers kann mit Hilfe des osmotischen Druckes ermittelt werden,
weil
der osmotische Druck eine kolligative Eigenschaft ist.

Synthese von Perlon aus Cyclohexanon

1104+ Welche Aussagen treffen zu?
Im ersten Reaktionsschritt wird Cyclohexanonoxim dargestellt aus Cyclohexanon und

(1) Hydroxylaminhydrochlorid
(2) Hydroxylamin/NaOH-Lösung
(3) Hydroxylamin/Phosphorpentoxid

(A) nur 1 ist richtig
(B) nur 2 ist richtig
(C) nur 3 ist richtig
(D) nur 1 und 3 sind richtig
(E) nur 2 und 3 sind richtig

1105+ Welche Aussagen treffen zu?
Cyclohexanonoxim wird in ε-Caprolactam übergeführt durch:

(1) Beckmann-Umlagerung
(2) Hydroxamsäureabbau nach Lossen
(3) Erhitzen mit NaOH-Lösung
(4) Wolff-Umlagerung

(A) nur 1 ist richtig
(B) nur 2 ist richtig
(C) nur 1 und 3 sind richtig
(D) nur 2 und 4 sind richtig
(E) nur 3 und 4 sind richtig

1106+ Welche Aussage zur Umsetzung von ε-Caprolactam zu Perlon trifft zu?
Die Umsetzung ist eine:

(A) Hydrogenolyse
(B) Polymerisation
(C) Polykondensation
(D) Polyaddition
(E) Keine der Aussagen (A) bis (D) trifft zu.

3.19 Säuren und Basen in der organischen Chemie

(siehe Ehlers, Chemie II-Kurzlehrbuch)

Säuren

1107 Welche Reihenfolge trifft zu?
Die Verbindungen CH_2FCOOH, CH_3COOH und CCl_3COOH sollen nach steigender Acidität geordnet werden:

(A) CH_3COOH, CH_2FCOOH, CCl_3COOH
(B) CCl_3COOH, CH_2FCOOH, CH_3COOH
(C) CH_2FCOOH, CCl_3COOH, CH_3COOH
(D) CH_3COOH, CCl_3COOH, CH_2FCOOH
(E) CH_2FCOOH, CH_3COOH, CCl_3COOH

1108+ Welche Reihenfolge trifft zu?
Die folgenden Carbonsäuren (1) bis (4) sollen nach steigender Acidität geordnet werden:

(1) Essigsäure
(2) Chloressigsäure
(3) Nitroessigsäure
(4) Fluoressigsäure

(A) 1, 2, 3, 4
(B) 1, 2, 4, 3
(C) 1, 3, 2, 4
(D) 2, 1, 4, 3
(E) 3, 1, 2, 4

1109 Acrylsäure ist in Wasser stärker sauer als Propionsäure,
weil
das Anion der Acrylsäure durch die C=C-Doppelbindung stabilisiert wird.

1110 Propionsäure ist in Wasser stärker sauer als Acrylsäure,
weil
bei Acrylsäure – im Vergleich zu einer gesättigten Monocarbonsäure – die Abgabe des Protons durch die elektronenreiche C=C-Doppelbindung behindert wird.

1111+ Glycolsäure besitzt in wäßriger Lösung eine größere Acidität als Essigsäure,
weil
die alkoholische Hydroxylgruppe auf benachbarte Gruppierungen einen -I-Effekt ausübt.

1112 Welche der folgenden Carbonsäuren besitzt den kleinsten pK_s-Wert?

(A) 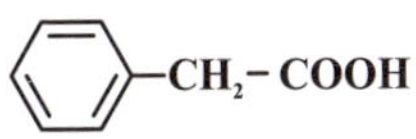

(B) $(CH_3)_3C-COOH$
(C) CH_3-CH_2-COOH
(D) $(CH_3)_3\overset{\oplus}{N}-CH_2-COOH$
(E) $HO-CH_2-COOH$

1113 Welche Reihenfolge trifft zu?
Die Carbonsäuren (1) bis (4) sollen nach steigendem pK_a-Wert geordnet werden:

(1) Oxalsäure
(2) Essigsäure
(3) Benzoesäure
(4) Salicylsäure

(A) 1, 4, 3, 2
(B) 2, 1, 3, 4
(C) 3, 2, 4, 1
(D) 4, 1, 2, 3
(E) 4, 3, 2, 1

1114 Welche Reihenfolge trifft zu?
Die nachstehenden aromatischen Carbonsäuren sind nach abnehmender Säurestärke zu ordnen:

(1) 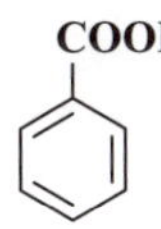

(3) 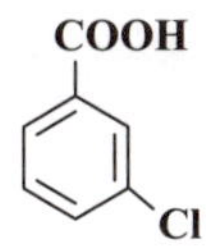

(2) 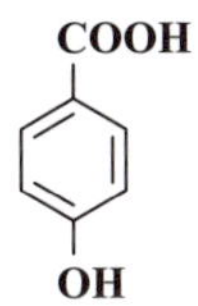

(4) 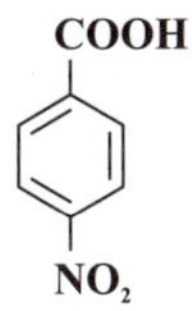

(A) 1, 2, 3, 4
(B) 2, 4, 3, 1
(C) 3, 4, 2, 1
(D) 4, 2, 1, 3
(E) 4, 3, 1, 2

4 3 1 2

1115 2-Hydroxybenzoesäure besitzt im wäßrigen Medium einen höheren pK_a-Wert als Phenol,
weil
das Phenolat-Anion eine höhere Symmetrie als das Salicylat-Anion aufweist.

1116+ Salicylsäure ist eine stärkere Säure als 4-Hydroxybenzoesäure,
weil
4-Hydroxybenzoesäure keine Wasserstoffbrükken ausbilden kann.

1117 Welche Reihenfolge trifft zu?
Die folgenden Verbindungen (1) bis (5) sollen nach steigender Acidität geordnet werden:

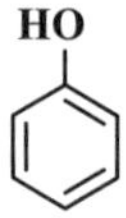

(1)

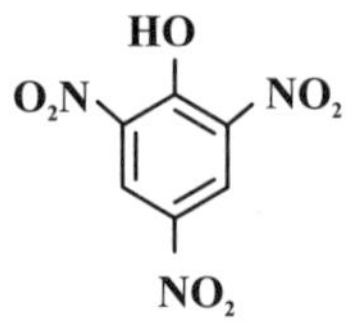

(2)

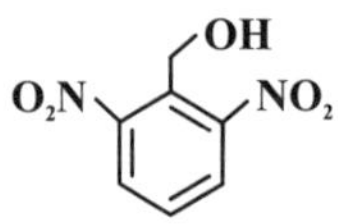

(3)

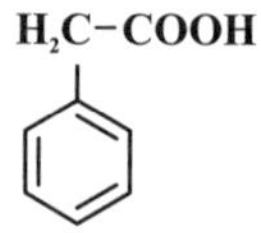

(4)

$F_3C{-}COOH$

(5)

(A) 1, 4, 3, 2, 5
(B) 3, 1, 4, 2, 5
(C) 3, 1, 5, 4, 2
(D) 3, 4, 1, 2, 5
(E) 5, 1, 2, 4, 3

1118 Welche Reihenfolge trifft zu?
Die aufgeführten Phenole sollen nach steigender Acidität geordnet werden:

(A) p-Acetylphenol, m-Chlorphenol, p-Methylphenol, Phenol
(B) p-Methylphenol, Phenol, m-Chlorphenol, p-Acetylphenol
(C) p-Acetylphenol, p-Methylphenol, m-Chlorphenol, Phenol
(D) p-Methylphenol, Phenol, p-Acetylphenol, m-Chlorphenol
(E) Phenol, p-Methylphenol, p-Acetylphenol, m-Chlorphenol

1119 Welche Reihenfolge trifft zu?
Die aufgeführten Verbindungen sollen nach steigender Acidität geordnet werden:

(A) Wasser, Phenol, Methanol, Ethanol
(B) Phenol, Methanol, Wasser, Ethanol
(C) Methanol, Ethanol, Phenol, Wasser
(D) Ethanol, Phenol, Wasser, Methanol
(E) Ethanol, Methanol, Wasser, Phenol

1120 Die aufgeführten Verbindungen sollen nach steigender Acidität geordnet werden. Welche Reihenfolge trifft zu?

(A) Thiophenol < Methanol < Acetylaceton < Essigsäure
(B) Acetylaceton < Thiophenol < Methanol < Essigsäure
(C) Essigsäure < Thiophenol < Acetylaceton < Methanol
(D) Essigsäure < Methanol < Thiophenol < Acetylaceton
(E) Methanol < Acetylaceton < Thiophenol < Essigsäure

Basen

1121^{+} Kurzkettige primäre aliphatische Amine wie n-Propylamin sind in wäßrigem Medium schwächer basisch als Ammoniak,
weil
Alkylgruppen wie die n-Propylgruppe als Substituenten einen -I-Effekt ausüben.

1122^{+} In wäßriger Lösung besitzt Trimethylamin im Vergleich zu Dimethylamin den größeren pK_b-Wert,
weil
die in wäßriger Lösung gebildeten Trimethylammonium-Ionen in geringerem Ausmaß solvatisiert sind als Dimethylammonium-Ionen.

1123 Welche Reihenfolge trifft zu?
Die folgenden Amine sind nach fallender Basizität geordnet:

$CH_3{-}CH_2{-}NH_2$ (1)

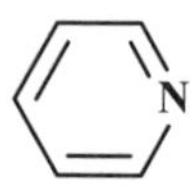

(2)

$(CH_3CH_2)_2NH$ (3)

(A) 1, 3, 2
(B) 2, 1, 3
(C) 2, 3, 1
(D) 3, 1, 2
(E) 3, 2, 1

1124 Anilin hat einen höheren pK_b-Wert als Dimethylamin,
weil
beim Anilin die Einbeziehung des freien Elektronenpaares am Stickstoff in die Mesomerie des Aromaten die Basizität stark verringert.

1125 2-Nitroanilin ist stärker basisch als 4-Nitroanilin,
weil
in 4-Nitroanilin der -M-Effekt der NO_2-Gruppe stärker wirksam ist als in 2-Nitroanilin.

1126+ Guanidin reagiert im Vergleich zu Harnstoff stärker basisch,
weil
die hohe Symmetrie und der ebene Bau des Guanidinium-Kations zu einem besonders energiearmen mesomeren Zustand führen.

1127+ Pyridin bildet keine Salze mit Mineralsäuren,
weil
das Pyridinmolekül aufgrund der Mesomeriemöglichkeiten keine Basizität mehr aufweist.

1128 Welche der folgenden Verbindungen besitzt die größte Basizität?

(A) 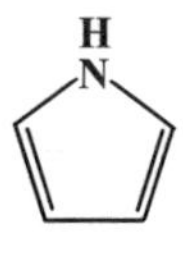

(D) 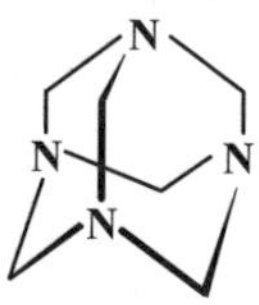

(B) 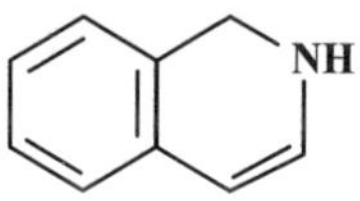

(C) 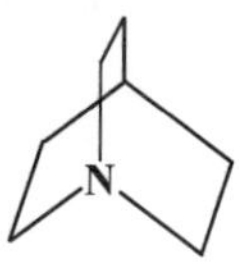

(E) 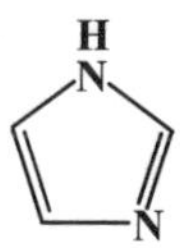

1129+ Pyrrol ist eine schwächere Base als Pyridin,
weil
der Stickstoff im Pyridin sp^2-hybridisiert ist.

1130+ Die Protonierung von Imidazol erfolgt in 3-Position,
weil
N-3-protoniertes Imidazol mesomeriestabilisiert ist.

1131+ In welcher der angeführten N-haltigen Verbindungen besitzt das N-Atom die größte Basizität?

(A) p-Aminobenzoesäureethylester
(B) Anilin
(C) Pyrrol
(D) Harnstoff
(E) Piperidin

1132+ Welche Aussage trifft zu?
Die Basizität der angegebenen N-Heterocyclen steigt nach folgender Reihe:

(A) Piperidin – Pyridin – Pyrrol
(B) Pyrrol – Pyridin – Piperidin
(C) Pyridin – Pyrrol – Piperidin
(D) Pyrrol – Piperidin – Pyridin
(E) Pyridin – Piperidin – Pyrrol

1133 N_a besitzt im Vergleich zu N_b den größeren pK_b-Wert,

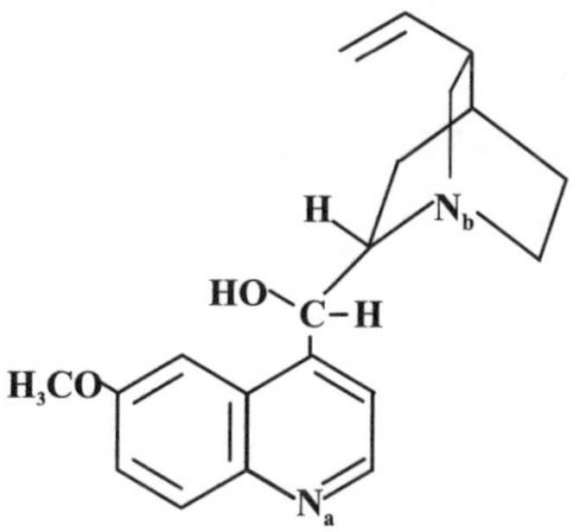

weil
ein N-Atom mit sp^2-Hybridorbitalen schwächer basisch ist als ein N-Atom mit sp^3-Hybridorbitalen.

1134+ Welche der folgenden Verbindungen sind bei pH = 1 unter Salzbildung löslich?
(1) Guanidin
(2) Phthalimid
(3) Diisopropylamin
(4) Pyridin

(A) nur 1 und 4 sind richtig
(B) nur 3 und 4 sind richtig
(C) nur 1, 2 und 3 sind richtig
(D) nur 1, 2 und 4 sind richtig
(E) nur 1, 3 und 4 sind richtig

Themenübergreifende Fragen

Ordnen Sie bitte den verschiedenen H-Aciditäten in Liste 1 die jeweils hiermit ausgestattete Verbindung aus Liste 2 zu!

Liste 1

1135+ CH-Acidität

1136+ NH-Acidität

1137+ OH-Acidität

Liste 2

(A) Phthalimid
(B) Azobenzen
(C) Salicylaldehyd
(D) Benzophenon
(E) Benzylcyanid

Ordnen Sie bitte den verschiedenen H-Aciditäten in Liste 1 jeweils die Verbindung aus Liste 2 zu, die diese Eigenschaften am ausgeprägtesten aufweist!

Liste 1

1138 OH-Acidität

1139 SH-Acidität

Liste 2

(A) Thioanisol
(B) tert. Butanol
(C) Benzylalkohol
(D) p-Toluensulfonsäure
(E) Thiophenol

Ordnen Sie bitte den Aciditäten in Liste 1 die jeweils entsprechende Verbindung aus Liste 2 zu!

Liste 1

1140 CH-Acidität

1141 NH-Acidität

Liste 2

(A) Ethanol
(B) Thiophenol
(C) 4-Nitrophenol
(D) Barbitursäure
(E) Benzonitril

Ordnen Sie bitte den Aciditäten in Liste 1 die jeweils entsprechende Verbindung aus Liste 2 zu!

Liste 1

1142 CH-Acidität

1143 NH-Acidität

Liste 2

(A) Dimedon
(B) Azobenzen
(C) Salicylsäure
(D) Benzensulfonsäure
(E) Isatin

Ordnen Sie bitte den Aciditäten in Liste 1 die jeweils entsprechende Verbindung aus Liste 2 zu!

Liste 1

1144 CH-Acidität

1145 NH-Acidität

Liste 2

(A) Dimethylformamid
(B) Nitrobenzen
(C) Acetylen
(D) Sulfanilamid
(E) Benzonitril

1146+ Welche Aussage trifft **nicht** zu?
Folgende Substanzen werden in 10 proz. wäßriger Kaliumhydroxid-Lösung überwiegend in die Salzform übergeführt:

(A) $H_3C-C(=O)-CH_2-C(=O)-CH_3$

(B)

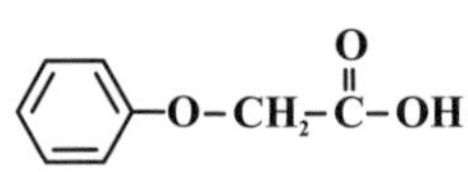

(C)

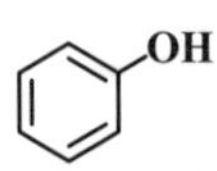

(D)

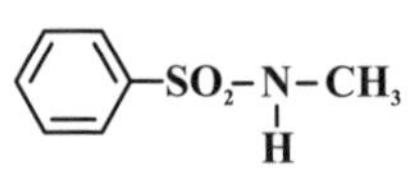

(E)

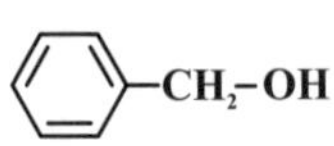

Prüfung Frühjahr 1996

1147 Welches Hauptprodukt entsteht bei der Umsetzung von Acetessigsäureethylester mit Natriumethanolat und Bromessigsäureethylester?

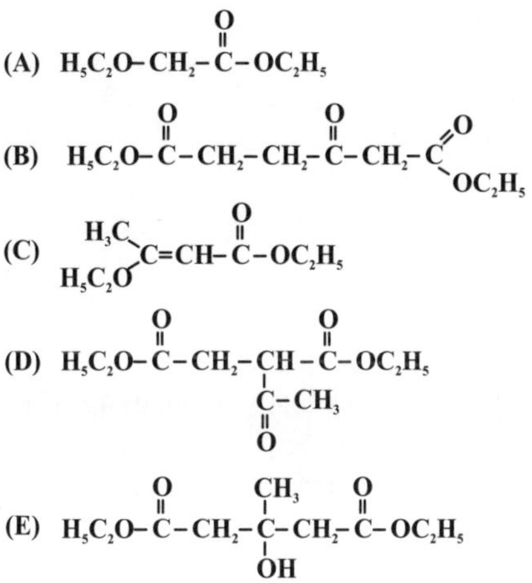

1148 Welches Diagramm entspricht einer S_N1-Reaktion?

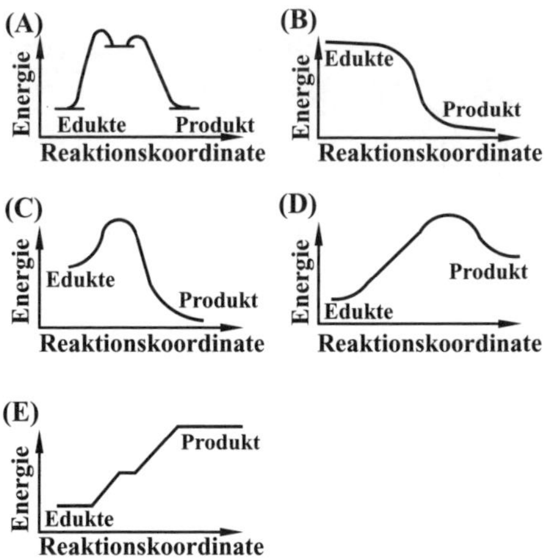

1149 Welches Diagramm entspricht einer Konformationsanalyse des n-Butans?

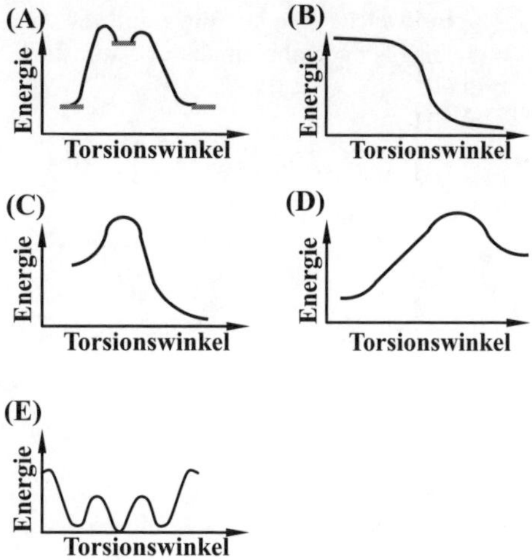

1150 Welches der folgenden Cyclobutan-Derivate ist chiral?

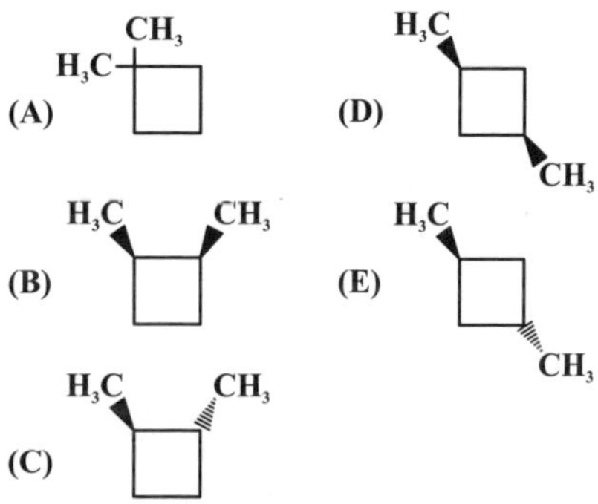

1151 Welche Aussage über die nachfolgende Strukturformel trifft zu?

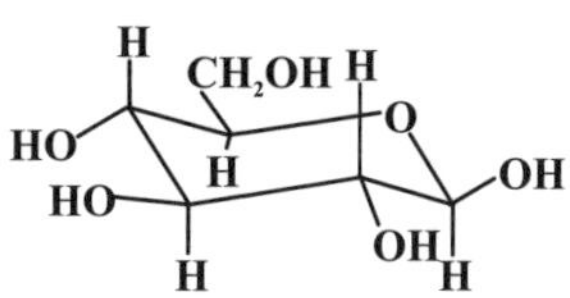

Die angegebene Strukturformel zeigt:

(A) α-D-Glucose
(B) β-D-Galactose
(C) β-D-Glucopyranose
(D) β-D-Glucofuranose
(E) ein substituiertes Dioxan

1152 Bei welcher Reihenfolge sind die Säuren (1) bis (4) nach abnehmender Säurestärke geordnet?

(1) 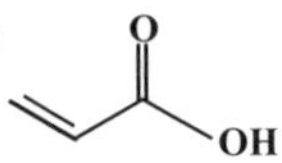

(3) 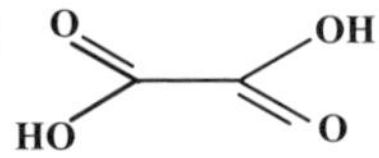

(2) 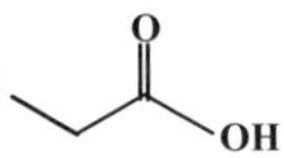

(4) 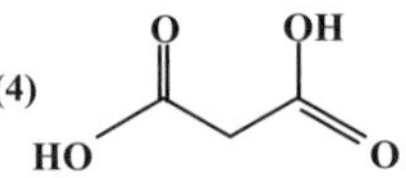

(A) 1, 2, 4, 3
(B) 1, 3, 4, 2
(C) 3, 1, 4, 2
(D) 3, 4, 1, 2
(E) 3, 4, 2, 1

1153 Welche der folgenden Verbindungen entstehen beim Schmelzen von α-Aminocarbonsäuren als Hauptprodukt?

(A) Piperazin-Derivate
(B) Acrylsäure-Derivate
(C) Pyrrolidin-Derivate
(D) Piperidin-Derivate
(E) Polyamide

1154 Bei welcher der folgenden Namensreaktionen handelt es sich **nicht** um eine Umlagerung am N-Atom?

(A) Lossen
(B) Curtius
(C) Schmidt
(D) Baeyer-Villiger
(E) Beckmann

1155 Welche Aussage trifft **nicht** zu?
Als Katalysatoren für die Friedel-Crafts-Alkylierung sind gebräuchlich:

(A) BCl_3
(B) H_3PO_4
(C) $FeCl_3$
(D) $AlCl_3$
(E) $CaCl_2$

1156 Welche der folgenden Verbindungen kann **nicht** Edukt einer Mannich-Reaktion sein?

(A) 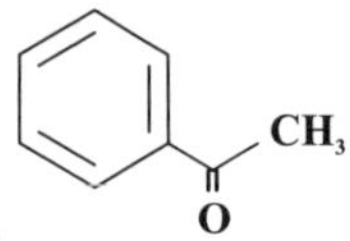

(B) HC≡CH

(C) 

(D) 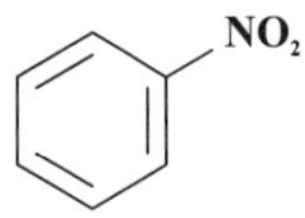

(E) H_3C-NO_2

1157 Welche der folgenden Verbindungen kann **nicht** als ein hydriertes Chinon angesehen werden?

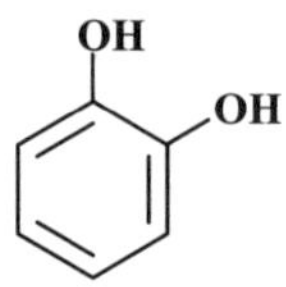
(A)

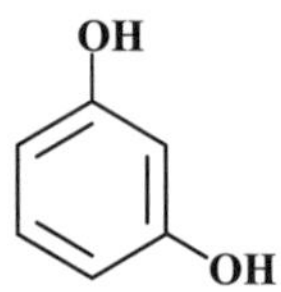
(B)

(C)

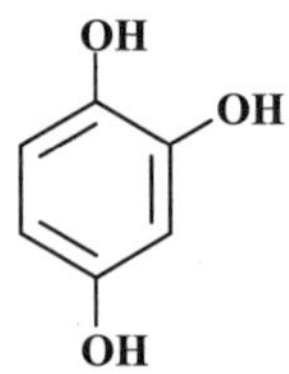
(D)

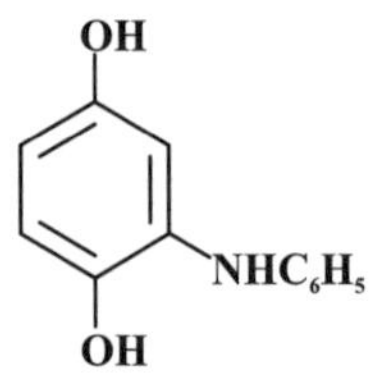

(E)

Ordnen Sie bitte den Reaktionen in Liste 1 den jeweils zugehörigen Reaktionstyp aus Liste 2 zu!

Liste 1

1158 Cannizzaro-Reaktion

1159 Ketonspaltung

Liste 2

(A) Hydridtransfer
(B) Decarboxylierung

(C) Cycloaddition
(D) β-Eliminierung
(E) Acyltransfer

Ordnen Sie bitte den in Liste 1 aufgeführten Stoffklassen die jeweils entsprechende Formel aus Liste 2 zu!

Liste 1

1160 Cyanat

1161 Senföl

Liste 2

(A) 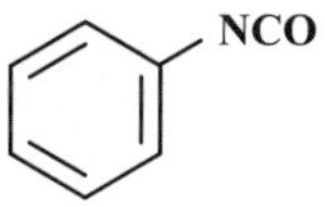

(D) 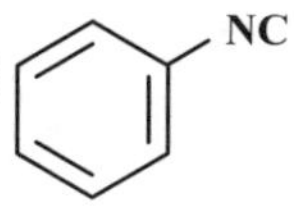

(B) 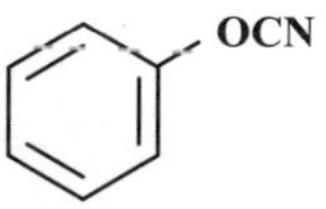

(E) 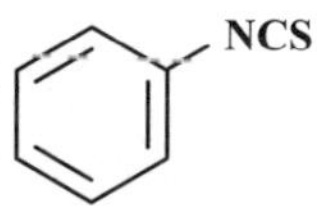

(C) 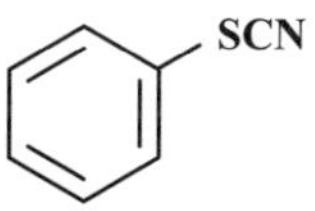

1162 Die Acidität von Kohlenwasserstoffen nimmt mit steigendem s-Anteil bei der Hybridisierung mit p-Orbitalen in der Reihenfolge $sp^3 < sp^2 < sp$ zu,
weil
die Elektronegativität des Kohlenstoffs mit steigendem s-Anteil bei der Hybridisierung mit p-Orbitalen zunimmt.

1163 D-Glucose und D-Fructose sind Konstitutionsisomere,
weil
D-Glucose und D-Fructose das gleiche Osazon bilden.

1164 Bei welchen der formulierten Isomeren handelt es sich um Diastereomerenpaare?

(1) 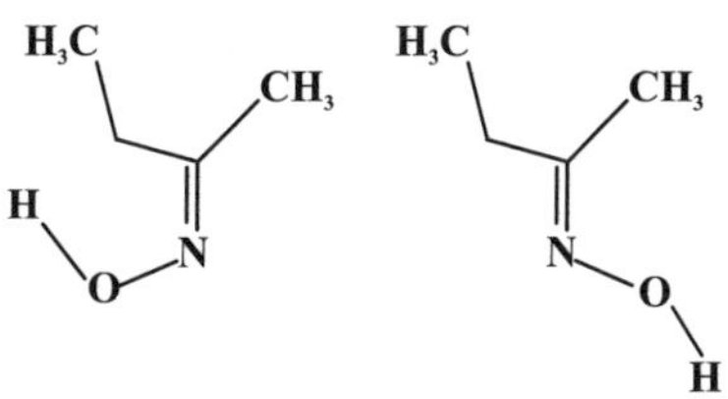

(2) 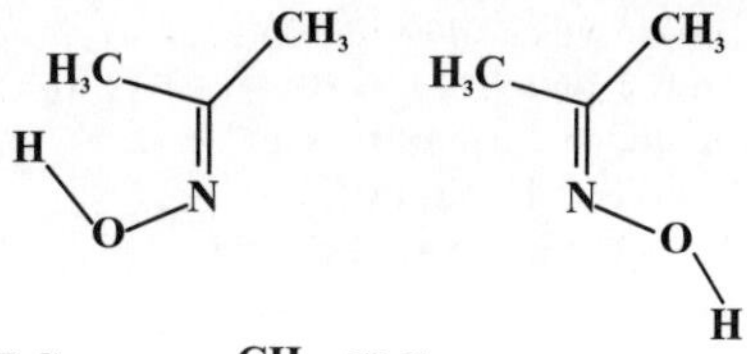

(3) 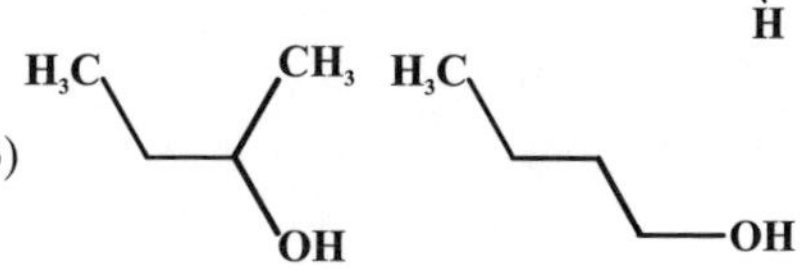

(4) 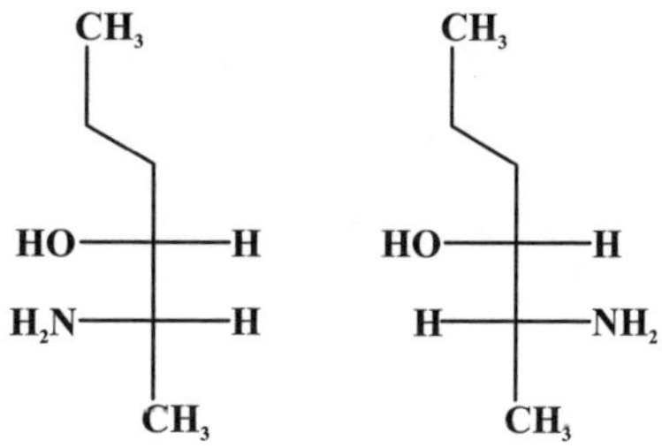

(5) 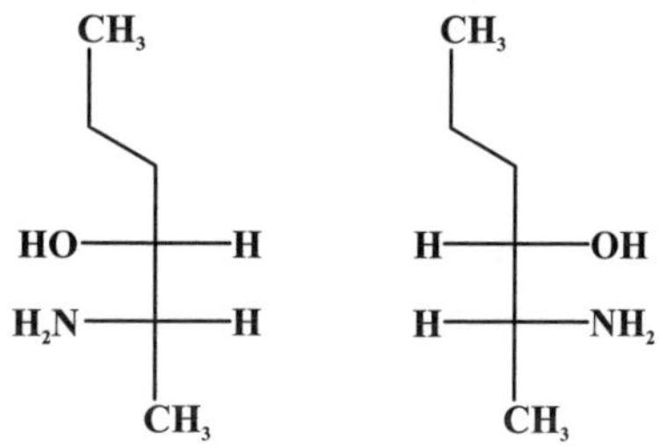

(A) bei keinem der obigen Isomerenpaare
(B) nur bei 1 und 4
(C) nur bei 2 und 3
(D) nur bei 1, 4 und 5
(E) bei 1–5 = bei allen

1165 Welche Aussagen zum gegebenen Allen treffen zu?

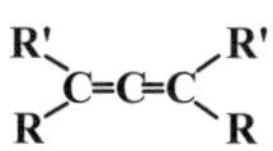

(1) Der mittlere Kohlenstoff ist sp-hybridisiert.
(2) Der mittlere Kohlenstoff ist sp^2-hybridisiert.
(3) Bei R = R' liegt ein chirales Molekül vor.
(4) Bei R ≠ R' liegt ein chirales Molekül vor.
(5) Sowohl bei R = R' als auch bei R ≠ R' liegt „axiale Chiralität" vor.

(A) nur 1 und 3 sind richtig
(B) nur 1 und 4 sind richtig
(C) nur 2 und 3 sind richtig
(D) nur 2 und 4 sind richtig
(E) nur 2, 4 und 5 sind richtig

1166 Welche Aussagen über die folgende Umsetzung treffen zu?

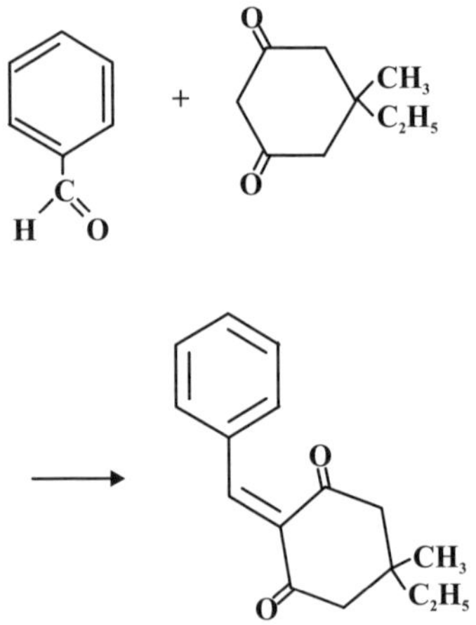

Es handelt sich um:

(1) eine Kondensationsreaktion
(2) eine basenkatalysierte Reaktion
(3) eine Knoevenagel-Reaktion
(4) ein chirales Reaktionsprodukt

(A) nur 1 ist richtig
(B) nur 1 und 2 sind richtig
(C) nur 1, 2 und 3 sind richtig
(D) nur 2, 3 und 4 sind richtig
(E) 1–4 = alle sind richtig

1167 Welche der folgenden Aminosäuren enthalten Heterocyclen?

(1) Tyrosin
(2) Tryptophan
(3) Phenylalanin
(4) Prolin
(5) Serin

(A) nur 1 ist richtig
(B) nur 2 ist richtig
(C) nur 2 und 4 sind richtig
(D) nur 3 und 5 sind richtig
(E) nur 1, 3, 4 und 5 sind richtig

1168 Welche der folgenden Verbindungen werden u. a. als Ausgangsstoffe für die Hantzsche Dihydropyridinsynthese eingesetzt?

(1) $H_3C-CH=CH-CH(COOR)-C(=O)-CH_3$

(2) $H_3C-C(=O)-H$

(3) $H_3C-C(=O)-CH_2-COOR$

(4) $H_3C-C(OCH_3)=CH-CONH_2$

(A) nur 1 ist richtig
(B) nur 2 ist richtig
(C) nur 2 und 3 sind richtig
(D) nur 3 und 4 sind richtig
(E) 1–4 = alle sind richtig

1169 Welche Oxime der folgenden Carbonylverbindungen können E/Z-Isomere bilden?

(1) Aceton
(2) Benzaldehyd
(3) Benzophenon
(4) Acetophenon
(5) Cyclohexanon

(A) nur 1 ist richtig
(B) nur 1 und 3 sind richtig
(C) nur 2 und 4 sind richtig
(D) nur 1, 3 und 5 sind richtig
(E) nur 2, 4 und 5 sind richtig

1170 Welche der folgenden Zucker sind Aldosen?

(1) Sorbose
(2) Fructose
(3) Arabinose
(4) Mannose
(5) Galactose

(A) nur 1 und 3 sind richtig
(B) nur 4 und 5 sind richtig
(C) nur 1, 2 und 3 sind richtig
(D) nur 3, 4 und 5 sind richtig
(E) 1–5 = alle sind richtig

1171 Welche der folgenden Pentapeptide enthalten mindestens **zwei** für den (erwachsenen) Menschen essentielle Aminosäuren?

(1) Asp-Trp-Lys-Arg-Pro
(2) Gly-Val-Leu-Ile-Ser
(3) Ala-Glu-Pro-Thr-Asn
(4) Ser-His-Glu-Pro-Met

(A) nur 1 und 2 sind richtig
(B) nur 3 und 4 sind richtig
(C) nur 1, 2 und 3 sind richtig
(D) nur 2, 3 und 4 sind richtig
(E) 1–4 = alle sind richtig

Außer den Fragen Nr. 1147–1171 waren folgende Aufgaben aus voranstehenden Abschnitten Bestandteil der *Prüfung vom Frühjahr 1996:* Frage Nr. 83 – 145 – 201 – 213 – 314 – 339 – 428 – 492 – 523 – 539 – 684 – 816 – 824 – 841 – 929 – 930 – 957 – 958 – 959 – 1093 – 1095 – 1122.

Prüfung Herbst 1996

1172$^+$ Welche Aussage trifft zu?
Als Edukt zur Darstellung von 3-Oxo-2,4-diphenylbuttersäureethylester durch Claisen-Kondensation dient:

(A) Benzoesäureethylester
(B) Phenylessigsäureethylester
(C) Diphenylessigsäureethylester
(D) Benzylmalonsäurediethylester
(E) Malonsäurediethylester

1173 Welche Aussage zum angegebenen Gleichgewicht trifft zu?

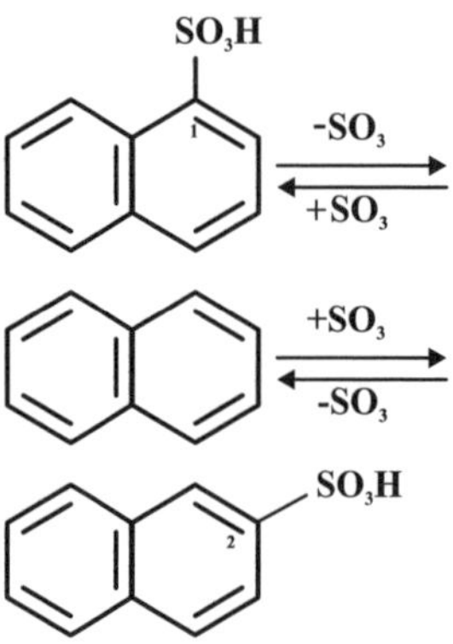

(A) Die 1-Naphthalensulfonsäure entsteht bevorzugt bei vergleichsweise niedrigen, die 2-Naphthalensulfonsäure bevorzugt bei vergleichsweise höheren Temperaturen.
(B) Es handelt sich um eine nucleophile Substitution am Aromaten.
(C) Durch Einführung einer Sulfonylgruppe erhöht sich die Elektronendichte am Aren.
(D) Die 1-Naphthalensulfonsäure ist stabiler als die 2-Naphthalensulfonsäure.
(E) Die Gegenwart von Luftsauerstoff beschleunigt die Einstellung des Gleichgewichts.

1174 Welche Verbindung kann durch Aldolreaktion mit anschließender Cannizzaro-Reaktion entstehen?

(A)
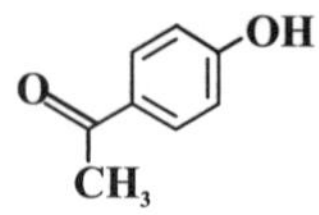

(B)
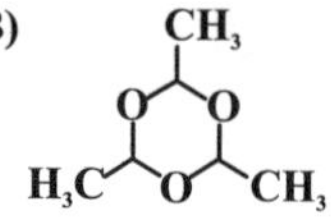

(C)
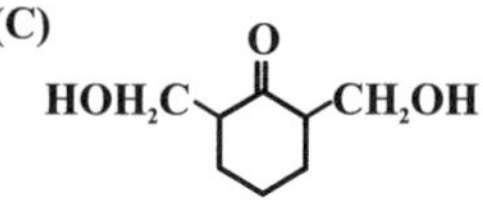

(D)
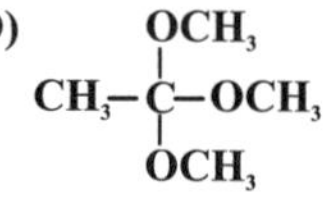

(E)
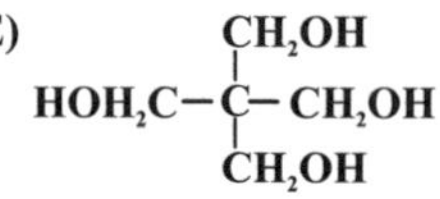

1175$^+$ Welche Aussage zur Photochlorierung von Benzen trifft zu?

(A) Als Produkt entsteht Dodecachlorcyclohexan.
(B) Als Produkt entsteht Hexachlorcyclohexan.
(C) Die Reaktion verläuft überwiegend ionisch.
(D) Als Intermediate entstehen chlorierte Chinone.
(E) Radikalfänger beschleunigen die Reaktion erheblich.

1176 Welcher der folgenden Substituenten weist einen -M-Effekt auf?

(A) $-CCl_3$
(B) $-COOC_2H_5$
(C) $-OCH_3$
(D) $-C(CH_3)_3$
(E) -Br

1177 Welche Reihenfolge trifft zu?
Die Anordnung der folgenden Verbindungen in der Reihenfolge steigender Acidität lautet:

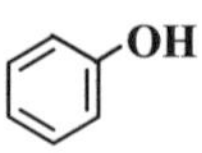

CF_3COOH C_2H_5OH CH_3COOH

(1) (2) (3) (4)

(A) 3<1<4<2
(B) 2<4<1<3
(C) 1<2<3<4
(D) 3<4<1<2
(E) 3<4<2<1

1178 Welche der folgenden Reaktionen ist ein Teilschritt der Strecker-Synthese (R = Alkyl)?

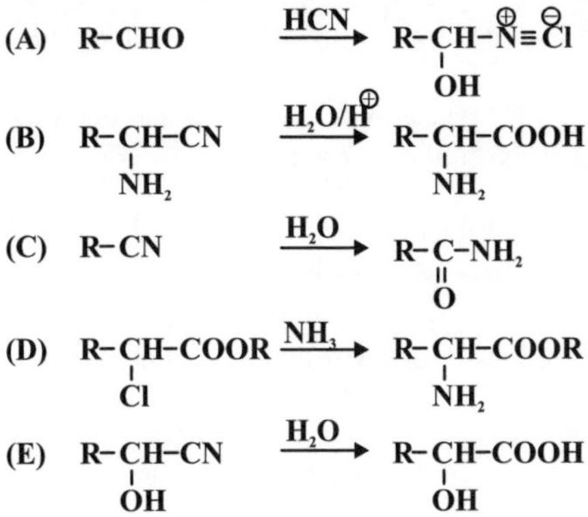

1179+ Welche der folgenden Verbindungen ist **nicht** mesomeriestabilisiert?

(A) Acetat-Anion
(B) Guanidinium-Kation
(C) Cyclopropenylium-Kation
(D) Cyclobutadien
(E) Naphthalen

1180 Welche der folgenden Reaktionen führt **nicht** zu Ethan?

(A) $Zn(C_2H_5)_2 + 2\,H_2O \longrightarrow$
(B) $2\,CH_3CO_2^- - 2\,e^- \longrightarrow$
(C) $CH_3\text{-}Na + CH_3I \longrightarrow$
(D) $C_2H_5\text{-}Li + H_2O \longrightarrow$
(E) $(C_2H_5)_2CuLi + 2\,C_2H_5Cl \longrightarrow$

1181 Welche Aussage trifft **nicht** zu?
Aromatische Diazoniumverbindungen wie Benzendiazoniumchlorid können unter geeigneten Bedingungen über eine Kupplungsreaktion verknüpft werden mit:

(A) 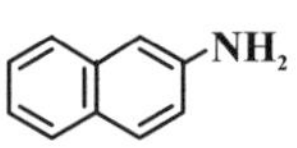

(B) 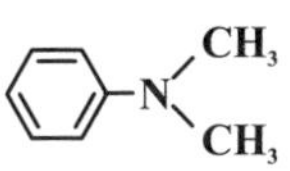

(C) 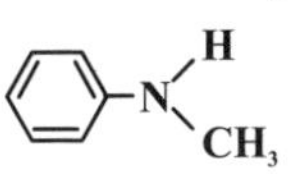

(D) 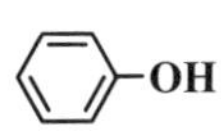

(E) 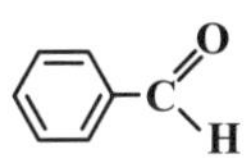

Ordnen Sie bitte den in Fischer-Projektion angegebenen Verbindungen in Liste 1 das jeweils entsprechende Diastereomer aus Liste 2 zu!

Liste 1

1182 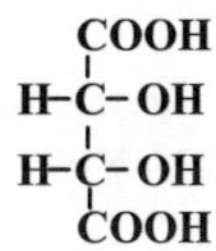

1183 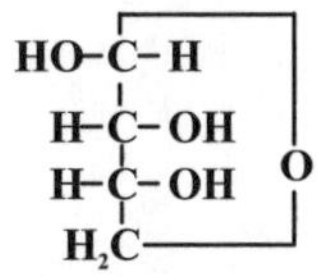

Liste 2

(A) 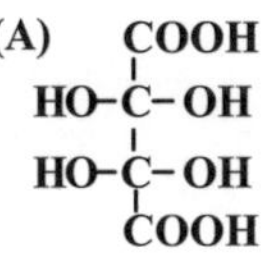

(B) 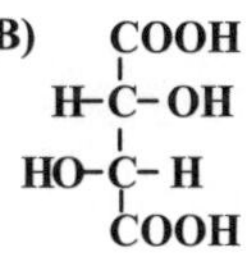

(C) 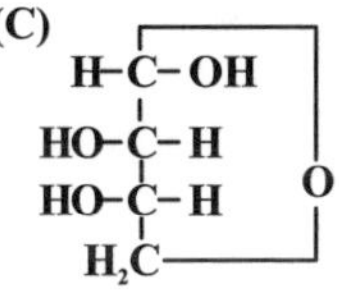

(D) 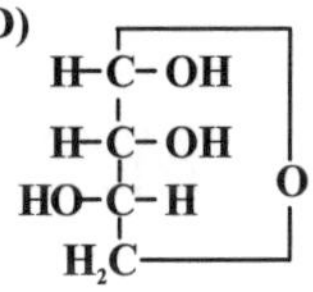

(E) 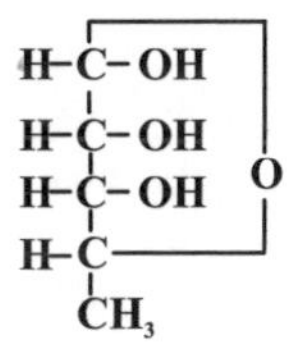

Ordnen Sie bitte den Strukturformeln der Liste 1 das jeweils zutreffende Strukturelement aus Liste 2 zu!

Liste 1

1184 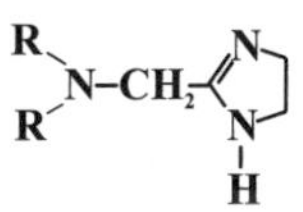

1185 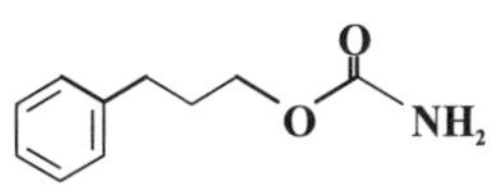

Liste 2

(A) Aminal
(B) Amidin
(C) Harnstoff
(D) Carbonat
(E) Urethan

Ordnen Sie bitte den Formeln der Liste 1 den jeweils richtigen Namen aus Liste 2 zu!

Liste 1

1186 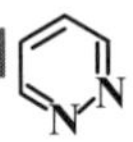

1187 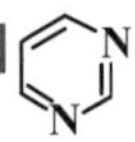

Liste 2

(A) Pyrrol
(B) Pyrazol
(C) Pyrazin
(D) Pyridazin
(E) Pyrimidin

Ordnen Sie bitte den Stoffen in Liste 1 die jeweils zutreffende Bezeichnung aus Liste 2 zu!

Liste 1

1188 Polypropylen

1189 Polystyrol

Liste 2

(A) Vinylpolymer
(B) Polyamid
(C) Polyester
(D) Polypeptid
(E) Polyurethan

1190 Meso-Weinsäure ist ein Racemat,
weil
meso-Weinsäure die Ebene des linear polarisierten Lichtes **nicht** dreht.

1191 Die direkte Fluorierung von Alkanen wird zur technischen Herstellung von Fluorkohlenwasserstoffen genutzt,
weil
die direkte Fluorierung von Alkanen stark exotherm verläuft.

1192⁺ Beim Umsetzen von Methylmagnesiumbromid mit Acetamid erhält man Methan,
weil
die Methylgruppe in Acetamid ausgeprägte CH-acide Eigenschaften aufweist.

1193⁺ Sulfoniumionen mit verschiedenen Substituenten können **nicht** in Enantiomeren auftreten,
weil
der Schwefel in Sulfoniumsalzen dreibindig ist.

1194 Carbonsäuren liegen in festem und flüssigem Zustand dimer vor,
weil
Carbonsäuren in festem und flüssigem Zustand über H-Brücken assoziiert sind.

1195 Pyrrol ist **nicht** elektrophil substituierbar,
weil
Pyrrol zu den π-elektronenreichen Heteroaromaten (Hetarenen) gehört.

1196 α–und β-D-Glucose verhalten sich wie Bild und Spiegelbild,
weil
α–und β-D-Glucose anomere Zucker sind.

1197 α-Aminosäuren können in Gegenwart von Cu^{2+}-Ionen kolorimetrisch bestimmt werden,
weil
α-Aminosäuren mit Cu^{2+}-Ionen in alkalischer Lösung farbige Chelatkomplexe bilden.

1198 Welche Aussagen zur Diels-Alder Reaktion von Furan mit Maleinimid (s. Abb.) treffen zu?

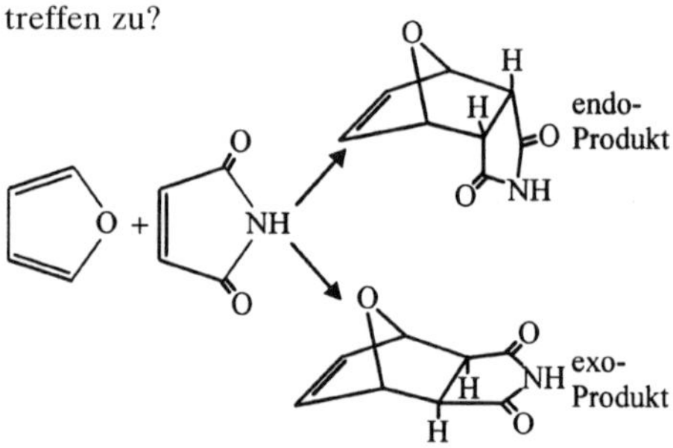

(1) Bei niedriger Temperatur bildet sich bevorzugt das endo-Produkt.
(2) Bei höherer Temperatur bildet sich bevorzugt das exo-Produkt.
(3) Beide Produkte sind Diastereomere.
(4) Das Maleinimid stellt den elektronenärmeren Reaktionspartner dar.

(A) nur 1 und 2 sind richtig
(B) nur 3 und 4 sind richtig
(C) nur 1, 2 und 4 sind richtig
(D) nur 2, 3 und 4 sind richtig
(E) 1–4 = alle sind richtig

1199 Welche der folgenden Produkte können auf dem angegebenen Reaktionsweg erhalten werden?

(1) 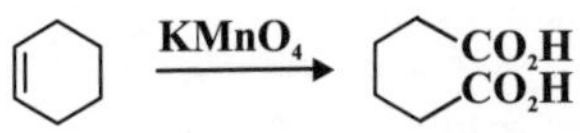

(2) 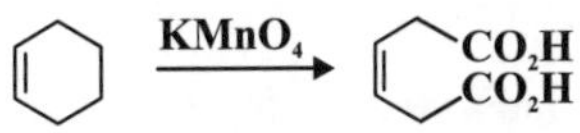

(3) 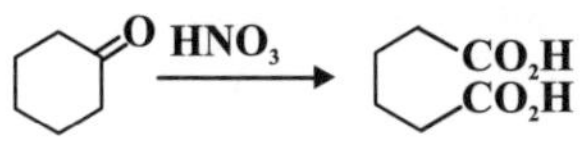

(4) 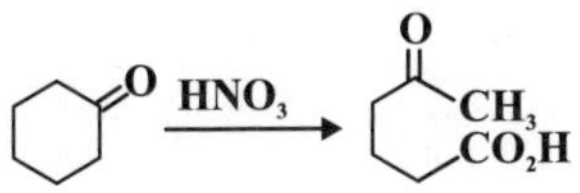

(A) nur 1 ist richtig
(B) nur 3 ist richtig
(C) nur 1 und 3 sind richtig
(D) nur 2 und 3 sind richtig
(E) nur 2 und 4 sind richtig

1200 Welche der folgenden Verbindungen können aus Phenol und Brom hergestellt werden?

(1) 4-Brom-phenol
(2) 2,4-Dibrom-phenol
(3) 2,4,6-Tribrom-phenol
(4) 2,4,4,6-Tetrabrom-cyclohexadienon

(A) nur 1 ist richtig
(B) nur 3 ist richtig
(C) nur 1 und 3 sind richtig
(D) nur 1, 2 und 3 sind richtig
(E) 1–4 = alle sind richtig

1201 Welche Aussagen zur angegebenen Verbindung treffen zu?

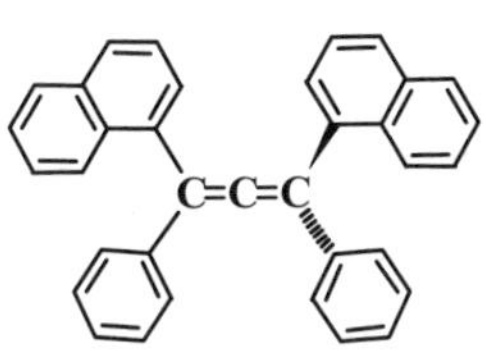

(1) Sie ist chiral.
(2) Sie kann E/Z-Isomere bilden.
(3) Der zentrale Kohlenstoff ist sp-hybridisiert.
(4) Sie reagiert als Dien in Diels-Alder-Reaktionen.

(A) nur 1 ist richtig
(B) nur 2 ist richtig
(C) nur 3 ist richtig
(D) nur 1 und 3 sind richtig
(E) nur 1, 3 und 4 sind richtig

1202 Welche der folgenden Reaktionen/Umsetzungen von Ethylenoxid können durchgeführt werden?

(1) H_2C-CH_2 (mit O-Brücke) $+ R-NH_2 \rightarrow HO-CH_2-CH_2-NHR$

(2) $+ H-CN \rightarrow HO-CH_2-CH_2-CN$

(3) $+ H-OR \rightarrow HO-CH_2-CH_2-OR$

(4) $+ H-SR \rightarrow HO-CH_2-CH_2-SR$

(5) $+ R-MgX \rightarrow ... \rightarrow HO-CH_2-CH_2-R$

(A) nur 1 und 3 sind richtig
(B) nur 2 und 4 sind richtig
(C) nur 2 und 5 sind richtig
(D) nur 1, 3 und 4 sind richtig
(E) 1–5 = alle sind richtig

1203 Bei welchen der nachstehend aufgeführten Reaktionen ist das richtige Endprodukt formuliert?

(1) 

(2) 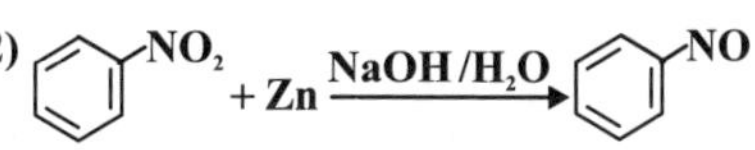

(3) 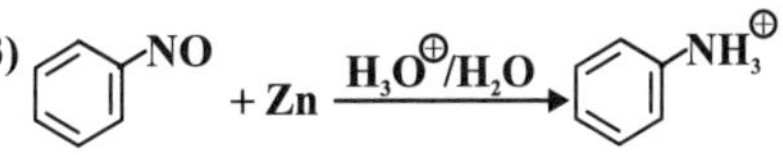

(4) 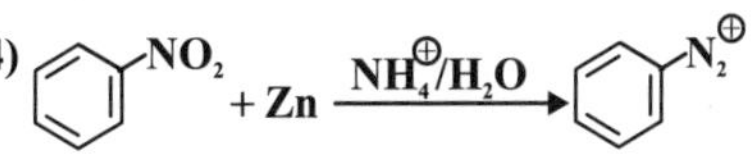

(A) nur 1 ist richtig
(B) nur 3 ist richtig
(C) nur 1 und 3 sind richtig
(D) nur 1, 2 und 3 sind richtig
(E) nur 2, 3 und 4 sind richtig

1204 Welche der folgenden Zucker sind Pentosen?

(1) Arabinose
(2) Mannose
(3) Galactose
(4) Ribose
(5) Sorbose

(A) nur 1 ist richtig
(B) nur 1 und 4 sind richtig
(C) nur 2 und 5 sind richtig
(D) nur 3 und 4 sind richtig
(E) nur 3 und 5 sind richtig

1205 Welche der folgenden Umsetzungen sind mit den genannten Edukten durchführbar?

(1) 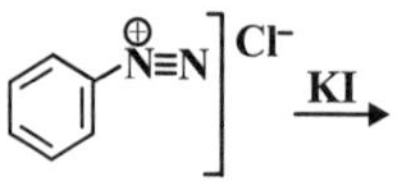

(2) 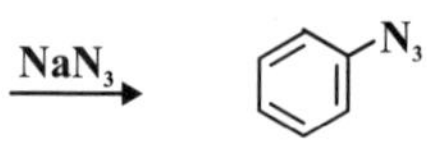

(3) 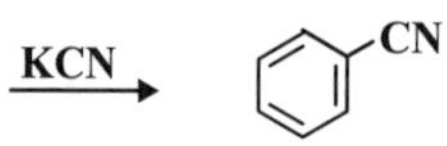

(4) 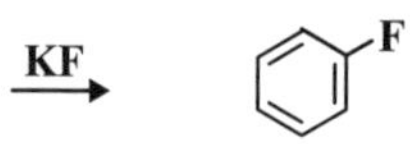

(5) 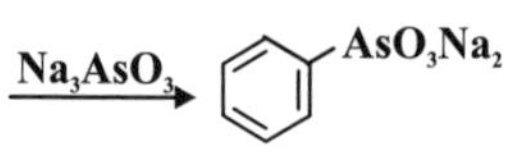

(A) nur 1 und 3 sind richtig
(B) nur 3 und 4 sind richtig
(C) nur 1, 2 und 5 sind richtig
(D) nur 3, 4 und 5 sind richtig
(E) 1–5 = alle sind richtig

1206 Bei welchen der angegebenen Synthesen entstehen aromatische Aldehyde?

(1) Paal-Knorr-Synthese
(2) Heumann-Synthese
(3) Reimer-Tiemann-Synthese
(4) Pschorr-Synthese
(5) Vilsmeier-Haack-Synthese

(A) nur 1 und 4 sind richtig
(B) nur 2 und 3 sind richtig
(C) nur 3 und 5 sind richtig
(D) nur 1, 3 und 4 sind richtig
(E) nur 2, 4 und 5 sind richtig

Außer den Fragen Nr. 1172–1206 waren folgende Aufgaben aus voranstehenden Abschnitten Bestandteil der *Prüfung vom Herbst 1996:* Frage Nr. 12 – 23 – 294 – 538 – 716 – 815 – 843 – 848 – 900 – 901 – 902 – 1007 – 1037 – 1041 – 1130.

Prüfung Frühjahr 1997

1207 Welches Diagramm entspricht einer endothermen S_N2-Reaktion?

(A)

(B)
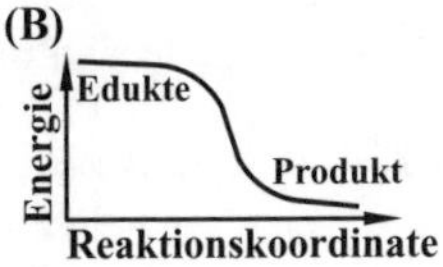

(C)
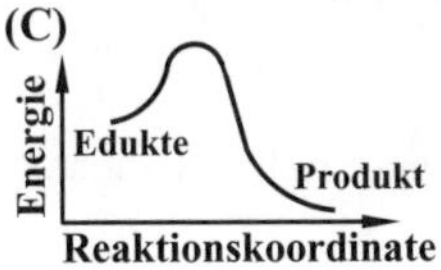

(D)
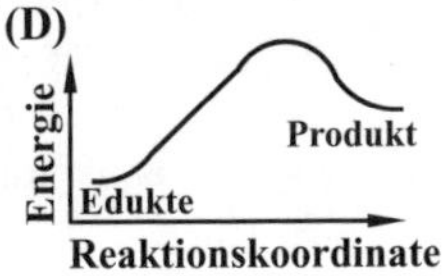

(E)

1208⁺ Welche Aussage trifft **nicht** zu?
Folgende Substanzen/Ionen können beim Erhitzen eine 1,2-Eliminierungsreaktion zu einem Alken bzw. Alkenderivat eingehen:

(A) 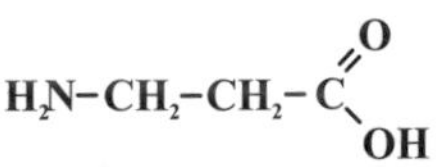

(B) 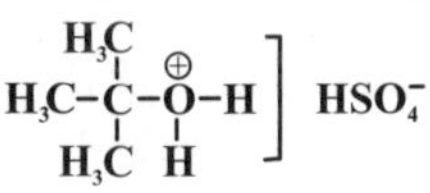

(C) 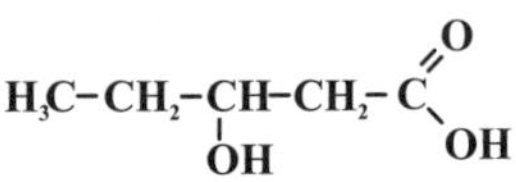

(D) 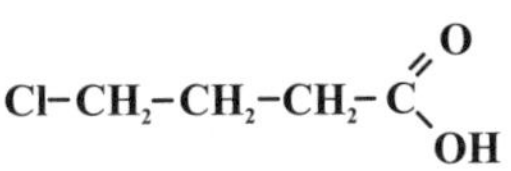

(E) 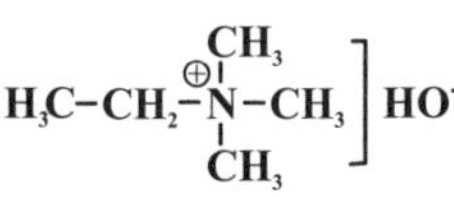

1209⁺ Welche Aussage trifft **nicht** zu?
Anilin

(A) kann in Analogie zu primären aliphatischen Aminen in ein Isonitril übergeführt werden
(B) ist im Vergleich zu Methylamin in wäßrigem Medium die schwächere Base
(C) ist durch katalytische Hydrierung von Nitrobenzen darstellbar
(D) ist im Vergleich zu Nitrobenzen leichter elektrophil substituierbar
(E) bildet mit Essigsäure in wäßrigem Medium ein Amid

1210⁺ Welche Aussage über Essigsäure trifft **nicht** zu?
Essigsäure

(A) entsteht bei katalytischer Carbonylierung von Methanol
(B) besitzt einen höheren pK_a-Wert als Ameisensäure
(C) ist ein häufig verwendetes Lösungsmittel, z. B. bei Oxidationsreaktionen
(D) gibt keine Haloform-Reaktion
(E) liegt nur im festen Zustand dimer vor

Ordnen Sie bitte den reaktiven Zwischenstufen in Liste 1 die jeweils entsprechende Namensreaktion aus Liste 2 zu!

Liste 1

1211 Dichlorcarben
1212 Methyleniminium-Ion

Liste 2

(A) Curtius-Abbau
(B) Schiemann-Reaktion
(C) Isonitril-Reaktion
(D) Mannich-Reaktion
(E) Beckmann-Umlagerung

Ordnen Sie bitte den Begriffen der Liste 1 die jeweils entsprechende Verbindung aus Liste 2 zu!

Liste 1

1213 CH-Acidität
1214 NH-Acidität

Liste 2

(A) Dimethylmalondinitril
(B) Succinimid
(C) Dimethylformamid
(D) Benzophenon
(E) Nitroethan

Ordnen Sie bitte den Reagenzien der Liste 1 das jeweils entsprechende aus der Umsetzung mit Phenol resultierende Hauptprodukt aus Liste 2 zu!

Liste 1

1215 1.$NaOC_2H_5$/2.CH_3I

1216 $NaOH/CO_2$

Liste 2

(A) Anisol
(B) Toluen
(C) o-Hydroxybenzoesäure, Na-Salz
(D) p-Hydroxybenzoesäure, Na-Salz
(E) o-Kresol

1217+ Der Mechanismus der Cannizzaro-Reaktion ähnelt dem der Benzilsäure-Umlagerung,
weil
sowohl die Cannizzaro-Reaktion als auch die Benzilsäure-Umlagerung durch eine intermolekulare Umlagerung charakterisiert sind.

1218+ Wachse liefern beim Verseifen Glycerol und höhere Fettsäuren,
weil
Wachse Ester höherer Fettsäuren sind.

1219 Bei der Reduktion einer Monosaccharid-Aldose entsteht ein Diastereomerenpaar des entsprechenden Zuckeralkohols,
weil
bei der Reduktion einer Monosaccharid-Aldose ein neues asymmetrisches C-Atom gebildet wird.

1220 Welche Aussagen treffen zu?

(1) Die Basizität des Stickstoffs nimmt mit zunehmendem s-Anteil bei der Hybridisierung mit p-Orbitalen in der Reihenfolge $sp^3 > sp^2 > sp$ ab.
(2) Die Elektronegativität des Stickstoffs nimmt mit zunehmendem s-Anteil bei der Hybridisierung mit p-Orbitalen zu.
(3) Die Acidität von Kohlenwasserstoffen nimmt mit zunehmendem s-Anteil bei der Hybridisierung mit p-Orbitalen in der Reihenfolge $sp^3 < sp^2 < sp$ zu.

(A) nur 1 ist richtig
(B) nur 2 ist richtig
(C) nur 3 ist richtig
(D) nur 1 und 3 sind richtig
(E) 1–3 = alle sind richtig

1221 Welche Aussagen zur Claisen-Umlagerung von Phenylallylethern treffen zu?

(1) Sie verläuft stets intramolekular.
(2) Sie führt stets zu o-substituierten Phenolen.
(3) Zwischenstufe ist ein Cyclohexadienon-Derivat.
(4) Sie erfolgt stets unter zweifacher Inversion der Alkylkette.

(A) nur 1 und 2 sind richtig
(B) nur 1 und 3 sind richtig
(C) nur 2 und 4 sind richtig
(D) nur 1, 3 und 4 sind richtig
(E) 1–4 = alle sind richtig

1222 Welche Aussagen zu Guanidin treffen zu?

(1) Es ist Bestandteil des Guano.
(2) Es wird aus Kohlendioxid und Ammoniak hergestellt.
(3) Seine wäßrige Lösung reagiert ähnlich basisch wie Alkalilaugen.
(4) Sein Hydrochlorid wird aus Cyanamid und Ammoniumchlorid hergestellt.
(5) Es ist Baustein der Asparaginsäure.

(A) nur 1 ist richtig
(B) nur 2 und 3 sind richtig
(C) nur 3 und 4 sind richtig
(D) nur 4 und 5 sind richtig
(E) nur 1, 2 und 5 sind richtig

1223 Welche der folgenden Reaktionen sind zur Darstellung aromatischer Carbonsäuren geeignet?

(1) Hydrolyse von aromatischen Nitrilen
(2) CrO_3-Oxidation von Alkyl-substituierten Arenen
(3) Direkte Carbonylierung von Arenen
(4) Carboxylierung von Aryl-Grignard-Verbindungen

(A) nur 1 und 2 sind richtig
(B) nur 1 und 4 sind richtig
(C) nur 2 und 3 sind richtig
(D) nur 1, 2 und 4 sind richtig
(E) nur 1, 3 und 4 sind richtig

1224+ Welche Aussagen treffen zu?
Natriumacetessigester

(1) entsteht aus Acetessigester und Natrium
(2) entsteht in einer Kondensationsreaktion aus Essigsäureethylester und $NaOC_2H_5$
(3) reagiert mit Methylbromid zu Acetessigsäuremethylester
(4) wird von Brombenzen überwiegend O-aryliert

(A) nur 1 ist richtig
(B) nur 2 ist richtig
(C) nur 1 und 2 sind richtig
(D) nur 3 und 4 sind richtig
(E) nur 1, 3 und 4 sind richtig

1225+ Welche Aussagen treffen zu?
Indol

(1) wird aus dem Phenylhydrazon des Benzophenons hergestellt
(2) bildet als Tautomeres Isoindol
(3) bildet mit Mineralsäuren stabile Salze
(4) reagiert mit Elektrophilen als Enamin

(A) nur 2 ist richtig
(B) nur 4 ist richtig
(C) nur 2 und 4 sind richtig
(D) nur 1, 2 und 3 sind richtig
(E) nur 1, 3 und 4 sind richtig

Außer den Fragen Nr. 1207–1225 waren folgende Aufgaben aus voranstehenden Abschnitten Bestandteil der *Prüfung vom Frühjahr 1997:* Frage Nr. 10 – 47 – 80 – 92 – 217 – 248 – 250 – 251 – 272 – 288 – 316 – 362 – 430 – 479 – 480 – 499 – 528 – 533 – 553 – 596 – 690 – 691 – 692 – 706 – 717 – 754 – 808 – 910 – 924 – 974 –1010 – 1043 – 1101.

Prüfung Herbst 1997

1226 Welche Aussage zur Prileschajew-Reaktion von Z- und E-Cycloocten mit Percarbonsäuren trifft zu?

(A) Es bilden sich direkt die vicinalen cis- und trans-Diole.
(B) Es bildet sich jeweils stereospezifisch ein cis- und trans-Epoxid.
(C) Es bilden sich ausschließlich Polyglycole.
(D) Es bildet sich ausschließlich Hydroxycyclooctatetraen.
(E) Es bildet sich ausschließlich Cyclooctin.

1227 Welche Aussage zur S_N2-Reaktion an chiralen Alkylbromiden der allgemeinen Struktur $R^1R^2R^3CBr$ ($R^1 \neq R^2 \neq R^3$) mit OH^- als Nucleophil trifft zu?

(A) Sie verläuft immer unter Racemisierung.
(B) Der Übergangszustand besitzt oktaedrische Geometrie.
(C) Es erfolgt Retention der Konfiguration.
(D) Die Geschwindigkeit der Gesamtreaktion ist ausschließlich von der Alkylbromid-Konzentration abhängig.
(E) Es erfolgt Konfigurationsinversion.

1228 Welcher der folgenden Substituenten weist einen +M-Effekt aus?

(A) $-CF_3$
(B) $-CHO$
(C) $-OCH_3$
(D) $-CN$
(E) $-NO_2$

1229 Welches ist das unmittelbare Edukt zur Synthese von Acridon unter Einsatz von Schwefelsäure als Katalysator?

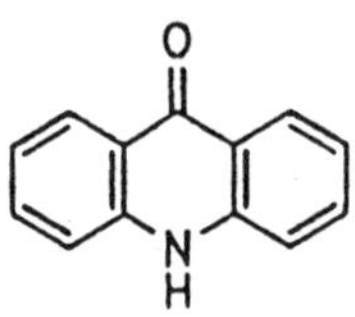

(A) Diphenylamin-2-carbonsäure
(B) Anthranilsäure
(C) Phenothiazin
(D) o-Aminobenzaldehyd
(E) o-Nitrobenzophenon

1230 Welche Aussage über die Autoxidation von Benzaldehyd trifft zu?

(A) Sie verläuft ionisch.
(B) Als Intermediat bildet sich ein Acylanion.
(C) Als Intermediat ist ausschließlich Benzoin nachweisbar.
(D) Sie wird in Gegenwart von Fe, Ni oder Cu unterdrückt.
(E) Sie verläuft über einen Radikalkettenmechanismus.

1231 Welche Aussage zur Reihenfolge abnehmender Acidität von Carbonsäuren trifft zu?

(A) Trimethylessigsäure > Propionsäure > Essigsäure
(B) Essigsäure > Propionsäure > Trimethylessigsäure
(C) Essigsäure > Trimethylessigsäure > Propionsäure
(D) Propionsäure > Essigsäure > Trimethylessigsäure
(E) Propionsäure > Trimethylessigsäure > Essigsäure

1232 Welches Produkt bildet sich bei der Oxidation von Chinolin mit $KMnO_4$ bevorzugt?

(A) Anthranilsäure
(B) Chinolinsäure
(C) Benzoesäure
(D) Pyridin-2-aldehyd
(E) 2-Hydroxychinolin

1233 Welche Aussage über die Umsetzung eines Alkohols mit Phosphorpentachlorid trifft **nicht** zu?

(A) Bei der Umsetzung entsteht ein Alkylhalogenid.
(B) 1 Mol PCl_5 liefert 5 Mol Alkylhalogenid.
(C) Als Nebenprodukt entsteht Salzsäure.
(D) Als Zwischenprodukt entsteht ein Halogenphosphorsäureester.
(E) Bei chiralen Alkoholen tritt Inversion ein.

1234 Welches der folgenden Edukte führt durch Umsetzung mit Alkylhalogenid **nicht** zum entsprechenden Onium-Salz?

(A) R_3N + R^1–X ⟶
(B) Ph_3P + R^1–X ⟶
(C) $(RO)_3P$ + R^1–X ⟶
(D) R_2S + R^1–X ⟶
(E) R_2O/BF_3 + R^1–F ⟶

1235 Welches der folgenden Hetarene ist unter Standardbedingungen **nicht** elektrophil substituierbar?

(A) Pyrazol
(B) Thiophen
(C) Furan
(D) Pyridin
(E) Pyrrol

Ordnen Sie bitte den Edukten der Liste 1 das jeweils daraus gebildete Produkt aus Liste 2 zu!

Liste 1	Liste 2
1236 CH_3–MgBr + H_2O	(A) n-Propanol
1237 CH_3–MgBr + CH_3CHO	(B) Isopropanol
	(C) Aceton
	(D) Methan
	(E) Methanol

Ordnen Sie bitte den Strukturformeln der Liste 1 die jeweils entsprechende Stoffklasse aus Liste 2 zu!

Liste 1

1238

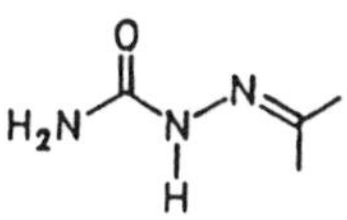

1239

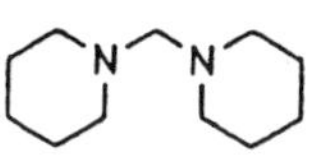

Liste 2

(A) Aminal
(B) Lactam
(C) Ureid
(D) Semicarbazon
(E) Hydrazon

Ordnen Sie bitte den in Liste 1 genannten Methoden zur Amid- bzw. Peptid-Synthese die jeweils zutreffende aktivierte Carbonsäure-Zwischenstufe aus Liste 2 zu!

Liste 1

1240 Azolid-Methode
1241 Carbodiimid-Methode

Liste 2

(A)

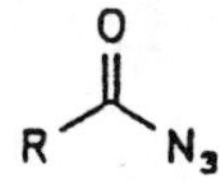

(B)

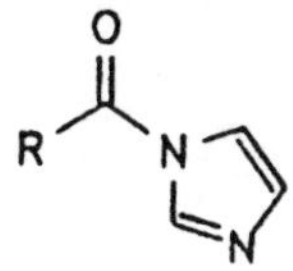

(C)

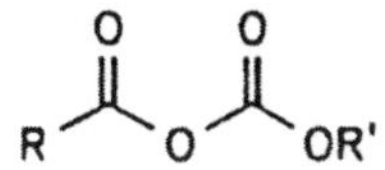

(D)

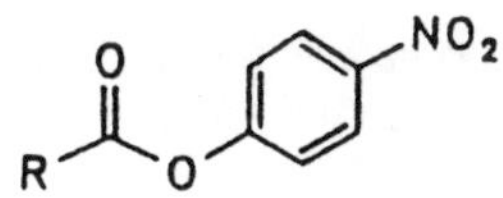

(E)

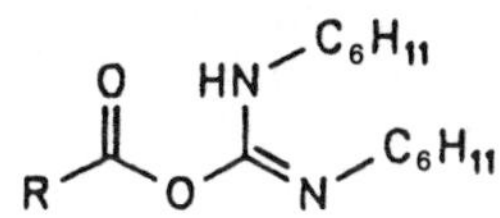

Ordnen Sie bitte den Formeln in Liste 1 die jeweils richtige Konformationsbezeichnung aus Liste 2 zu!

Liste 1

1242

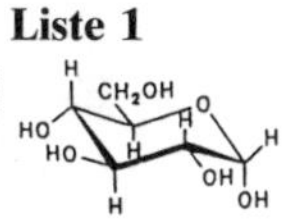

1243

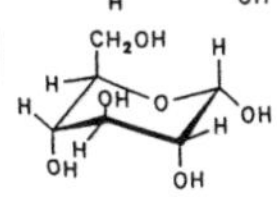

Liste 2

(A) $^1C_4$-Konformation
(B) $^4C_1$-Konformation
(C) $^2C_1$-Konformation
(D) $^3C_1$-Konformation
(E) $^4C_4$-Konformation

Ordnen Sie bitte den Formeln der Liste 1 die jeweils zutreffende Bezeichnung aus Liste 2 zu!

Liste 1

1244+

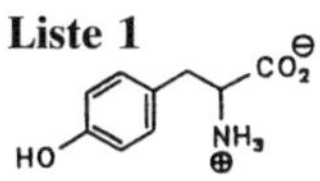

1245

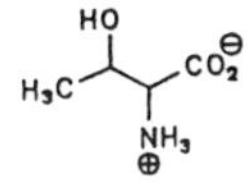

Liste 2

(A) Threonin
(B) Threose
(C) Tryptophan
(D) Tyrosin
(E) Phenylalanin

1246 Die Elektronegativität hybridisierter C-Atome nimmt in der Reihenfolge $sp^3 < sp^2 < sp$ zu,
weil
mit abnehmendem s-Anteil der Hybridisierung die Bindungselektronen stärker vom Kern angezogen werden.

1247 Allylchlorid ist bei nucleophilen Substitutionsreaktionen reaktionsfreudiger als Vinylchlorid,
weil
Allylchlorid leichter ein Carbeniumion bilden kann als Vinylchlorid.

1248 Die Verbindung

$$\text{Alkyl–C} \equiv \text{C–CH}_2\text{–}\overline{\text{N}}\langle$$

ist über eine Mannich-Reaktion herstellbar,
weil
Monoalkylacetylene eine für die Mannich-Reaktion ausreichende CH-Acidität aufweisen.

1249 Chinolin reagiert mit nucleophilen Reagenzien, wie z. B. mit Kaliumamid, bevorzugt zu den 2- und 4-substituierten Monosubstitutionsprodukten,
weil
beim Chinolin die Übergangszustände zu den σ-Komplexen der 2- und 4-Substitutionsprodukte energetisch begünstigt sind.

1250 Welche der folgenden Ionen sind aromatisch?

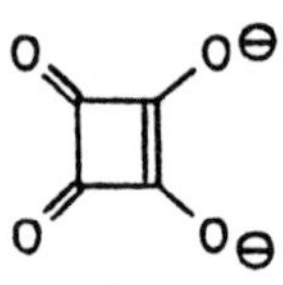
(1)

(2)

(3)

(4)

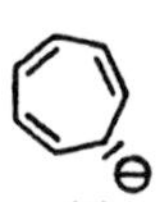
(5)

(A) keine der obigen Verbindungen
(B) nur 1 und 5 sind richtig
(C) nur 2 und 4 sind richtig
(D) nur 1, 3 und 4 sind richtig
(E) 1–5 = alle sind richtig

1251 Zu welchen der folgenden Verbindungen kann sich Isopropylcarben stabilisieren?

$$H_3C\text{–}\underset{\displaystyle CH_3}{\underset{|}{CH}}\text{–}\overline{C}H$$

(1) Methylbenzen
(2) 1,1-Dimethyl-ethylen
(3) Methylcyclopropan
(4) Cyclobutan
(5) Methylcyclohexan

(A) nur 2 ist richtig
(B) nur 4 ist richtig
(C) nur 1 und 3 sind richtig
(D) nur 2 und 3 sind richtig
(E) nur 2 und 5 sind richtig

1252 Welche der folgenden Stoffe/Stoffklassen fungieren bei der 1,3-dipolaren Cycloaddition als 1,3-Dipol?

(1) Nitrile
(2) Diazoalkane
(3) Diazoniumverbindungen
(4) Säureazide
(5) Ozon

(A) nur 1 und 4 sind richtig
(B) nur 2 und 3 sind richtig
(C) nur 2 und 5 sind richtig
(D) nur 1, 2 und 5 sind richtig
(E) nur 2, 4 und 5 sind richtig

1253 Welche der folgenden Umlagerungen können zu Carbonsäuren oder Carboxylaten führen?

(1) Favorski-Umlagerung
(2) Wagner-Meerwein-Umlagerung
(3) Benzilsäure-Umlagerung
(4) Fries'sche Umlagerung
(5) Wolff-Umlagerung

(A) nur 1 ist richtig
(B) nur 3 ist richtig
(C) nur 2 und 5 sind richtig
(D) nur 3 und 4 sind richtig
(E) nur 1, 3 und 5 sind richtig

1254 Welche der folgenden Verbindungen können Tautomere bilden?

(1) Salpetrige Säure
(2) Schweflige Säure
(3) p-Nitrosophenol
(4) Benzochinon-phenylhydrazon
(5) α-Ketole

(A) nur 1 ist richtig
(B) nur 5 ist richtig
(C) nur 1 und 2 sind richtig
(D) nur 3 und 4 sind richtig
(E) 1–5 = alle sind richtig

1255 Welche der folgenden Reaktionen laufen bei der Dihydropyridin-Synthese nach Hantzsch ab?

(1) Enaminbildung
(2) Aminolyse
(3) Knoevenagel-Kondensation
(4) Hydrolyse
(5) Michael-Addition

(A) nur 3 ist richtig
(B) nur 2 und 4 sind richtig
(C) nur 2 und 5 sind richtig
(D) nur 1, 3 und 5 sind richtig
(E) nur 2, 4 und 5 sind richtig

Außer den Fragen Nr. 1226–1255 waren folgende Aufgaben aus voranstehenden Abschnitten Bestandteil der *Prüfung vom Herbst 1997:* Frage Nr. 85 – 138 – 167 – 219 – 229 – 236 – 305 – 321 – 345 – 397 – 417 –575 – 640 – 682 – 719 – 919 – 1037 – 1096 – 1097 – 1111.

Prüfung Frühjahr 1998

1256 Die Ozonolyse eines Alkens liefert Formaldehyd und iso-Butanal.
Welche Struktur besitzt das Edukt?

(A) $H_3C-CH_2-CH=CH-CH_3$

(B) 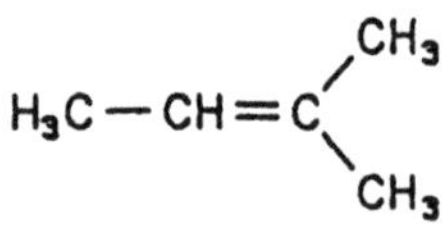

(C) $H_3C-CH_2-CH_2-CH=CH_2$

(D) 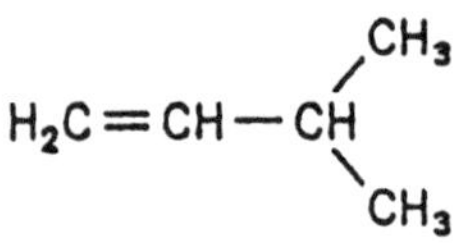

(E) 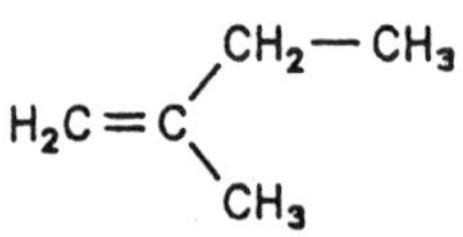

1257 Welcher der folgenden hochmolekularen Stoffe entsteht **nicht** durch **Polymerisation?**

(A) Polyethylen
(B) Polystyrol
(C) Polyvinylchlorid
(D) Polyester
(E) Polymethylacrylat

Ordnen Sie bitte den Chiralitäten in Liste 1 die jeweils zugehörige Struktur/Verbindung aus Liste 2 zu!

Liste 1

1258 axiale Chiralität

1259 zentrale Chiralität

Liste 2

(A) 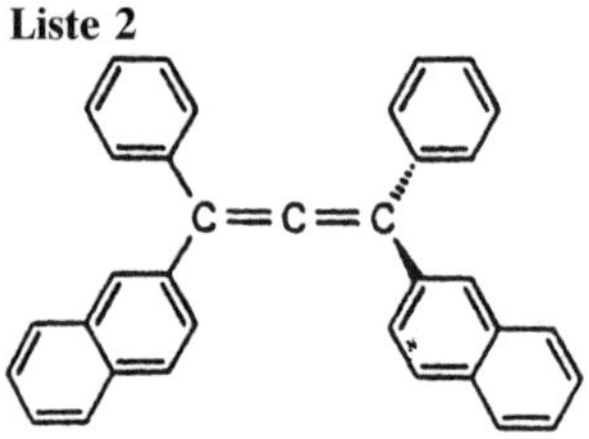

(B) 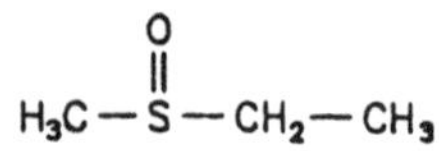

(C) 

(D) 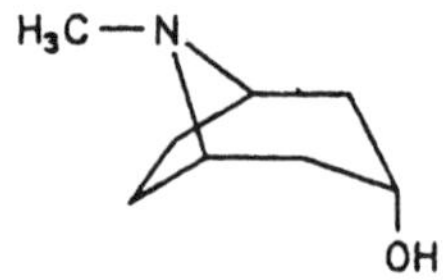

(E) 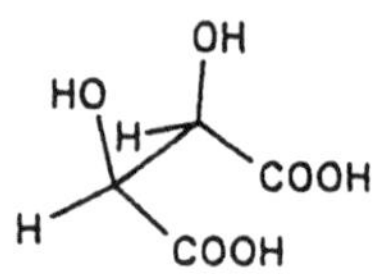

Ordnen Sie bitte den Aciditäten in Liste 1 die jeweils entsprechende Verbindung aus Liste 2 zu!

Liste 1	Liste 2
1260 CH-Acidität	(A) Ameisensäure
1261 NH-Acidität	(B) Isochinolin
	(C) Nitromethan
	(D) α-Pyridon
	(E) Phenylisocyanat

Ordnen Sie bitte den Namensreaktionen in Liste 1 den jeweils zugehörigen Reaktionstyp aus Liste 2 zu!

Liste 1	Liste 2
1262 Fries-Verschiebung	(A) Hydridtransfer
1263 Oppenauer-Oxidation	(B) Decarboxylierung
	(C) Cycloreversion
	(D) β-Eliminierung
	(E) Acyltransfer

1264 Die alkalische Hydrolyse von Carbonsäureestern ist praktisch irreversibel,
weil
Carboxylat-Ionen sich prinzipiell **nicht** zu Estern umsetzen lassen.

1265 Welche Aussagen treffen zu?

Eine Diels-Alder-Reaktion kann
(1) konzertiert verlaufen
(2) zum endo-Produkt führen
(3) zum exo-Produkt führen
(4) stereoselektiv verlaufen
(5) zu cis-verknüpften Bicyclen führen

(A) nur 1 ist richtig
(B) nur 4 ist richtig
(C) nur 2 und 3 sind richtig
(D) nur 1, 2, 4 und 5 sind richtig
(E) 1–5 = alle sind richtig

1266 Welche Aussagen über Seifen treffen zu?
(1) Zu den Seifen zählen Alkalisalze höherer Fettsäuren.
(2) Beim Verseifen von Fetten entsteht Glycerol.
(3) Wäßrige Lösungen von Kaliseifen reagieren alkalisch.
(4) Alkaliseifen bilden in wäßriger Lösung schwerlösliche Calciumsalze.
(5) Invertseifen sind charakterisiert durch eine quartäre Ammoniumgruppe.

(A) nur 1 ist richtig
(B) nur 2 und 3 sind richtig
(C) nur 1, 4 und 5 sind richtig
(D) nur 2, 3 und 4 sind richtig
(E) 1–5 = alle sind richtig

1267 Welche Aussagen treffen zu?

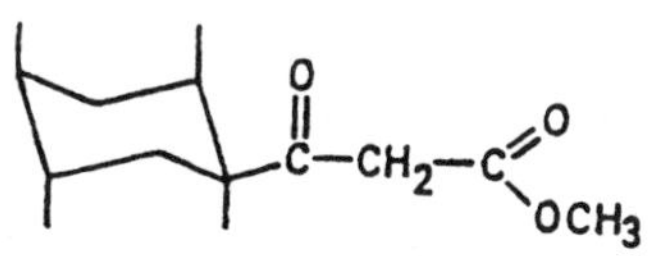

Die obenstehende Verbindung ist direkt darstellbar durch:
(1) Knoevenagel-Reaktion
(2) Claisen-Reaktion
(3) Michael-Addition
(4) Dieckmann-Reaktion

(A) nur 2 ist richtig
(B) nur 3 ist richtig
(C) nur 1 und 2 sind richtig
(D) nur 1, 3 und 4 sind richtig
(E) nur 2, 3 und 4 sind richtig

1268 Welche der folgenden Aussagen zur Basizität organischer Verbindungen treffen zu?

(1) Pyrrol ist als Elektronenüberschuß-Aromat stark basisch.
(2) Guanidin ist eine starke Base.
(3) Carbonsäureamide sind in ihrer Basizität den Amidinen vergleichbar.
(4) Anilin ist stärker basisch als Phthalimid.

(A) nur 3 ist richtig
(B) nur 2 und 4 sind richtig
(C) nur 1, 2 und 3 sind richtig
(D) nur 1, 3 und 4 sind richtig
(E) 1–4 = alle sind richtig

1269 Welche der folgenden Methoden eignen sich zur Knüpfung von Peptidbindungen?

(1) Säurechlorid-Methode
(2) N-Carbonsäureanhydrid-Methode
(3) Azolid-Methode
(4) Carbodiimid-Methode
(5) Azid-Methode

(A) nur 1 und 2 sind richtig
(B) nur 1 und 4 sind richtig
(C) nur 2 und 3 sind richtig
(D) nur 3 und 5 sind richtig
(E) 1–5 = alle sind richtig

Außer den Fragen Nr. 1256–1269 waren noch folgende Aufgaben aus voranstehenden Abschnitten Bestandteil der *Prüfung vom Frühjahr 1998:* Frage Nr. 8 – 9 – 148 – 160 – 179 – 180 – 181 – 182 – 234 – 295 – 364 – 367 – 369 – 435 – 455 – 495 – 508 – 517 – 558 – 562 – 565 – 682 – 686 – 710 – 715 – 828 – 852 – 914 – 962 – 1014 – 1023 – 1030 – 1061 – 1098 – 1131 – 1192.

Prüfung Herbst 1998

1270 In welcher Reihenfolge nimmt die Stabilität von Carbeniumionen ab?

(A) Triphenylmethyl>Benzyl>Diphenylmethyl>Allyl>Methyl
(B) Triphenylmethyl>Allyl>Diphenylmethyl>Benzyl>Methyl
(C) Triphenylmethyl>Diphenylmethyl>Allyl>Benzyl>Methyl
(D) Diphenylmethyl>Triphenylmethyl>Benzyl>Allyl>Methyl
(E) Triphenylmethyl>Diphenylmethyl>Benzyl>Allyl>Methyl

1271 Welche Aussage trifft zu?
Vergleicht man einen symmetrischen Ether mit dem entsprechenden Alkohol, dann

(A) besitzt der Ether den höhren Siedepunkt
(B) ist der Ether in Wasser schlechter löslich
(C) geht nur der Ether S_N-Reaktionen ein
(D) bildet der Ether leichter Wasserstoffbrücken aus
(E) Keine der Aussagen (A) bis (D) trifft zu.

1272 Welche der folgenden Säuren zählt zu den mehrfach ungesättigten Fettsäuren?

(A) Stearinsäure
(B) Ölsäure
(C) Undecylensäure
(D) Crotonsäure
(E) Linolsäure

1273 Welche Substanz wird durch Spaltung von α-Benzyl-acetessigsäureethylester (siehe nachstehend abgebildete Strukturformel) mit **verdünnter** Natronlauge erhalten?

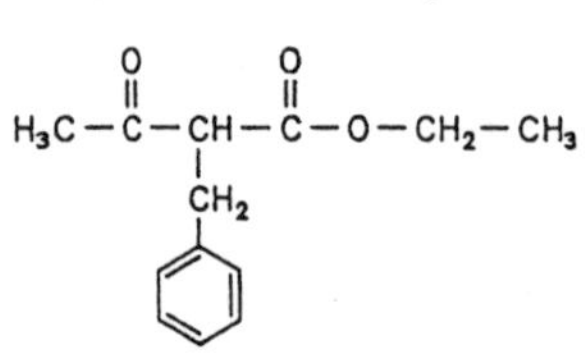

(A) 4-Phenyl-2-butanon
(B) Methylbenzylketon
(C) Propiophenon
(D) 3-Phenyl-2-butanon
(E) 1-Phenyl-3-pentanon

1274 Welche Aussage trifft zu?
D-Glucose und D-Galactose

(A) sind enantiomere Zucker
(B) sind anomere Zucker
(C) sind die Bestandteile des Invertzuckers
(D) sind zueinander diastereomer
(E) bilden das gleiche Osazon

1275 Welche Aussage zur elektrophilen Substitution von Naphthalen trifft **nicht** zu?

(A) Bei der Chlorierung in Gegenwart von Eisen erhält man als Hauptprodukt 1-Chlor-naphthalen.
(B) Die Sulfonierung führt unterhalb 80 °C zu 1-Naphthalensulfonsäure und oberhalb von 130 °C zu 2-Naphthalen-sulfonsäure als Hauptprodukt.
(C) Bei der Friedel-Crafts-Acylierung entsteht stets ein Gemisch von 1- und 2-Acyl-naphthalen.
(D) Es reagiert mit Acetylchlorid/$AlCl_3$ in Nitrobenzen bevorzugt zum 2-Substitutionsprodukt.
(E) Es reagiert mit Nitriersäure unter Erwärmen glatt zum Hexanitronaphthalen.

1276 Welches der folgenden Lösungsmittel ist **nicht** als brennbar (feuergefährlich) einzustufen?

(A) Methanol
(B) Aceton
(C) Essigester
(D) Chloroform
(E) Petrolether

1277 Welche der folgenden Stoffklassen ist in der angegebenen Struktur **nicht** enthalten?

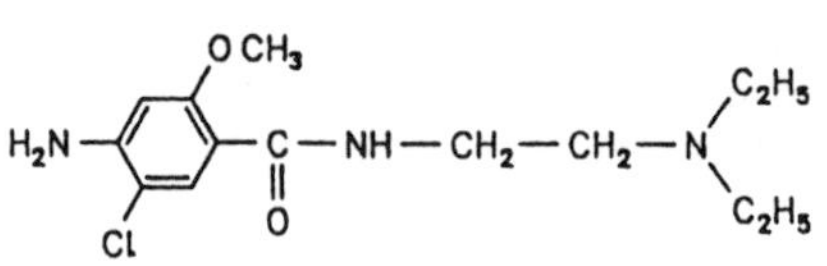

(A) primäres aromatisches Amin
(B) Aminal
(C) Phenolether
(D) tertiäres aliphatisches Amin
(E) Carbonamid

1278 Welche Aussage über D-Glucosamin trifft **nicht** zu?
D-Glucosamin

(A) gehört zu den Aminozuckern
(B) ist u. a. durch eine Strecker-Synthese herstellbar
(C) ist als Hydrochlorid kristallisierbar
(D) zeigt keine Mutarotation
(E) reduziert Fehlingsche Lösung

1279 Welche der folgenden Reaktionen von β-Dicarbonylverbindungen ergibt **nicht** das angegebene Produkt?

(A) 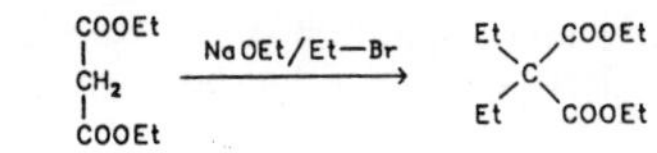

(B) 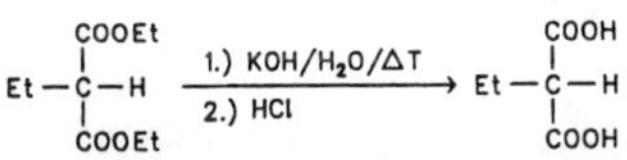

(C) 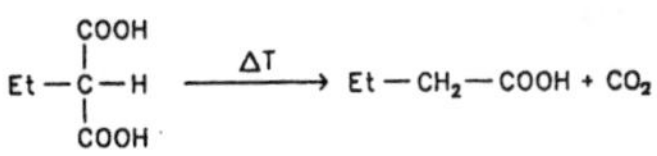

(D) 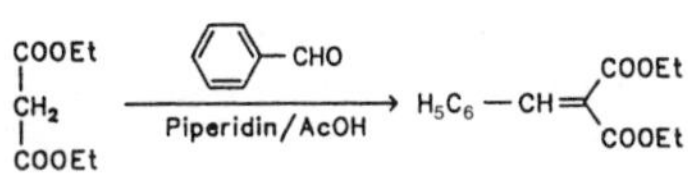

(E) 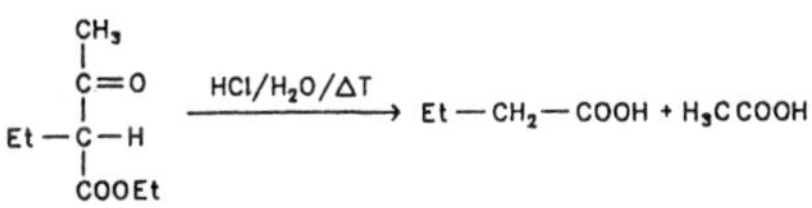

Ordnen Sie bitte den Strukturen in Liste 1 die jeweils zutreffende Bezeichnung aus Liste 2 zu!

Liste 1

1280 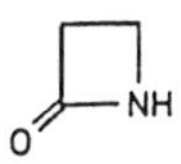

1281 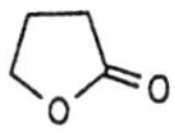

Liste 2

(A) Lactam
(B) Lacton
(C) Lactid
(D) Lactim
(E) Lactat

Ordnen Sie bitte den in Liste 1 gegebenen Substanznamen die jeweils richtige Strukturformel aus Liste 2 zu!

Liste 1

1282 Piperazin
1283 Piperidin

Liste 2

(A) 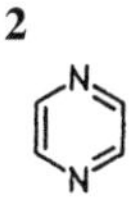

(B) 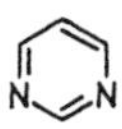

(C) 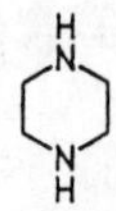

(D) 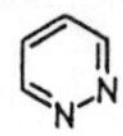

(E) 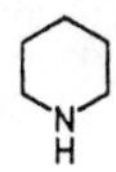

Ordnen Sie bitte dem chemischen Verbindungstyp in Liste 1 das jeweilige Biopolymer aus Liste 2 zu!

Liste 1

1284 Polyacetal
1285 Polyamid
1286 Polyester

Liste 2

(A) Eiweiß
(B) Kautschuk
(C) Cellulose
(D) Nucleinsäuren
(E) Lignin

1287⁺ CC-Dreifachbindungen sind kürzer als CC-Doppelbindungen,
weil
die Bindungslängen zwischen sp^3-hybridisierten C-Atomen kürzer sind als zwischen sp^2-hybridisierten C-Atomen.

1288 Die Umsetzung von Benzen mit Chlor mit UV-Licht liefert als Hauptprodukt 1,2-Dichlor-3,5-cyclohexadien,
weil
unter radikalischen Reaktionsbedingungen auch bei Aromaten Additionsreaktionen auftreten können.

1289 Polysaccharide können aus mehreren 1000 Monosaccharid-Einheiten bestehen,
weil
Polysaccharide sich durch saure Hydrolyse in Monosaccharide aufspalten lassen.

1290 Für den Menschen sind alle proteinogenen Aminosäuren essentiell,
weil
essentielle Aminosäuren mit der Nahrung zugeführt werden müssen.

1291 Welche Aussagen über Carbene treffen zu?

(1) Sie reagieren im Singulett-Zustand mit substituierten Olefinen stereospezifisch zu Cyclopropan-Derivaten.
(2) Methylen geht auch Einschiebungsreaktionen (Insertionen) ein.
(3) Dichlorcarben tritt bei Einwirken von Alkali auf Chloroform auf.

(A) nur 1 ist richtig
(B) nur 2 ist richtig
(C) nur 3 ist richtig
(D) nur 2 und 3 sind richtig
(E) 1–3 = alle sind richtig

1292 Welche der folgenden Reaktionen verlaufen **regioselektiv?**

(1) $H_2C{=}CH{-}CH_3 + HI \longrightarrow$
(2) $H_2C{=}CH{-}CH_3 + HOCl \longrightarrow$
(3) $H_2C{=}CH{-}CH_2Br + HBr \longrightarrow$

(A) nur 1 ist richtig
(B) nur 2 ist richtig
(C) nur 3 ist richtig
(D) nur 1 und 2 sind richtig
(E) nur 1 und 3 sind richtig

1293 Welche Reaktionen verlaufen stereospezifisch?

(1) 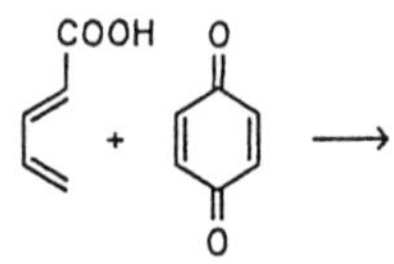

(2) 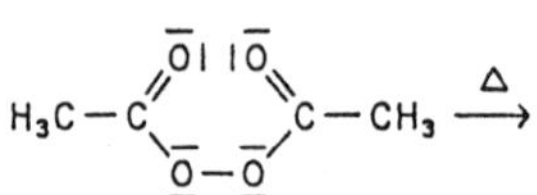

(3) 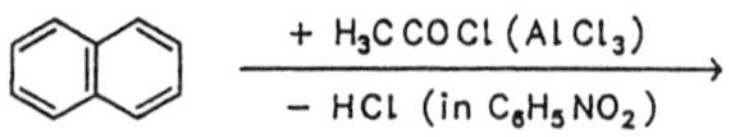

(A) nur 1 ist richtig
(B) nur 1 und 2 sind richtig
(C) nur 1 und 3 sind richtig
(D) nur 2 und 3 sind richtig
(E) 1–3 = alle sind richtig

1294 Welche Aussagen zu Benzaldehyd treffen zu?

(1) Er ist geruchlos.
(2) Ein Syntheseweg verläuft über die Reduktion von Benzonitril mittels Tetrachlorozinn(II)-säure.
(3) Seine radikalische Autoxidation verläuft über Perbenzoesäure.
(4) Mit Natriumhydrogensulfit bzw. Blausäure bildet er Additionsverbindungen.
(5) Er reagiert mit sich selbst im Sinne einer Aldol-Addition.

(A) nur 1 und 2 sind richtig
(B) nur 1 und 3 sind richtig
(C) nur 1, 3 und 4 sind richtig
(D) nur 2, 3 und 4 sind richtig
(E) 1–5 = alle sind richtig

1295 Welche Aussagen über folgende Struktur treffen zu?

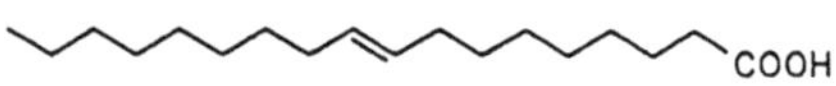

(1) Das Molekül ist aufgrund der endständigen Carboxyl-Gruppe sehr gut wasserlöslich.
(2) Das Molekül kann Halogene addieren.
(3) Es handelt sich um eine Struktur mit Z-Konfiguration.
(4) Zur Struktur existiert ein Diastereomer.

(A) nur 1 und 2 sind richtig
(B) nur 1 und 3 sind richtig
(C) nur 2 und 4 sind richtig
(D) nur 2, 3 und 4 sind richtig
(E) 1–4 = alle sind richtig

1296 Welche Aussagen treffen zu?
Die Hydrolyse des Essigsäureethylesters in wäßriger Salzsäure verläuft:

(1) katalysiert
(2) unkatalysiert
(3) reversibel
(4) praktisch irreversibel
(5) bimolekular
(6) monomolekular

(A) nur 1 ist richtig
(B) nur 1 und 3 sind richtig
(C) nur 2 und 4 sind richtig

(D) nur 1, 3 und 5 sind richtig
(E) nur 2, 4 und 6 sind richtig

1297 Welche der folgenden Aussagen zur angegebenen Struktur treffen zu?
Es enthält als Strukturelement ein

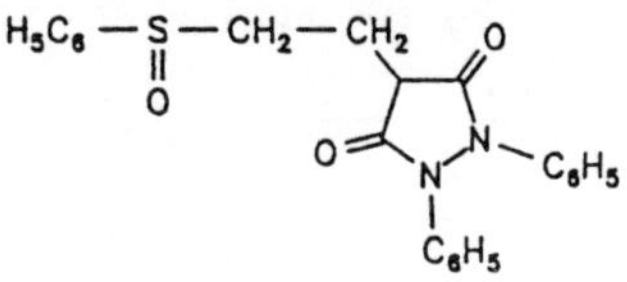

(1) Sulfoxid
(2) Sulfon
(3) Imidazol
(4) Pyrimidin
(5) Diketon

(A) nur 1 ist richtig
(B) nur 1 und 3 sind richtig
(C) nur 2 und 4 sind richtig
(D) nur 1, 3 und 5 sind richtig
(E) nur 2, 4 und 5 sind richtig

1298 Welche der folgenden Stoffklassen sind oberflächenaktiv?

(1) Alkalisalze höherer Fettsäuren
(2) Alkalisalze höherer Sulfonsäuren
(3) Alkalisalze der Schwefelsäuremonoester mit höheren Alkoholen (Alkylhydrogensulfate)
(4) höhere quartäre Ammoniumhalogenide

(A) nur 1 und 2 sind richtig
(B) nur 1 und 4 sind richtig
(C) nur 2 und 3 sind richtig
(D) nur 1, 2 und 3 sind richtig
(E) 1–4 = alle sind richtig

1299 Welche der folgenden Verbindungen können zum Nachweis von proteinogenen Aminosäuren verwendet werden?

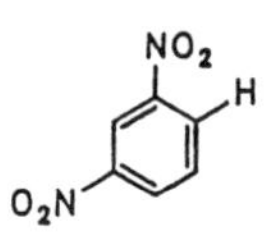

(1)

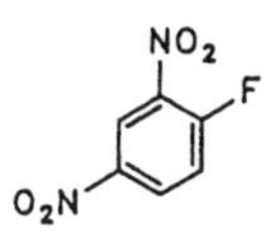

(2)

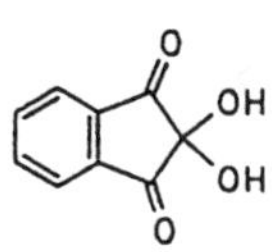

(3)

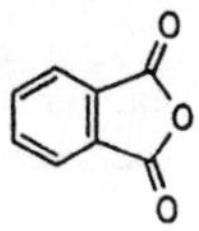

(4)

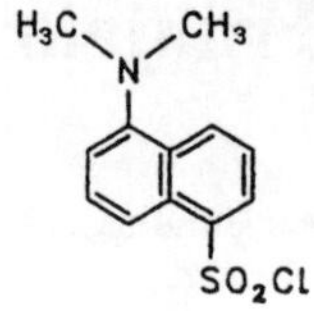

(5)

(A) nur 1 ist richtig
(B) nur 3 ist richtig
(C) nur 3 und 4 sind richtig
(D) nur 1, 4 und 5 sind richtig
(E) nur 2, 3 und 5 sind richtig

1300 Welche der folgenden Aminosäuren enthalten Schwefel?

(1) Threonin
(2) Methionin
(3) Tryptophan
(4) Lysin
(5) Cystein

(A) nur 4 ist richtig
(B) nur 2 und 5 sind richtig
(C) nur 1, 3 und 5 sind richtig
(D) nur 2, 3 und 4 sind richtig
(E) nur 2, 4 und 5 sind richtig

Außer den Fragen Nr. 1270–1300 waren noch folgende Aufgaben aus voranstehenden Abschnitten Bestandteil der *Prüfung vom Herbst 1998:* Frage Nr. 69 – 99 –176 – 177 – 178 – 218 – 230 – 362 – 409 – 490 – 500 – 514 – 519 – 678 – 688 – 728 – 869 – 951 – 968 – 1130.

Prüfung Frühjahr 1999

1301 Welche Bezeichnung trifft für die angegebene Verbindung zu?

$H_2C{=}CH{-}CH_2{-}\underline{C}H$

(A) Vinylanion
(B) Carbenoid
(C) Allylcarben
(D) Methylenanion
(E) Alkylcarbanion

1302 Welche Aussage zur Reduktion des Acetessigsäureethylesters (1) zum gewünschten Produkt (4) trifft zu?

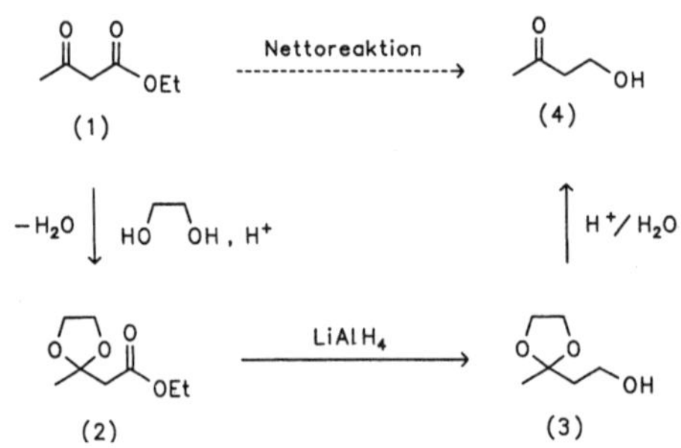

(A) Der Reaktionsweg über (2) und (3) ist zur selektiven Gewinnung von (4) geeignet.
(B) Natriumethanolat reduziert beide Carbonylgruppen von (1).
(C) Ethylenglykol maskiert beide Carbonylgruppen von (1).
(D) Die Reduktion von (1) zu (4) kann auch ohne Schutzgruppen-Einführung direkt mit H_2/Ni in hohen Ausbeuten durchgeführt werden.
(E) Die Ketal-Schutzgruppe von (2) ist unter den gegebenen Reduktionsbedingungen instabil.

1303 Welches Diagramm entspricht einer Radikalrekombination?

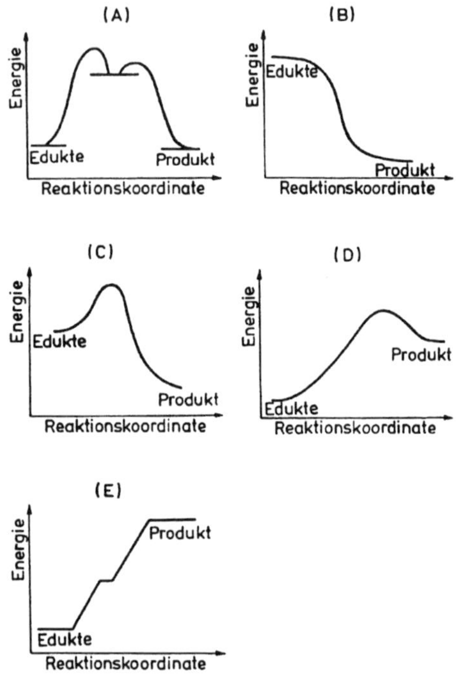

1304 Welche Aussage zur Stereochemie organischer Verbindungen trifft zu?

(A) Das asymmetrisch substituierte C-Atom ist eine notwendige Bedingung für das Auftreten von optischer Aktivität.
(B) Das Cahn-Ingold-Prelog-System hängt von einer Bezugssubstanz ab und läßt sich deshalb nicht auf komplizierte Verbindungen wie z. B. Alkaloide übertragen.
(C) Von der Weinsäure gibt es 4 Stereoisomere.
(D) Zwei zueinander diastereomere Moleküle besitzen an allen Asymmetriezentren entgegengesetzte Konfiguration.
(E) Keine der Aussagen (A) bis (D) trifft zu.

1305 Welches der formulierten Cyclohexanderivate trägt seine von Wasserstoff verschiedenen Substituenten in trans-Stellung?

(A) 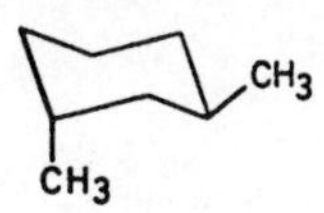

(B) 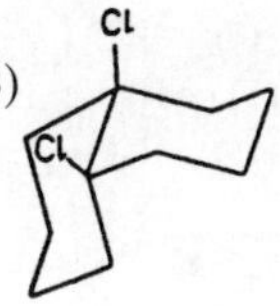

(C) 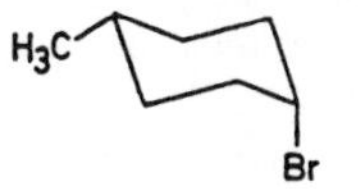

(D) 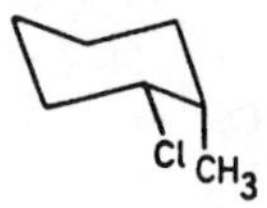

(E) 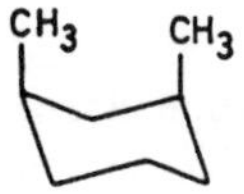

1306 Zu welchem der folgenden Bicyclen reagiert 1,3-Butadien mit Maleinsäureanhydrid?

(A) 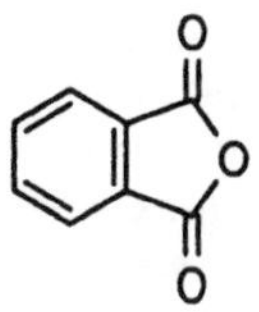

(D) 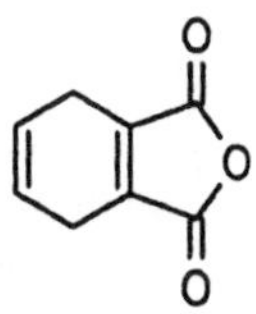

(B) 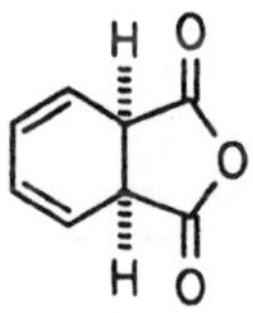

(E) 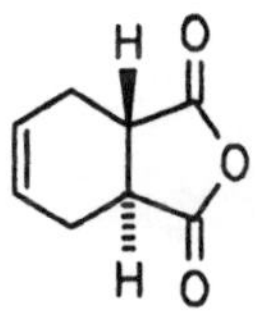

(C) 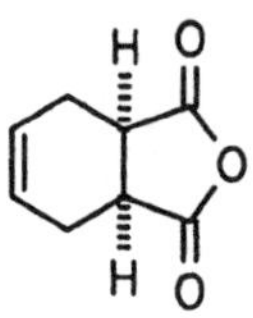

1307 Welche Aussage trifft zu?

Durch Umsetzung von 4-Chlortoluen mit Natriumamid in verflüssigtem Ammoniak erhält man über einen Arin-Mechanismus

(A) 4-Aminotoluen neben 3-Aminotoluen
(B) 4-Aminotoluen neben 3- und 2-Aminotoluen
(C) Di-p-toluylamin
(D) 4-Aminotoluen neben Di-p-toluylamin
(E) 3,4-Diaminotoluen

1308 Welche der paarweise aufgeführten funktionellen Gruppen erhöhen die Reaktivität des Benzenkerns gegenüber elektrophilen Reagenzien und dirigieren gleichzeitig in para- und/oder ortho-Stellung?

(A) $-CCl_3$, $-CF_3$
(B) $-\overset{\oplus}{N}H_3$, $-\overset{\oplus}{N}(C_2H_5)_3$
(C) $-NHC_2H_5$, $-OC_2H_5$
(D) –Cl, –F
(E) –CHO, –COOH

1309 Bei welcher der aufgeführten Verbindungen handelt es sich um Thiophenol?

(A) 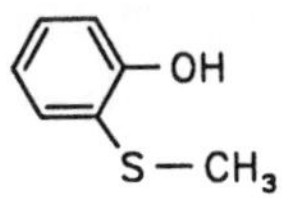

(B) 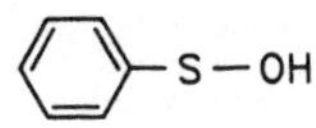

(C) 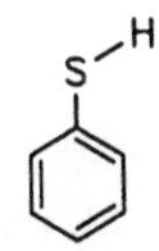

(D) 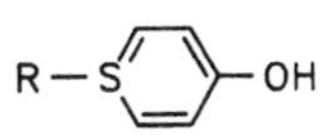

(E) 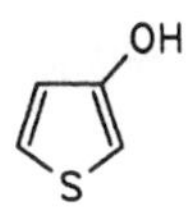

1310 Welche Aussage trifft zu?

Bei den folgenden Reaktionen handelt es sich um eine nucleophile aromatische Substitution:

(A) 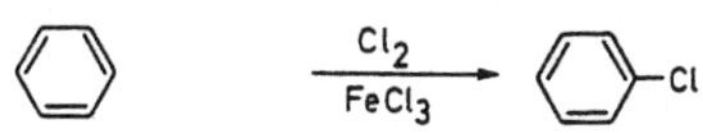

(B) 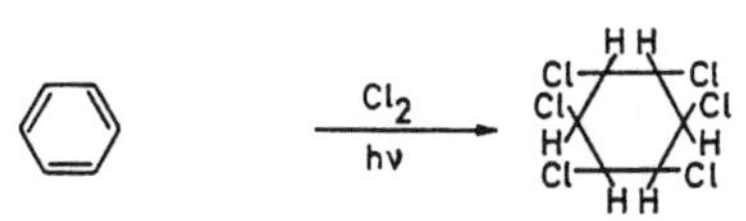

(C) 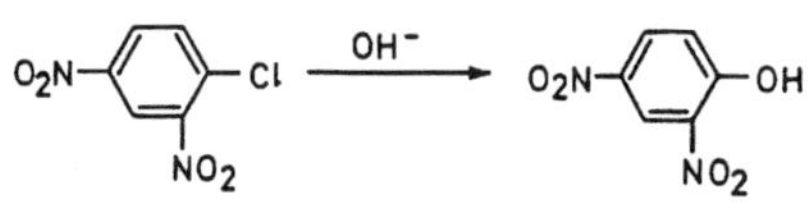

(D) 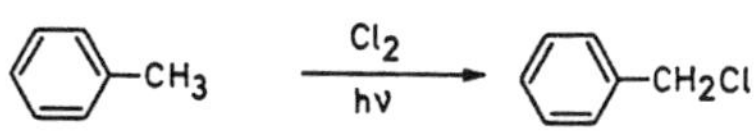

(E) Keine der Aussagen (A) bis (D) trifft zu.

1311 Welche Aussage über Radikalreaktionen trifft **nicht** zu?

(A) Beim Verlauf einer radikalischen Addition (A_R) an ein unsymmetrisches Alken erhält man das anti-Markownikow-Produkt.
(B) Eine Radikalreaktion wird durch sog. „Start-Reagenzien" ausgelöst.
(C) Durch einen Katalysator mit Lewis-Säure-Eigenschaften lassen sich freie Radikale abfangen, so daß es zu einem Kettenabbruch kommt.
(D) Die radikalische Seitenketten-Halogenierung aromatischer Alkylverbindungen erfolgt in Anwesenheit von UV-Licht.
(E) Tertiäre Alkyl-Radikale werden aus den entsprechenden Kohlenwasserstoffen leichter gebildet als primäre Alkyl-Radikale.

1312 Welcher der angegebenen Naturstoffe ist **nicht** chiral?

(A) Citronensäure
(B) Milchsäure
(C) Äpfelsäure
(D) Glycerinsäure
(E) Weinsäure

1313 Welche Aussage trifft **nicht** zu?

Chloroform

(A) entsteht beim Behandeln von Chloralhydrat mit wäßrigem Alkali
(B) kann als Trichlorid der Orthoameisensäure aufgefaßt werden
(C) ist als Kohlenwasserstoff-Derivat brennbar
(D) reagiert unter Lichteinwirkung mit O_2 zu Phosgen und HCl
(E) geht bei längerer Einwirkung von wäßriger Alkalihydroxid-Lösung in Formiat als Endprodukt über

1314 Welches der folgenden Edukte führt durch Umsetzung mit Alkylhalogenid (R^1–X) **nicht** zum entsprechenden Onium-Salz?

(A) $R_3N + R^1\text{–}X \longrightarrow$
(B) $Ph_3P + R^1\text{–}X \longrightarrow$
(C) $(RO)_3P + R^1\text{–}X \longrightarrow$
(D) $R_2S + R^1\text{–}X \longrightarrow$
(E) $R_2O/BF_3 + R^1\text{–}F \longrightarrow$

1315 Welche Aussage trifft **nicht** zu?
Mit Alkyliodiden sind alkylierbar:

(A) Natriummercaptide
(B) Natriumalkoholate
(C) Silbersalze von Carbonsäuren
(D) prim. Amine
(E) Nitrile

1316 Welche Aussage über Metallorganyle trifft **nicht** zu?

(A) Bei der Addition von Metallorganylen an polare Mehrfachbindungen lagert sich der Organylrest stets an das elektronegativere Element an.
(B) Bei der Reaktion von Grignard-Verbindungen mit Kohlendioxid erhält man (nach Hydrolyse) Carbonsäuren.
(C) Bei der Reaktion von Grignard-Verbindungen mit Ketonen erhält man (nach Hydrolyse) tertiäre Alkohole.
(D) Bei der Reaktion von Grignard-Verbindungen mit Aldehyden (R-CHO) erhält man (nach Hydrolyse) sekundäre Alkohole.
(E) Lithiumalkyle entstehen durch Einwirkung von metallischem Lithium auf Alkylhalogenide in Ether.

1317 Welche Aussage über tertiäre Oxoniumsalze trifft **nicht** zu?

Tertiäre Oxoniumsalze

(A) zählen zur Gruppe der Onium-Komplexe
(B) bilden sich aus Ethern und konz. Salzsäure
(C) enthalten 3-bindigen Sauerstoff
(D) eignen sich als Alkylierungsmittel
(E) enthalten stets Sauerstoff der Oxidationsstufe –2

1318 Welche der angegebenen Reaktionen führt **nicht** zu Phenol?

(A) Oxidation von Toluen
(B) Alkalischmelze von Natriumbenzensulfonat
(C) Hydrolyse von Chlorbenzen

(D) Spaltung von Cumolhydroperoxid
(E) Verkochen von Phenyldiazoniumchlorid

1319 Welche Aussage trifft **nicht** zu?

Als Methylierungsmittel für eine phenolische Hydroxylgruppe kann unter geeigneten Reaktionsbedingungen eingesetzt werden:

(A) Dimethylformamid
(B) Diemthylsulfat
(C) p-Toluensulfonsäuremethylester
(D) Diazomethan
(E) Methyliodid

1320 Welche der folgenden Reaktionen kann 1,4-Benzochinon **nicht** eingehen?

(A) Grignard-Reaktion
(B) Diels-Alder-Reaktion
(C) Brom-Addition
(D) Mannich-Reaktion
(E) Reduktion

Ordnen Sie bitte den in Liste 1 gegebenen Begriffen die jeweils entsprechende Strukturformel aus Liste 2 zu!

Liste 1

1321 Valenzisomeres des Benzens
1322 nichtbenzoider Aromat

Liste 2

(A) 

(B) 

(C) 

(D) 

(E) 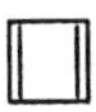

Ordnen Sie bitte der Stoffklasse in Liste 1 die jeweils zutreffende Beschreibung aus Liste 2 zu!

Liste 1

1323 Ketal (cyclische)
1324 Ketol

Liste 2

(A) Kondensationsprodukt von Ketonen mit Aldehyden
(B) Reaktionsprodukt von Ketonen mit mehrwertigen Alkoholen
(C) Ketoalkohole
(D) Ketoaldehyde
(E) Additionsprodukte von Ketenen mit Alkoholen

Ordnen Sie bitte den Dicarbonsäuren der Liste 1 den jeweils entsprechenden Trivialnamen aus Liste 2 zu!

Liste 1

1325 Hexandisäure
1326 Heptandisäure

Liste 2

(A) Malonsäure
(B) Pimelinsäure
(C) Adipinsäure
(D) Bernsteinsäure
(E) Glutarsäure

Ordnen Sie bitte den in Liste 1 gegebenen Substanznamen die jeweils richtige Strukturformel aus Liste 2 zu!

Liste 1

1327 Pyrazin
1328 Pyrimidin

Liste 2

(A) 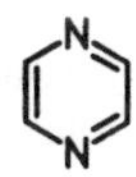

(B) 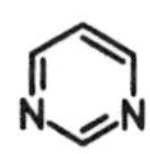

(C) 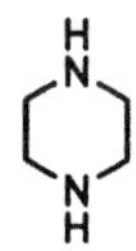

(D) 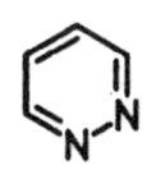

(E) 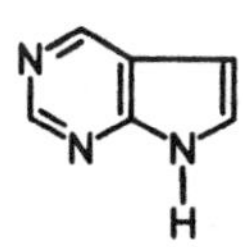

Ordnen Sie bitte den chemischen Verbindungen in Liste 1 das jeweilige Biopolymer aus Liste 2 zu!

Liste 1		Liste 2
1329 Isopren	(A)	Eiweiß
1330 Glucose	(B)	Kautschuk
	(C)	Cellulose
	(D)	Nucleinsäure
	(E)	Lignin

1331 Die Addition von Bromwasserstoff an 3-Brom-1-propen in Gegenwart von Diacetylperoxid führt zu 1,2-Dibrompropan,
weil
bei der Addition von Bromwasserstoff an Alkene nach Markownikow das Halogen bevorzugt an das H-ärmere C-Atom addiert wird.

1332 1,4-Benzochinon kann aus tautomeriefähigem 4-Nitrosophenol hergestellt werden,
weil
Oxime in saurer Lösung zur entsprechenden Carbonylverbindung und Hydroxylamin gespalten werden können.

1333 Bei der Bildung des Osazons aus Glucose werden insgesamt zwei Moleküle Phenylhydrazin verbraucht,
weil
das Osazon der Glucose zwei Phenylhydrazon-Gruppen enthält.

1334 Salicylsäure ist – im Gegensatz zu 4-Hydroxybenzoesäure – leicht wasserdampfflüchtig,
weil
Salicylsäure – im Gegensatz zu 4-Hydroxybenzoesäure – zur Ausbildung einer intramolekularen Wasserstoffbrücke befähigt ist.

1335 Lactone von β-Hydroxycarbonsäuren sind – im Gegensatz zu den aus γ- und δ-Hydroxycarbonsäuren darstellbaren Lactonen – **nicht** existent,
weil
β-Hydroxycarbonsäuren beim Versuch einer protonenkatalysierten intramolekularen Esterbildung unter Wasserabspaltung in α, β-ungesättigte Carbonsäuren übergehen.

1336 Mit Natriumborhydrid kann die Reaktion von Glucose auch in Wasser durchgeführt werden,
weil
Natriumborhydrid in Wasser ohne Zersetzung löslich ist.

1337 Welche Aussagen über Carbene treffen zu?

(1) Sie können als Zwischenprodukte auftreten.
(2) Sie sind Elektronenmangelverbindungen (Singulett-Carbene).
(3) Sie können mit Olefinen Additionsreaktionen zu Cyclopropanderivaten eingehen.
(4) Bei der alkalischen Hydrolyse von Chloroform entsteht Dichlorcarben als Intermediärprodukt.

(A) nur 1 ist richtig
(B) nur 4 ist richtig
(C) nur 2 und 3 sind richtig
(D) nur 1, 3 und 4 sind richtig
(E) 1–4 = alle sind richtig

1338 Welche der folgenden Verbindungen besitzen ein Heteroatom als Chiralitätszentrum?

(1)
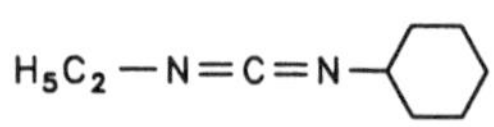

(2)
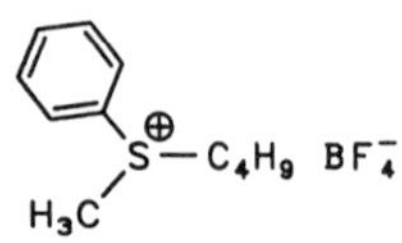

(3)
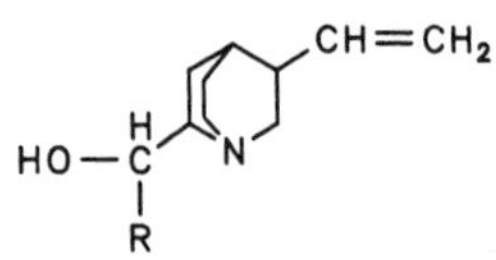

(4)
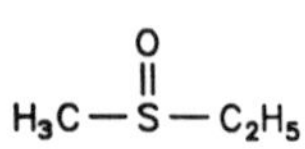

(A) nur 1 und 2 sind richtig
(B) nur 1 und 3 sind richtig
(C) nur 2 und 4 sind richtig
(D) nur 2, 3 und 4 sind richtig
(E) 1–4 = alle sind richtig

1339 Welche der folgenden Dimerisierungen führen zu einem Cyclobutan-Derivat?

(1) Photodimerisierung von Zimtsäure
(2) Dimerisierung von Keten, $H_2C=C=O$
(3) Dimerisierung von Allen

(A) nur 1 ist richtig
(B) nur 2 ist richtig
(C) nur 3 ist richtig
(D) nur 1 und 3 sind richtig
(E) 1–3 = alle sind richtig

1340 Welche der folgenden Verbindungen entwickeln bei Raumtemperatur unter Einwirkung von CH_3MgI Methan?

(1) 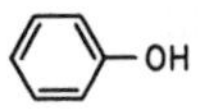

(2) 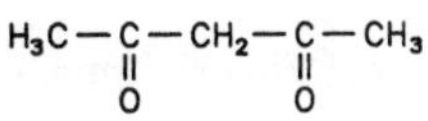

(3) $H-C\equiv C-CH_3$

(4) 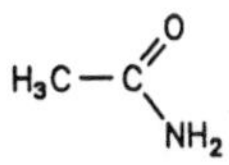

(A) nur 1 ist richtig
(B) nur 2 ist richtig
(C) nur 1 und 2 sind richtig
(D) nur 3 und 4 sind richtig
(E) 1–4 = alle sind richtig

1341 Welche Aussagen über Anilin treffen zu?
Anilin kann

(1) durch katalytische Hydrierung von Nitrobenzen gewonnen werden
(2) technisch durch Ammonolyse von Chlorbenzen gewonnen werden
(3) katalytisch zu Cyclohexylamin hydriert werden
(4) mit Acetylchlorid in Acetanilid überführt werden

(A) nur 1 ist richtig
(B) nur 1 und 2 sind richtig
(C) nur 3 und 4 sind richtig
(D) nur 1, 2 und 4 sind richtig
(E) 1–4 = alle sind richtig

1342 Über eine Grignard-Reaktion soll folgender tertiärer Alkohol

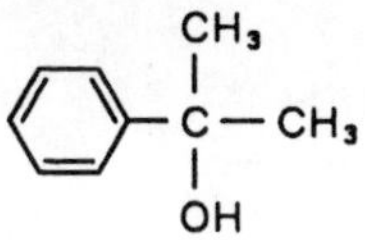

dargestellt werden.
Welche der nachfolgenden Stoffkombinationen sind hierfür geeignet?

(1) Brombenzen, Aceton
(2) Acetophenon, Methyliodid
(3) Benzoesäureethylester, Methyliodid
(4) Acetaldehyd, Benzylchlorid

(A) nur 1 ist richtig
(B) nur 2 und 3 sind richtig
(C) nur 1, 2 und 3 sind richtig
(D) nur 2, 3 und 4 sind richtig
(E) 1–4 = alle sind richtig

1343 Welche Aussagen über Invertseifen treffen zu?

(1) Ihre wäßrige Lösung reagiert neutral.
(2) Sie können zur Desinfektion eingesetzt werden.
(3) Sie zählen zu den anionenaktiven Stoffen.
(4) Es handelt sich um Alkalisalze höherer Fettsäuren.
(5) Es handelt sich um Alkalisalze höherer Sulfonsäuren.

(A) nur 3 ist richtig
(B) nur 1 und 2 sind richtig
(C) nur 2 und 3 sind richtig
(D) nur 1, 3 und 4 sind richtig
(E) nur 1, 3 und 5 sind richtig

1344 Welche der angegebenen Reaktionen führen zu Carbonsäuren oder ihren Derivaten?

(1) 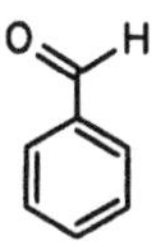 $\xrightarrow{CH_3CHO}$

(2) 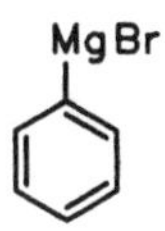 $\xrightarrow{CO_2}$

(3) $CH_3-C(=O)-CH_3 \xrightarrow{I_2/NaOH}$

(4) $CH_3-CH_2-CN \xrightarrow{H_2O/H^+}$

(A) nur 1 und 2 sind richtig
(B) nur 3 und 4 sind richtig
(C) nur 1, 2 und 3 sind richtig
(D) nur 2, 3 und 4 sind richtig
(E) 1–4 = alle sind richtig

1345 Welche der folgenden Aminosäuren sind „basische Aminosäuren“?

(1) Leucin
(2) Lysin
(3) Valin
(4) Alanin
(5) Arginin

(A) nur 1 ist richtig
(B) nur 2 ist richtig
(C) nur 1 und 5 sind richtig
(D) nur 2 und 5 sind richtig
(E) nur 2, 3 und 4 sind richtig

1346 Welche Aussagen über Ketocarbonsäuren und ihre Derivate treffen zu?

(1) Im Gegensatz zu den α-Ketosäuren sind die freien β-Ketosäuren sehr beständig.
(2) Keto- und Enol-Form von Acetessigester lassen sich bei tiefer Temperatur trennen.
(3) Die Säurespaltung der β-Ketocarbonsäureester wird durch Erhitzen mit starken wäßrigen Basen durchgeführt.

(A) nur 1 ist richtig
(B) nur 2 ist richtig
(C) nur 1 und 2 sind richtig
(D) nur 2 und 3 sind richtig
(E) 1–3 = alle sind richtig

1347 Welche Aussagen treffen zu?

Die Hydrolyse des Essigsäureethylesters in wäßriger Salzsäure verläuft

(1) katalysiert
(2) unkatalysiert
(3) reversibel
(4) praktisch irreversivel
(5) bimolekular
(6) monomolekular

(A) nur 1 ist richtig
(B) nur 1 und 3 sind richtig
(C) nur 2 und 4 sind richtig
(D) nur 1, 3 und 6 sind richtig
(E) nur 2, 4 und 5 sind richtig

1348 Aus welchen beiden Edukten kann 3,5-Methyl-2-phenylindol nach der Fischer-Indolsynthese dargestellt werden?

(1) 3-Methyl-phenylhydrazin
(2) 4-Methyl-phenylhydrazin
(3) Benzylmethylketon
(4) Acetophenon
(5) Propiophenon (1-Phenyl-1-propanon)

(A) nur 1 und 3 sind richtig
(B) nur 1 und 4 sind richtig
(C) nur 1 und 5 sind richtig
(D) nur 2 und 4 sind richtig
(E) nur 2 und 5 sind richtig

1349 Die Umsetzung des durch Kondensation gebildeten Hydrazons zu 3,5-Methyl-2-phenylindol erfolgt in Anwesenheit von Lewis-Säuren wie z. B. Zink(II)-chlorid,
weil
die Bildung von Phenylhydrazonen üblicherweise im sauren Medium durchgeführt wird.

1350 Welche der folgenden Schritte/Reaktionen sind u. a. Teil der Synthese?

(1) Tautomerisierung
(2) Umlagerung
(3) Eliminierung

(A) nur 2 ist richtig
(B) nur 3 ist richtig
(C) nur 1 und 2 sind richtig
(D) nur 2 und 3 sind richtig
(E) 1–3 = alle sind richtig

Prüfung Herbst 1999

1351 Welches der nachfolgend aufgeführten Lösungsmittel ist protisch-polar?

(A) Essigsäure
(B) Dimethylsulfoxid
(C) N,N-Dimethylformamid
(D) Benzen
(E) Acetonitril

1352 Welche Aussage über die angegebene Verbindungsreihe

C_2H_6 – C_2H_4 – C_2H_2 (Ethan-Ethen-Ethin)

trifft **nicht** zu?
Die Verbindungen sind von links nach rechts geordnet nach

(A) abnehmendem CH-Abstand
(B) steigendem CC-Abstand
(C) steigender CH-Acidität
(D) steigender Elektronegativität der C-Atome
(E) steigender Bindungsenthalpie der CC-Bindung

1353 Welche Reihenfolge nach zunehmender Basizität trifft zu?

(A) Guanidin < Imidazol < Pyridin < Pyrrol
(B) Pyrrol < Pyridin < Imidazol < Guanidin
(C) Pyrrol < Pyridin < Guanidin < Imidazol
(D) Imidazol < Pyridin < Pyrrol < Guanidin
(E) Pyridin < Guanidin < Pyrrol < Imidazol

1354 Als Ummetallierung bezeichnet man den Halogen-Metall-Austausch in Alkyl(Aryl)-halogeniden,
weil
durch Ummetallierung Organometallverbindungen gewonnen werden können.

1355 Welche der folgenden Verbindungen entwickelt mit Methylmagnesiumbromid Methan?

(A) 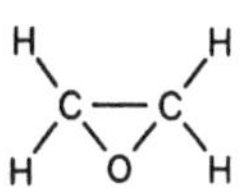

(B) 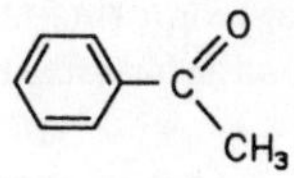

(C) 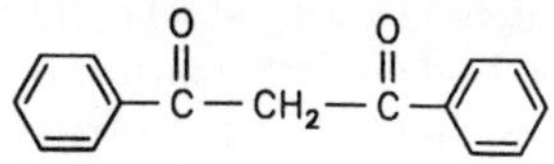

(D) 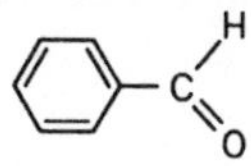

(E) H_3C-CH_2-CN

1356 Welche der folgenden Moleküle haben (mindestens) eine Symmetrieebene?

(1) CH_4
(2) CH_3OH
(3) CH_2Cl_2
(4) CH_2ClBr
(5) CHFClBr

(A) nur 1 und 3 sind richtig
(B) nur 3 und 4 sind richtig
(C) nur 3 und 5 sind richtig
(D) nur 4 und 5 sind richtig
(E) nur 1, 2, 3 und 4 sind richtig

1357 Trans-Cyclopropan-1,2-dicarbonsäure ist in Enantiomere spaltbar,
weil
das trans-Cyclopropan-1,2-dicarbonsäuremolekül weder eine Symmetrieebene noch ein Symmetriezentrum besitzt.

1358 Welche Aussage zum Konformationsgleichgewicht von trans-1,3-Dimethylcyclohexan trifft zu?

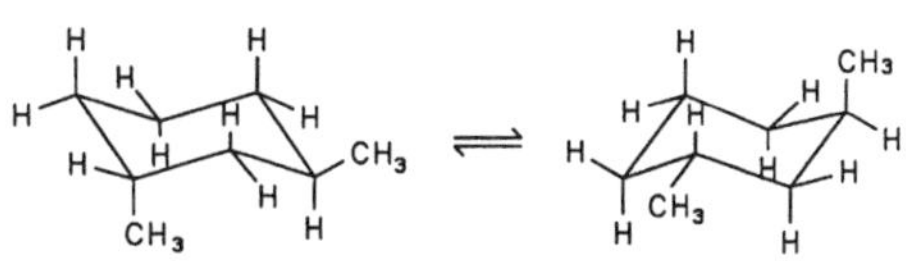

(A) Bei der Umwandlung der Sesselkonformationen werden äquatoriale und axiale Bindungen **nicht** verändert.

(B) Die äquatorial-axial-Konformation wandelt sich in eine axial-äquatorial-Konformation um.
(C) Die beiden Sesselkonformationen besitzen unterschiedliche absolute Konfiguration an beiden Stereozentren.
(D) Beide Konformationen besitzen C2-Symmetrie.
(E) Beide Konformationen besitzen eine Symmetrieebene.

1359 Welche Moleküle sind axial chiral?

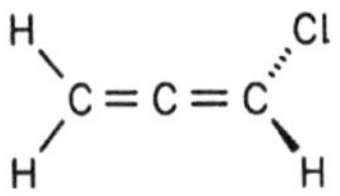

(1)

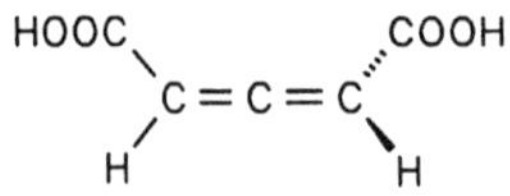

(2)

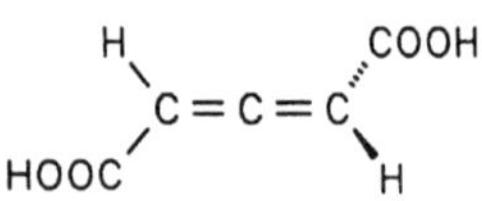

(3)

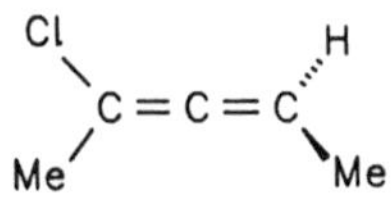

(4)

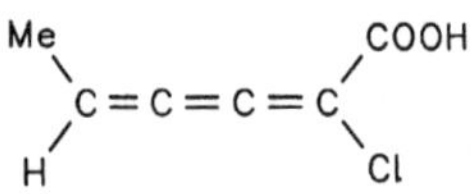

(5)

(A) nur 3 ist richtig
(B) nur 1 und 5 sind richtig
(C) nur 2 und 3 sind richtig
(D) nur 2, 3 und 4 sind richtig
(E) 1–5 = alle sind richtig

1360 Meso-Weinsäure ist optisch inaktiv,
weil
meso-Weinsäure kein Chiralitätszentrum besitzt.

1361 Welche Aussage über eine S_N1-Reaktion trifft zu?

(A) Sie verläuft unter Walden-Umkehr.
(B) Sie verläuft normalerweise unter Erhalt der Konfiguration (Retention).
(C) Ihre Reaktionsgeschwindigkeit ist der Konzentration des Nucleophils proportional.
(D) Der Angriff des Nucleophils und die Ablösung der Abgangsgruppe erfolgen gleichzeitig.
(E) Die Bildung des Carbeniumions ist im allgemeinen der geschwindigkeitsbestimmende Schritt.

1362 Welche Aussage zur Hetero-Diels-Alder-Reaktion trifft zu?

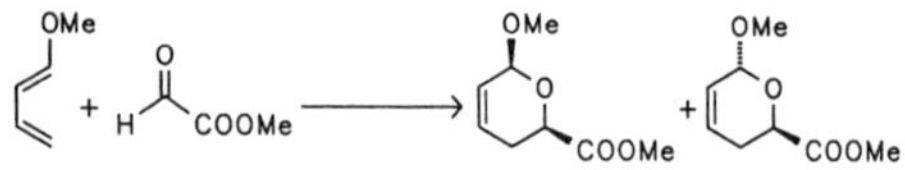

(A) Die Reaktion erfolgt regioselektiv.
(B) Der Glyoxylsäuremethylester ist das Heterodien.
(C) Die entstehenden cis- und trans-Cycloaddukte sind zueinander enantiomer.
(D) Die entstehenden cis- und trans-Cycloaddukte sind zueinander konformationsisomer.
(E) Die Reaktion erfolgt enantioselektiv.

1363 Welche Aussage zur gegebenen sigmatropen H-Verschiebung ist **nicht** richtig?

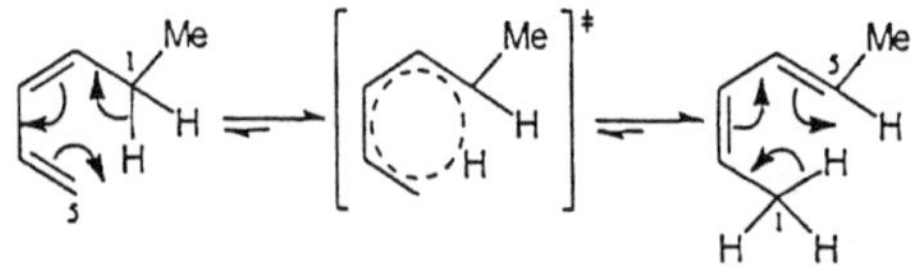

1 2 3

(A) Es handelt sich um eine pericyclische Reaktion.
(B) Es liegt eine [1,5]-Wasserstoff-Verschiebung vor.
(C) Das Gleichgewicht liegt auf der rechten Seite, da beim Olefin 3 mehr Alkylgruppen an den sp^2-Atomen gebunden sind.
(D) Der Übergangszustand 2 besitzt 6π-aromatischen Charakter.
(E) Es handelt sich um eine Variante der Diels-Alder-Reaktion.

1364 Die elektrophile Addition von HBr an Propen erfolgt im Sinne der Regel von Markownikow,

weil
bei der elektrophilen Addition von HBr an Propen die Bildung eines sekundären Carbeniumions als reaktive Zwischenstufe leichter erfolgt als die eines primären.

1365 Die alkalische Hydrolyse von Allylchlorid in wäßrig-alkoholischer Kalilauge verläuft nach einem S_N1-Mechanismus,
weil
die Bildung eines Allyl-Kations (aus Allylchlorid) durch seine Mesomeriestabilität begünstigt wird.

1366 Die Bromierung von Acetophenon zu Phenacylbromid verläuft unter Autokatalyse,
weil
die bei der Bromierung von Acetophenon zu Phenacylbromid freiwerdenden Protonen die Enolisierung des Eduktes katalysieren.

1367 Welche der angegebenen Reaktionen verläuft **nicht** unter Alken-Bildung?

(A) Dehydratisierung von primären Alkoholen
(B) Thermische Spaltung von Fettsäure-Estern
(C) Dehydrohalogenierung von Halogenalkanen
(D) Dehydratisierung von aliphatischen Aldehyden
(E) Hofmann-Eliminierung von quartären Ammonium-Basen

1368 Welche der folgenden Strukturen ergibt bei Protonierung einen Hückel-Aromaten?

(A)

(B)

(C)

(D)
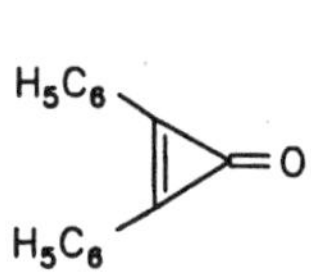

(E)
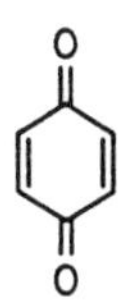

1369 Welche Aussage über die Nitrierung von Aromaten trifft **nicht** zu?

(A) Unter „Nitriersäure" versteht man eine Mischung aus konzentrierter Salpeter- und Schwefelsäure.
(B) Als nitrierendes Agens dient normalerweise das Nitryl-Ion NO_2^+.
(C) Phenol reagiert mit „Nitriersäure" bei 50–60 °C praktisch vollständig unter Bildung von Pikrinsäure.
(D) Bei der Nitrierung von Nitrobenzen stellt der Aromat das Nucleophil dar.
(E) Die Nitrierung von Aromaten ist in der Regel irreversibel.

1370 Welche Aussage trifft zu?
Bei der Umsetzung von Benzen mit 1-Chlorpropan in Gegenwart von Friedel-Crafts- Katalysatoren entsteht als Hauptprodukt:

(A)
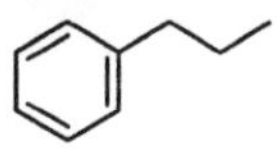

(B)
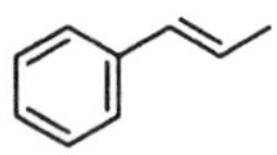

(C)
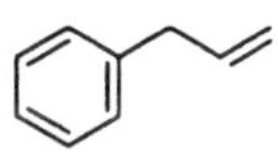

(D)
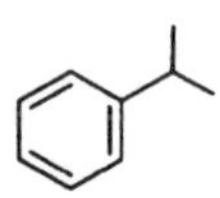

(E)
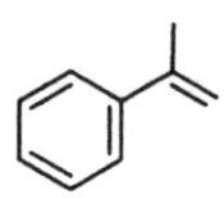

1371 Welche der folgenden Bedingungen führen bei der Umsetzung von Toluen mit Chlor zu einem in der Seitenkette substituierten Produkt?

(1) Zusatzreagenz: Eisen(III)-chlorid
(2) Zusatzreagenz: Aluminiumchlorid
(3) Temperatur: 10 °C
(4) Temperatur: 110 °C
(5) UV-Licht

(A) nur 2 ist richtig
(B) nur 1 und 3 sind richtig
(C) nur 4 und 5 sind richtig
(D) nur 1, 4 und 5 sind richtig
(E) nur 2, 3 und 5 sind richtig

1372 Welche der folgenden Verbindungen werden durch Sandmeyer-Reaktion aus Phenyldiazoniumchlorid erhalten?

(1) 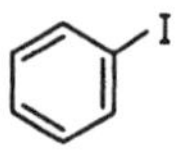

(2) 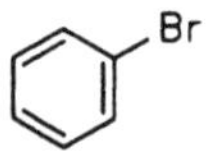

(3) 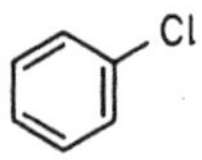

(4) 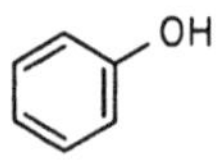

(5) 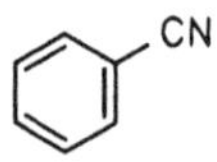

(A) nur 1 und 4 sind richtig
(B) nur 2 und 3 sind richtig
(C) nur 1, 2 und 3 sind richtig
(D) nur 2, 3 und 5 sind richtig
(E) 1–5 = alle sind richtig

1373 Bei welchen der angegebenen Umsetzungen kann Phenol entstehen?

(1) $C_6H_5{-}SO_3^- \; Na^\oplus \xrightarrow[\text{Schmelze/300 °C}]{\text{NaOH}}$

(2) $C_6H_5{-}CH_3 \xrightarrow{KMnO_4}$

(3) $C_6H_5{-}Cl \xrightarrow[Ca_3(PO_4)_2]{H_2O}$

(4) $C_6H_5{-}CH(CH_3)_2 \xrightarrow{O_2} \xrightarrow{(H^+)}$

(5) $C_6H_5{-}\overset{\oplus}{N}{\equiv}N \; Cl^- \xrightarrow[\Delta]{H_2O}$

(A) nur bei 3
(B) nur bei 1, 2 und 5
(C) nur bei 1, 4 und 5
(D) nur bei 2, 3 und 5
(E) nur bei 1, 3, 4 und 5

Ordnen Sie bitte den Reaktionen der Liste 1 den jeweils entsprechenden Namen der Liste 2 zu!

1374 **Liste 1**

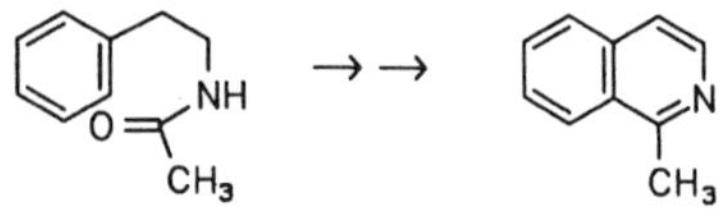

1375

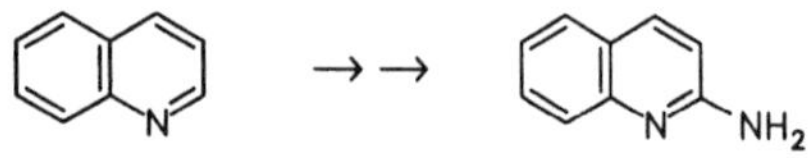

Liste 2
(A) Tschitschibabin
(B) Doebner-v. Miller
(C) Skraup
(D) Friedländer
(E) Bischler-Napieralski

1376 Welche der folgenden Formulierungen führt zum Farbwechsel von Gelb nach Rot bei der Protonierung von Methylorange?

(A) 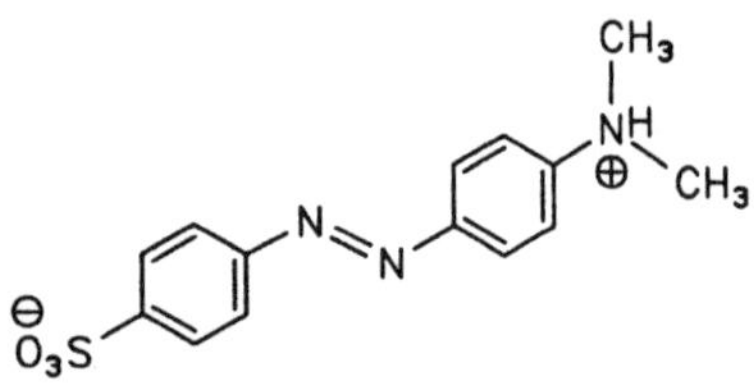

(B) 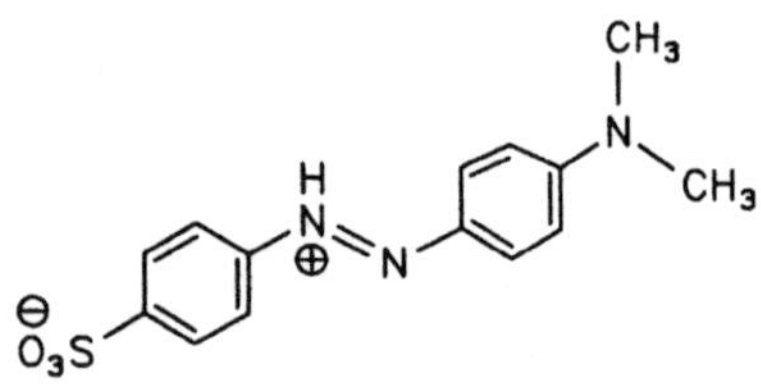

(C) 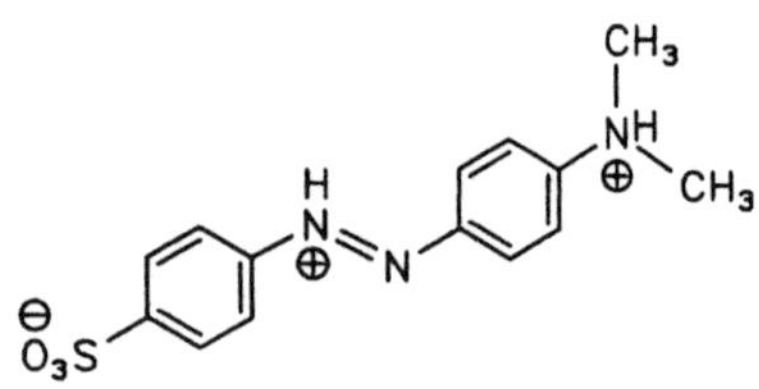

(D) 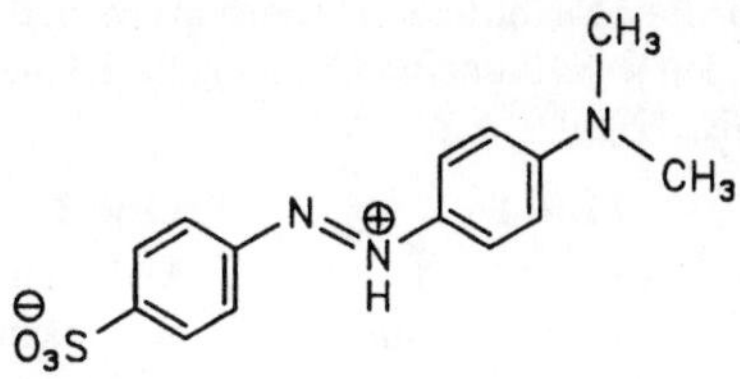

(E) 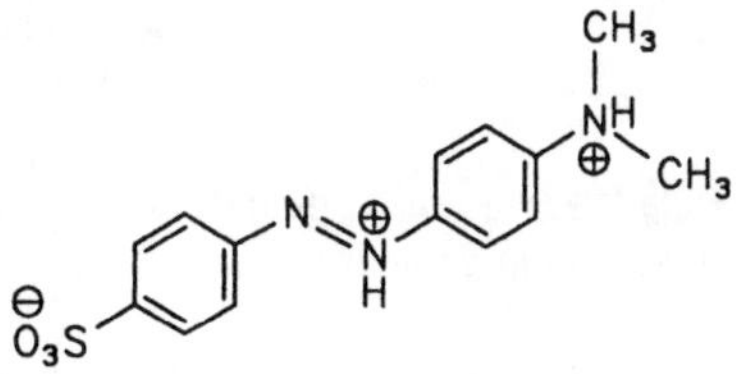

Ordnen Sie bitte den Stoffen der Liste 1 das jeweils entsprechende Derivat aus Liste 2 zu!

Liste 1	Liste 2
1377 Phenothiazin	(A) Phenolphthalein
1378 Anthrachinon	(B) Fluorescein
	(C) Methylenblau
	(D) Alizarin
	(E) Lackmus

1379 Welche Aussagen treffen für die Verbindungen I und II zu?

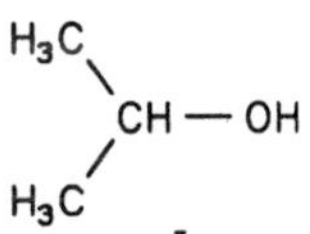

I

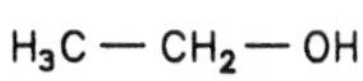

II

(1) I und II sind Strukturisomere.
(2) I kann zu einem Keton oxidiert werden.
(3) II kann zu Essigsäure oxidiert werden.
(4) I ist chiral und besitzt R-Konfiguration.
(5) Aus I und II können unter Wasserabspaltung jeweils Ether dargestellt werden.

(A) nur 1 und 2 sind richtig
(B) nur 3 und 4 sind richtig
(C) nur 1, 4 und 5 sind richtig
(D) nur 2, 3 und 5 sind richtig
(E) 1–5 = alle sind richtig

Ordnen Sie bitte den Begriffen in Liste 1 die jeweils entsprechende Strukturformel aus Liste 2 zu!

Liste 1

1380 Mehrwertiger Alkohol
1381 Tertiärer Alkohol

Liste 2

(A) 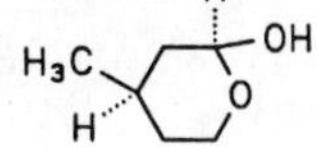

(B) 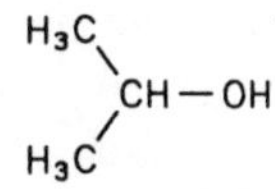

(C) 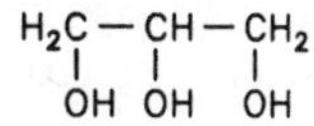

(D) 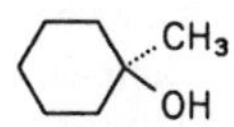

(E) 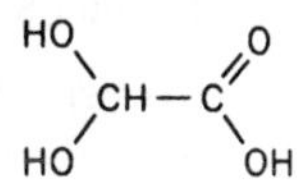

1382 Welche der folgenden Carbonylverbindungen können grundsätzlich eine Knoevenagel-Reaktion eingehen?

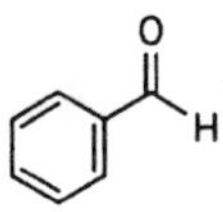

(1)

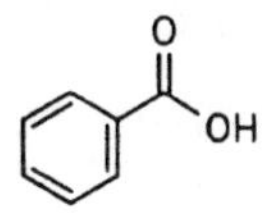

(2)

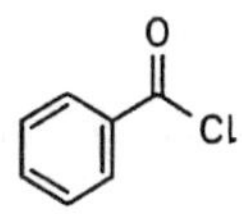

(3)

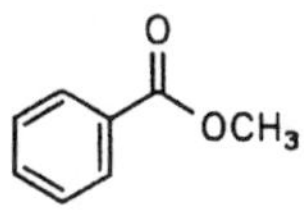

(4)

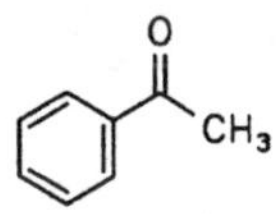

(5)

(A) nur 1 ist richtig
(B) nur 2 ist richtig
(C) nur 1 und 5 sind richtig
(D) nur 2 und 4 sind richtig
(E) nur 1, 3 und 5 sind richtig

1383 Welche der folgenden Reaktionsschritte können Aldol-Kondensation und Knoevenagel-Reaktion gemeinsam haben?

(1) Dehydrierung
(2) Dehydratisierung

(3) Decarboxylierung
(4) Nucleophile Addition

(A) nur 1 ist richtig
(B) nur 2 ist richtig
(C) nur 1 und 4 sind richtig
(D) nur 2 und 4 sind richtig
(E) nur 1, 3 und 4 sind richtig

1384 Bei welchen der folgenden Reaktionen kann das sekundäre Amin Piperidin **als Katalysator** eingesetzt werden?

(1) Michael-Addition
(2) Knoevenagel-Reaktion
(3) Mannich-Reaktion
(4) Reimer-Tiemann-Reaktion
(5) Enamin-Synthese

(A) nur bei 1 und 2
(B) nur bei 3 und 5
(C) nur bei 1, 4 und 5
(D) nur bei 2, 3 und 5
(E) nur bei 1, 3, 4 und 5

1385 Welche der folgenden Verbindungen ist eine Thionthiolcarbonsäure?

```
(A) HO-C-CH2-C-OH
       ‖     ‖
       S     S

(B) CH3-CH2-C-SH
            ‖
            S

(C) HS-CH2-C-OH
           ‖
           S

(D) HS-C-C-OH
       ‖ ‖
       O S

(E) HS-C-CH2-C-SH
       ‖     ‖
       O     O
```

Ordnen Sie bitte den Dicarbonsäuren der Liste 1 den jeweils entsprechenden Trivialnamen aus Liste 2 zu!

Liste 1	Liste 2
1386 Pentandisäure	(A) Malonsäure
1387 Heptandisäure	(B) Glutarsäure
	(C) Adipinsäure
	(D) Bernsteinsäure
	(E) Pimelinsäure

1388 Wachse und Fette liefern beim Erhitzen mit Natronlauge Seifen,
weil
sowohl Wachse als auch Fette Glycerolester höherer Fettsäuren sind.

1389 Beim Erwärmen von Brenztraubensäure mit konzentrierter Schwefelsäure entsteht Acetaldehyd,
weil
α-Ketocarbonsäuren – im Gegensatz zu β-Ketocarbonsäuren – erst durch konzentrierte Schwefelsäure decarboxyliert werden.

Ordnen Sie bitte den Stoffklassen der Liste 1 die jeweils entsprechende Struktur aus Liste 2 zu!

Liste 1
1390 Lacton
1391 Lactam

Liste 2

(A) 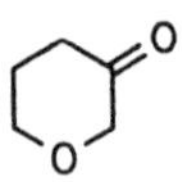

(B) 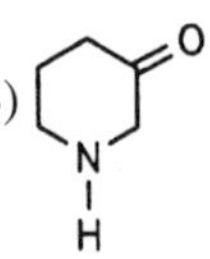

(C) 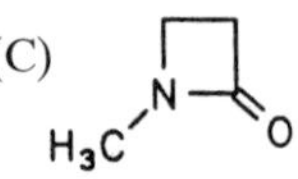

(D) 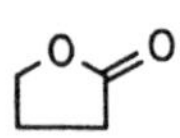

(E) 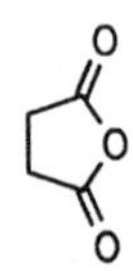

1392 Welche der folgenden Stoffklassen sind in der abgebildeten Verbindung enthalten?

(1) Phenolether
(2) Acetal
(3) tertiäres Amin
(4) Lacton
(5) Tetrahydroisochinolin

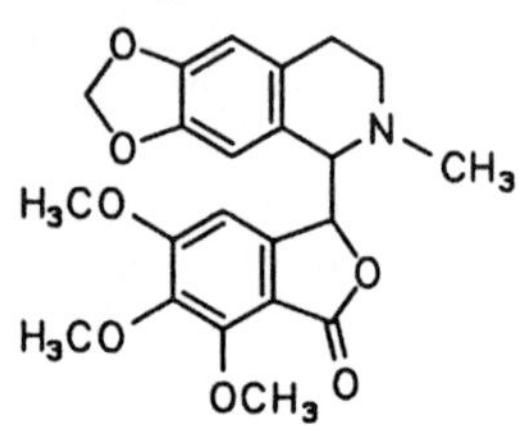

(A) nur 1 und 2 sind richtig
(B) nur 3 und 5 sind richtig
(C) nur 1, 3 und 4 sind richtig
(D) nur 1, 2, 4 und 5 sind richtig
(E) 1–5 = alle sind richtig

1393 Für welche Aminosäure wird die zutreffende Kurzbezeichnung angegeben?

(A) L-Tryptophan = Tyr
(B) L-Asparaginsäure = Asn
(C) L-Isoleucin = Ile
(D) L-Hydroxyprolin = Pro
(E) L-Glutamin = Glu

1394 α-Aminosäuren sind in unpolaren Lösungsmitteln nahezu unlöslich,
weil
α-Aminosäuren eine zwitterionische Struktur besitzen.

1395 Welche der folgenden Aussagen treffen zu?
4-Amino-benzen-sulfonsäure

(1) heißt Anthranilsäure
(2) wird aus Aniliniumhydrogensulfat hergestellt
(3) kann als Zwitterion vorliegen
(4) ist in Wasser leicht löslich
(5) bildet Ammoniumsalze, die Sulfonamide heißen

(A) nur 1 und 2 sind richtig
(B) nur 2 und 3 sind richtig
(C) nur 1, 3 und 4 sind richtig
(D) nur 2, 3 und 5 sind richtig
(E) nur 2, 4 und 5 sind richtig

1396 Welche der folgenden Aussagen trifft **nicht** zu?
α-D-Glucose und β-D-Glucose

(A) bilden mit Phenylhydrazin das gleiche Osazon
(B) sind Enantiomere
(C) sind Diastereomere
(D) sind Anomere
(E) stehen in wäßriger Lösung miteinander im Gleichgewicht

1397 Welche Aussage trifft **nicht** zu?
Die Spaltung von Saccharose in wäßriger Salzsäure

(A) ist eine Acetalspaltung
(B) ist eine Hydrolyse
(C) verläuft monomolekular
(D) verläuft protonenkatalysiert
(E) führt zu Glucose und Fructose

1398 Welche der folgenden Verbindungen können Trimere bilden?

(1) Keten
(2) Acetaldehyd
(3) Formaldehyd
(4) Essigsäure
(5) Essigsäuremethylester

(A) nur 1 und 4 sind richtig
(B) nur 2 und 3 sind richtig
(C) nur 1, 4 und 5 sind richtig
(D) nur 2, 3 und 4 sind richtig
(E) nur 1, 2, 4 und 5 sind richtig

1399 Welche Aussage über die kationische Polymerisation der Olefine trifft **nicht** zu?

(A) Sie kann durch elektrophile Katalysatoren initiiert werden.
(B) Sie bleibt im allgemeinen durch Antioxidantien ungehemmt.
(C) Sie wird durch Lewis-Säuren nur in Gegenwart von freien Säuren oder Wasser eingeleitet.
(D) Das Kettenwachstum erfolgt unter Addition von Carbenium-Ionen an weiteres Olefin.
(E) Der Kettenabbruch erfolgt durch Zugabe von Kationen.

1400 Aus welchen der nachstehend genannten Edukte können Polyester dargestellt werden?

(1) Dicarbonsäure + 1,2-Ethandiol
(2) Dicarbonsäure + Glycerol
(3) ω-Aminocarbonsäuren

(A) nur 1 ist richtig
(B) nur 2 ist richtig
(C) nur 1 und 2 sind richtig
(D) nur 2 und 3 sind richtig
(E) 1–3 = alle sind richtig

Prüfung Frühjahr 2000

1401 Welches der nachfolgend aufgeführten Lösungsmittel ist **nicht** dipolar aprotisch?

(A) Cyclohexan
(B) Dimethylsulfoxid
(C) Dimethylformamid
(D) Nitrobenzen
(E) Acetonitril

1402 Welche Reihenfolge trifft zu?

Die aromatischen Carbonsäuren 1 bis 4 sollen nach steigender Acidität geordnet werden.

(1) p-Aminobenzoesäure
(2) p-Chlorbenzoesäure
(3) p-Methylbenzoesäure
(4) p-Nitrobenzoesäure

(A) 1, 3, 2, 4
(B) 2, 3, 1, 4
(C) 1, 3, 4, 2
(D) 3, 1, 4, 2
(E) 1, 2, 3, 4

1403 Die aufgeführten Verbindungen sollen nach steigender Basizität (in Wasser) geordnet werden. Welche Reihenfolge trifft zu?

(A) Methylamin < Trimethylamin < Benzylamin < Anilin < Guanidin
(B) Anilin < Benzylamin < Methylamin < Trimethylamin < Guanidin
(C) Anilin < Benzylamin < Trimethylamin < Methylamin < Guanidin
(D) Benzylamin < Guanidin < Anilin < Methylamin < Trimethylamin
(E) Guanidin < Anilin < Benzylamin < Trimethylamin < Methylamin

1404 Welche Aussage trifft **nicht** zu?

Folgende Reaktionen stellen nucleophile Substitutionen dar:

(A) $H_3C{-}Br + CN^{\ominus} \longrightarrow H_3C{-}CN + Br^{\ominus}$

(B) $H_3C{-}I + N(CH_3)_3 \longrightarrow (CH_3)_4N^{\oplus} + I^{\ominus}$

(C) $H_5C_2\overset{\oplus}{O}H_2 + I^{\ominus} \longrightarrow H_5C_2I + H_2O$

(D) $H_3C{-}\overset{O}{\overset{\|}{C}}{-}CH_3 + Br_2 \longrightarrow H_3C{-}\overset{O}{\overset{\|}{C}}{-}CH_2Br + HBr$

(E)

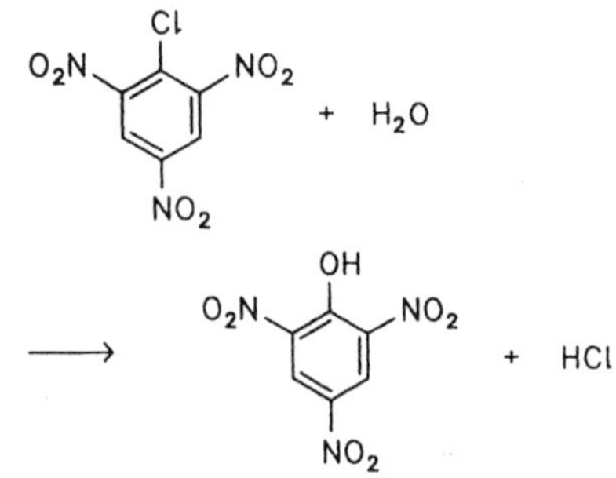

1405 Welche Gleichung gibt die Darstellung von p-Nitrololuen richtig wieder?

(A)

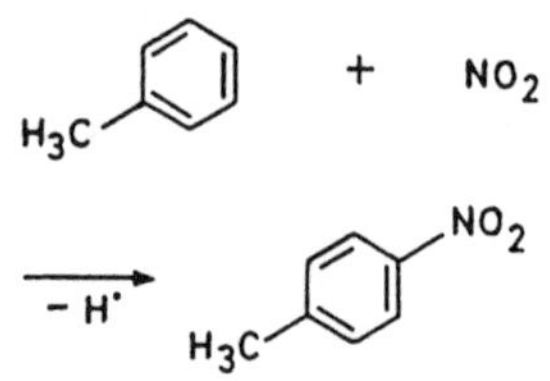

(B)

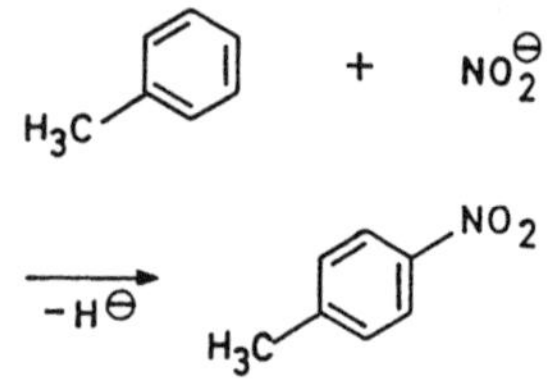

(C)

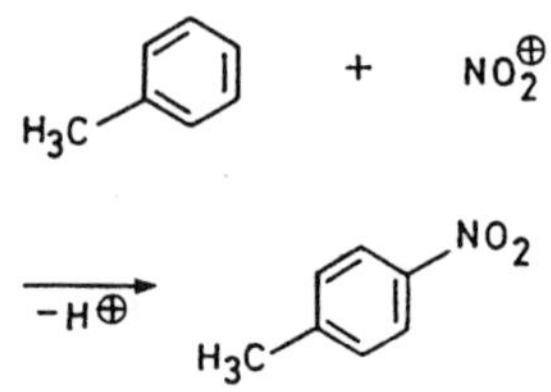

(D)

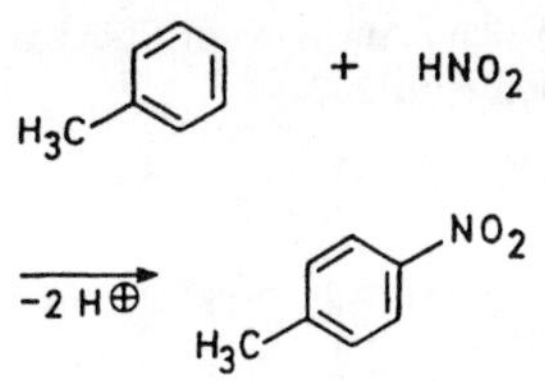

(E)

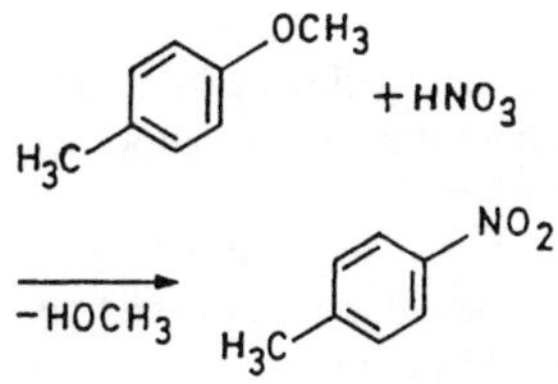

1406 Das abgebildete trans-2,3-Dichlorbornan bildet kinetisch begünstigt über eine syn-Eliminierung das 2-Chlorbornen,

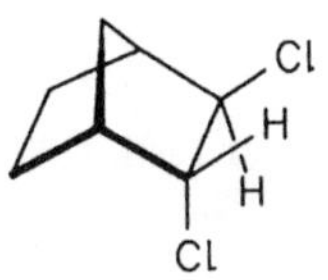

weil

die starre Struktur des abgebildeten trans-2,3-Dichlorbornans eine Konformation mit antiperiplanaren Abgangsgruppen nicht zuläßt.

1407 Welche Aussage zu anti- bzw. syn-Eliminierung trifft an den gegebenen Beispielen **nicht** zu?

anti-Eliminierung

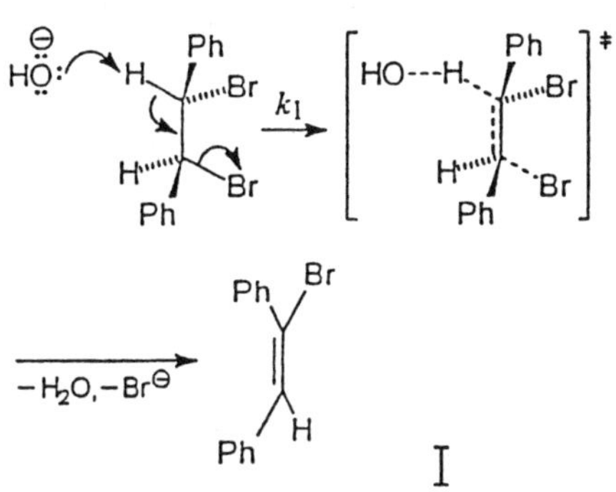

I

syn-Eliminierung

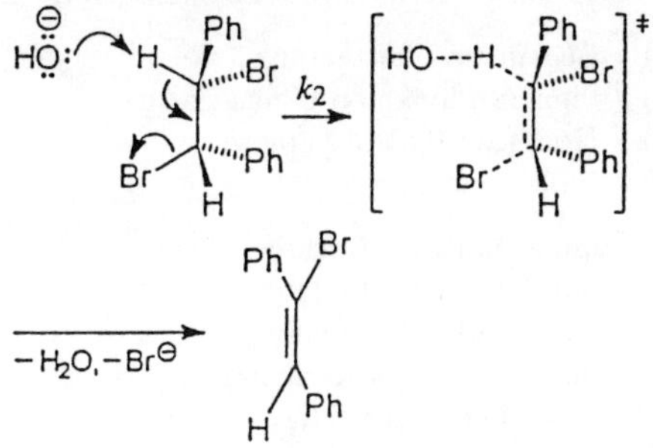

II

(A) Beide Eliminierungen verlaufen bimolekular.

(B) Die anti-Eliminierung ist infolge sterischer und elektronischer Effekte kinetisch begünstigt.

(C) Nur der Übergangszustand I kann zum E-Olefin führen.

(D) Der Übergangszustand II ist infolge der ekliptischen Konformation trotz einer sich über 5 Atome erstreckenden Orbitalwechselwirkung sterisch ungünstig.

(E) Es handelt sich in beiden Fällen um eine zweistufige nicht-konzertierte Reaktion.

1408 Welches der folgenden Edukte führt durch Claisen-Umlagerung zum angegebenen Produkt P?

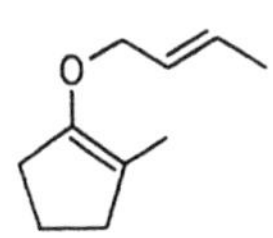

(A)

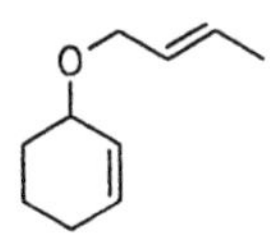

(B)

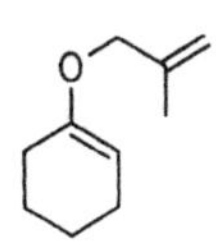

(C)

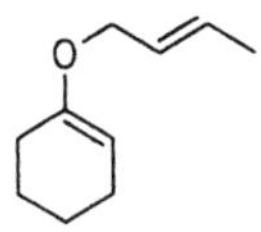

(D)

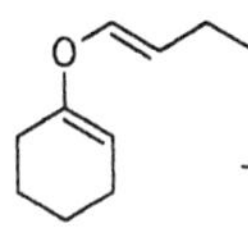

(E)

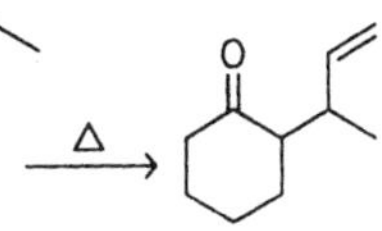

Produkt P

1409 Welche der genannten Umlagerungen erfolgen am C-Atom mit Elektronensextett?

(1) Beckmann-Umlagerung
(2) Pinakol-Pinakolon-Umlagerung
(3) Hocksche Phenolsynthese
(4) Wolff-Umlagerung

(A) nur 1 und 2 sind richtig
(B) nur 2 und 4 sind richtig
(C) nur 3 und 4 sind richtig
(D) nur 1, 3 und 4 sind richtig
(E) 1–4 = alle sind richtig

1410 Welche Verbindung ist chiral?

(A) 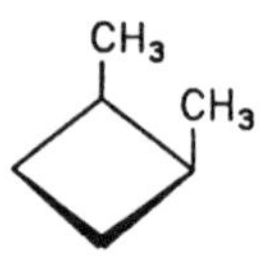

(D) 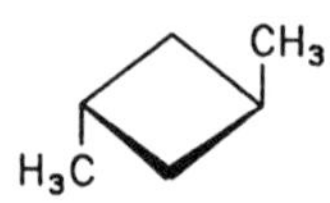

(B) 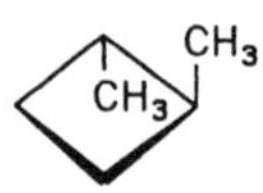

(E) 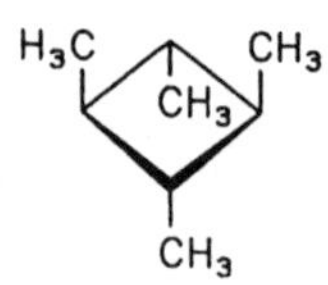

(C) 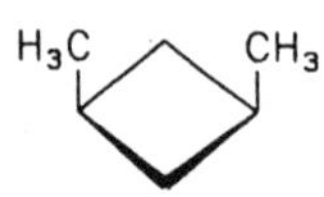

1411 Welches der folgenden Moleküle besitzt **keine** Symmetrieebene?

(A) CH_4
(B) CH_3OH
(C) CH_2Cl_2
(D) CH_2ClBr
(E) CHFClBr

1412 Im 1,3-Butadien sind alle Kohlenstoff-Kohlenstoff-Bindungen gleich lang,
weil
im 1,3-Butadien alle Kohlenstoffatome sp^2-hybridisiert sind.

1413 Welche Aussage zur Stickstoffinversion in Aminen trifft zu?

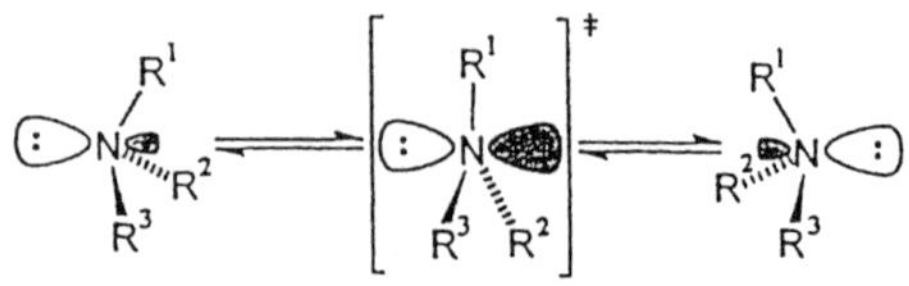

(A) Ispropyl-methyl-amin kann bei Raumtemperatur in Enantiomere getrennt werden.
(B) Im Übergangszustand der Amininversion liegt das N-Atom sp-hybridisiert vor.
(C) Die Stickstoffinversion im Triethylamin ist bei Raumtemperatur extrem schnell.
(D) Im Amin-Grundzustand besetzt ein freies Elektronenpaar eine Ecke eines Oktaeders.
(E) Überbrückte tertiäre Amine zeigen im Vergleich zu den einfachen Trialkylaminen signifikant geringere Inversionsbarrieren am N-Atom.

Ordnen Sie bitte den Begriffen der Liste 1 die jeweils zutreffende Struktur aus Liste 2 zu!

Liste 1

1414 Kondensiertes Ringsystem
1415 Verbrücktes Ringsystem

Liste 2

(A) 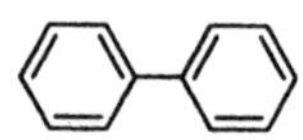

(B) 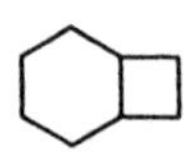

(C) 

(D) 

(E) 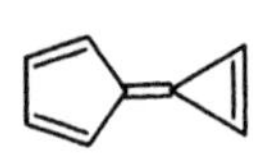

Ordnen Sie bitte den Reaktionen der Liste 1 die jeweils zutreffende Charakterisierung aus Liste 2 zu!

1416 **Liste 1**

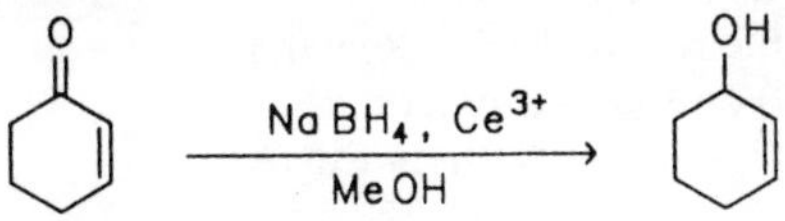

1417

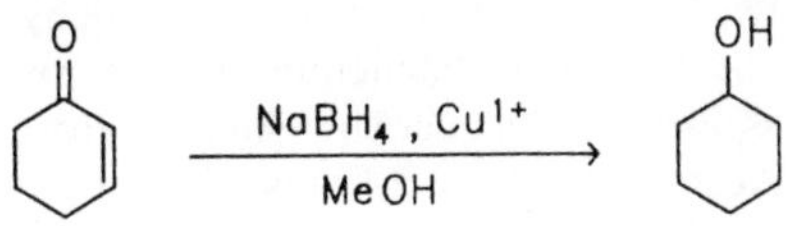

Liste 2

(A) Enantioselektive Reaktion
(B) Diastereoselektive Reaktion
(C) Chemoselektive Reaktion
(D) Stereospezifische Reaktion
(E) nichtselektive Reaktion

1418 Welche der angegebenen Reaktionen führt **nicht** zu einem Alken? (Alkyl ≠ CH_3)

(A) Thermolyse von Fettsäure-Alkylestern
(B) Thermolyse von Tetramethylammoniumhydroxid
(C) Dehydrohalogenierung von Alkylhalogeniden
(D) Dehydratisierung sekundärer Alkohole
(E) Thermolyse von Alkyl-Tosylaten

1419 Butyronitril ist aus n-Propylbromid oder -iodid und Kaliumcyanid in einem geeigneten Lösungsmittel darstellbar,
weil
bei Alkylhalogeniden wie n-Propylbromid oder -iodid das Halogen nucleophil gegen Cyanid ausgetauscht werden kann.

1420 Isonitrile werden leicht in alkalischer Lösung hydrolysiert,
weil
Isonitrile mit Nitrilen isomer sind.

1421 Es soll die folgende Substanz

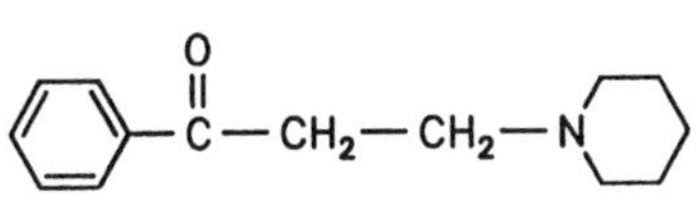

synthetisiert werden.

Welche der folgenden Angaben beschreibt einen möglichen Syntheseweg?

(1) Umsetzung von Acetophenon mit Formaldehyd/Piperidin (als Hydrochlorid)
(2) Reaktion von Benzen mit β-Chlorpropionylchlorid nach Friedel-Crafts, anschließend Umsetzung mit Piperidin
(3) Addition von Piperidin an 1-Phenyl-propen-1-on

(A) nur 1 ist richtig
(B) nur 3 ist richtig
(C) nur 1 und 2 sind richtig
(D) nur 2 und 3 sind richtig
(E) 1–3 = alle sind richtig

1422 Iodmonochlorid eignet sich zur direkten elektrophilen Halogenierung von aktivierten Aromaten,
weil
im Iodmonochlorid die Bindung gemäß $I^{\delta-}$–$Cl^{\delta+}$ polarisiert ist.

1423 Bei welcher Verbindung kann die im Vergleich zu Benzen erhöhte Reaktivität gegenüber Elektrophilen als Hyperkonjugationseffekt gedeutet werden?

(A) Anilin
(B) p-Methoxyphenol
(C) Phenolat-Anion
(D) Toluen
(E) Anisol

Ordnen Sie bitte den Namenreaktionen der Liste 1 das zugehörige Reagenz aus Liste 2 zu! (R = Alkyl; Ar = Aryl)

Liste 1	Liste 2
1424 Simmons-Smith-Reaktion	(A) RI/Na
1425 Wurtz-Synthese	(B) CH_2I_2/Zn
	(C) ArCl/Li
	(D) RBr/Mg
	(E) ArHgCl

1426 Organoquecksilberverbindungen sind luft- und wasserstabil,
weil
Quecksilber ein positives Normalpotential besitzt.

1427 Welche der folgenden Reaktionen beschreibt die Oxidation von Propan-2-ol richtig?

(A)

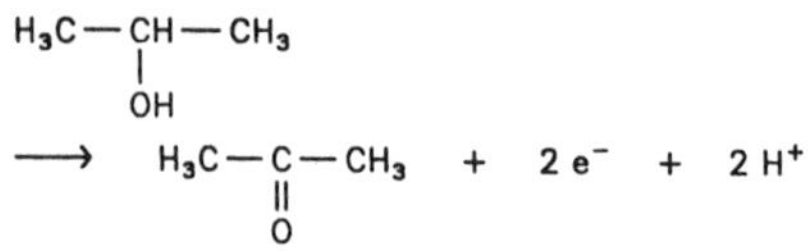

(B)

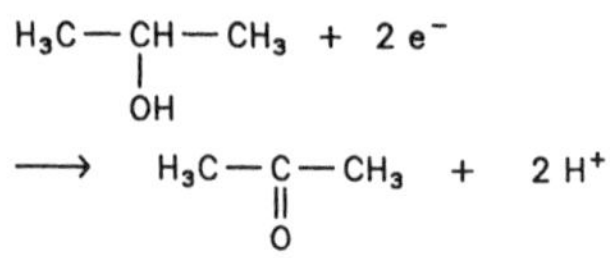

(C)

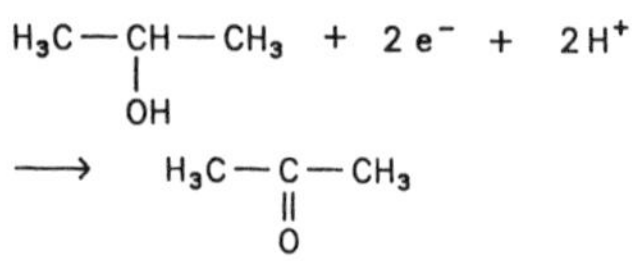

(D)

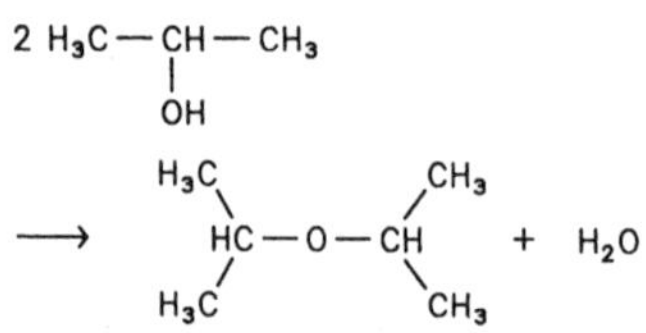

(E)

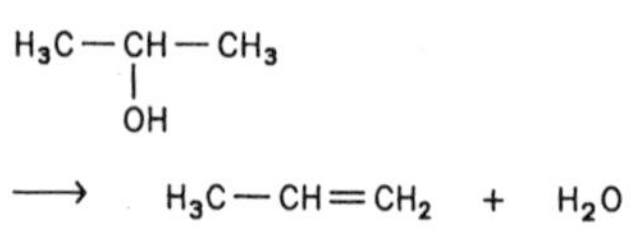

1428 Welche Aussage trifft **nicht** zu?
Zur Überführung eines sekundären Alkohols in das entsprechende Keton eignet sich als Oxidationsmittel:

(A) Cyclohexanon/Aluminium-tert.-butylat
(B) Kaliumdichromat/Schwefelsäure
(C) Chrom(VI)-oxid/Pyridin
(D) Iod
(E) Braunstein

1429 Welche Aussage zur Reaktion von Natrium mit Ethanol trifft **nicht** zu?

(A) Es entsteht Wasserstoff.
(B) Es entsteht Sauerstoff.
(C) Sie ist eine Redox-Reaktion.
(D) Sie verläuft exotherm.
(E) Es entsteht Natrium-Ethanolat.

1430 Welche Aussage trifft **nicht** zu?

(A) Die Verbindungen Ethanol, Acetaldehyd und Essigsäure können durch Redoxreaktionen ineinander übergeführt werden.
(B) Aceton kann zu 2-Propanol reduziert werden.
(C) Brenztraubensäure kann zu Milchsäure reduziert werden.
(D) Formaldehyd kann durch Dehydrierung von Methanol hergestellt werden.
(E) Propanol läßt sich leicht zu Glyoxylsäure oxidieren.

Ordnen Sie bitte den Namen der Liste 1 die jeweils entsprechende Formel aus Liste 2 zu!

Liste 1

1431 Xylenol

1432 Orcin

Liste 2

(A)

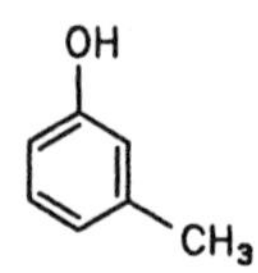

(B)

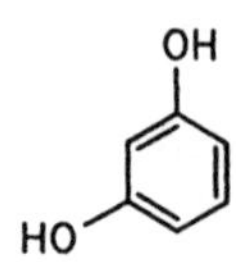

(C)

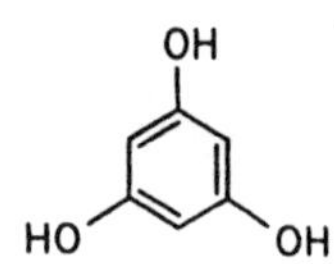

(D)

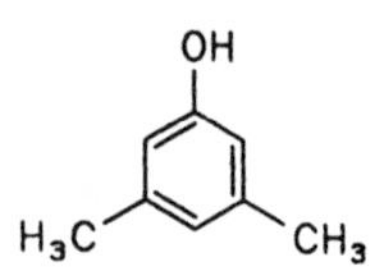

(E)

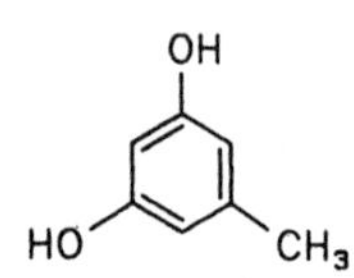

1433 Welche der folgenden Verbindungen können durch Cannizzaro-Reaktion von Benzaldehyd mit Formaldehyd entstehen?

(1) 2-Phenylethanol
(2) Alkalisalz der Ameisensäure
(3) Benzil
(4) Benzylalkohol
(5) Benzoin

(A) nur 1 und 2 sind richtig
(B) nur 2 und 4 sind richtig
(C) nur 3 und 5 sind richtig
(D) nur 1, 2 und 4 sind richtig
(E) nur 3, 4 und 5 sind richtig

1434 Welche der folgenden Aussagen zur Synthese aromatischer Aldehyde sind zutreffend?

(1) Sie können durch Formylierung aktivierter Aromaten erhalten werden.
(2) Sie sind durch Reduktion aromatischer Säurechloride zugänglich.
(3) Ihre Herstellung gelingt durch Umsetzung aromatischer Carbonitrile mit Grignard-Reagenzien.

(A) nur 2 ist richtig
(B) nur 1 und 2 sind richtig
(C) nur 1 und 3 sind richtig
(D) nur 2 und 3 sind richtig
(E) 1–3 = alle sind richtig

1435 Welche der folgenden Verbindungen kann **nicht** zu einem Benzochinon dehydriert werden?

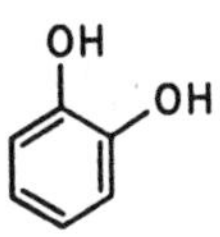

(A)

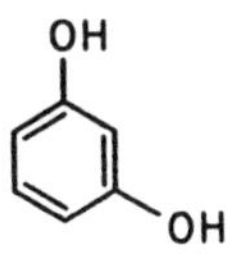

(B)

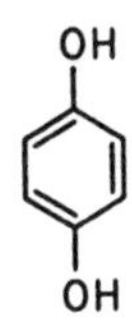

(C)

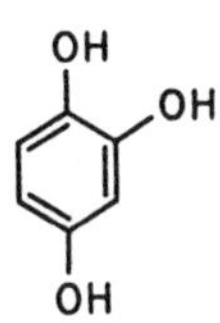

(D)

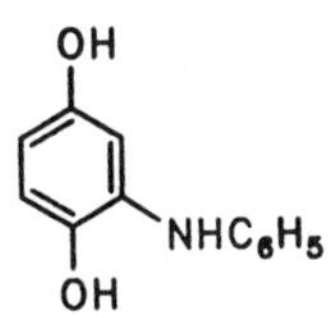

(E)

1436 Welche der folgenden Reaktivitäten haben Essigsäureethylester und Orthoessigsäuretriethylester gemeinsam?

(1) Hydrolyse in wäßriger Säure
(2) Hydrolyse in wäßriger Lauge
(3) Aminolyse mit Alkylaminen
(4) Esterkondensation nach Claisen

(A) Keine der obigen Reaktionen
(B) nur 1 ist richtig
(C) nur 1 und 3 sind richtig
(D) nur 3 und 4 sind richtig
(E) 1–4 = alle sind richtig

1437 Das Trityl-Radikal ist **nicht** beständig,
weil
das Trityl-Radikal spontan zu Hexaphenylethan dimerisiert.

1438 Welche Aussagen treffen zu?
Die abgebildete Verbindung

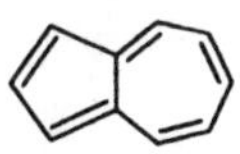

(1) besitzt eine blaue Farbe
(2) besitzt aromatischen Charakter
(3) wird am Fünfring protoniert
(4) besitzt protoniert eine gelbe Farbe

(A) nur 1 ist richtig
(B) nur 2 ist richtig
(C) nur 2 und 3 sind richtig
(D) nur 2, 3 und 4 sind richtig
(E) 1–4 = alle sind richtig

1439 Welche der folgenden Aussagen trifft **nicht** zu?

4-Amino-benzensulfonsäure

(A) heißt Sulfanilsäure
(B) wird aus Benzensulfonsäure und Ammoniak hergestellt
(C) ist in Wasser praktisch unlöslich
(D) ist in organischen Solventien praktisch unlöslich
(E) bildet Amide, die Sulfonamide heißen

1440 Welche Aussagen zu folgender Verbindung treffen zu?

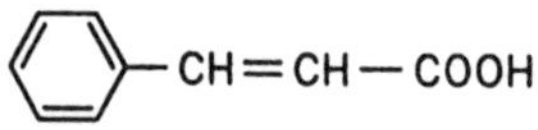

Sie
(1) heißt Cumarinsäure
(2) kann über eine Perkin-Synthese hergestellt werden
(3) zeigt E/Z-Isomerie
(4) kann photochemisch unter Cyclobutan-Ringbildung dimerisieren

(A) nur 1 ist richtig
(B) nur 2 ist richtig
(C) nur 2 und 3 sind richtig
(D) nur 1, 3 und 4 sind richtig
(E) nur 2, 3 und 4 sind richtig

1441 Welche der folgenden Aussagen treffen zu?
N-Phenylglycin

(1) ist Zwischenprodukt einer Indigo-Synthese nach Heumann
(2) entsteht aus Anilin und Monochloressigsäure
(3) entsteht aus Chlorbenzen und Aminoessigsäure
(4) ist eine essentielle Aminosäure

(A) nur 1 und 2 sind richtig
(B) nur 3 und 4 sind richtig
(C) nur 1, 3 und 4 sind richtig
(D) nur 2, 3 und 4 sind richtig
(E) 1–4 = alle sind richtig

1442 D-Milchsäure ergibt beim Erhitzen mit konzentrierter Schwefelsäure Acrylsäure,
weil
α-Hydroxysäuren mit konzentrierter Schwefelsäure unter 1,2-Eliminierung von Wasser reagieren.

1443 Welche Aussagen treffen zu?
Chinolin

(1) kann über eine Skraup-Synthese hergestellt werden
(2) ist tautomer mit Isochinolin
(3) reagiert mit nucleophilen Reagenzien an C-2 und C-4
(4) kann mit elektrophilen Reagenzien an C-5 oder C-8 reagieren
(5) heißt in N-protonierter Form Chinolinsäure

(A) nur 1 ist richtig
(B) nur 1 und 2 sind richtig
C) nur 2 und 4 sind richtig
(D) nur 1, 3 und 4 sind richtig
(E) nur 2, 4 und 5 sind richtig

1444 Welcher der nachfolgend genannten Ringe (oder Ringsysteme) ist in der abgebildeten Formel **nicht** enthalten?

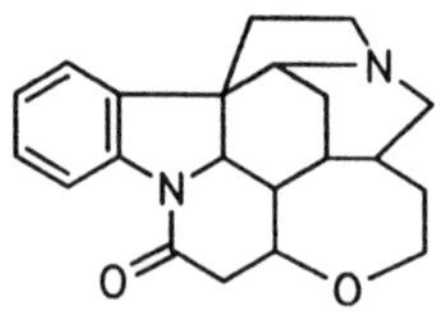

(A) Pyrrolidin
(B) Piperidin
(C) Dihydroindol
(D) Cyclohexan
(E) Decalin

1445 Welche der folgenden Heterocyclen weisen eine cyclische Amidin-Teilstruktur auf?

(1) Pyrazol
(2) Imidazol
(3) Purin
(4) Piperazin

(A) nur 2 ist richtig
(B) nur 1 und 3 sind richtig
(C) nur 2 und 3 sind richtig
(D) nur 1, 2 und 4 sind richtig
(E) nur 1, 3 und 4 sind richtig

1446 Welches der folgenden Monosaccharide ist ein Desoxyzucker?

(A) Fructose
(B) Glucose
(C) Mannose
(D) Rhamnose
(E) Galactose

1447 Bei der Reduktion von Fructose mit $NaBH_4$, entsteht ein Diastereomerenpaar,
weil
bei der Reduktion von Fructose ein neues unsymmetrisch substituiertes C-Atom gebildet wird.

1448 Welche Aussage trifft **nicht** zu?

Die Spaltung von Saccharose in wäßriger Salzsäure

(A) ist eine Esterspaltung
(B) ist eine Hydrolyse
(C) ist eine Acetalspaltung
(D) verläuft protonenkatalysiert
(E) führt zu Glucose und Fructose

1449 Wie groß ist der Polymerisationsgrad des nachstehend formulierten Oligomeren?

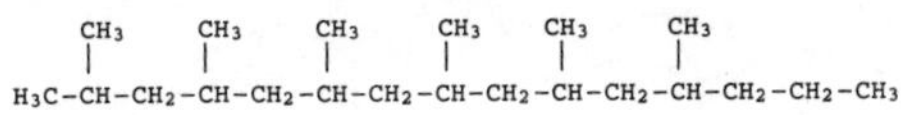

(A) 3
(B) 5
(C) 6
(D) 7
(E) 8

1450 Welches der folgenden Polymere zählt **nicht** zu den Thermoplasten?

(A) Polystyrol
(B) Polyformaldehyd
(C) Polyvinylchlorid
(D) Polyethylen
(E) Polymethylacrylat

Prüfung Herbst 2000

1451 CC-Dreifachbindungen sind kürzer als CC-Doppelbindungen,
weil
Bindungslängen zwischen sp^3-hybridisierten C-Atomen kürzer sind als die zwischen sp^2-hybridisierten C-Atomen.

1452 Welche Aussagen über die Orbitale/Orbitaleigenschaften des 1,3-Butadiens treffen zu?

(1) Butadien hat vier π-Molekülorbitale (MOs).
(2) Die π-Elektronen besetzen zwei bindende MOs.
(3) Die isolierten p-Orbitale sind energiereicher als die bindenden π-MOs.

(A) nur 1 ist richtig
(B) nur 2 ist richtig
(C) nur 3 ist richtig
(D) nur 1 und 2 sind richtig
(E) 1–3 = alle sind richtig

1453 Welche Aussage trifft zu?
Unter der Konstitution einer Verbindung versteht man die Angabe

(A) der Art der Bindungen und die gegenseitige Verknüpfung der Atome in einem Molekül
(B) der relativen räumlichen Anordnung der Atome in einem Stereoisomeren
(C) der genauen Anordnung von Atomen eines Moleküls mit Hilfe von Bindungslängen und Winkeln
(D) der genauen Reihenfolge von Aminosäuren in einem Peptid
(E) des Massenanteils Kohlenstoff aufgrund einer Verbrennungsanalyse

1454 Welche Aussage zur Konformations-Stereochemie der 2,2'-Dinitro-diphensäure trifft zu?

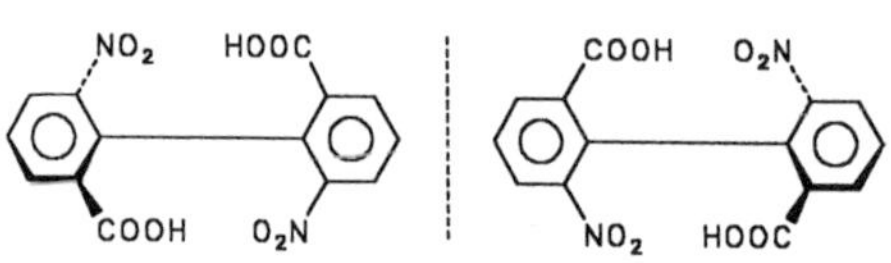

Die beiden Konformationen

(A) lassen sich zur Deckung bringen
(B) sind Diastereomere
(C) sind Enantiomere
(D) weisen zentrale Chiralität auf
(E) wandeln sich bei 20 °C rasch ineinander um und sind bei Raumtemperatur **nicht** isolierbar

1455 Welche Aussage zu trans- und cis-Hydrindan trifft zu?

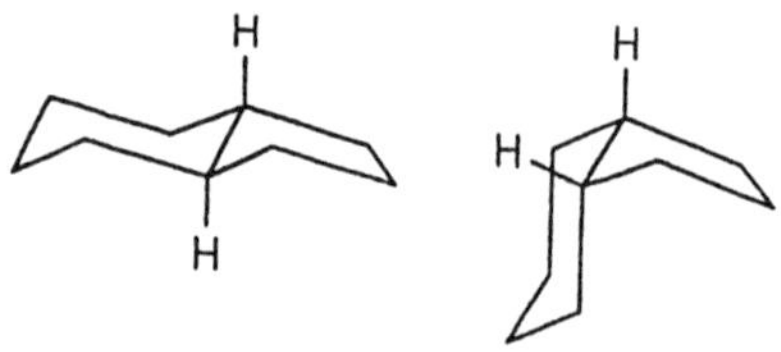

(A) Die trans-Form ist energiereicher und damit wesentlich instabiler als die cis-Form.
(B) Alle vier Ringe liegen in der Sesselkonformation vor.
(C) Die Strukturen sind mit den entsprechenden Decalin-Isomeren isoster.
(D) Beim cis-Isomer liegt eine axial/äquatoriale Verknüpfung vor.
(E) Die Moleküle sind durch katalytische Hydrierung von Napththalen direkt darstellbar.

1456 Eine Carbonylgruppe mit zwei unterschiedlichen Alkylsubstituenten ist prochiral,
weil
der Kohlenstoff einer Carbonylgruppe mit zwei unterschiedlichen Alkylsubstituenten zu einem Chiralitätszentrum werden kann.

1457⁺ Sulfoniumionen mit drei verschiedenen Substituenten können **nicht** in Enantiomeren auftreten,
weil
der Schwefel in Sulfoniumsalzen dreibindig ist.

1458 Meso-Weinsäure bildet keine Chelatkomplexe,
weil
meso-Weinsäure optisch inaktiv ist.

1459 Thiophen reagiert mit Maleinsäureanhydrid leicht zu einem Diels-Alder-Produkt,
weil

Thiophen **formal** als cyclisches Dien angesehen werden kann.

1460 Welche Aussagen über pericyclische Reaktionen treffen zu?

(1) Sie verlaufen immer über cyclische Übergangszustände.
(2) Der Reaktionsausgang kann grenzorbitaltheoretisch vorhergesagt werden.
(3) Die Stereochemie der Produktbildung wird in der Regel von der Symmetrie des energetisch höchsten besetzten (HOMO) oder des energetisch tiefsten unbesetzten Molekülorbitals (LUMO) kontrolliert.

(A) nur 1 ist richtig
(B) nur 2 ist richtig
(C) nur 3 ist richtig
(D) nur 2 und 3 sind richtig
(E) 1–3 = alle sind richtig

Ordnen Sie bitte den Aciditäten der Liste 1 die jeweils zugehörige Verbindung aus Liste 2 zu!

Liste 1	Liste 2
1461 CH-Acidität	(A) Maleinsäureimid
1462 NH-Acidität	(B) Benzaldehyd
	(C) Pyridin
	(D) Diazomethan
	(E) Nitromethan

1463+ Phenole weisen eine größere Acidität als gesättigte aliphatische Alkohole auf,
weil
das Phenolat-Ion im Gegensatz zu einem Alkoholat-Ion mesomeriestabilisiert ist.

1464 Welche der folgenden Stickstoffverbindungen ist am stärksten basisch?

(A) Guanidin
(B) Harnstoff
(C) Pyridin
(D) Anilin
(E) Piperidin

1465 Welche Aussage trifft **nicht** zu?

Nichtbenzoide Hückel-Aromaten

(A) sind stets cyclische Systeme
(B) haben aromatischen Charakter
(C) können als Anionen oder Kationen vorliegen
(D) können als dipolare Verbindungen vorliegen
(E) haben stets ein π-Elektronensextett

1466 Welches der folgenden Ionen ist am wenigsten mesomeriestabilisiert?

(A) $CH_2 = CH - CH_2^{\oplus}$
(B) $CH_2 = CH - CH_2 - CH_2^{\oplus}$
(C) $CH_3 - \bar{\underline{O}} - CH_2^{\oplus}$
(D) 

(E) 

1467 Welche der fünf Strukturen entspricht dem Walsh-Modell von Cyclopropan?

(A)

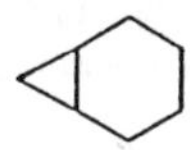
(B)

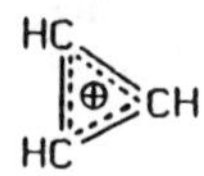

(C)

(D)

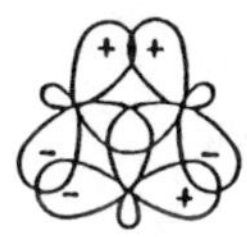
(E)

1468 Welche der zugeordneten Substituenteneffekte treffen zu?

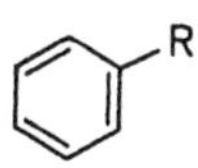

(1) R = Br: –I, +M
(2) R = CN: –I, +M
(3) R = $O^{\ominus}$: +I, +M
(4) R = COOR: –I, +M
(5) R = NH_2: –I, +M

(A) nur 1, 2 und 4 sind richtig
(B) nur 1, 3 und 5 sind richtig
(C) nur 2, 3 und 5 sind richtig
(D) nur 3, 4 und 5 sind richtig
(E) 1–5 = alle sind richtig

1469 Welche der folgenden Verbindungen ist nach Friedel-Crafts **nicht** acylierbar?

(A) 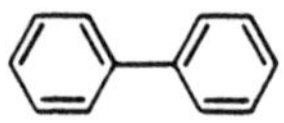

(B) 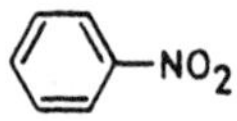

(C) 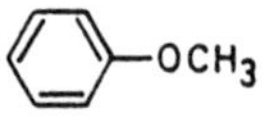

(D) 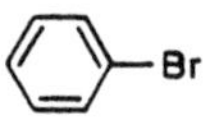

(E) 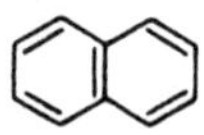

1470 Welche Aussagen treffen zu?
Setzt man 3-Chloranilin mit Natriumnitrit/Salzsäure bei + 5 °C um und erhitzt anschließend die Lösung zum Sieden, so entstehen:

(1) 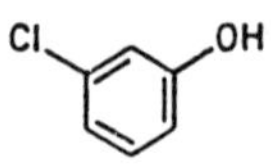

(2) 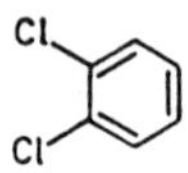

(3) 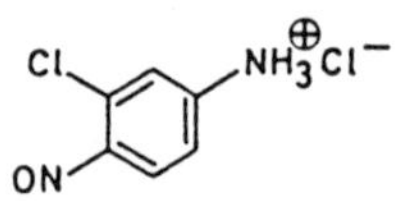

(4) 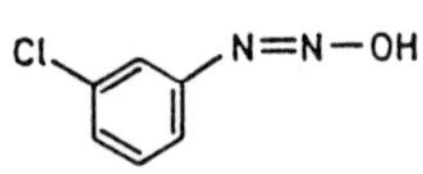

(A) nur 1 ist richtig
(B) nur 2 ist richtig
(C) nur 3 ist richtig
(D) nur 4 ist richtig
(E) nur 1 und 2 sind richtig

1471 Welche der folgenden Reaktionen können durchgeführt werden?

(1) 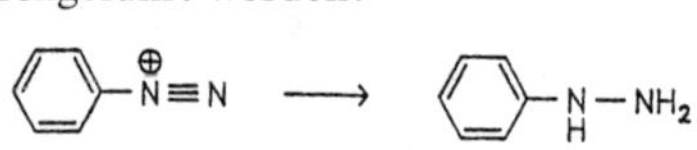

(2) 

(3) 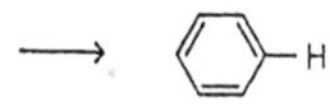

(4) 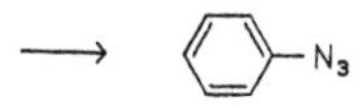

(5) 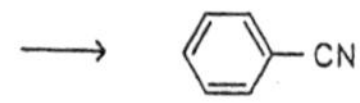

(A) nur 1 und 4 sind richtig
(B) nur 2 und 3 sind richtig
(C) nur 2 und 5 sind richtig
(D) nur 1, 4 und 5 sind richtig
(E) 1–5 = alle sind richtig

1472 Welche der folgenden Verbindungen entstehen bei der Elektrolyse einer wäßrigen Lösung von Natriumacetat und Natriumpropionat?

(1) Methan
(2) Ethan
(3) Propan
(4) Butan
(5) Isobutan

(A) nur 1 ist richtig
(B) nur 2 und 4 sind richtig
(C) nur 2, 3 und 4 sind richtig
(D) nur 1, 3, 4 und 5 sind richtig
(E) nur 2, 3, 4 und 5 sind richtig

1473 Welche der folgenden schematisierten Reaktionen führt **nicht** zu einem Alkylhalogenid?

(A) $RH + I_2 \longrightarrow$
(B) $ROH + HI \longrightarrow$
(C) $ROH + SOCl_2 \longrightarrow$
(D) $ROH + PBr_3 \longrightarrow$
(E) $RCOOAg + Br_2 \longrightarrow$

1474 Bei der Darstellung von Alkylcyaniden nach der Kolbe-Nitril-Synthese werden als Nebenprodukte auch die jeweiligen Isonitrile erhalten,
weil
infolge der ambidenten Eigenschaften des Cyanid-Anions sowohl eine C- als auch eine N-Alkylierung erfolgen kann.

1475 Propionitril soll zu Pentan-3-on umgesetzt werden.
Welche Reaktanden sind hierzu bei nachfolgender Hydrolysereaktion geeignet?

(1) C_3H_7MgBr
(2) C_2H_5MgBr
(3) C_4H_9Li
(4) $C_5H_{11}MgBr$

(A) nur 2 ist richtig
(B) nur 1 und 3 sind richtig
(C) nur 1 und 4 sind richtig
(D) nur 1, 2 und 4 sind richtig
(E) nur 2, 3 und 4 sind richtig

1476 Welches Produkt wird bei der Reaktion der gegebenen Grignard-Verbindung mit D_2O bevorzugt gebildet?

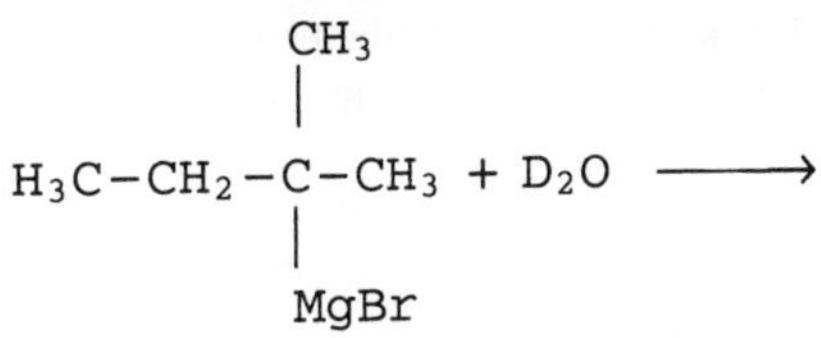

(A) 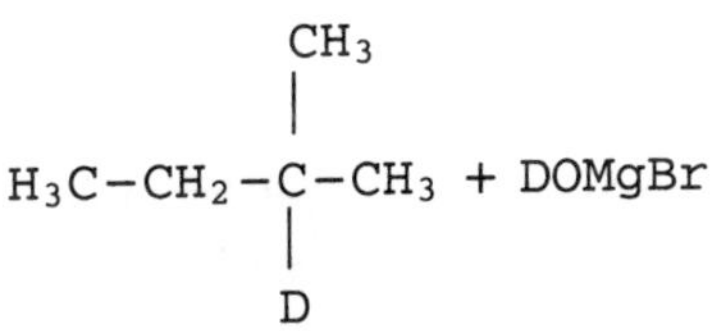

(B) 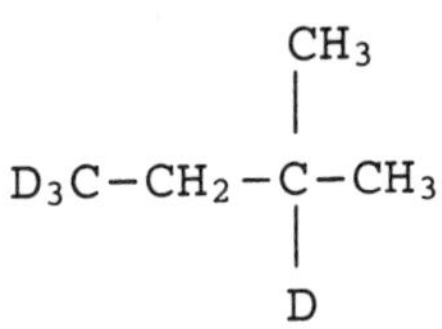

(C) 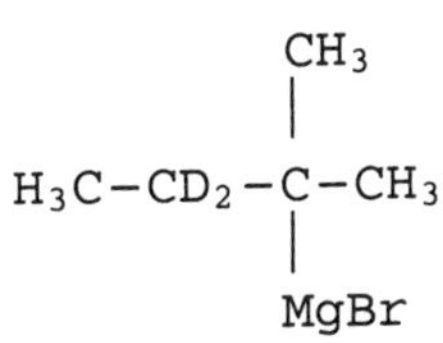

(D) 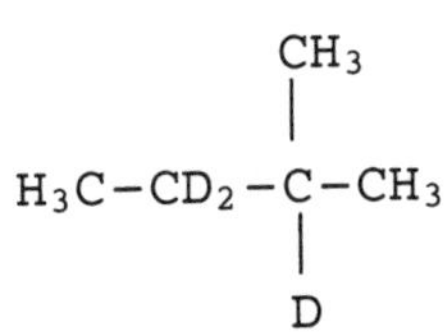

(E) 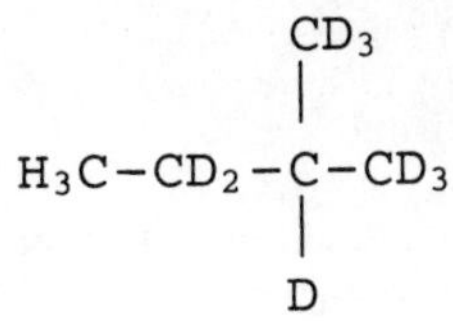

1477 Welche Aussage trifft **nicht** zu?
1,2-Diole, z. B. Ethylenglycol, können erhalten werden durch

(A) saure Hydrolyse von Epoxiden
(B) Oxidation von Alkenen mit OsO_4 und nachfolgende Hydrolyse
(C) Oxidation von Alkenen mit MnO_4^- und nachfolgende Hydrolyse
(D) alkalische Hydrolyse von Chlorhydrinen
(E) Ozonierung von Alkenen und nachfolgende Hydrolyse

1478 Welche Aussagen treffen zu?
In Abhängigkeit vom Oxidationsmittel liefern Alkanthiole folgende Produkte:

(1) $R-CH_2-S-S-CH_2-R$

(2) 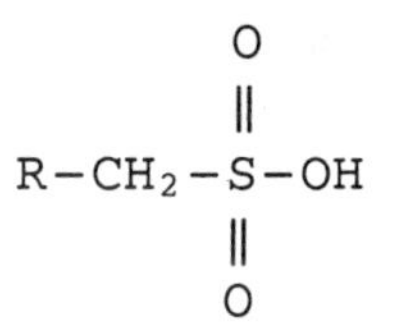

(3) 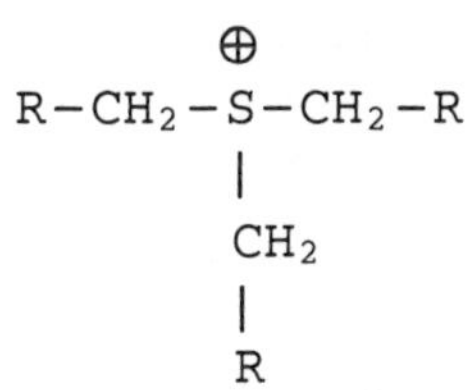

(A) nur 2 ist richtig
(B) nur 3 ist richtig
(C) nur 1 und 2 sind richtig
(D) nur 2 und 3 sind richtig
(E) 1–3 = alle sind richtig

1479 Welcher Begriff trifft im Zusammenhang mit der Hydroborierung von Alkinen **nicht** zu?

(A) Elektrophiler Angriff
(B) trans-Alken

(C) Alkenylboran
(D) syn-Addition
(E) Regioselektivität

1480 Über welche Reaktionen können Aldehyde hergestellt werden?

(1) Vilsmeier-Haack-Synthese
(2) Mannich-Reaktion
(3) Reimer-Tiemann-Reaktion
(4) Kolbe-Schmitt-Synthese

(A) nur 4 ist richtig
(B) nur 1 und 3 sind richtig
(C) nur 1 und 4 sind richtig
(D) nur 1, 2 und 3 sind richtig
(E) nur 2, 3 und 4 sind richtig

1481 Welche Aussage zur Benzoin-Addition trifft **nicht** zu?

(A) Im Verlauf der Reaktion treten Gleichgewichte auf.
(B) Sie verläuft unter Cyanid-Katalyse.
(C) In ihrem Verlauf findet „Umpolung" der Reaktivität am Sauerstoff statt.
(D) In ihrem Verlauf findet „Umpolung" der Reaktivität am Kohlenstoff statt.
(E) Ihr Reaktionsprodukt ist ein Acyloin.

1482 Welche Aussage über die Autoxidation von Benzaldehyd trifft zu?

(A) Sie verläuft ionisch.
(B) Sie verläuft über einen Radikalkettenmechanismus.
(C) Sie wird durch Fe(III)-Ionen unterdrückt.
(D) Als Zwischenprodukt entsteht ein Acyl-Anion.
(E) Als Zwischenprodukt entsteht ausschließlich Benzoin.

1483 Bei welcher Synthese wird eine C-C-Bindung nur gelöst und keine neu gebildet?

(A) Beckmann-Umlagerung
(B) Benzidin-Umlagerung
(C) Reimer-Tiemann-Synthese
(D) Benzilsäure-Umlagerung
(E) Kolbe-Schmitt-Synthese

1484 Nach welchen Reaktionen können Carbonsäuren hergestellt werden?

(1) Kolbe-Schmitt-Synthese
(2) Benzoin-Addition
(3) Benzilsäure-Umlagerung
(4) Reimer-Tiemann-Reaktion
(5) Perkin-Synthese

(A) nur 2 ist richtig
(B) nur 1 und 2 sind richtig
(C) nur 1 und 5 sind richtig
(D) nur 1, 3 und 5 sind richtig
(E) nur 2, 4 und 5 sind richtig

1485 Welche Aussage trifft **nicht** zu?
Bei der Esterbildung aus Carbonsäure und Alkohol

(A) kann die Einstellung des Gleichgewichts durch Katalysatoren beschleunigt werden
(B) wird bei Temperaturerhöhung auch die Rückreaktion beschleunigt
(C) können $OH^{\ominus}$-Ionen als Katalysator verwendet werden
(D) kann die Ausbeute an Ester durch Konzentrationserhöhung des Alkohols gesteigert werden
(E) kann die Ausbeute an Ester erhöht werden, indem man das gebildete Wasser aus dem Gleichgewicht entfernt

Ordnen Sie bitte den Stoffklassen der Liste 1 die jeweils entsprechende Verbindung aus Liste 2 zu (Ph = Phenyl)!

Liste 1

1486 Hydrazid
1487 Hydroxamsäure

Liste 2

(A) Ph–C(=O)–NH–Ph
(B) Ph–CH=N–NH–Ph
(C) Ph–C(=O)–N_3
(D) Ph–C(=O)–NH–OH
(E) Ph–C(=O)–NH–NH–Ph

1488 Welche Aussage trifft **nicht** zu?
Seifen bzw. Detergenzien

(A) können eine polare Gruppe an einem längerkettigen, aliphatischen Kohlenwasserstoffrest enthalten
(B) können hydrophile Sulfonsäure- oder quartäre Ammonium-Gruppen enthalten
(C) vergrößern die Oberflächenspannung von Wasser
(D) nehmen an der Phasengrenze eine regelmäßige Anordnung an
(E) emulgieren nichtwasserlösliche Fett- oder Ölteilchen

1489 Welche Aussage zu Propan-3-olid (β-Propiolacton) trifft zu?

(A) Es ist mit Nucleophilen nicht spaltbar.
(B) Es entsteht durch Dimerisierung von Keten.
(C) Es ist aus Keten und Formaldehyd durch Cycloaddition darstellbar.
(D) Es ist mit dem 2-Pyrrolidon isoster.
(E) Seine Hydrolyse führt zu 1,4-Butandiol.

Ordnen Sie bitte den Formeln der Liste 1 den jeweils richtigen Namen aus Liste 2 zu!

	Liste 1	Liste 2
1490	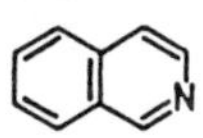	(A) Indol (B) Chinolin (C) Isochinolin
1491	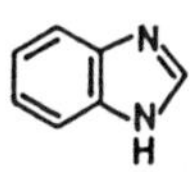	(D) Benzimidazol (E) Chinaldin

1492 Welche Aussagen über die Paal-Knorr-Synthese treffen zu?

(1) Sie wird zur Darstellung von 3,4-disubstiuierten Pyrrolen eingesetzt.
(2) Ein Edukt ist ein 1,4-Diketon.
(3) Als weiterer Reaktionspartner kann Ammoniak verwendet werden.
(4) Wird anstelle von Ammoniak ein primäres Amin eingesetzt, so entstehen N-substituierte Pyrrole.

(A) nur 1 und 2 sind richtig
(B) nur 1 und 3 sind richtig
(C) nur 2 und 3 sind richtig
(D) nur 2 und 4 sind richtig
(E) nur 2, 3 und 4 sind richtig

Ordnen Sie bitte den Zuckern der Liste 1 die jeweils zutreffenden Bestandteile aus Liste 2 zu!

	Liste 1		Liste 2
1493	Malzzucker	(A)	D-Glucose/ L-Fructose
1494	Milchzucker	(B)	D-Glucose/ D-Fructose
		(C)	D-Glucose/ D-Glucose
		(D)	D-Glucose/ L-Galactose
		(E)	D-Glucose/ D-Galactose

1495 Welcher der folgenden Vorgänge ist **nicht** an der Osazon-Bildung bei Monosacchariden wie Glucose oder Fructose beteiligt?

(A) Kondensation
(B) Hydrolyse
(C) Tautomerisierung
(D) Redoxreaktion
(E) Chelatisierung

1496 Welche der folgenden Zucker sind reduzierende Zucker?

(1) Cellobiose
(2) Maltose
(3) Lactose
(4) Saccharose

(A) nur 1 ist richtig
(B) nur 1 und 3 sind richtig
(C) nur 2 und 4 sind richtig
(D) nur 3 und 4 sind richtig
(E) nur 1, 2 und 3 sind richtig

1497 Prolin kann **nicht** durch Strecker-Synthese dargestellt werden,
weil
bei der Strecker-Synthese ausschließlich α-Aminocarbonsäuren entstehen.

1498 Lysin ist eine esentielle proteinogene Aminosäure,
weil
Lysin zur Gruppe der basischen proteinogenen Aminosäuren gehört.

Ordnen Sie bitte den Bezeichnungen der Liste 1 die jeweils entsprechende Struktur aus Liste 2 zu!

Liste 1

1499 Polyurethan
1500 Polyethylenglykol

Liste 2

(A) $HO-CH_2-CH_2-[O-CH_2-CH_2]_n-OH$

(B) 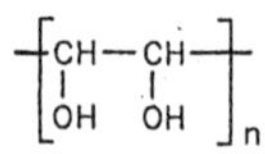

(C) $H_5C_6-NH-C(=O)-O-C_2H_5$

(D) 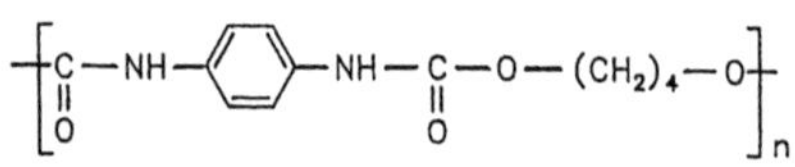

(E) 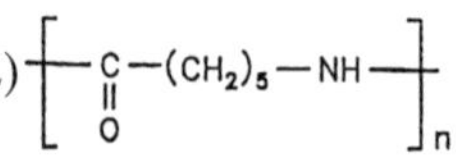

Prüfung Frühjahr 2001

1501 Welche Aussage trifft zu?
Die allgemeine Summenformel der homologen Reihe der offenkettigen Alkene lautet:

(A) C_nH_{2n+1}
(B) C_nH_{2n+2}
(C) C_nH_{2n-1}
(D) C_nH_{2n-2}
(E) Keine der Aussagen (A) bis (D) trifft zu.

1502 Welche Aussage trifft zu?
Isotopomere sind

(A) Verbindungen mit gleicher Strukturformel, die jedoch verschiedene Isotope enthalten
(B) Salze von Keto-Enol-Tautomeren
(C) Strukturisomere Verbindungen
(D) Stereoisomere am Cyclopropan-Gerüst
(E) Trityl-Verbindungen

1503 Welche Aussage über cis-Decalin trifft **nicht** zu?
cis-Decalin

(A) ist ein kondensiertes Ringsystem
(B) wird nach IUPAC als cis-Bicyclo[4.4.0]-decan bezeichnet
(C) liegt in einer Zweisesselkonformation vor
(D) ist axial/axial ringverknüpft
(E) kann durch Konformationsumwandlung in sein Spiegelbildisomer übergehen

1504 Welche Aussagen zur angegebenen Verbindung treffen zu?

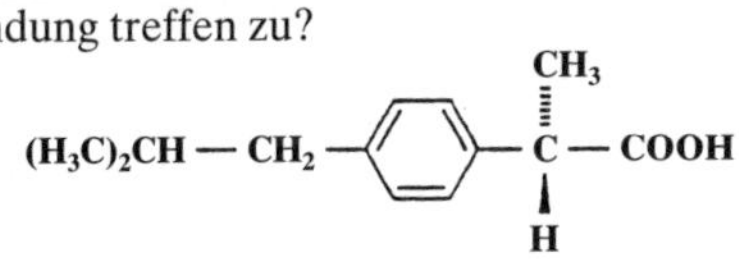

Sie

(1) ist optisch aktiv
(2) ist OH- und CH-acide
(3) kann stabile atropisomere Konformere bilden
(4) besitzt ausschließlich polare Gruppen
(5) ist eine phenyloge Carbonsäure

(A) nur 1 und 2 sind richtig
(B) nur 1, 2 und 3 sind richtig
(C) nur 1, 2 und 4 sind richtig
(D) nur 3, 4 und 5 sind richtig
(E) 1–5 = alle sind richtig

1505 E/Z-Zimtsäure wird photochemisch zu Truxillsäure und Truxinsäure dimerisiert,
weil
bei Zimtsäure eine photochemisch induzierte [2+2]Cycloaddition möglich ist.

1506 Die Hydrolyse von Benzylchlorid mit wässriger Natronlauge stellt eine S_N1-Reaktion dar,
weil
beim geschwindigkeitsbestimmenden Reaktionsschritt der alkalischen Hydrolyse von Benzylchlorid mesomeriestabilisierte Benzylkationen entstehen.

1507 Welche Aussage über primäre Amine trifft **nicht** zu?

(A) Die Gabriel-Synthese erlaubt die gezielte Darstellung primärer aliphatischer Amine.
(B) Primäre aliphatische Amine sind reaktionsfähigere Nucleophile als primäre aromatische Amine.
(C) Aus primären aliphatischen Aminen lassen sich mit Natriumnitrit/Säure u. a. die entsprechenden Alkohole erhalten.
(D) Durch zweifache Acylierung primärer Amine werden Acyloine erhalten.
(E) Durch Kondensation primärer Amine mit Aldehyden und Ketonen werden Imine erhalten.

1508 Aus welchen der folgenden Verbindungen kann mit Brom 2,4,6-Tribromphenol (bzw. auch 2,4,4,6-Tetrabromcyclohexadienon) erhalten werden?

(1) Acetylsalicylsäure
(2) Salicylsäure
(3) 4-Hydroxybenzoesäureester
(4) 4-Hydroxybenzoesäure
(5) Phenol

(A) nur 5 ist richtig
(B) nur 1 und 2 sind richtig
(C) nur 3 und 4 sind richtig
(D) nur 2, 4 und 5 sind richtig
(E) 1–5 = alle sind richtig

1509 Welche Reaktionen laufen bei der Herstellung von

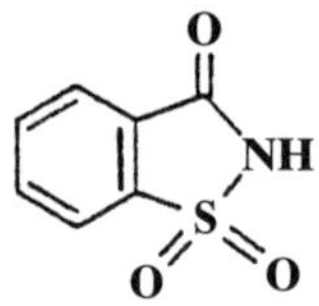

aus Toluen ab?
(1) Chlorsulfonierung
(2) Sulfonamid-Bildung
(3) Oxidation
(4) Carboxylierung

(A) nur 1 ist richtig
(B) nur 2 ist richtig
(C) nur 1 und 4 sind richtig
(D) nur 1, 2 und 3 sind richtig
(E) nur 2, 3 und 4 sind richtig

1510 Welche Reaktionen führen zur Herstellung von

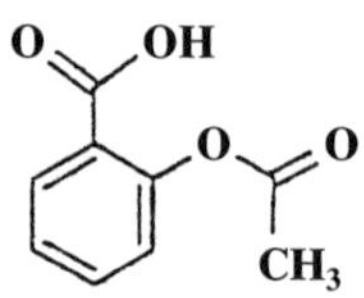

aus Cumol und Essigsäure?
(1) Umlagerung
(2) Carboxylierung
(3) Alkylierung
(4) Acetylierung

(A) nur 1 ist richtig
(B) nur 2 und 4 sind richtig
(C) nur 3 und 4 sind richtig
(D) nur 1, 2 und 3 sind richtig
(E) nur 1, 2 und 4 sind richtig

Ordnen Sie bitte den aus Phenyldiazonium-Salzen erhältlichen Produkten der Liste 1 die jeweils entsprechenden Edukte/Reaktionsbedingungen (Liste 2) zu!

Liste 1	Liste 2
1511 Phenylhydrazin	(A) $H_2O/\Delta T$
1512 Benzonitril	(B) Hydrazin
1513 Fluorbenzen	(C) 1. Na_2SO_3; 2. HCl
	(D) $BF_4^-/\Delta T$
	(E) $K_3[Cu(CN)_4]$

1514 Bei welcher Synthese wird eine C-C-Bindung gelöst und keine neu gebildet?

(A) Reimer-Tiemann-Synthese
(B) Benzilsäure-Umlagerung
(C) Hocksche Phenolsynthese
(D) Kolbe-Schmitt-Synthese
(E) Wagner-Meerwein-Umlagerung

1515 Welche der folgenden cyclischen Diene reagieren unter üblichen Bedingungen mit Maleinsäurehydrid zu einem Diels-Alder-Produkt?

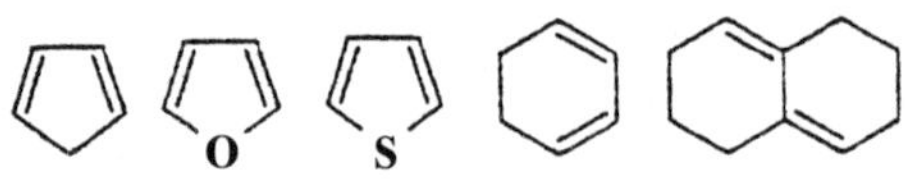

(1) (2) (3) (4) (5)

(A) nur 1 und 4 sind richtig
(B) nur 2 und 3 sind richtig
(C) nur 1, 2 und 4 sind richtig
(D) nur 1, 4 und 5 sind richtig
(E) 1–5 = alle sind richtig

Ordnen Sie bitte den Substanzklassen der Liste 1 die jeweils zutreffende Synthesemethode aus Liste 2 zu!

Liste 1	Liste 2
1516 Chinoline	(A) Hantzsch
1517 Isochinoline	(B) Skraup; Doebner-v. Miller
	(C) Knorr
	(D) Fischer
	(E) Bischler-Napieralski

1518 Welche der folgenden Verbindungen können durch Cannizzaro-Reaktion entstehen?

(1) 2-Phenylethanol
(2) Alkalisalz der Benzoesäure
(3) Benzil
(4) Furfuryl-2-alkohol

(A) nur 1 ist richtig
(B) nur 1 und 2 sind richtig
(C) nur 2 und 4 sind richtig
(D) nur 3 und 4 sind richtig
(E) nur 2, 3 und 4 sind richtig

1519 Bei der Oximbildung von Aldehyden muss eine Base als Katalysator eingesetzt werden,
weil
zur Oximbildung der Aldehyde Hydroxylaminhydrochlorid verwendet wird.

1520 Welche Formulierung erklärt die im Vergleich zur p-Hydroxybenzoesäure gesteigerte Acidität der Salicylsäure?

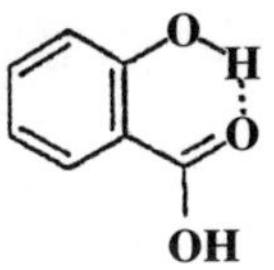

(1)

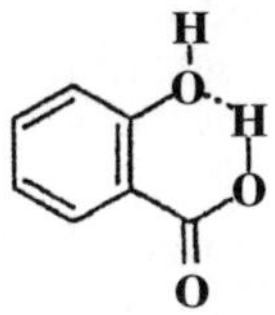

(2)

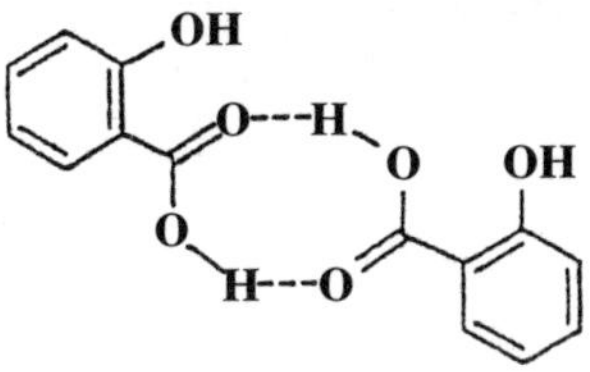

(3)

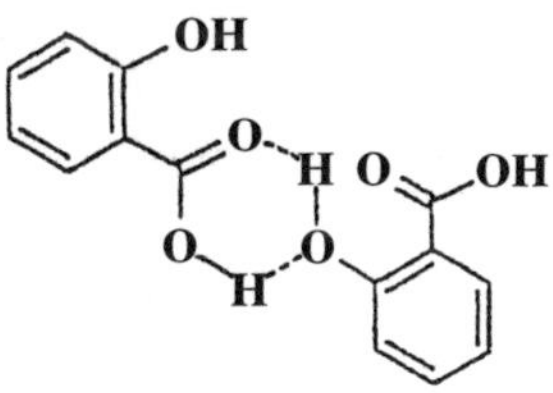

(4)

(A) nur 1 ist richtig
(B) nur 2 ist richtig
(C) nur 1 und 3 sind richtig
(D) nur 2 und 4 sind richtig
(E) nur 1, 2 und 3 sind richtig

1521 Welche Reihenfolge trifft zu?
Die Substanzen 1 bis 4 sind nach steigender Acidität zu ordnen.

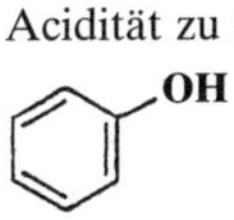

(1)

CF_3COOH

(2)

CH_3OH

(3)

CH_3-CH_2-COOH

(4)

(A) 3<1<4<2
(B) 3<4<1<2
(C) 2<4<1<3
(D) 3<4<2<1
(E) 1<2<3<4

1522 Welche der folgenden Partialstrukturen sind in dem abgebildeten Molekül enthalten?

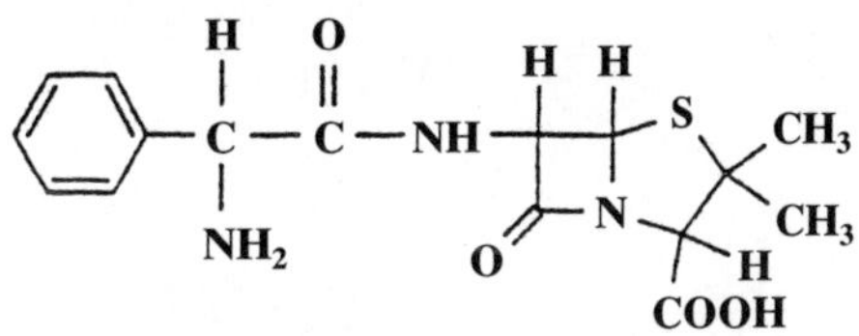

(1) β-Lactam
(2) β-Lacton
(3) Carbonsäureamid
(4) Aminoketon
(5) Thiol

(A) nur 1 und 3
(B) nur 2 und 4
(C) nur 2 und 5
(D) nur 1, 3 und 5
(E) nur 3, 4 und 5

Ordnen Sie bitte den Strukturen in Liste 1 die jeweils zutreffende Bezeichnung aus Liste 2 zu!

Liste 1

1523 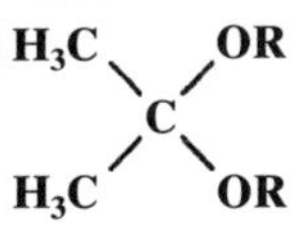

1524 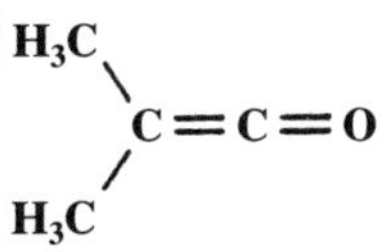

Liste 2
(A) Ketol
(B) Keten
(C) Ketal
(D) Keton
(E) Ketenacetal

1525 Die alkalische Esterhydrolyse verläuft reversibel,
weil
das Carboxylat-Ion sich gegenüber Nucleophilen inert verhält.

1526 Milchzucker bildet mit Phenylhydrazin kein Osazon,
weil
Milchzucker eine Cyclohalbacetalstruktur aufweist.

Ordnen Sie bitte den Substanzen der Liste 1 die jeweils entsprechende Strukturformel aus Liste 2 zu!

Liste 1

1527 Thiophen

1528 Chinolin

Liste 2

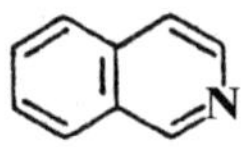

(A)

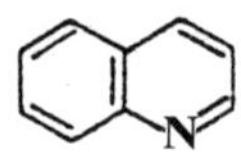

(B)

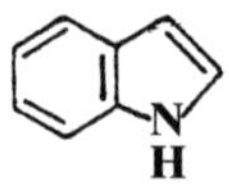

(C)

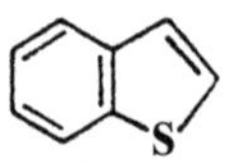

(D)

(E)

1529 Welche der folgenden Substanzen können Naturstoffe sein oder aus Naturstoffen gewonnen werden?

(1) Coffein
(2) Alizarin
(3) Indigo
(4) Carotin

(A) nur 1 ist richtig
(B) nur 1 und 3 sind richtig
(C) nur 2 und 4 sind richtig
(D) nur 2, 3 und 4 sind richtig
(E) 1–4 = alle sind richtig

Außer den Fragen Nr. 1501–1529 waren noch folgende Aufgaben aus voranstehenden Abschnitten Bestandteil der *Prüfung vom Frühjahr 2001*: Frage Nr. 95 – 155 – 291 – 307 – 322 – 342 – 396 – 407 – 492 – 511 – 877 – 909 – 1019 – 1047 – 1048 –1049 – 1080 – 1082 – 1175 – 1179.

Prüfung Herbst 2001

1530 Welche Aussage über Bindungslängen und geometrische Eigenschaften von Mehrfachbindungen trifft **nicht** zu?

(A) Im Ethin sind die σ-Bindungen linear angeordnet.
(B) In der Ethinylgruppe ist die Drehbarkeit um die Kohlenstoff-Kohlenstoff-Bindung durch die beiden π-Bindungen aufgehoben.
(C) An der Ethinylgruppe tritt keine geometrische Isomerie auf.
(D) Die Kohlenstoff-Kohlenstoff-Dreifachbindung ist kürzer als die Kohlenstoff-Kohlenstoff-Doppelbindung.
(E) In der Ethinylgruppe ist die Kohlenstoff-Wasserstoff-Bindung länger als die Kohlenstoff-Kohlenstoff-Dreifachbindung.

1531 Bei welchen folgenden Verbindungen ist die Bildung des Anions mesomeriebegünstigt?

(1) $H_3C-C(=O)-OH$

(2) H_3C-CH_2-OH

(3) $H_3C-C(=O)-CH_3$

(4) $H_3C-CH_2-NH_2$

(A) nur 1 ist richtig
(B) nur 2 ist richtig
(C) nur 1 und 3 sind richtig
(D) nur 2 und 4 sind richtig
(E) 1–4 = alle sind richtig

1532

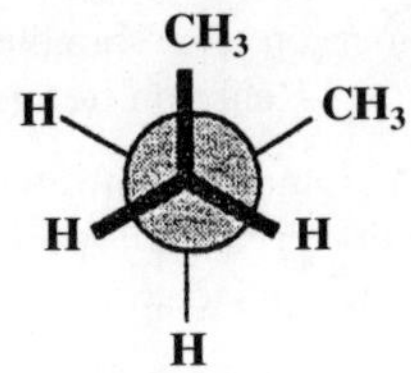

Welche Bezeichnung der Konformation trifft für die angegebene Verbindung zu?

(A) (−)-synklinal
(B) (+)-antiklinal
(C) antiperiplanar
(D) (+)-synklinal
(E) synperiplanar

1533 Welches Produkt entsteht bei der Diels-Alder-Reaktion von Isopren mit Maleinsäurenanhydrid?

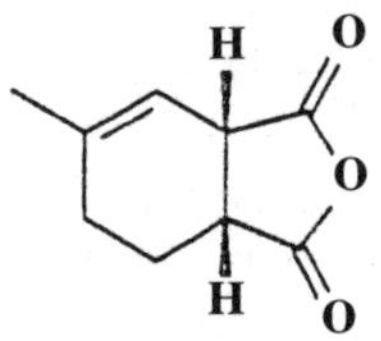

(A)

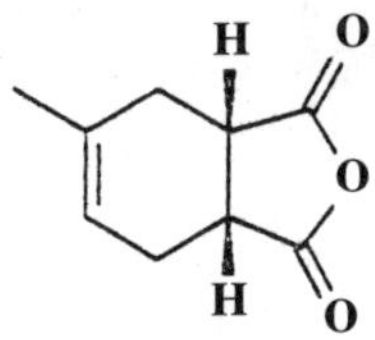

(B)

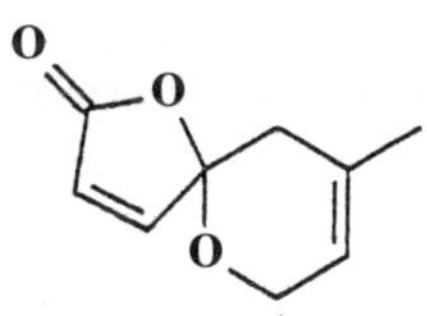

(C)

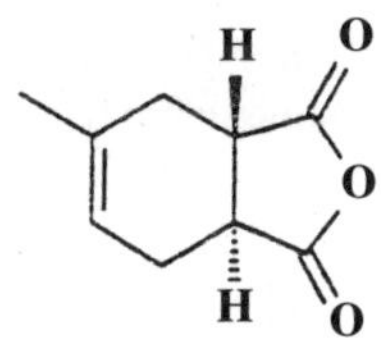

(D)

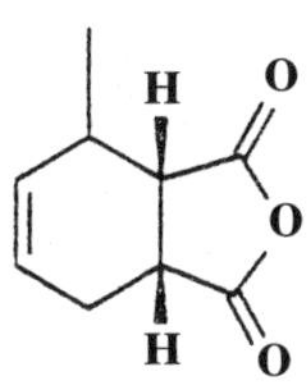

(E)

1534 Welche Aussagen zum bimolekularen Mechanismus der S_N2-Reaktion treffen zu?

(1) Das in die Verbindung eintretende Nucleophil greift direkt am positivierten Kohlenstoff der polarisierten C-X-Bindung an.
(2) Im Übergangszustand dieser Reaktion wird die neue Nucleophil-C-Bindung in gleichem Maß geknüpft, wie die frühere C-X-Bindung gelöst wird.
(3) Die Änderung der freien Enthalpie bestimmt die Aktivierungsbarriere.
(4) Bei chiralen Edukten kommt es immer zu einer Retention der Konfiguration.

(A) nur 1 und 2 sind richtig
(B) nur 2 und 3 sind richtig
(C) nur 1, 3 und 4 sind richtig
(D) nur 2, 3 und 4 sind richtig
(E) 1–4 = alle sind richtig

1535 Welche Aussagen zu Eliminierungen treffen zu?

(1) 2-Buten stellt das Saytzew-Produkt der Dehydrohalogenierung von 2-Brombutan dar.
(2) Die anti-Eliminierung erfolgt aus einer gestaffelten Konformation heraus.
(3) Die Geschwindigkeit von E_2-Reaktionen ist abhängig von der Konzentration des Protonenakzeptor-Reagenz.
(4) Unpolare Lösungsmittel begünstigen eine unimolekulare Eliminierung

(A) nur 2 ist richtig
(B) nur 1 und 4 sind richtig
(C) nur 2 und 3 sind richtig
(D) nur 1, 2 und 3 sind richtig
(E) 1–4 = alle sind richtig

1536 Welche Methoden sind zur Darstellung von Halogenalkanen geeignet?

(1) Reaktion von Halogenen mit Alkanen in Gegenwart von Licht oder Peroxiden
(2) Elektrophile Addition von Halogenwasserstoffsäuren an Alkene
(3) Addition von Halogenen an Alkine
(4) Elektrophile Addition von Halogenwasserstoffsäuren an Diene mit isolierten Doppelbindungen

(A) nur 1 und 2 sind richtig
(B) nur 1 und 3 sind richtig
(C) nur 1, 2 und 4 sind richtig
(D) nur 2, 3 und 4 sind richtig
(E) 1–4 = alle sind richtig

1537 Welche Reaktionen von Alkinen treffen zu?

(1) Sie lassen sich mit $NaBH_4/BF_3$ zu Vinylboranen umsetzen.
(2) Vicinal disubstituierte Alkine reagieren mit elementarem Natrium in flüssigem Ammoniak zu E-Alkenen.
(3) Bei der Reaktion mit $FeCl_3/Cl_2$ entstehen vicinal dichlorierte Alkene.
(4) Ethin reagiert mit Cyanwasserstoff unter Kupfer(I)-chlorid-Katalyse zu Acrylnitril.
(5) Die katalytische Cyclotrimerisierung von Ethin führt zu Benzen.

(A) nur 2 ist richtig
(B) nur 1 und 3 sind richtig
(C) nur 1, 2 und 3 sind richtig
(D) nur 1, 4 und 5 sind richtig
(E) 1–5 = alle sind richtig

1538 Welche Aussage trifft **nicht** zu?
Nach der Hückel-Regel kann die Zahl der delokalisierten π-Elektronen in carbocyclischen aromatischen Systemen u. a. betragen:

(A) 2
(B) 6
(C) 10
(D) 14
(E) 16

1539 Welche Aussage über Azulene trifft **nicht** zu?
Azulene

(A) kommen in ätherischen Ölen vor
(B) sind meist farbig
(C) gehören zu den nichtbenzoiden Aromaten
(D) weisen im 5-Ring eine größerc Elektronendichte auf als im 7-Ring
(E) setzen sich ausschließlich mit Elektrophilen um

1540 Welche Aussage zur Reaktion von 1,2-Diolen mit Bleitetraacetat trifft zu?

(A) Es bilden sich α-Hydroxyketone.
(B) Sie wird als Malaprade-Spaltung bezeichnet.
(C) Als Nebenreaktion tritt immer eine Wagner-Meerwein-Umlagerung ein.
(D) Als Zwischenprodukt bildet sich eine metallorganische Bleiverbindung.
(E) Als Zwischenprodukt bildet sich eine fünfgliedrige Bleidioxo-Verbindung.

1541 Anilin (pK_s = 4,58) hat einen höheren pK_b-Wert als Dimethylamin (pK_s = 10,71),
weil
beim Anilin das freie Elektronenpaar am Stickstoff in die Mesomerie des Phenylrestes einbezogen wird.

1542 Welche der folgenden Reaktionen kann zu primären Aminen als Hauptprodukt führen?

(1) Benzidin-Umlagerung
(2) Gabriel-Synthese
(3) Hofmann-Abbau von primären Säureamiden
(4) Hofmann-Eliminierung quartärer Ammoniumhydroxide

(A) nur 1 und 3 sind richtig
(B) nur 1 und 4 sind richtig
(C) nur 1, 2 und 3 sind richtig
(D) nur 2, 3 und 4 sind richtig
(E) 1–4 = alle sind richtig

1543 Ordnen Sie bitte die folgenden Verbindungen nach steigender N-Basizität!
Welche Reihenfolge trifft zu?

(A) $R{-}CONH_2$ < $R{-}SO_2NH_2$ <

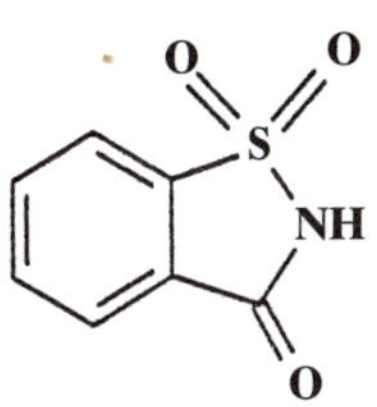

< $R{-}CH_2NH_2$

(B) $R{-}SO_2NH_2$ <

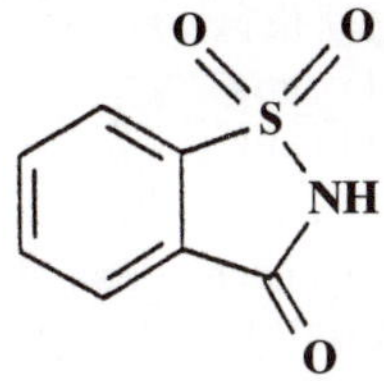

< $R{-}CONH_2$ < $R{-}CH_2NH_2$

(C)

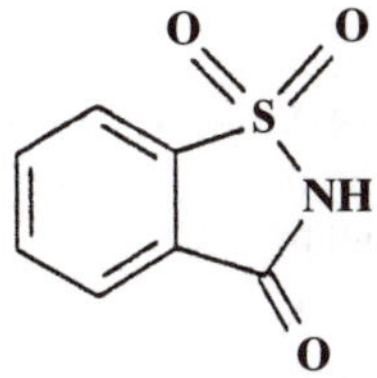

< $R{-}CONH_2$ < $R{-}SO_2NH_2$
< $R{-}CH_2NH_2$

(D)

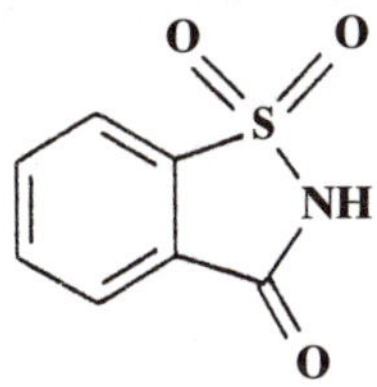

< $R{-}SO_2NH_2$ < $R{-}CONH_2$
< $R{-}CH_2NH_2$

(E) $R{-}CH_2NH_2$ < $R{-}CONH_2$
< $R{-}SO_2NH_2$ <

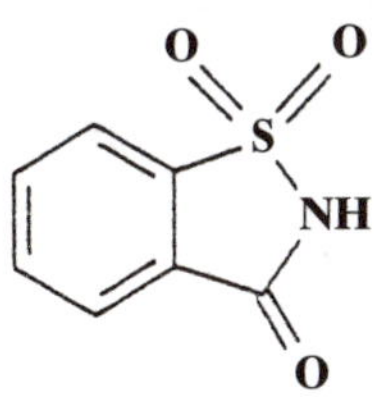

1544 Welche der folgenden Verbindungen können als stabile Endprodukte bei der Nitrosierung des Amins $R{-}CH_2CH_2{-}NH_2$ auftreten?

(1) $R{-}CH_2{-}CH_2{-}OH$
(2) $R{-}CH_2{-}CH_2{-}NH{-}NO$
(3) $R{-}CH{=}CH_2$
(4) $R{-}CH_2{-}CH_2{-}N{\equiv}N]^+X^-$
(5) $R{-}CH_2{-}CH_2{-}N{=}N{-}OH$

(A) nur 1 und 2 sind richtig
(B) nur 1 und 3 sind richtig
(C) nur 2 und 4 sind richtig
(D) nur 3 und 5 sind richtig
(E) nur 4 und 5 sind richtig

1545 Welche der folgenden Verbindungen werden üblicherweise zur Synthese von Methylrot eingesetzt?

(1) Anthranilsäure
(2) Sulfanilsäure
(3) Natriumnitrat
(4) Natriumnitrit/verd. Mineralsäure
(5) Hydrazinhydrochlorid
(6) N, N-Dimethylanilin

(A) nur 1 und 3 sind richtig
(B) nur 2 und 4 sind richtig
(C) nur 1, 4 und 6 sind richtig
(D) nur 2, 3 und 5 sind richtig
(E) nur 2, 4 und 6 sind richtig

Ordnen Sie bitte den Stoffklassen der Liste 1 die jeweils entsprechende Struktur aus Liste 2 zu!

Liste 1

1546 Hydrazid

1547 Aldimin

Liste 2

(A) 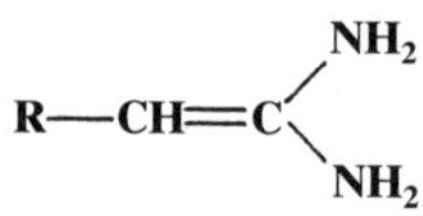

(B) 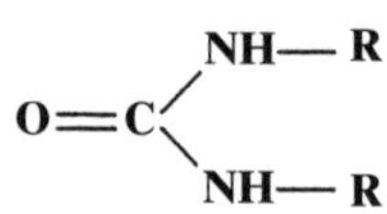

(C) 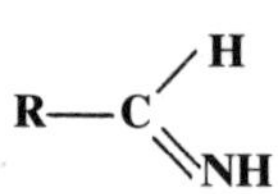

(D) 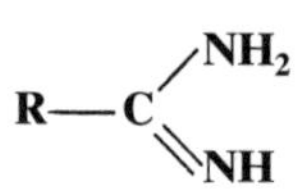

(E) 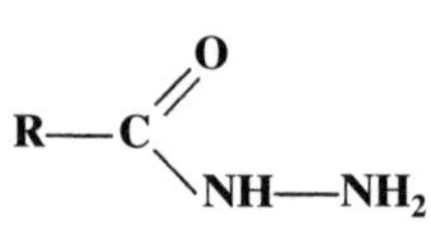

Ordnen Sie bitte den Formeln der Liste 1 die jeweils zutreffende Bezeichnung der Substanzklasse aus Liste 2 zu!

Liste 1

1548 $CH_3–S–S–CH_3$

1549 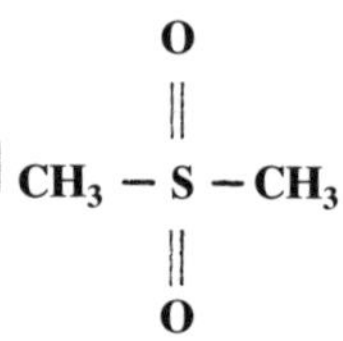

Liste 2

(A) Dialkylsulfid
(B) Disulfid
(C) Thiol
(D) Sulfon
(E) Sulfoxid

1550 Aromatische Aldehyde gehen in Gegenwart von wässriger Alkalihydroxid-Lösung die Cannizzaro-Reaktion ein,
weil
enolisierbare Aldehyde ein acides α-ständiges H-Atom aufweisen müssen.

1551 Nucleophile reagieren mit α, β-ungesättigten Carbonylverbindungen bevorzugt in der β-Position,
weil
bei α, β-ungesättigten Carbonylverbindungen die Elektronendichte in der β-Position erniedrigt ist.

1552 Welche der folgenden Verbindungen bilden monomere **kristalline** Hydrate?

(1) 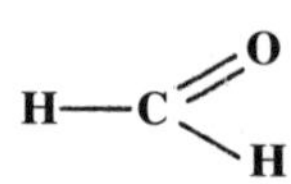

(2) 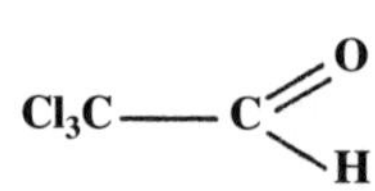

(3) 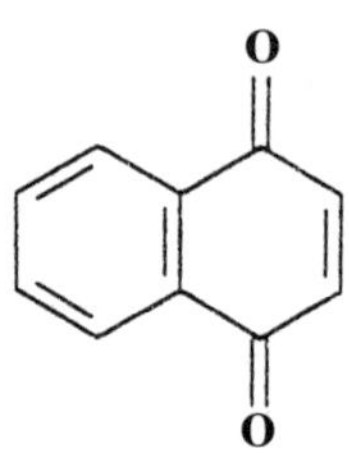

(4) 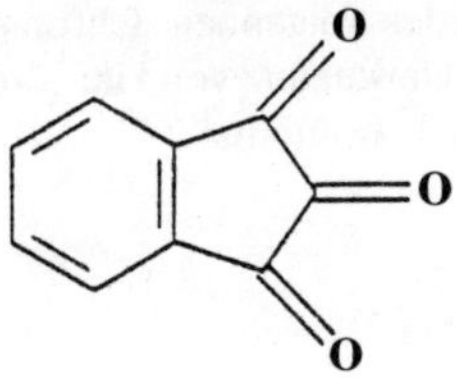

(5) 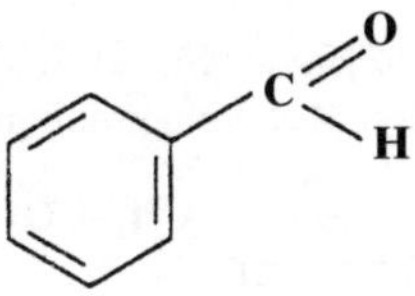

(A) nur 1 ist richtig
(B) nur 2 ist richtig
(C) nur 2 und 4 sind richtig
(D) nur 3, 4 und 5 sind richtig
(E) nur 1, 3, 4 und 5 sind richtig

Ordnen Sie bitte den Strukturen der Liste 1 die jeweils zutreffende Stoffklasse aus Liste 2 zu! (R, R' = Alkyl)

Liste 1

1553 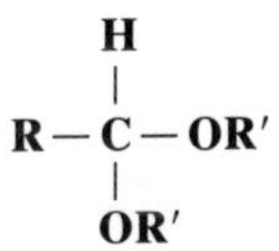

1554 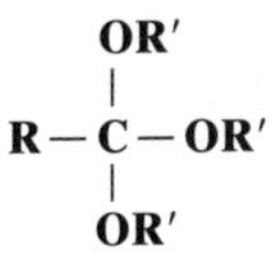

1555 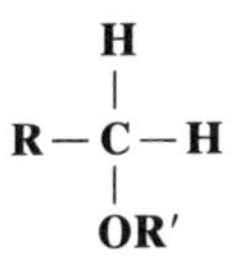

Liste 2

(A) Ether
(B) Halbacetal
(C) Orthoester
(D) Acetal
(E) Ketal

Ordnen Sie bitte den durch Umlagerung erhaltenen Produkten der Liste 1 das jeweils zutreffende Edukt der Liste 2 zu!

Liste 1

1556 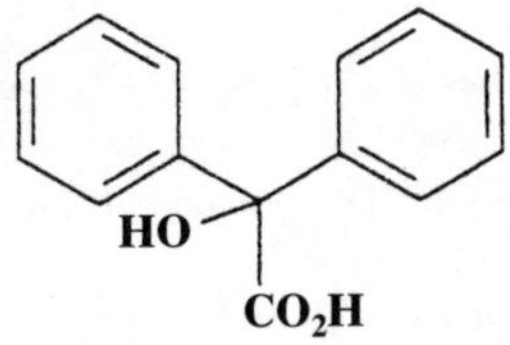

1557 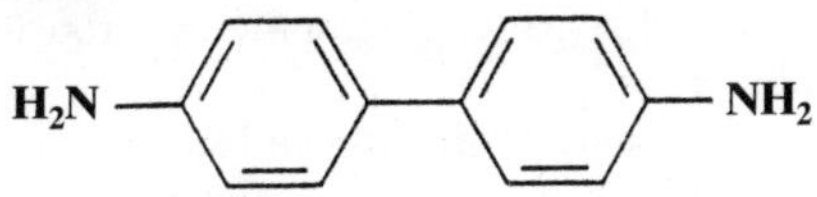

Liste 2

(A) 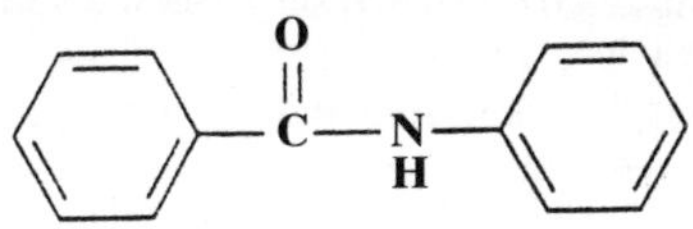

(B) 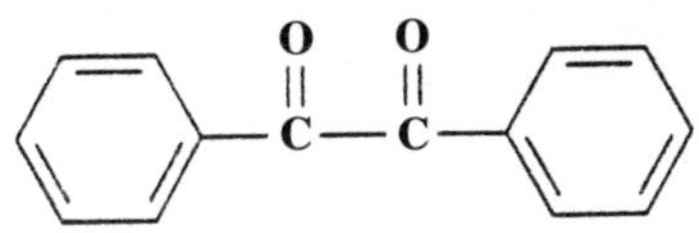

(C) 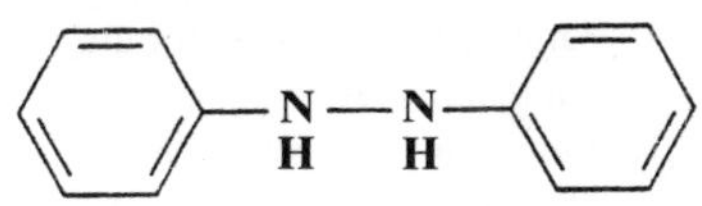

(D) 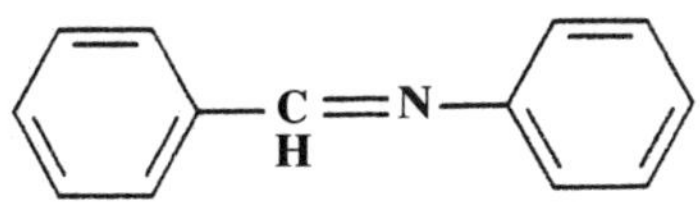

(E) 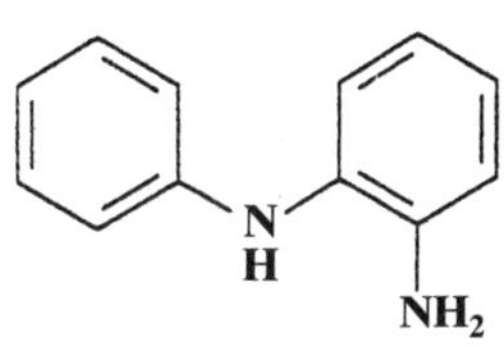

1558 Welche der folgenden Aussagen zu der angegebenen Verbindung trifft **nicht** zu?

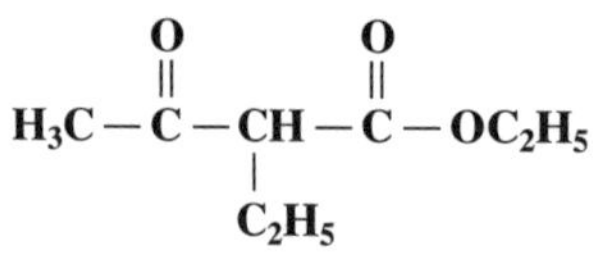

(A) Es handelt sich um eine β-Dicarbonyl-Verbindung.
(B) Sie zeigt Keto-Enol-Tautomerie.
(C) Sie lässt sich aus dem Natriumsalz von Acetessigsäureethylester und Ethyliodid darstellen.
(D) Die Ketonspaltung ergibt Methyl-propyl-keton.
(E) Durch saure Hydrolyse wird stabile freie α-Ethyl-acetessigsäure gewonnen.

1559 Pyrrol ist stärker basisch als Imidazol,
weil
Pyrrol stärker ausgeprägtes aromatisches Verhalten zeigt als Imidazol.

1560 Welche Aussage zu π-elektronenreichen Hetarenen trifft **nicht** zu?

(A) Pyrrol wird von Mineralsäuren bevorzugt in 2-Position protoniert.
(B) 2,5-Dimethylthiophen ist durch Umsetzung von Acetessigester mit P_2S_5 darstellbar.
(C) Beim Einwirken verdünnter Mineralsäuren auf Pentosen entsteht Furfural.
(D) Imidazole sind als cyclische Amidine aufzufassen.
(E) Furan geht leichter eine Diels-Alder-Reaktion ein als Thiophen.

1561 Welches der folgenden Eduktpaare eignet sich zur Darstellung von unsubstituiertem Pyrrol?

(A) Furan und Ammoniak
(B) Malondialdehyd und Ammoniak
(C) Succindialdehyd und P_4O_{10}
(D) Chloraceton und β-Aminocrotonsäure-methylester
(E) Acetylaceton und Hydrazin

1562 Welcher der folgenden Chromophore entsteht bei der Umsetzung von Harnsäure mit Salpetersäure und Ammoniak?

(A) Murexid
(B) Indigo
(C) Malachitgrün
(B) Biuret
(E) Keine der Aussagen (A) bis (D) trifft zu.

1563 Welche der folgenden Strukturelemente sind im angegebenen Molekül enthalten?

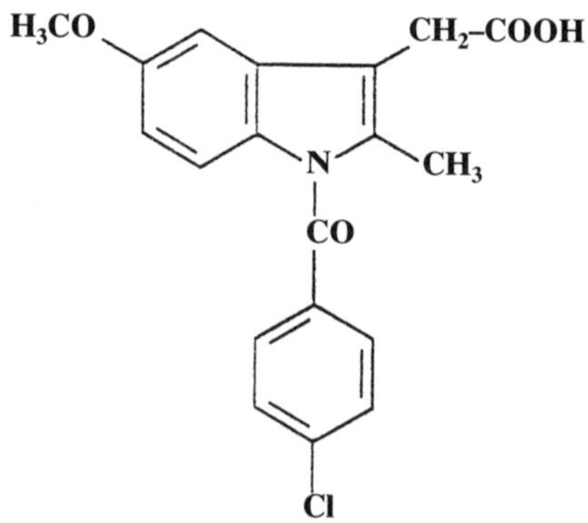

(1) aromat. Carbonsäure
(2) Indol-Gerüst
(3) Phenolether
(4) Carbonamid
(5) Lactam

(A) nur 1 und 5 sind richtig
(B) nur 2 und 4 sind richtig
(C) nur 1, 3 und 4 sind richtig
(D) nur 2, 3 und 4 sind richtig
(E) 1–5 = alle sind richtig

1564 Welche Aussage trifft **nicht** zu?
D-Glucosamin

(A) ist ein Aminozucker
(B) besitzt eine Aminalstruktur
(C) kann durch Strecker-Synthese hergestellt werden
(D) zeigt Mutarotation
(E) reduziert Fehlingsche Lösung

1565 Welche Aussagen zu natürlich vorkommenden α-Amino-monocarbonsäuren vom Typ

$$R-\underset{\displaystyle NH_2}{\underset{|}{CH}}-COOH \quad (R \neq H)$$

treffen zu?

Sie

(1) sind alle optisch aktiv
(2) liegen in Wasser überwiegend als Zwitterionen vor
(3) liegen im kristallinen Zustand überwiegend als Zwitterionen vor
(4) liegen wie Carbonsäuren dimer vor

(A) nur 1 und 2 sind richtig
(B) nur 1 und 4 sind richtig
(C) nur 2 und 3 sind richtig
(D) nur 1, 2 und 3 sind richtig
(E) 1–4 = alle sind richtig

1566 Welche Reihenfolge ist zutreffend? Folgende Aminosäuren sollen nach steigender Kohlenstoffzahl geordnet werden:

(1) Tyrosin
(2) Glutaminsäure
(3) Alanin
(4) Leucin
(5) Threonin

(A) 1, 2, 3, 4, 5
(B) 1, 3, 2, 5, 4
(C) 2, 3, 1, 5, 4
(D) 3, 5, 2, 4, 1
(E) 3, 4, 2, 5, 1

Ordnen Sie bitte den Biopolymeren der Liste 1 das charakterisierende Bauprinzip der Liste 2 zu!

Liste 1	Liste 2
1567 Stärke	(A) Polyester
	(B) Polyoxymethylen
1568 Protein	(C) Polysaccharid
	(D) Polyen
	(E) Polypeptid

1569 Hochvernetzte Polyphenolformaldehyd-Harze (Bakelite) zählen zu den Thermoplasten,
weil
Thermoplaste sich unter Druck und Hitze leicht verformen lassen.

Außer den Fragen Nr. 1530–1569 waren noch folgende Aufgaben aus voranstehenden Abschnitten Bestandteil der *Prüfung vom Herbst 2001*: Frage Nr. 223 – 235 – 243 – 339 – 403 – 540 – 541 – 556 – 680.

Prüfung Frühjahr 2002

1570 Welche der folgenden Bindungen sind innerhalb eines mesomeren Systems verschiebbar?

(1) σ-Bindungen
(2) Koordinative Bindungen
(3) π-Bindungen
(4) Wasserstoffbrücken-Bindungen

(A) nur 1 ist richtig
(B) nur 3 ist richtig
(C) nur 1 und 3 sind richtig
(D) nur 2 und 4 sind richtig
(E) 1–4 = alle sind richtig

1571 Welche der folgenden Verbindungen können als Tautomere reagieren?

(1) HNO_3
(2) H_2SO_4
(3) $H_3C{-}CH_2OH$
(4) $H_3C{-}CHO$

(A) nur 1 ist richtig
(B) nur 2 ist richtig
(C) nur 4 ist richtig
(D) nur 1 und 2 sind richtig
(E) nur 3 und 4 sind richtig

1572 Welches der folgenden Ionen ist **nicht** mesomeriestabilisiert?

(A) Tetraalkylammonium-hydroxid
(B) 4-Amino-pyridiniumchlorid
(C) Phenolphthalein-Dianion
(D) Methylorange-Monokation
(E) Cyanin-Farbstoffe

Ordnen Sie bitte den in Liste 1 genannten Begriffen das jeweils passende Beispiel aus Liste 2 zu!

Liste 1

1573 Mesomerie

1574 Valenztautomerie

Liste 2

(A) 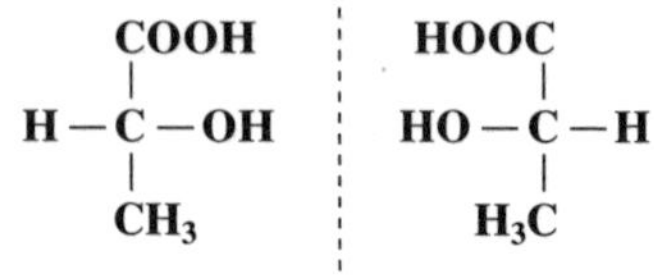

(B) 

(C) 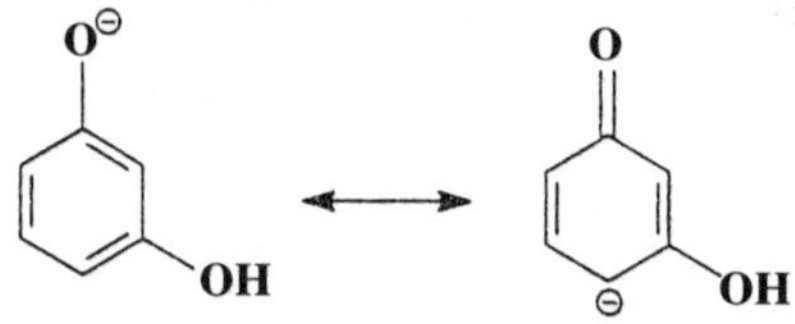

(D) 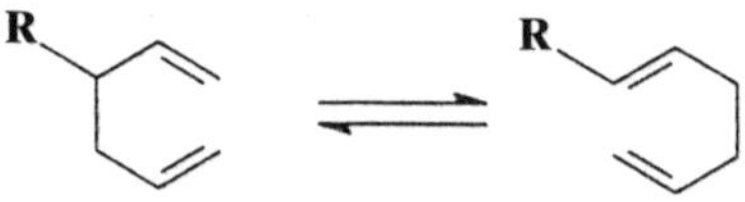

(E) $H{-}O{-}C{\equiv}N \rightleftharpoons O{=}C{=}N{-}H$

1575 Welche Aussagen treffen zu?
Dichlorcarben

(1) ist Intermediat der alkalischen Hydrolyse von Dichlormethan
(2) ist Produkt einer α-Eliminierung
(3) kann als Lewis-Säure reagieren

(A) nur 1 ist richtig
(B) nur 2 ist richtig
(C) nur 3 ist richtig
(D) nur 2 und 3 sind richtig
(E) 1–3 = alle sind richtig

Ordnen Sie bitte den Reaktionstypen der Liste 1 die jeweils richtige Namensreaktion aus Liste 2 zu!

Liste 1	Liste 2
1576 S_N-Reaktion am Aromaten	(A) Williamson-Synthese
1577 S_N-Reaktion am Aliphaten	(B) Cannizzaro-Reaktion
	(C) Diels-Alder-Reaktion
	(D) Raschig-Verfahren
	(E) Clemmensen-Reaktion

1578 Welche Ionen treten bei der Beckmann-Umlagerung von Benzophenonoxim auf?

(1) Oxonium-Ion
(2) Ammonium-Ion
(3) Carbenium-Ion
(4) Iminium-Ion
(5) Nitronium-Ion

(A) nur 1 und 2 sind richtig
(B) nur 3 und 4 sind richtig
(C) nur 1, 3 und 4 sind richtig
(D) nur 2, 3 und 5 sind richtig
(E) nur 1, 2, 3 und 4 sind richtig

Ordnen Sie bitte den Umlagerungen der Liste 1 den jeweils zutreffenden Namen aus Liste 2 zu!

Liste 1

1579

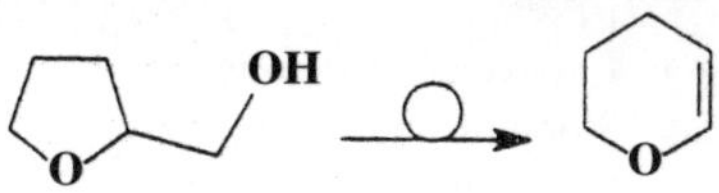

1580

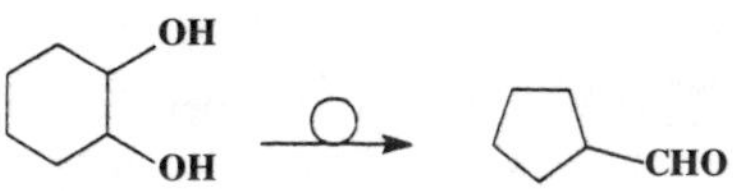

Liste 2

(A) Wolff-Umlagerung
(B) Cope-Umlagerung
(C) Wagner-Meerwein-Umlagerung
(D) Beckmann-Umlagerung
(E) Pinakol-Umlagerung

1581 Welche Aussagen zur Hydroborierung von Alkenen treffen zu?

Sie

(1) wird mit Diboran durchgeführt
(2) liefert Trialkylborane
(3) liefert ein anteilmäßig gleiches Gemisch von Mono-, Di- und Trialkylboranen

(A) nur 1 ist richtig
(B) nur 2 ist richtig
(C) nur 3 ist richtig
(D) nur 1 und 2 sind richtig
(E) nur 1 und 3 sind richtig

1582 Welche Aussage trifft zu?
Benzen reagiert nahezu quantitativ

(A) mit Iod in Gegenwart von BF_3 zu Iodbenzen
(B) mit Chlor unter UV-Bestrahlung zu Chlorbenzen
(C) mit Natriumacetat beim Erhitzen zu Phenylacetat
(D) mit 2 N-Salpetersäure zu Nitrobenzen
(E) Keine der Aussagen (A) bis (D) trifft zu.

1583 Welche Reaktionen können zur Darstellung von 1,2-Diolen eingesetzt werden?

(1) Reaktion von Alkenen mit Permanganat oder Osmiumtetroxid
(2) Reaktion von Alkenen mit Sauerstoff über Epoxide
(3) Reaktion von Alkylmagnesiumbromiden mit Epoxiden
(4) Alkalische Hydrolyse von Halogenhydrinen
(5) Reduktion von Ketonen mit Magnesiumamalgam (Pinakol-Bildung)

(A) nur 1 und 2 sind richtig
(B) nur 3 und 4 sind richtig
(C) nur 2, 3 und 5 sind richtig
(D) nur 1, 2, 4 und 5 sind richtig
(E) 1–5 = alle sind richtig

Ordnen Sie bitte den Aciditäten in Liste 1 die jeweils entsprechende Verbindung aus Liste 2 zu!

Liste 1	Liste 2
1584 CH-Acidität	(A) Resorcin
1585 SH-Acidität	(B) Cystein
	(C) Anisol
	(D) Thioanisol
	(E) Barbitursäure

1586 Bei der Nitrosierung von aliphatischen Aminen mit HNO_2 bei Raumtemperatur bildet sich stets das entsprechende Nitrosamin als stabiles Endprodukt,
weil
bei der Nitrosierung von aliphatischen Aminen mit HNO_2 das Nitrosylkation als Nitrosierungsmittel fungieren kann.

1587 Welche der folgenden Verbindungen werden üblicherweise zur Synthese von Methylorange eingesetzt?

(1) Anthranilsäure
(2) Sulfanilsäure
(3) Natriumnitrat
(4) Natriumnitrit/verd. Mineralsäure
(5) Hydrazinhydrochlorid
(6) N,N-Dimethylanilin

(A) nur 1 und 3 sind richtig
(B) nur 2 und 4 sind richtig
(C) nur 1, 4 und 5 sind richtig
(D) nur 2, 3 und 5 sind richtig
(E) nur 2, 4 und 6 sind richtig

1588 Welche der folgenden Zwischenstufen kann **nicht** bei der Reduktion von Nitrobenzen entstehen?

(A)
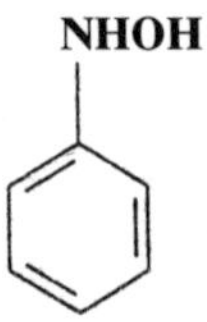

(B)
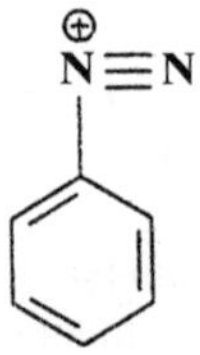

(C)
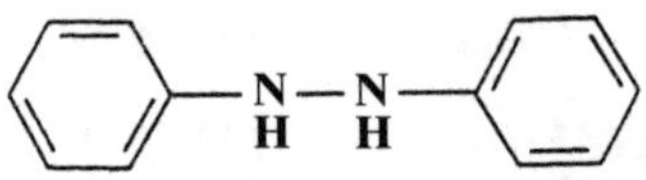

(D)
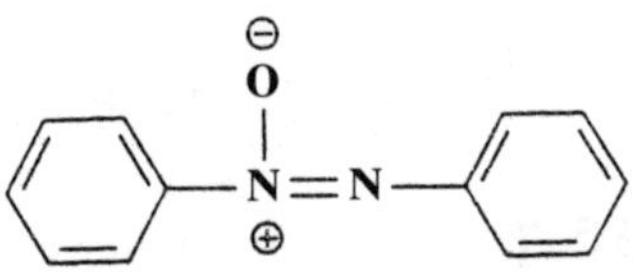

(E)
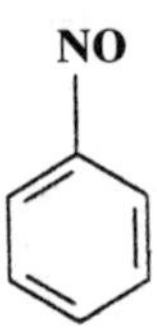

1589 Welche der folgenden Verbindungen entstehen durch Cannizzaro-Reaktion von Benzaldehyd?

(1) Benzoin
(2) Benzoat
(3) Benzilsäure
(4) Benzil
(5) Benzylalkohol

(A) nur 2 ist richtig
(B) nur 1 und 2 sind richtig
(C) nur 1 und 5 sind richtig
(D) nur 2 und 5 sind richtig
(E) nur 3, 4 und 5 sind richtig

1590 Bei welcher der folgenden Reaktionen handelt es sich **nicht** um die Umsetzung einer CH-aciden Verbindung mit einer Carbonylverbindung?

(A) Knoevenagel-Reaktion
(B) Stobbe-Kondensation
(C) Cyanhydrin-Synthese
(D) Claisen-Kondensation
(E) Cannizzaro-Reaktion

1591 Welche Aussagen über die Benzoin-Addition (Kondensation) treffen zu?

(1) Sie kann als eine Kombination aus Cyanhydrin- und Aldolreaktion aufgefasst werden.
(2) Sie liefert als Hauptprodukt 1,2-Dicarbonylverbindungen.
(3) Sie ist reversibel.
(4) Sie ist gleichermaßen mit aliphatischen und aromatischen Edukten durchführbar.

(A) nur 1 und 3 sind richtig
(B) nur 2 und 4 sind richtig
(C) nur 1, 2 und 3 sind richtig
(D) nur 2, 3 und 4 sind richtig
(E) 1–4 = alle sind richtig

1592 Welche Dicarbonsäure liefert beim Erhitzen ein stabiles cyclisches Anhydrid?

(A) Fumarsäure
(B) Glutarsäure
(C) Malonsäure
(D) Pimelinsäure
(E) Terephthalsäure

1593 Welche Aussagen treffen zu?
Beim Erhitzen substituierter Carbonsäuren entsteht aus

(1) Milchsäure ein Lactid
(2) γ-Hydroxybuttersäure ein Lacton
(3) β-Hydroxypropionsäure eine ungesättigte Carbonsäure
(4) Glycin ein Diketopiperazin (2,5-Dioxopiperazin)
(5) δ-Aminovaleriansäure ein Lactam

(A) nur 2 ist richtig
(B) nur 2, 3 und 4 sind richtig
(C) nur 3, 4 und 5 sind richtig
(D) nur 1, 2, 3 und 4 sind richtig
(E) 1–5 = alle sind richtig

1594 β-Ketocarbonsäuren decarboxylieren leichter als α-Ketocarbonsäuren,
weil
β-Ketocarbonsäuren **nicht** zur Ausbildung intramolekularer H-Brücken befähigt sind.

1595 Welche Aussagen treffen zu?
Acetessigsäure

(1) wird auch Brenztraubensäure genannt
(2) ist eine β-Ketocarbonsäure
(3) ist stabil
(4) decarboxyliert zu Aceton

(A) nur 1 ist richtig
(B) nur 2 ist richtig
(C) nur 1 und 3 sind richtig
(D) nur 2 und 4 sind richtig
(E) nur 1, 2 und 3 sind richtig

1596 Welche der folgenden Reaktionen können mit Acetessigester durchgeführt werden?

(1) Säurespaltung
(2) Ketonspaltung
(3) O-Acylierung
(4) C-Acylierung
(5) Deprotonierung

(A) nur 1 und 2 sind richtig
(B) nur 4 und 5 sind richtig
(C) nur 1, 2 und 3 sind richtig
(D) nur 1, 2, 4 und 5 sind richtig
(E) 1–5 = alle sind richtig

1597 Welche Produkte können bei der Umsetzung von Brenztraubensäure mit **verdünnter** Schwefelsäure entstehen?

(1) Acetaldehyd
(2) Acetylaceton
(3) Diacetyl
(4) Essigsäure
(5) Kohlendioxid
(6) Kohlenmonoxid

(A) nur 1 und 5 sind richtig
(B) nur 2 und 3 sind richtig
(C) nur 1, 4 und 5 sind richtig
(D) nur 2, 3 und 6 sind richtig
(E) nur 1, 4, 5 und 6 sind richtig

1598 Welche Reihenfolge trifft zu?
Die Carbonsäuren (1) bis (4) sollen nach steigender Acidität geordnet werden.

(1) Oxalsäure
(2) Essigsäure
(3) Benzoesäure
(4) Salicylsäure

(A) 1, 4, 3, 2
(B) 2, 3, 4, 1
(C) 3, 2, 4, 1
(D) 4, 1, 2, 3
(E) 4, 3, 2, 1

1599 Nucleophile reagieren mit α,β-ungesättigten Carbonylverbindungen bevorzugt in der α-Position,
weil
bei α,β-ungesättigten Carbonylverbindungen die α-Position der Ort niedrigster Elektronendichte ist.

Ordnen Sie bitte den in Liste 1 angegebenen Substanzklassen die jeweils entsprechende allgemeine Formel aus Liste 2 zu!

Liste 1

1600 Lacton

1601 Lactam

Liste 2

(A)

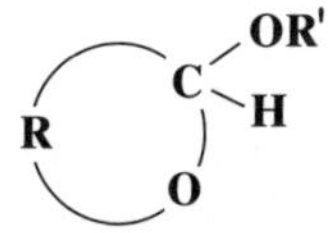

(B) 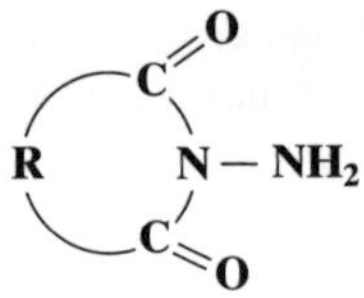

(C) 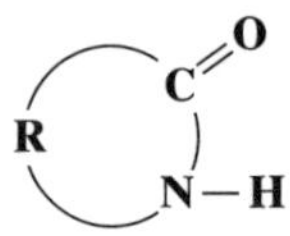

(D) 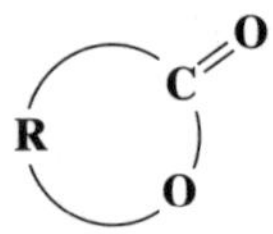

(E) 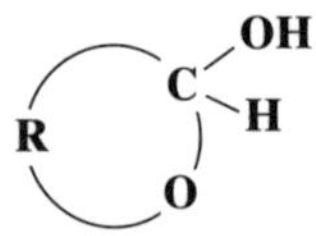

1602 Imidazol ist stärker basisch als Pyrrol,
weil
Imidazol im Gegensatz zu Pyrrol eine cyclische Amidin-Gruppierung aufweist.

1603 Welche der folgenden Strukturelemente sind im angegebenen Molekül enthalten?

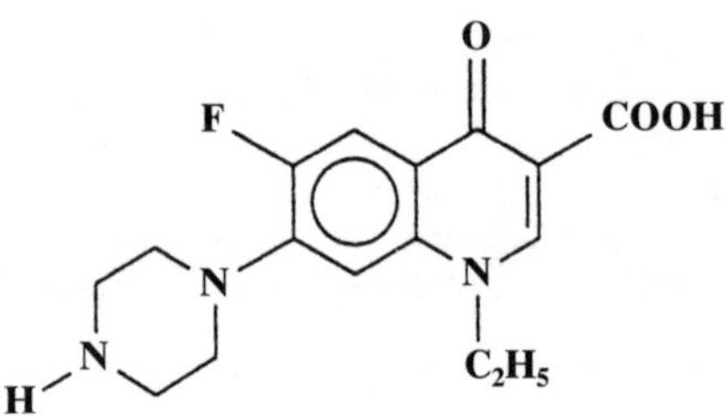

(1) Chinazolon
(2) Chinolon
(3) Piperazin
(4) Pyrazolon
(5) Piperidon

(A) nur 1 ist richtig
(B) nur 2 und 3 sind richtig
(C) nur 1, 2 und 3 sind richtig
(D) nur 2, 3 und 5 sind richtig
(E) 1–5 = alle sind richtig

1604 Welche der folgenden Verbindungen liefern mit Phenylhydrazin das abgebildete Osazon?

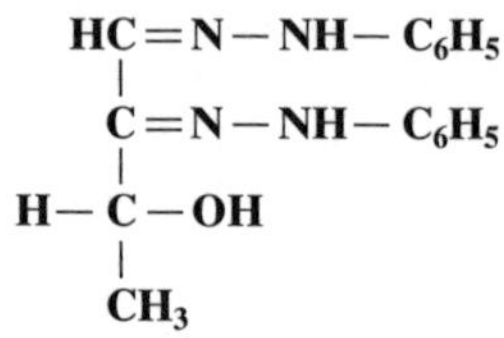

(1) 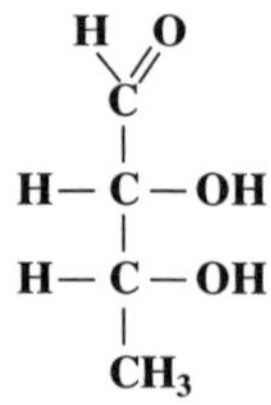

(3) 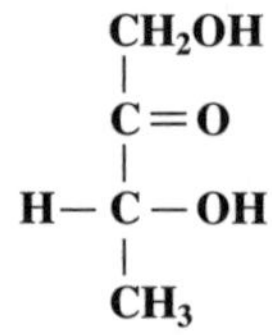

(2) 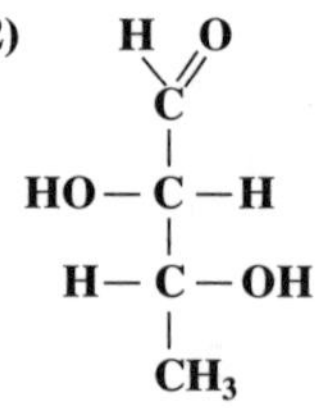

(4) 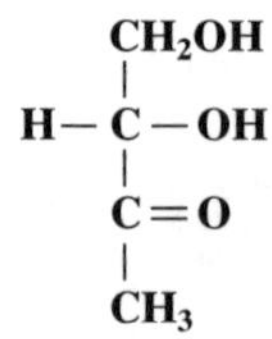

(A) nur 1 ist richtig
(B) nur 2 ist richtig
(C) nur 1, 2 und 3 sind richtig
(D) nur 1, 2 und 4 sind richtig
(E) 1–4 = alle sind richtig

1605 Welche Aussagen zu α-Aminomonocarbonsäuren treffen zu?

Sie

(1) sind alle chiral
(2) liegen nur am isoelektrischen Punkt überwiegend als Zwitterion vor
(3) können als Säuren reagieren
(4) können als Basen reagieren

(A) nur 1 ist richtig
(B) nur 2 ist richtig
(C) nur 3 ist richtig
(D) nur 1 und 2 sind richtig
(E) nur 3 und 4 sind richtig

1606 Welche der folgenden Substanzen können Edukte allgemeiner Synthesen von α-Aminosäuren sein?

(1) Aldehyde
(2) α-Halogencarbonsäuren
(3) Phthalimid-Kalium
(4) Ammoniak

(A) nur 1 ist richtig
(B) nur 2 ist richtig
(C) nur 2 und 4 sind richtig
(D) nur 3 und 4 sind richtig
(E) 1–4 = alle sind richtig

1607 Welche der folgenden Reaktionen werden üblicherweise zur Synthese von α-Aminosäuren verwendet?

(1) Mannich-Reaktion
(2) Ninhydrin-Reaktion
(3) Gabriel-Synthese
(4) Vilsmeier-Haack-Synthese
(5) Strecker-Synthese

(A) nur 1 ist richtig
(B) nur 3 ist richtig
(C) nur 1 und 4 sind richtig
(D) nur 3 und 5 sind richtig
(E) nur 2, 4 und 5 sind richtig

1608 Welche Aussagen treffen zu?
Zimtsäure

(1) kann nach Perkin synthetisiert werden
(2) kann E/Z-Isomere bilden
(3) ist eine ungesättigte Carbonsäure
(4) dimerisiert photochemisch unter Cyclobutan-Ringbildung

(A) nur 1 ist richtig
(B) nur 1 und 2 sind richtig
(C) nur 3 und 4 sind richtig
(D) nur 1, 2 und 3 sind richtig
(E) 1–4 = alle sind richtig

Außer den Fragen Nr. 1570–1608 waren noch folgende Aufgaben aus voranstehenden Abschnitten Bestandteil der *Prüfung vom Frühjahr 2002*: Frage Nr. 42 – 265 – 411 – 419 – 497 – 524 – 539 – 686 – 985 – 987 – 1087 – 1089.

Prüfung Herbst 2002

1609 Welche Verbindungen enthalten sp-hybridisierten Kohlenstoff?

(1) Benzonitril
(2) Acetylen
(3) Diphenylketen
(4) Allen
(5) 1,3,5-Hexatrien

(A) nur 1 ist richtig
(B) nur 2, 3 und 4 sind richtig
(C) nur 1, 2, 3 und 4 sind richtig
(D) nur 2, 3, 4 und 5 sind richtig
(E) 1–5 = alle sind richtig

1610 sp^3-hybridisierte Kohlenstoffatome werden als tertiäre C-Atome bezeichnet,
weil
sp^3-hybridisierte C-Atome eine trigonal-planare Konfiguration aufweisen.

1611 Die folgenden Alkane sind nach abnehmender Dissoziationsenthalpie der gekennzeichneten C-H-Bindung geordnet (Homolyse).
Welche Reihenfolge trifft zu?

(A) $(CH_3)_3C–H > (CH_3)_2CH–H > CH_3CH_2–H > CH_3–H$
(B) $CH_3CH_2–H > CH_3–H > (CH_3)_3C–H > (CH_3)_2CH–H$
(C) $CH_3–H > (CH_3)_3C–H > (CH_3)_2CH–H > CH_3CH_2–H$
(D) $CH_3–H > CH_3CH_2–H > (CH_3)_2CH–H > (CH_3)_3C–H$
(E) $(CH_3)_2CH–H > (CH_3)_3C–H > CH_3CH_2–H > CH_3–H$

1612 Bei welchem Lösungsmittel handelt es sich **nicht** um ein polares aprotisches Lösungsmittel?

(A) Nitromethan
(B) Aceton
(C) Acetonitril
(D) Formamid
(E) Dimethylsulfoxid

1613 Welche Aussagen treffen zu?
Radikale können erzeugt werden durch

(1) thermische Energie (Thermolyse)
(2) Photolyse
(3) Redoxprozesse
(4) energiereiche Strahlung (Radiolyse)

(A) nur 2 ist richtig
(B) nur 1 und 4 sind richtig
(C) nur 2 und 4 sind richtig
(D) nur 1, 2 und 3 sind richtig
(E) 1–4 = alle sind richtig

1614 Welches Carbeniumion weist die geringste Stabilität auf?

(A) 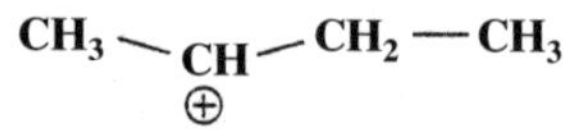

(B) 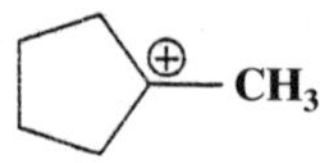

(C) 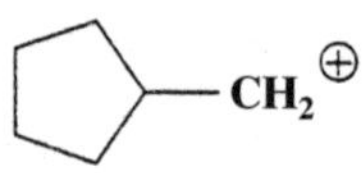

(D) 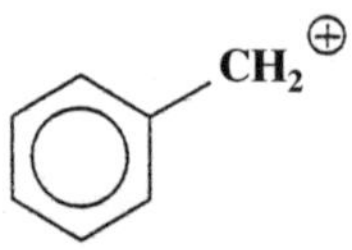

(E) 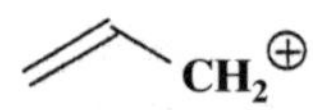

1615 Bei S_N1-Reaktionen können Gerüst-Umlagerungen auftreten,
weil
bei S_N1-Reaktionen eine vollständige Inversion stattfindet.

1616 Welche der folgenden Regeln betrifft den stereochemischen Ablauf intramolekularer Cyclisierungen?

(A) Barton-Regel
(B) Bredt-Regel
(C) Cram-Regel
(D) Erlenmeyer-Regel
(E) Woodward-Hoffmann-Regeln

Ordnen Sie bitte den Diels-Alder-Produkten in Liste 1 das jeweils zugehörige Dienophil aus Liste 2 zu!

Liste 1

1617

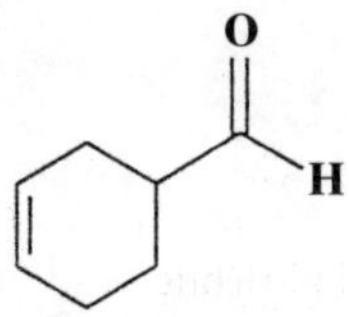

1618

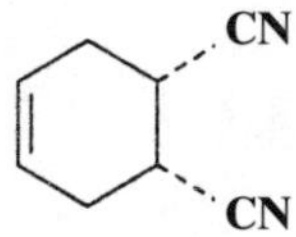

Liste 2

(A) 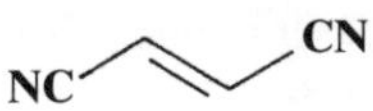

(B) 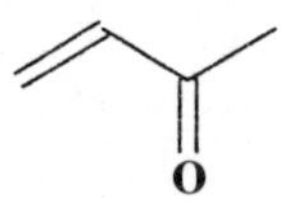

(C) 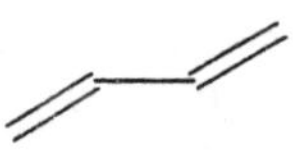

(D) 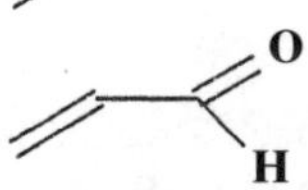

(E) 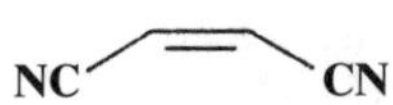

1619 Welche Aussagen zu 1,2-Eliminierungen treffen zu?

(1) 2-Buten stellt das Saytzew-Produkt der Dehydrohalogenierung von 2-Brombutan dar.
(2) Die anti-Eliminierung erfolgt aus einer gestaffelten Konformation heraus.
(3) Die Geschwindigkeit von E_2-Reaktionen ist abhängig von der Protonenakzeptorkonzentration.
(4) Unpolare Lösungsmittel begünstigen eine unimolekulare Eliminierung.

(A) nur 2 ist richtig
(B) nur 1 und 4 sind richtig
(C) nur 2 und 3 sind richtig
(D) nur 1, 2 und 3 sind richtig
(E) 1–4 = alle sind richtig

1620 Welche Umlagerung liegt der angegebenen Reaktion zugrunde?

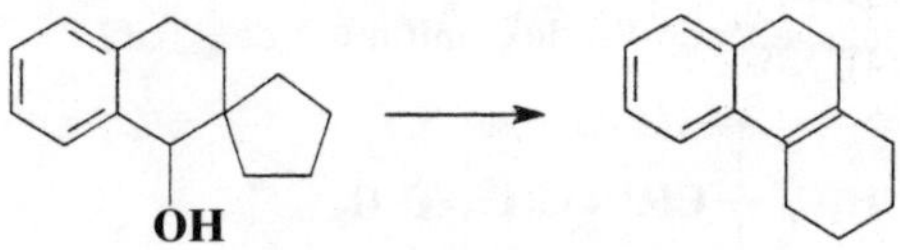

(A) Claisen-Umlagerung
(B) Wagner-Meerwein-Umlagerung
(C) Cope-Umlagerung
(D) Allyl-Umlagerung
(E) Wolff-Umlagerung

1621 Welches Isomer ist optisch aktiv?

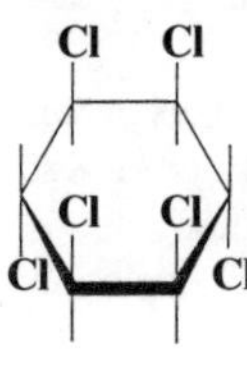

(A)

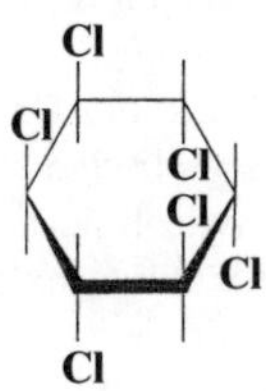

(B)

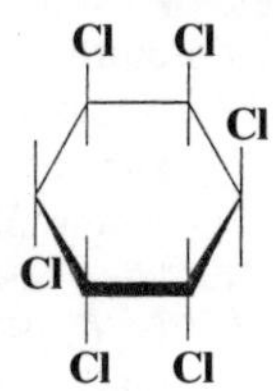

(C)

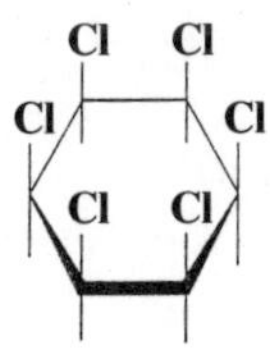

(D)

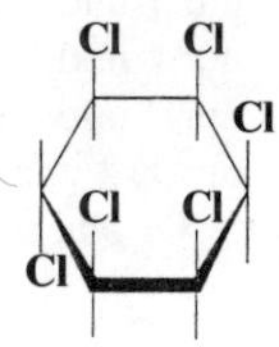

(E)

1622 Welche Konfigurationsisomere sind bei 2-Methyl-cyclobutan-1-carbonsäure (s. Abb.) maximal möglich?

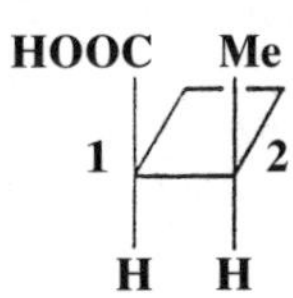

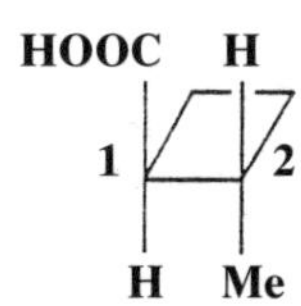

(A) nur 1S,2R- und 1R,2S-Isomere
(B) nur 1S,2S- und 1R,2R-Isomere
(C) nur 1S,2R-, 1R,2S- und 1S,2S-, 1R,2R-Isomere
(D) nur eine Mesoform und ein 1R,2S-Isomer
(E) nur zwei Mesoformen

1623 Wie viele Stereoisomere sind von dem angegebenen Produkt mit n = 2 denkbar?

$$H_5C_6-\left[CH{=}CH\right]_n-C_6H_5$$

(A) 2
(B) 3
(C) 4
(D) 5
(E) 6

1624 Welche Aussagen treffen zu?
Chloroform
(1) ist das Trichlorid der Orthoameisensäure
(2) kann mit alkoholischer Kalilauge zu Kaliumformiat hydrolysiert werden
(3) kann mit Alkalihydroxid ein nucleophiles Carben bilden
(4) bildet reaktive Chlorperoxide an der Luft

(A) nur 1 und 2 sind richtig
(B) nur 2 und 3 sind richtig
(C) nur 3 und 4 sind richtig
(D) nur 1, 2 und 3 sind richtig
(E) 1–4 = alle sind richtig

1625 Welche Aussage über Benzen trifft **nicht** zu?
(A) Benzen ist bei Raumtemperatur und Normaldruck flüssig.
(B) Benzen hat cancerogene Eigenschaften.
(C) Benzen bildet mit Wasser ein azeotropes Gemisch.
(D) In Benzen sind alle Bindungen gleich lang.
(E) In Benzen sind alle Kohlenstoffe sp^2-hybridisiert.

1626 Welche der folgenden Substituenten am Benzenkern dirigieren bei der elektrophilen aromatischen Substitution einen neu eintretenden Substituenten vorwiegend in die meta-Stellung?

(1) $-NO_2$

(2) $-CF_3$

(3) $-NH_3^{\oplus}$

(4) $-Br$

(A) nur 1 ist richtig
(B) nur 1 und 3 sind richtig
(C) nur 1, 2 und 3 sind richtig
(D) nur 2, 3 und 4 sind richtig
(E) 1–4 = alle sind richtig

1627 Welche der folgenden Regeln betrifft die Mehrfachsubstitution eines C-Atoms?
(A) Barton-Regel
(B) Bredt-Regel
(C) Cram-Regel
(D) Erlenmeyer-Regel
(E) Hückel-Regel

1628 Welche Aussagen zur Ethylendiamintetraessigsäure treffen zu?

Sie

(1) kann nach Strecker hergestellt werden
(2) hat die Säure/Base-Reaktivität einer sauren Aminosäure
(3) ist OH-acid
(4) ist NH-acid
(5) ist ein Chelatligand

(A) nur 1 und 5 sind richtig
(B) nur 2 und 3 sind richtig
(C) nur 2 und 4 sind richtig
(D) nur 1, 4 und 5 sind richtig
(E) 1–5 = alle sind richtig

1629 Welche der folgenden Aminoverbindungen ist **nicht** durch Gabriel-Synthese herstellbar?
(A) Benzylamin
(B) γ-Aminobuttersäure
(C) Cyclohexylamin

(D) Phenylethylamin
(E) Butylamin

1630 An welche Verbindung kann **keine** Michael-Addition eines Nucleophils erfolgen?

(A)
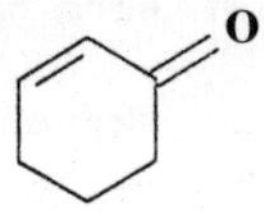

(B)
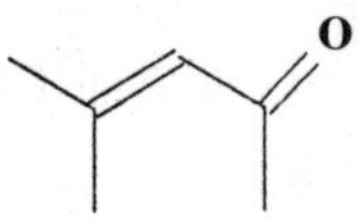

(C)
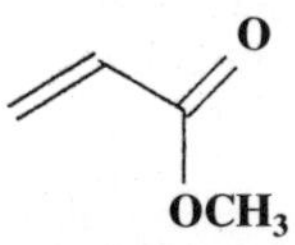

(D)
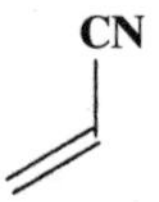

(E)
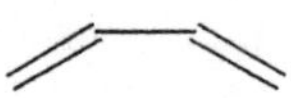

1631 Welche Aussage trifft zu?

(A) Die Sulfonierung von Aromaten ist eine reversible Reaktion.
(B) Die Bariumsalze von aromatischen Sulfonsäuren sind in Analogie zu den entsprechenden Sulfaten schwer wasserlöslich.
(C) Die Sulfonierung von Aromaten verläuft nach einem nucleophilen Substitutionsmechanismus.
(D) Die Sulfonierung von Benzen bleibt auch unter forcierten Bedingungen (Temperatur > 200 °C) auf der Stufe der Benzensulfonsäure stehen.
(E) Arylsulfonsäuren sind starke Oxidationsmittel.

1632 Bei der Darstellung von Chlorbenzen nach Sandmeyer beobachtet man Biphenyle als Nebenprodukte,
weil
bei der Reaktion nach Sandmeyer zu Chlorbenzen intermediär entstehende Arenium-Ionen an Benzen-Moleküle addiert werden können.

1633 Welche Reaktionen mit oder zu Aceton laufen ab?

(1)
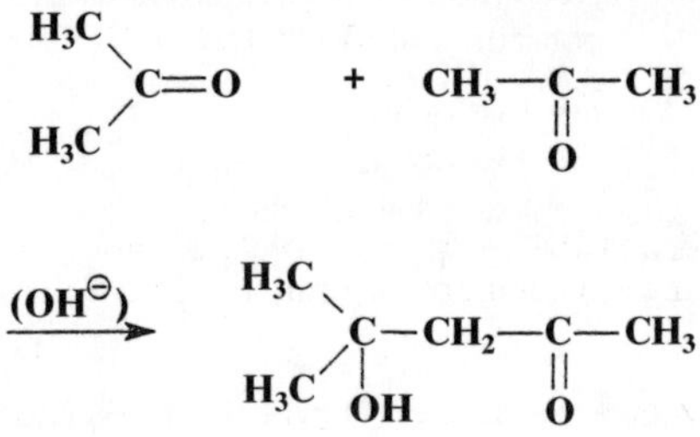

(2)
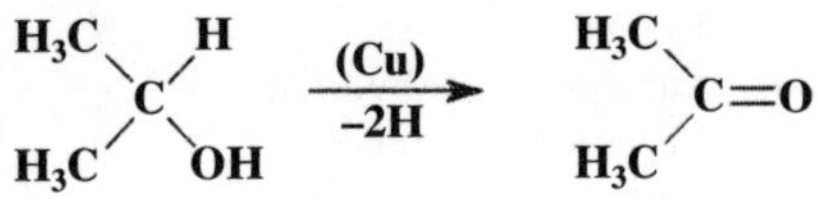

(3) $H_3C{-}CH{=}CH_2 + 1/2\ O_2 \xrightarrow{(PdCl_2\ /\ CuCl_2)} H_3C{-}CO{-}CH_3$

(4)
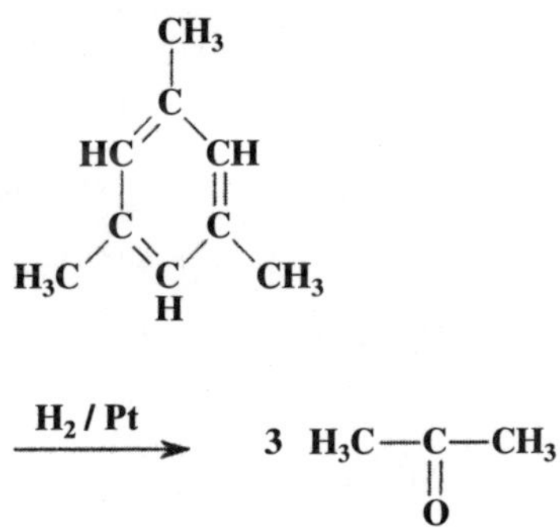

(A) nur 1 und 3 sind richtig
(B) nur 2 und 3 sind richtig
(C) nur 3 und 4 sind richtig
(D) nur 1, 2 und 3 sind richtig
(E) nur 1, 2 und 4 sind richtig

1634 Welche der genannten Umsetzungen sind zur Darstellung aromatischer Aldehyde geeignet?

(1) Oxidation von arom. Alkylgruppen mit $KMnO_4$

(2) Hydrazinolyse aromatischer Nitrile
(3) Umsetzung aktivierter Aromaten mit $CO/HCl/AlCl_3$
(4) Reduktion von Estern aromatischer Carbonsäuren mit $LiAlH_4$

(A) nur 1 ist richtig
(B) nur 3 ist richtig
(C) nur 1 und 4 sind richtig
(D) nur 1, 2 und 3 sind richtig
(E) nur 1, 2 und 4 sind richtig

1635 Welche der folgenden Stoffklassen hat die geringste Carbonylreaktivität?

(A) Ketene
(B) Carbonsäureanhydride
(C) Carbonsäureester
(D) Carbonsäurechloride
(E) Carbonsäureamide

1636 Welche der folgenden Reaktionen läuft **nicht** ab?

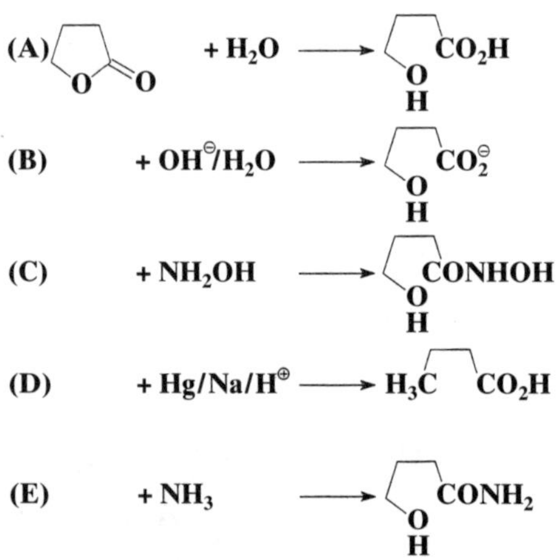

1637 Welche Aussage trifft **nicht** zu?
Carbonsäureamide sind nach folgenden Reaktionsschemata herstellbar:

(A) Keten + Ammoniak →
(B) Lacton + Ammoniak →
(C) Isonitril + Base →
(D) Carbonsäuremethylester + Ammoniak →
(E) Carbonsäureanhydrid + Ammoniak →

1638 Welche Aussagen zur katalytischen Hydrierung von Cyclohexen (Normalbedingungen) treffen zu?

(1) Es entsteht Hexan.
(2) Es handelt sich um eine cis- bzw. syn-Addition.
(3) Sie verläuft über einen dreigliedrigen Übergangszustand.
(4) Es kann Palladium als Katalysator eingesetzt werden.
(5) Sie verläuft über ein Hydronium-Ion.

(A) nur 1 ist richtig
(B) nur 2 und 4 sind richtig
(C) nur 1, 2 und 4 sind richtig
(D) nur 1, 2, 3 und 5 sind richtig
(E) 1–5 = alle sind richtig

1639 Welche Aussagen treffen zu?
Beim Erhitzen substituierter Carbonsäuren entsteht aus

(1) Milchsäure ein Lactid
(2) γ-Hydroxybuttersäure ein Lacton
(3) β-Hydroxypropionsäure eine ungesättigte Carbonsäure
(4) δ-Aminovaleriansäure ein Lactam

(A) nur 3 ist richtig
(B) nur 1 und 4 sind richtig
(C) nur 3 und 4 sind richtig
(D) nur 1, 2 und 3 sind richtig
(E) 1–4 = alle sind richtig

1640 Bei offenkettigen β-Dicarbonylverbindungen wie Acetylaceton wird durch **polare** Lösungsmittel die Enol-Form gegenüber der Keto-Form begünstigt,
weil
die Enol-Form offenkettiger β-Dicarbonylverbindungen wie Acetylaceton durch intramolekulare Wasserstoffbrücken und durch ein konjugiertes Doppelbindungssystem stabilisiert ist.

1641 Welche der folgenden Reaktionen kann zum Nachweis von Monosacchariden beitragen?

(A) Beilstein-Reaktion
(B) Cannizzaro-Reaktion
(C) Fehling-Reaktion

(D) Liebermann-Reaktion
(E) Maillard-Reaktion

Ordnen Sie bitte den Strukturen der Liste 1 die jeweils zutreffende Bezeichnung aus Liste 2 zu!

Liste 1	Liste 2
1642 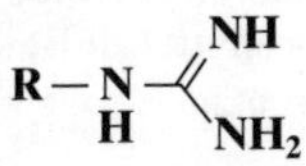	(A) Amidrazon
	(B) Aminal
	(C) Guanidin
	(D) Amidin
1643 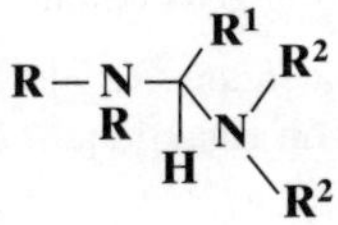	(E) Imidoalkylester

Ordnen Sie bitte den Aminosäuren aus Liste 1 das jeweils enthaltene Strukturelement aus Liste 2 zu!

Liste 1	Liste 2
1644 Histidin	(A) Pyrrolidin
	(B) Chinolin
1645 Tryptophan	(C) Imidazol
	(D) Phenol
	(E) Indol

1646 Welche Reagenzien werden in der Peptid-Synthese verwendet?

(1) Cyclohexylcarbodiimid
(2) N,N'-Carbonyl-di-imidazol
(3) Phosgen/Toluen

(A) nur 1 ist richtig
(B) nur 3 ist richtig
(C) nur 1 und 2 sind richtig
(D) nur 2 und 3 sind richtig
(E) 1–3 = alle sind richtig

1647 Welche Ausgangsstoffe werden zur Synthese der abgebildeten Verbindung nach Fischer benötigt?

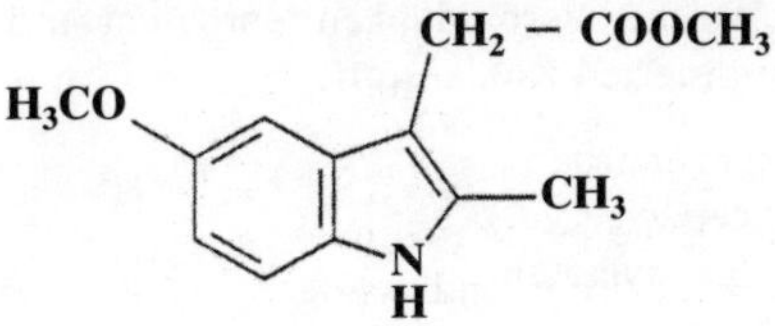

(1) p-Methoxyphenylhydrazin
(2) 2-Oxopentansäuremethylester
(3) p-Methoxyanilin
(4) 4-Oxopentansäuremethylester
(5) 2-Oxobutansäuremethylester

(A) nur 1 und 2 sind richtig
(B) nur 1 und 4 sind richtig
(C) nur 1 und 5 sind richtig
(D) nur 3 und 4 sind richtig
(E) nur 3 und 5 sind richtig

1648 Polyphenolformaldehyd-Kondensate liefern unter Druck und Hitze Duroplaste,
weil
Polyphenolformaldehyd-Kondensate durch Druck und Hitze hochvernetzt werden.

Außer den Fragen Nr. 1609–1648 waren noch folgende Aufgaben aus voranstehenden Abschnitten Bestandteil der *Prüfung vom Herbst 2002*: Frage Nr. 45 – 523 – 985 – 987 – 1463.

Prüfung Frühjahr 2003

1649 Welche Verbindungen enthalten u. a. sp-hybridisierten Kohlenstoff?

(1) Benzonitril
(2) Acetylen
(3) Diphenylketen
(4) Allen
(5) Kohlendioxid

(A) nur 1 ist richtig
(B) nur 2, 3 und 4 sind richtig
(C) nur 1, 2, 3 und 4 sind richtig
(D) nur 2, 3, 4 und 5 sind richtig
(E) 1–5 = alle sind richtig

1650 Welche der folgenden Verbindungen sind chiral?

(1)

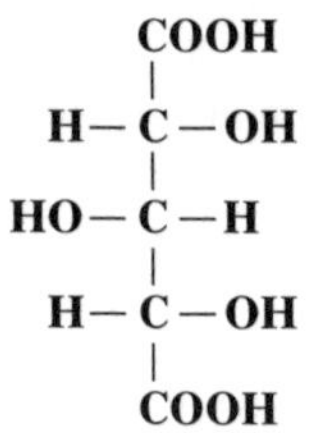

(2)

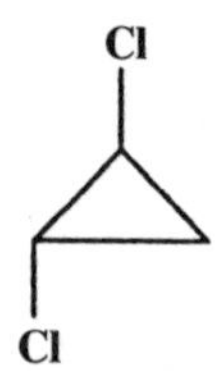

(3)

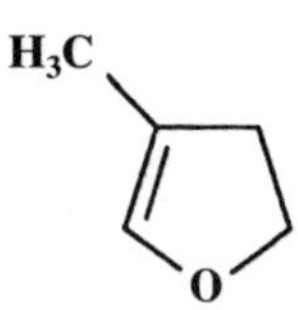

(4)

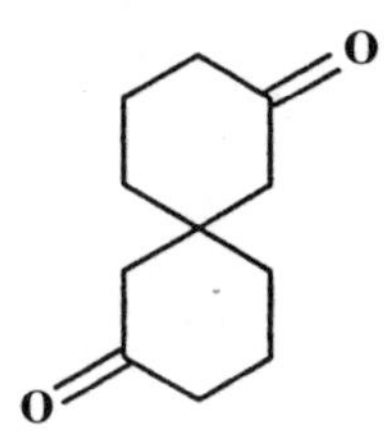

(A) nur 1 ist richtig
(B) nur 2 ist richtig
(C) nur 1 und 2 sind richtig
(D) nur 2 und 4 sind richtig
(E) nur 3 und 4 sind richtig

1651 Bei S_N1-Reaktionen von chiralen Edukten können Racemisierungen stattfinden,
weil
bei S_N1-Reaktionen Gerüst-Umlagerungen auftreten können.

1652 Bei der Reduktion von Butanon mit einem achiralen Reduktionsmittel zu Butan-2-ol entsteht ein Enantiomerenpaar,
weil
Butanon eine achirale Verbindung darstellt.

1653 Welche der folgenden Regeln betrifft die Regioselektivität von Reaktionen?

(A) Hückel-Regel
(B) Bredt-Regel
(C) Cram-Regel
(D) Erlenmeyer-Regel
(E) Markownikow-Regel

1654 Welches gemeinsame Produkt liefern cis- und trans-2-Bromcyclohexanol mit HBr?

(A)
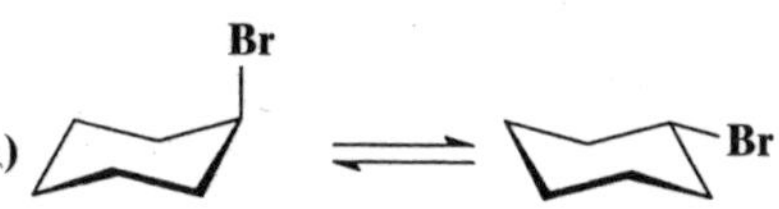

(B)
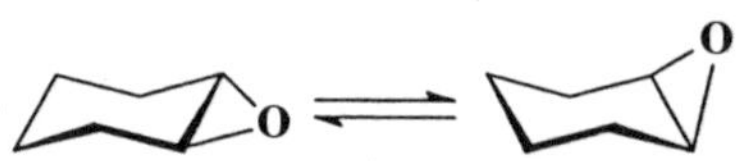

(C)
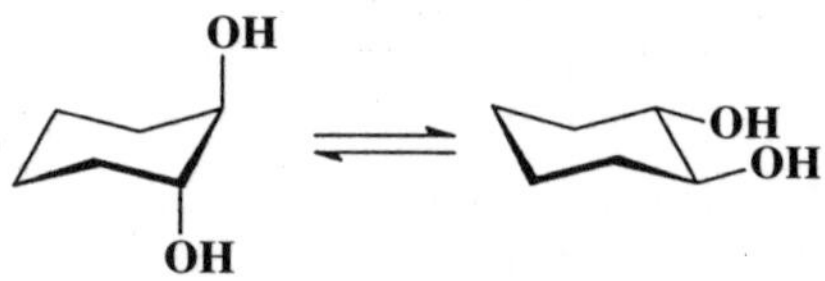

(D)
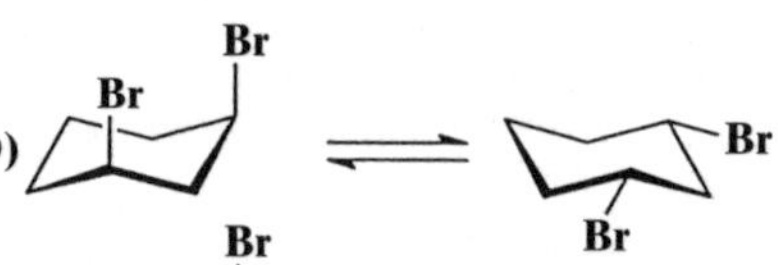

(E)
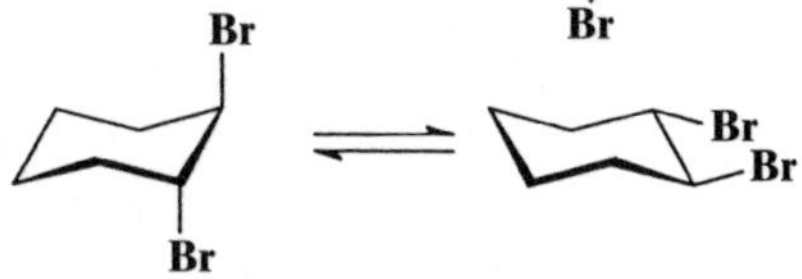

1655 Elektrocyclische Reaktionen sind pericyclische Prozesse,
weil
elektrocyclische Reaktionen ausschließlich auf intermolekularen Ringschluss-Reaktionen beruhen.

1656 Welche der nachfolgenden Verbindungen ist optisch inaktiv?

(A)
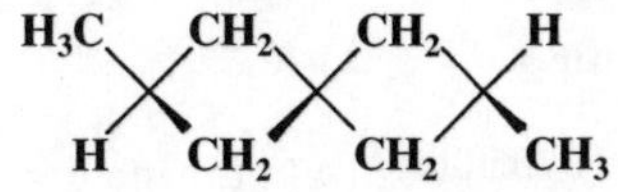

(B)
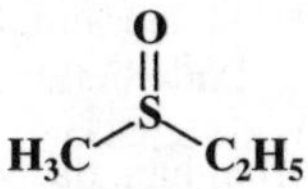

(C)
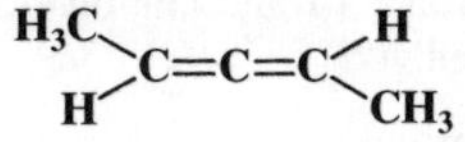

(D)
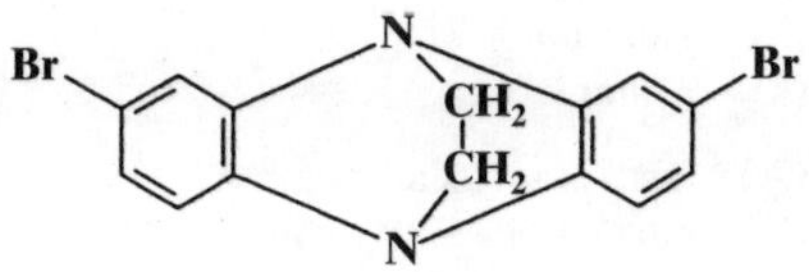

(E)
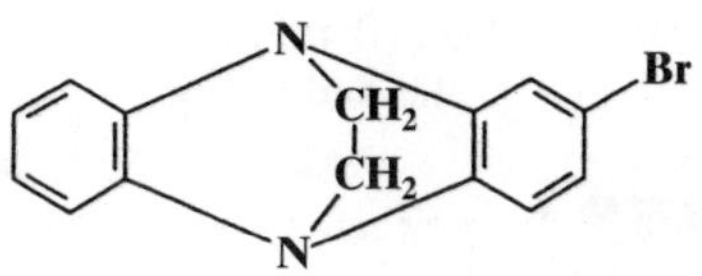

Ordnen Sie bitte den in Liste 1 angegebenen Namensreaktionen die jeweils entsprechende Reaktion aus Liste 2 zu!

Liste 1

1657 Birch-Reduktion

1658 Diels-Alder-Reaktion

Liste 2

(A)
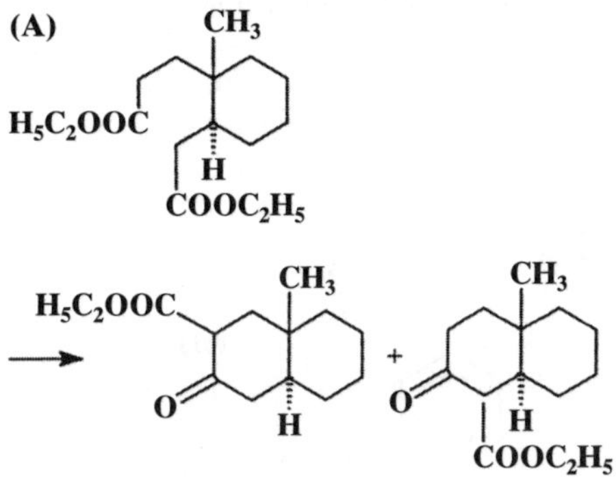

(B)
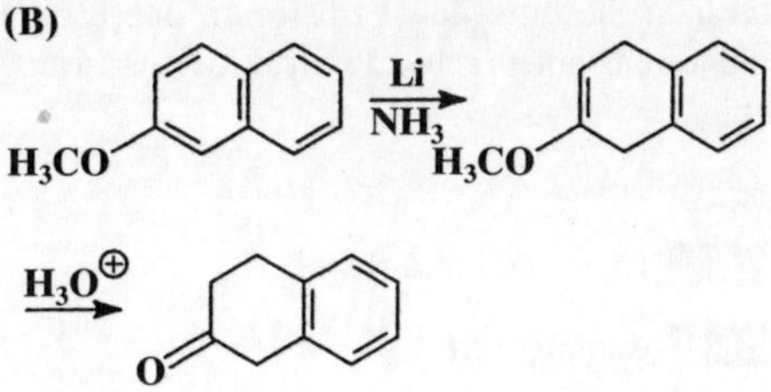

(C)
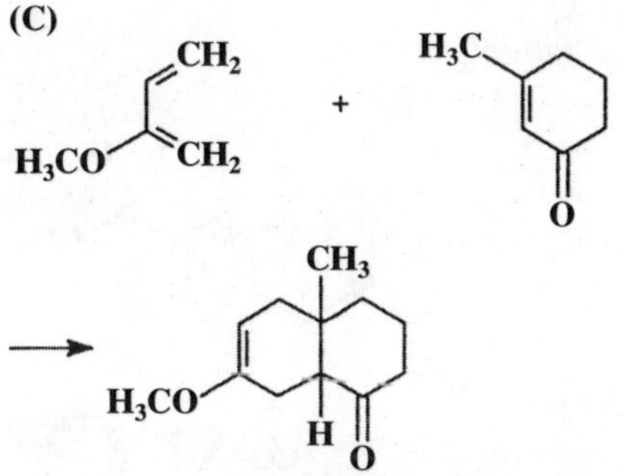

(D)
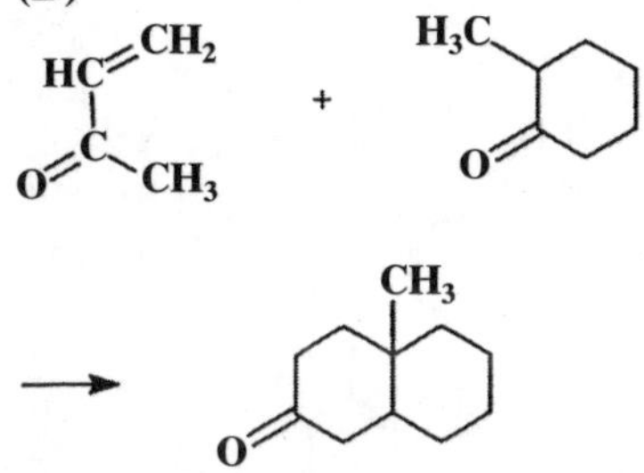

(E)
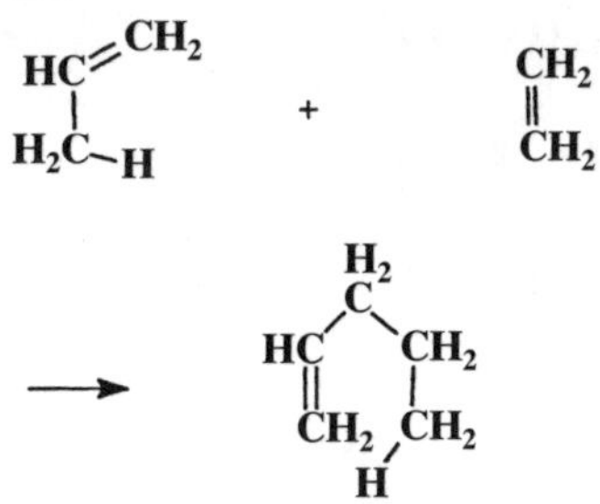

Ordnen Sie bitte den Farbstoffen der Liste 1 die jeweils entsprechende Struktur aus Liste 2 zu!

Liste 1

1659 Triarylmethanfarbstoff

1660 Azofarbstoff

1661 Phenothiazinfarbstoff

Liste 2

(A)

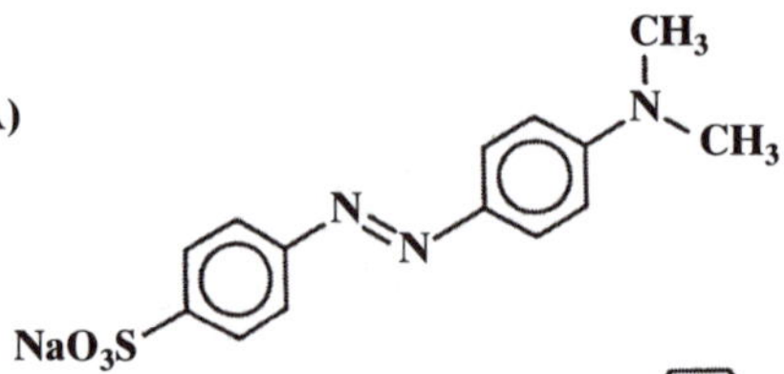

(B)

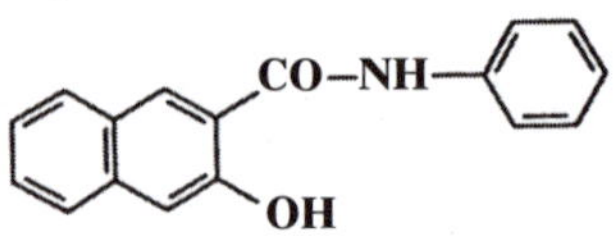

(C)

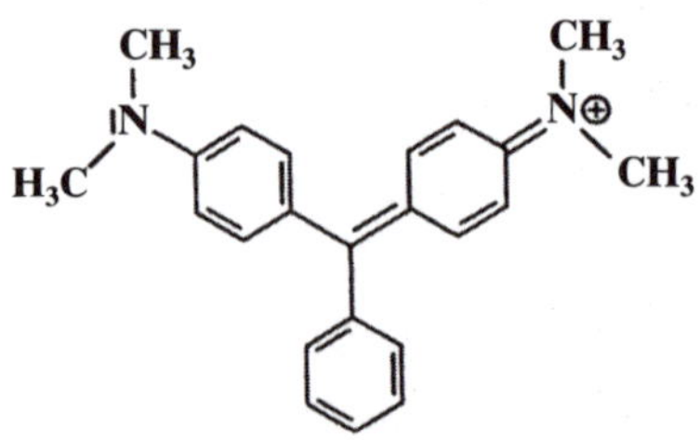

(D)

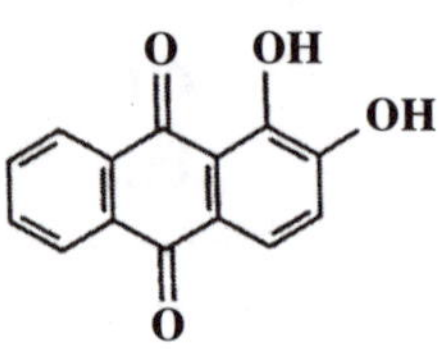

(E)

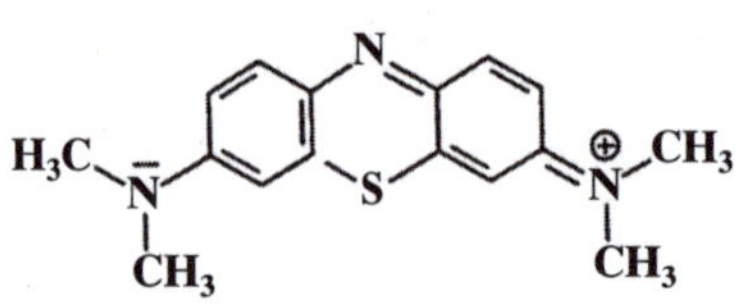

Ordnen Sie bitte den Aciditäten in Liste 1 die jeweils entsprechende Verbindung aus Liste 2 zu!

Liste 1	Liste 2
1662 OH-Acidität	(A) Ethanol
1663 CH-Acidität	(B) Thiophenol
	(C) Malonsäurediester
	(D) Phthalimid
	(E) Saccharin

1664 Welche der folgenden Reaktionen sind an der Bildung von 1,4-Benzochinon aus 4-Nitrosophenol beteiligt?

(1) Aromatisierung
(2) Valenztautomerisierung
(3) Addition
(4) Eliminierung

(A) nur 1 und 2 sind richtig
(B) nur 3 und 4 sind richtig
(C) nur 1, 2 und 3 sind richtig
(D) nur 2, 3 und 4 sind richtig
(E) 1–4 = alle sind richtig

1665 Aus welchen der folgenden Eduktpaare entsteht Chloroform?

(1) Ethanol/Chlorkalk
(2) Aceton/Chlorkalk
(3) Aceton/Salzsäure
(4) Chloralhydrat/Natronlauge
(5) Chloralhydrat/Salzsäure

(A) nur 1 ist richtig
(B) nur 1 und 2 sind richtig
(C) nur 3 und 5 sind richtig
(D) nur 1, 2 und 4 sind richtig
(E) nur 2, 3 und 4 sind richtig

Ordnen Sie bitte den Verbindungen aus Liste 1 die jeweils korrekte Stoffklasse aus Liste 2 zu!

Liste 1

1666

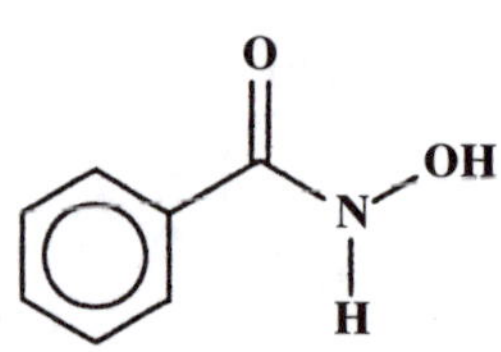

1667

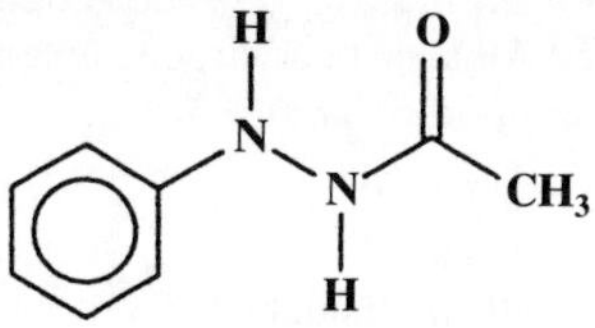

Liste 2

(A) Hydrazon
(B) Hydrazid
(C) Hydroxamsäure
(D) Hydrazoverbindung
(E) Carbaminsäure

1668 Welche der folgenden Verbindungen kann **nicht** bei der Gabriel-Synthese von Ethylamin auftreten?

(A) 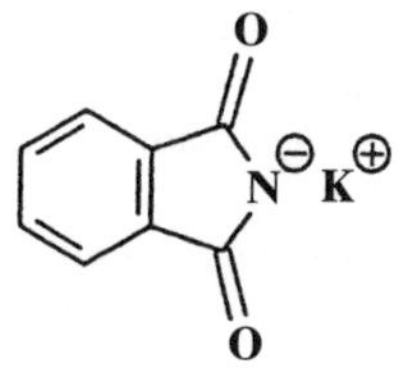

(B) 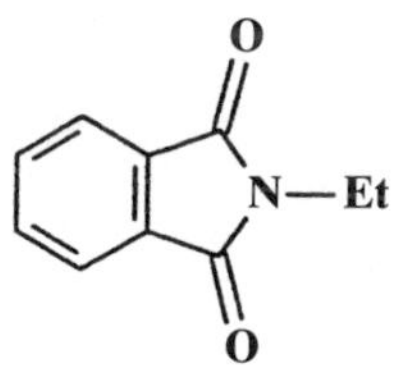

(C) 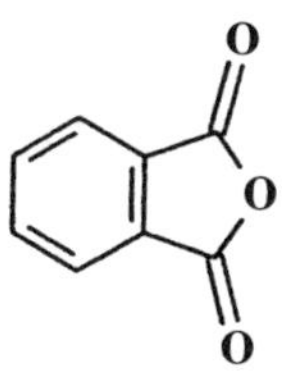

(D) 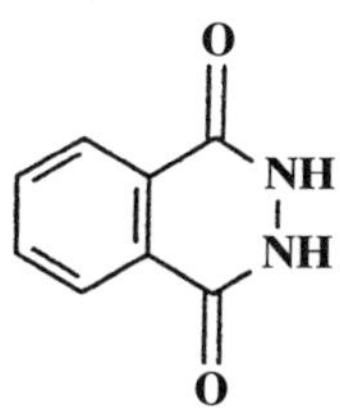

(E) 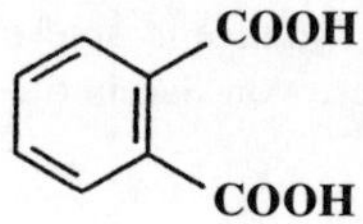

1669 Isonitrile werden in alkalischer Lösung hydrolysiert,
weil
Isonitrile mit Nitrilen stereoisomer sind.

1670 In welchem Milieu sind Kupplungen von 4-Nitrophenyldiazonium-Ionen (I) mit N,N-Dimethylanilin bzw. Phenol-Derivaten präparativ möglich?

(1) 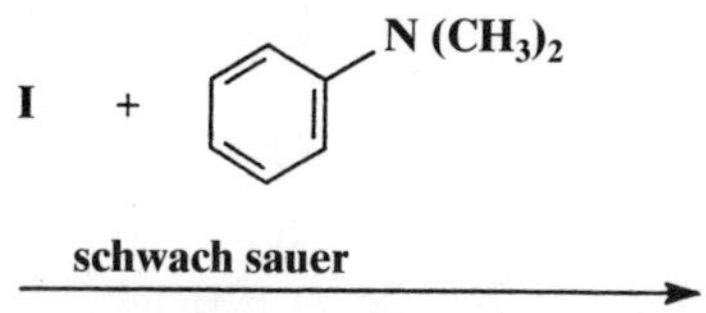

(2) 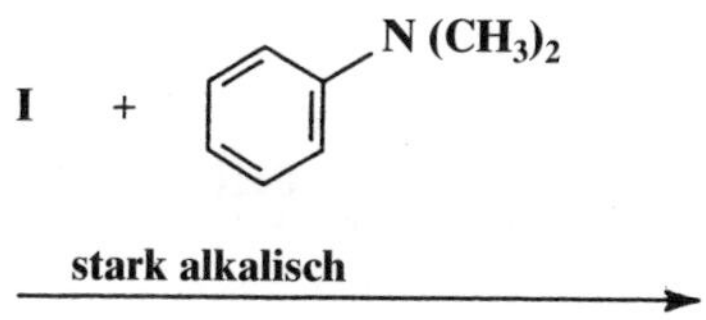

(3) 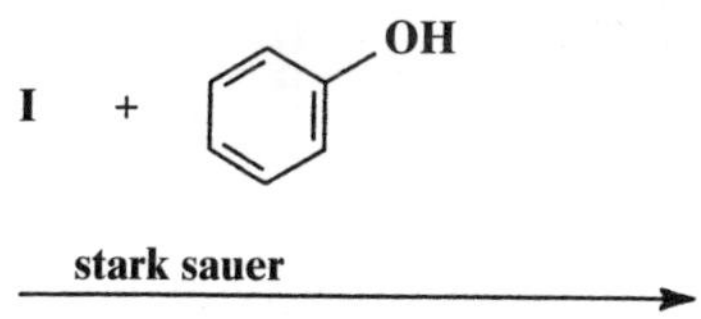

(4) 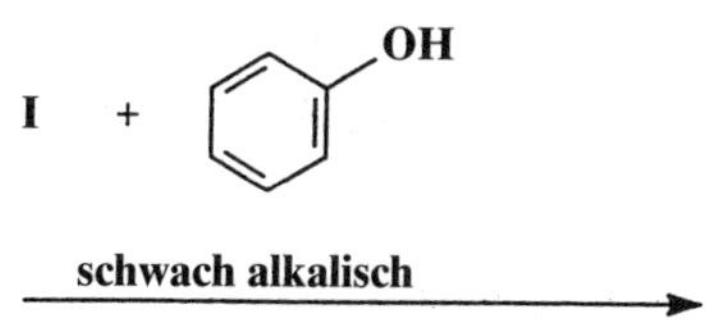

(A) nur 1 und 4 sind richtig
(B) nur 2 und 3 sind richtig
(C) nur 1, 2 und 3 sind richtig
(D) nur 1, 3 und 4 sind richtig
(E) nur 2, 3 und 4 sind richtig

1671 Welche Verbindungen spielen eine Rolle bei der Synthese von Saccharin (s. Formel)?

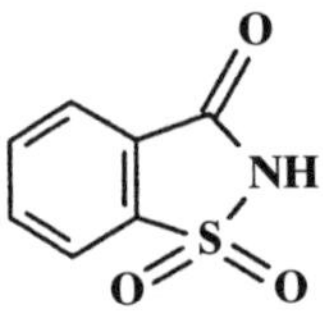

(1) 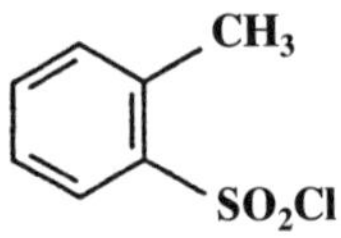

(2) 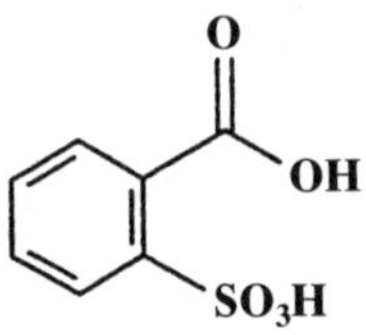

(3) 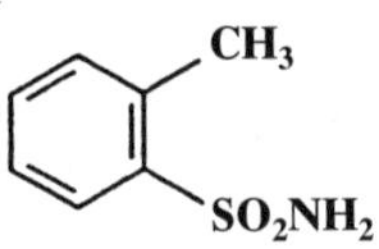

(4) 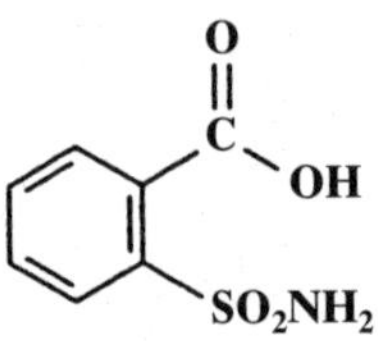

(5) 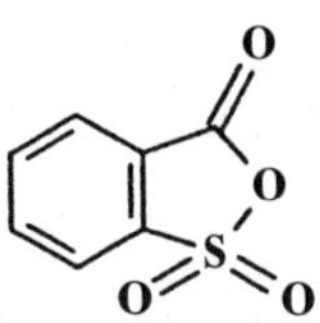

(A) nur 1 und 2 sind richtig
(B) nur 2 und 3 sind richtig
(C) nur 1, 3 und 4 sind richtig
(D) nur 1, 4 und 5 sind richtig
(E) 1–5 = alle sind richtig

1672 Welche der angegebenen Aldehyde reagieren mit Alkalien überwiegend unter Cannizzaro-Disproportionierung?

(1) Formaldehyd
(2) Acetaldehyd
(3) Trimethylacetaldehyd
(4) Propionaldehyd
(5) Benzaldehyd

(A) nur 3 ist richtig
(B) nur 1 und 5 sind richtig
(C) nur 2 und 4 sind richtig
(D) nur 1, 3 und 5 sind richtig
(E) 1–5 = alle sind richtig

1673 Welche Aussage trifft **nicht** zu?
Harnstoff

(A) wird technisch aus Kohlendioxid und Ammoniak hergestellt
(B) ist mesomeriestabilisiert
(C) ist eine schwache Base
(D) bildet mit Salpetriger Säure Semicarbazid
(E) löst sich in Wasser und Alkohol

1674 Welche der folgenden Strukturen ist für die Stoffklasse der Imidoalkylester typisch?

(A) 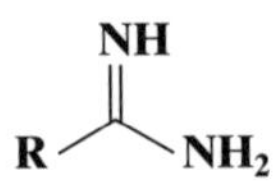

(B) 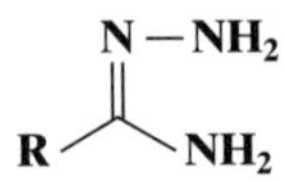

(C) 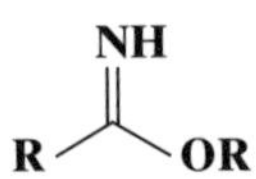

(D) 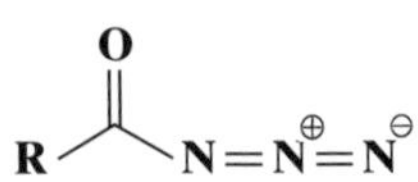

(E) 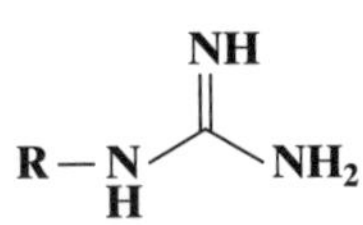

1675 β-Ketocarbonsäuren decarboxylieren leichter als α-Ketocarbonsäuren,
weil
bei β-Ketocarbonsäuren die Aktivierungsenergie für die Decarboxylierung durch die Ausbildung einer intramolekularen H-Brücke erniedrigt wird.

1676 Welche der folgenden Reaktionen verlaufen katalysiert?

(1)

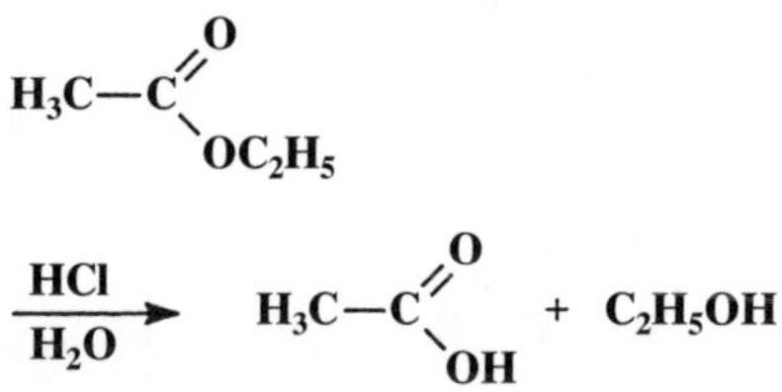

(2)

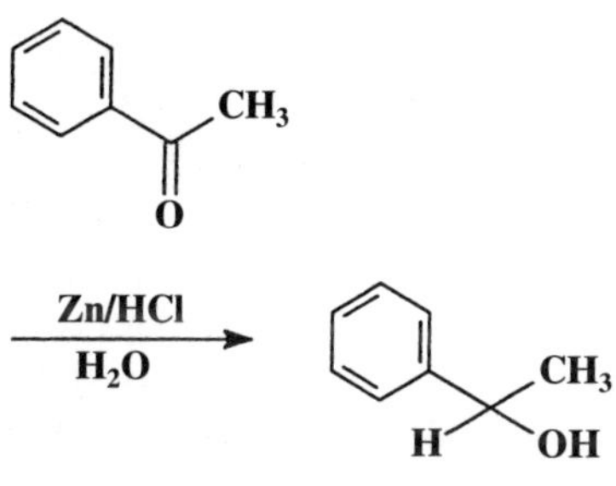

(3)

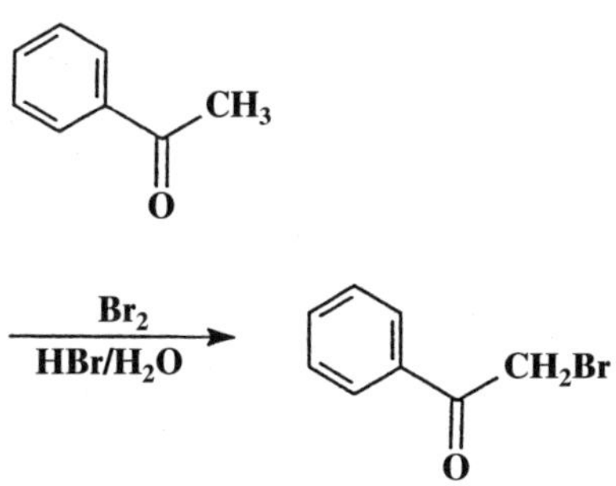

(A) nur 1 ist richtig
(B) nur 2 ist richtig
(C) nur 3 ist richtig
(D) nur 1 und 3 sind richtig
(E) 1–3 = alle sind richtig

1677 Der Abbau von Oxalsäure mit konzentrierter Schwefelsäure kann formal als Disproportionierung angesehen werden,
weil
beim Abbau von Oxalsäure mit konzentrierter Schwefelsäure Kohlenmonoxid und Kohlendioxid entstehen.

Ordnen Sie bitte den Substanznamen der Liste 1 die jeweils entsprechende Strukturformel aus Liste 2 zu!

Liste 1

1678⁺ Imidazol

1679 Imidazolidin

Liste 2

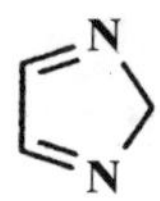

(A)

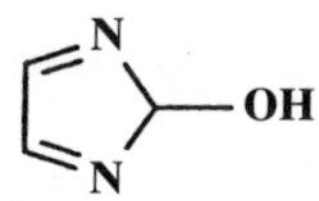

(B)

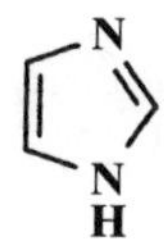

(C)

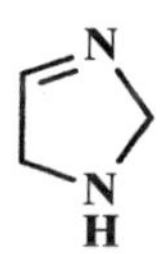

(D)

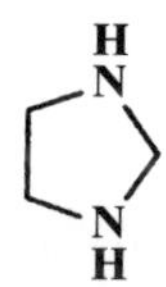

(E)

1680 Welche Aussagen treffen zu?
Zur Durchführung der Synthese von 6-Methylchinolin nach Skraup sind u. a. folgende Verbindungen notwendig:

(1) Glycerol
(2) Crotonaldehyd
(3) Phenylhydrazin
(4) p-Toluidin
(5) p-Methylphenylhydrazin

(A) nur 2 ist richtig
(B) nur 1 und 4 sind richtig
(C) nur 1 und 5 sind richtig
(D) nur 2, 3 und 4 sind richtig
(E) nur 1, 2, 4 und 5 sind richtig

1681 Welche Aussagen treffen zu?
o-Hydroxyzimtsäure

(1) wird aus Salicylaldehyd und Essigsäure hergestellt
(2) wird aus Benzaldehyd und Essigsäureanhydrid hergestellt
(3) existiert in E/Z-Isomeren
(4) kann spontan zu Cumarin cyclisieren

(A) nur 1 ist richtig
(B) nur 1 und 4 sind richtig
(C) nur 2 und 3 sind richtig
(D) nur 3 und 4 sind richtig
(E) nur 2, 3 und 4 sind richtig

1682 Welche Partialstrukturen sind in der abgebildeten Strukturformel von Dimethyltryptamin erkennbar?

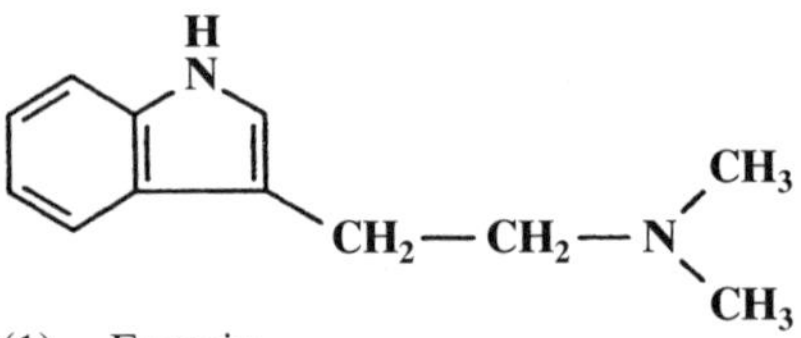

(1) Enamin
(2) tert. Amin
(3) Chinolin
(4) Benzo[b]pyrrol
(5) Benzo[a]pyridin

(A) nur 1 und 2 sind richtig
(B) nur 2 und 3 sind richtig
(C) nur 2 und 4 sind richtig
(D) nur 1, 2 und 4 sind richtig
(E) nur 3, 4 und 5 sind richtig

1683 Auf welchen der in der Fischer-Projektion abgebildeten Zucker trifft die Bezeichnung D-threo-Form zu?

(A)
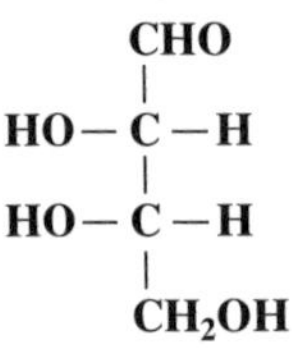

(B)
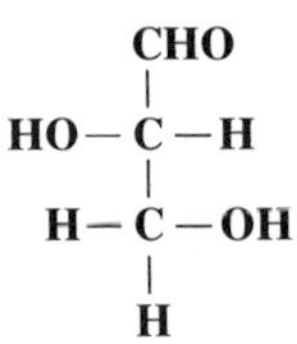

(C)
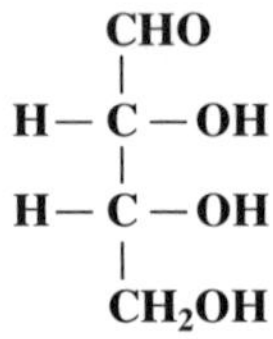

(D)
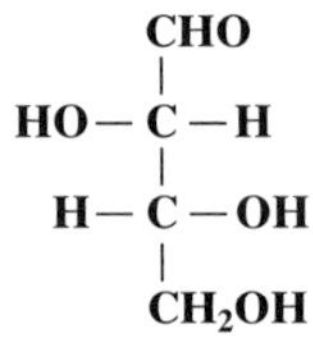

(E)
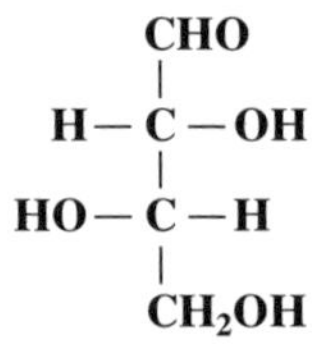

Ordnen Sie bitte den Oxidationsprodukten der Glucose in Liste 1 die jeweils für sie zutreffende Bezeichnung aus Liste 2 zu!

Liste 1 **Liste 2**

1684
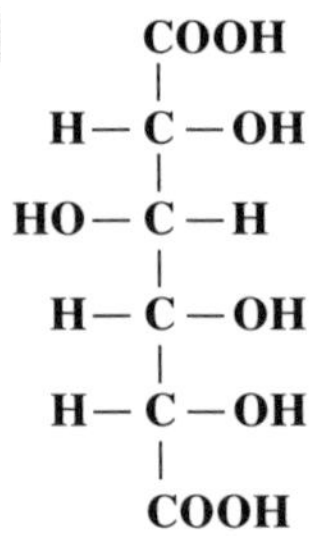

(A) Gluconsäure
(B) Galactarsäure (Schleimsäure)
(C) Gluconolacton
(D) Glucuronsäure
(E) Glucarsäure

1685
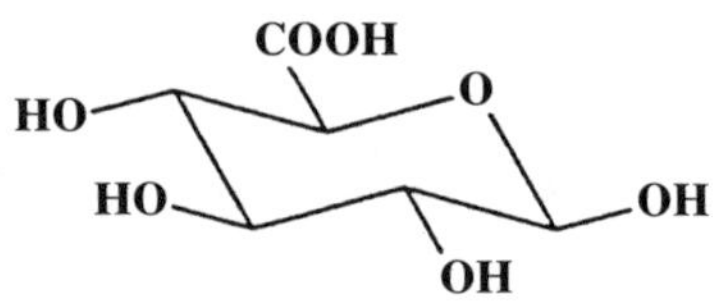

1686 Prolin kann durch Strecker-Synthese hergestellt werden,
weil
die Strecker-Synthese eine Methode zur Darstellung von α-Aminosäuren ist.

1687 Welche der folgenden Reaktionen ist zur Unterscheidung von Polyvinylchlorid und Polyvinylether geeignet?

(A) Beilstein-Reaktion
(B) Cannizzaro-Reaktion
(C) Fehling-Reaktion
(D) Liebermann-Reaktion
(E) Maillard-Reaktion

1688 Welche Aussagen über die Polymerisation von Ethylen treffen zu?

(1) Sie kann nach dem ionischen oder radikalischen Mechanismus verlaufen.
(2) In Gegenwart von Lewis-Säuren (wie z. B. $AlCl_3$, BF_3) werden niedermolekular-flüssige Polymere erhalten.
(3) In Gegenwart von Diacylperoxiden entstehen höhermolekular-wachsartige Polymere.
(4) Mit metallorganischen Mischkatalysatoren (Ziegler-Katalysatoren) wird hochmolekular-kristallines Polyethylen erhalten.

(A) nur 1 ist richtig
(B) nur 4 ist richtig
(C) nur 1 und 4 sind richtig
(D) nur 2 und 3 sind richtig
(E) 1–4 = alle sind richtig

Außer den Fragen Nr. 1649–1688 waren noch folgende Aufgaben aus voranstehenden Abschnitten Bestandteil der *Prüfung vom Frühjahr 2003*: Frage Nr. 86 – 98 – 405 – 439 – 461 – 542 – 543 – 582 – 594 – 735.

Prüfung Herbst 2003

1689 Welche der folgenden Verbindungen können nach Protonierung mesomer stabilisiert vorliegen?

(1) Ammoniak
(2) Anilin
(3) Essigsäure
(4) Methylorange
(5) Methylrot

(A) nur 2 ist richtig
(B) nur 1 und 3 sind richtig
(C) nur 4 und 5 sind richtig
(D) nur 1, 2 und 3 sind richtig
(E) nur 3, 4 und 5 sind richtig

1690 Welche der folgenden Gleichgewichtslagen trifft für die angegebenen Tautomerenpaare **nicht** zu?

(A) 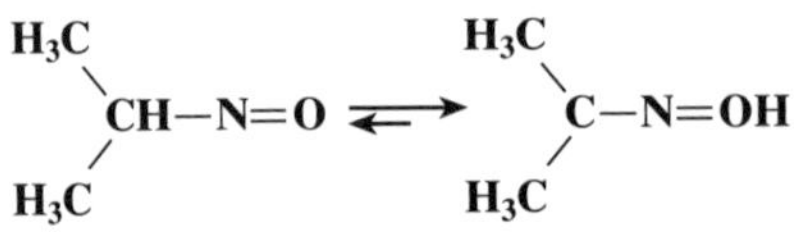

(B) 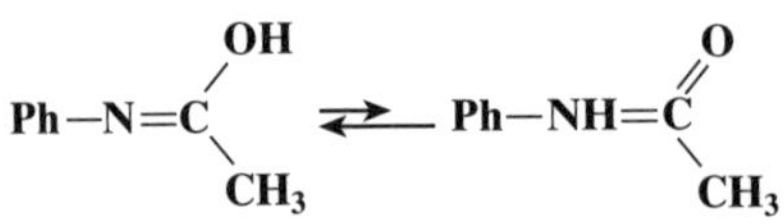

(C) 

(D) 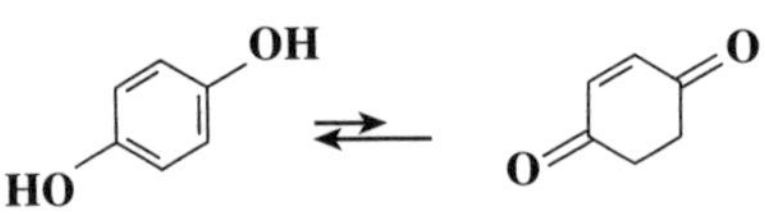

(E) 

1691 Welche Reihenfolge gibt die unter a bis e aufgeführten Radikale geordnet nach **steigender** Stabilität an?

a) Triphenylmethyl-, b) Methyl-, c) Benzyl-, d) i-Propyl-, e) tert.-Butyl-Radikal

(A) a<c<d<e<b
(B) b<d<e<c<a
(C) b<e<c<d<a
(D) b<c<e<a<d
(E) c<a<d<e<b

1692 Die Dehydrohalogenierung von 2-Brom-2-methylbutan in Gegenwart von Kalium-tert-butanolat liefert als Hauptprodukt das Hofmann-Olefin.
Welche Aussage trifft **nicht** zu?

(A) Die Bildung von Hofmann-Olefinen ist thermodynamisch begünstigt.
(B) Mit sterisch anspruchsvollen Basen erhält man überwiegend Hofmann-Olefine.
(C) Kaliumalkoholate sind starke Basen.
(D) Es handelt sich um eine bimolekulare Eliminierung.
(E) Statistisch konkurrieren sechs H-Atome mit zwei H-Atomen um eine Abspaltung als Proton.

1693 Welches Hauptprodukt (ca. 85 %) ergibt sich bei der Addition von Cl_2 an Isobuten (2-Methylpropen) unter polaren Bedingungen?

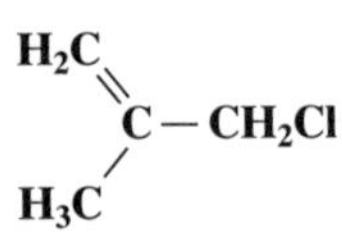

(A)

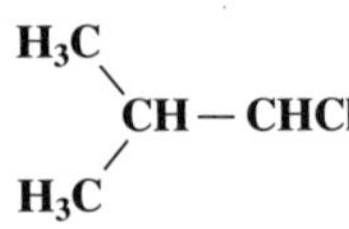

(B)

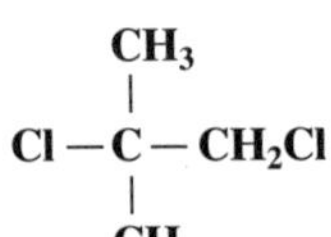

(C)

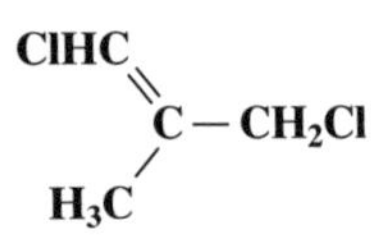

(D)

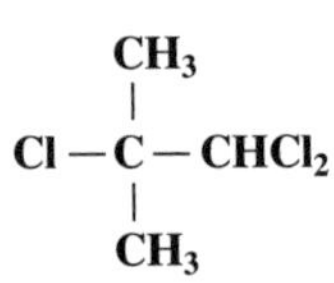

(E)

1694 Welche der folgenden Reaktionen verlaufen nach dem Mechanismus einer Benzilsäure-Umlagerung?

(1) 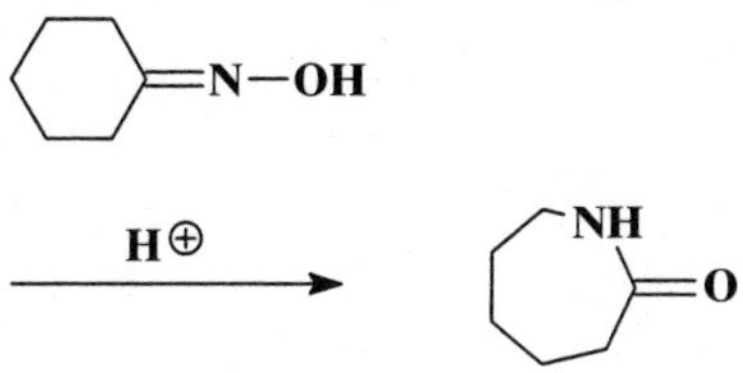

(2) 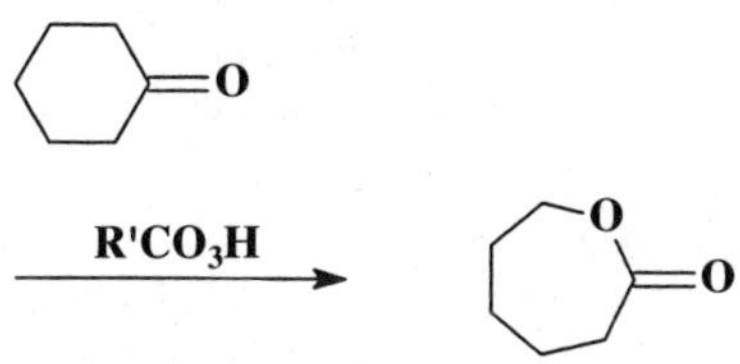

(3) 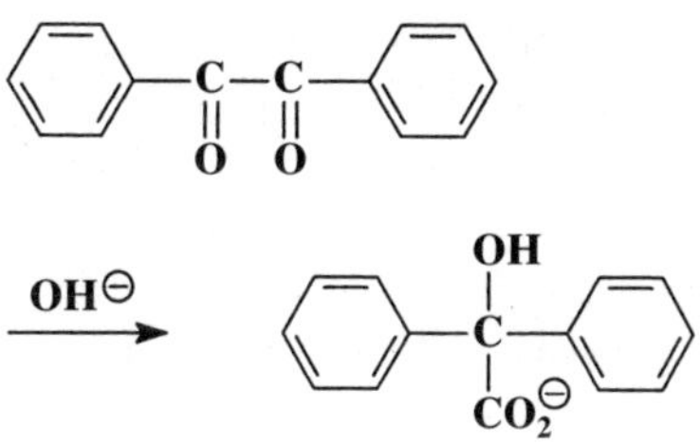

(4) 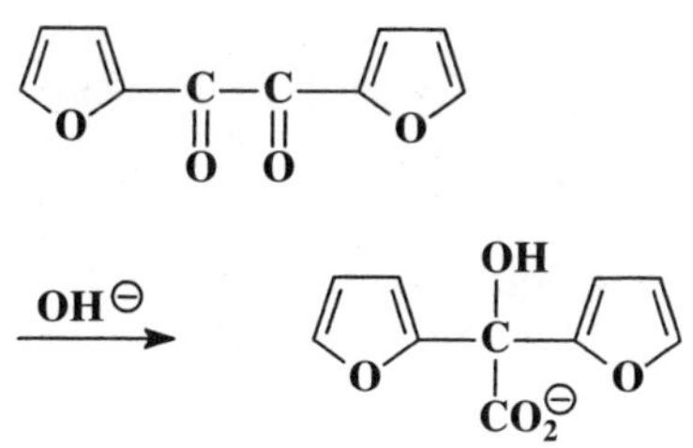

(5) 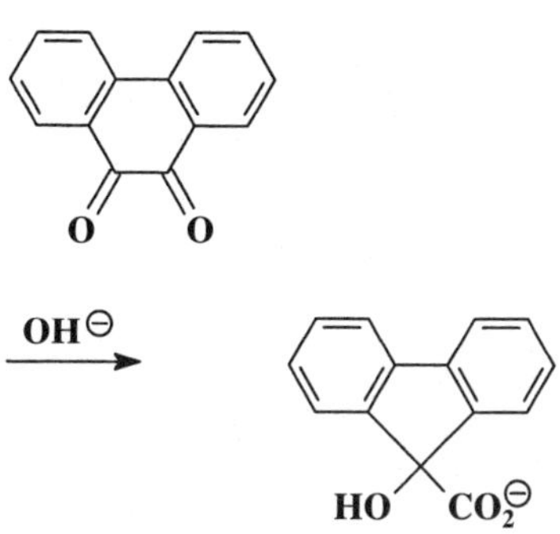

(A) nur 1 und 2 sind richtig
(B) nur 1, 2 und 3 sind richtig
(C) nur 3, 4 und 5 sind richtig
(D) nur 1, 2, 3 und 4 sind richtig
(E) 1–5 = alle sind richtig

1695 Welche der folgenden Reaktionen sind Additionsreaktionen?

(1) Diels-Alder-Reaktion
(2) Friedel-Crafts-Reaktion
(3) Sandmeyer-Reaktion

(A) nur 1 ist richtig
(B) nur 3 ist richtig
(C) nur 1 und 2 sind richtig
(D) nur 2 und 3 sind richtig
(E) 1–3 = alle sind richtig

1696 Welche der folgenden Aussagen über Chiralität und optische Aktivität chemischer Verbindungen trifft **nicht** zu?

(A) Chiralität ist eine hinreichende und notwendige Bedingung für optische Aktivität.
(B) Optische Aktivität kann sowohl auf zentrale als auch auf axiale oder planare Chiralität zurückzuführen sein.
(C) Ein Molekül ist chiral, wenn es weder eine Symmetrieebene noch ein Symmetriezentrum oder eine Drehspiegelachse aufweist.
(D) Eine Verbindung, die mehrere asymmetrisch substituierte C-Atome besitzt, ist zwangsläufig optisch aktiv.
(E) Außer unsymmetrisch substituierten C-Atomen können auch entsprechend substituierte Heteroatome Chiralitätszentren sein.

1697 erythro-2,3-Dihydroxybutandisäure ist chiral,
weil
erythro-2,3-Dihydroxybutandisäure zwei asymmetrisch substituierte C-Atome besitzt.

1698 Tautomere Verbindungen haben unterschiedliche Summenformeln,
weil
in tautomeren Verbindungen die Anzahl an H-Atomen unterschiedlich ist.

1699 Welche Produkte entstehen bei der Reaktion von Cyclohexen mit Osmiumtetroxid und nachfolgender Hydrolyse?

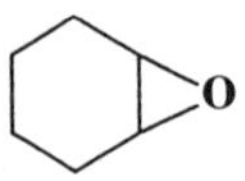

(1)

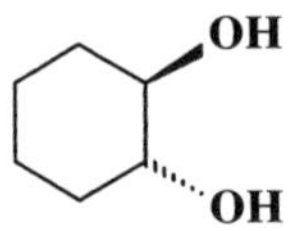

(2)

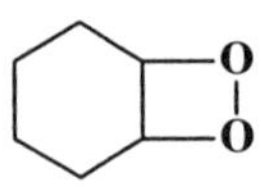

(3)

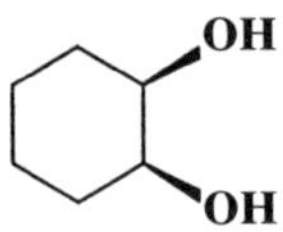

(4)

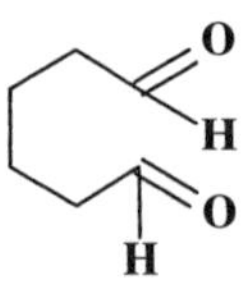

(5)

(A) nur 1 ist richtig
(B) nur 3 ist richtig
(C) nur 4 ist richtig
(D) nur 1 und 5 sind richtig
(E) nur 2 und 4 sind richtig

1700 Welche der folgenden Verbindungen zählen zu den Hückel-Aromaten?

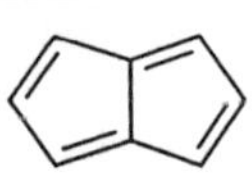

(1)

(2)

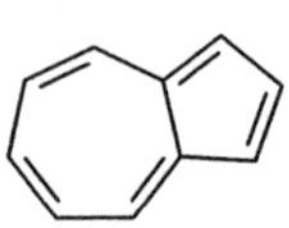

(3)

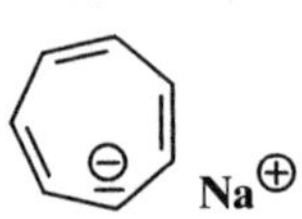

(4)

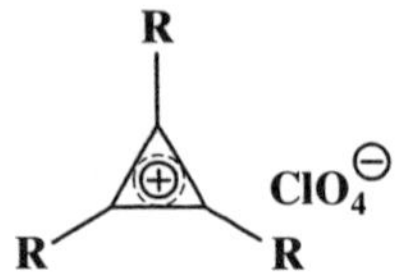

(5)

(A) nur 3 ist richtig
(B) nur 5 ist richtig
(C) nur 1 und 3 sind richtig
(D) nur 1 und 4 sind richtig
(E) nur 2, 3 und 5 sind richtig

1701 Welche der folgenden Verbindungen entsteht als Primärprodukt beim Bestrahlen einer Anthracenlösung in O_2-Atmosphäre?

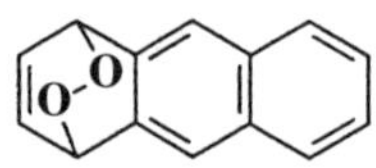

(A)

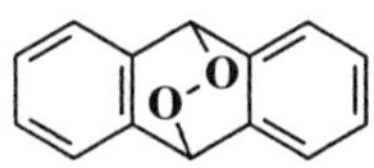

(B)

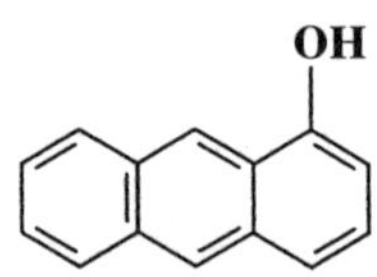

(C)

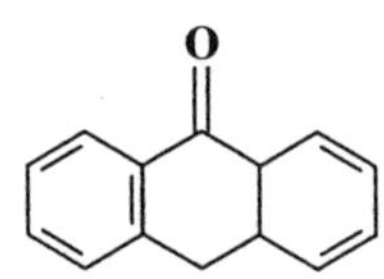

(D)

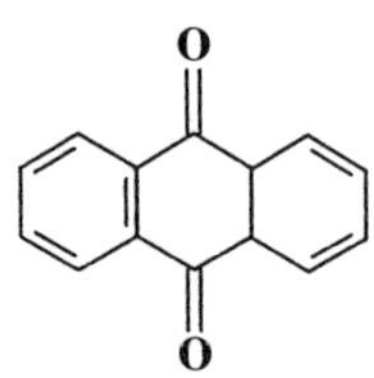

(E)

1702 1,3,5-Trinitrobenzen kann als Elektronenakzeptor Charge-transfer-Komplexe bilden,
weil
Nitrogruppen einen –I– und einen –M-Effekt auf Benzen ausüben.

1703 Bei der Friedel-Crafts-Alkylierung von Benzen mit 1-Chlor-2,2-dimethylpropan in Gegenwart von $AlCl_3$ entsteht praktisch nur (1,1-Dimethylpropyl)benzen,
weil
sich unter den Bedingungen der Friedel-Crafts-Alkylierung das aus 1-Chlor-2,2-dimethylpropan primär gebildete Carbeniumion in das stabilere tertiäre Carbeniumion umlagert, welches den Aromaten elektrophil angreift.

1704 Welche der aufgeführten Produkte sind durch eine Friedel-Crafts-Acylierung aus dem entsprechenden monosubstituierten Aromaten mit Acetylchlorid/$AlCl_3$ zugänglich?

(1)
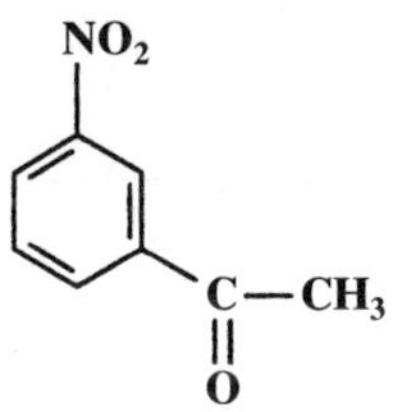

(2)
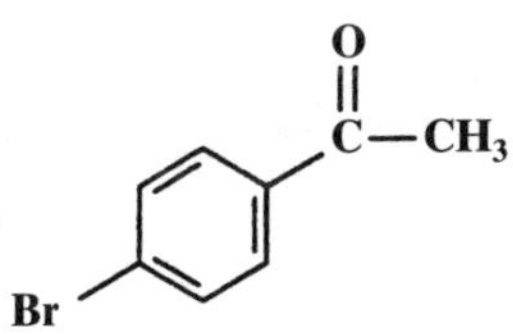

(3)
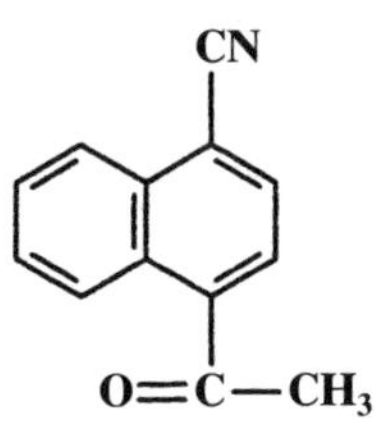

(4)
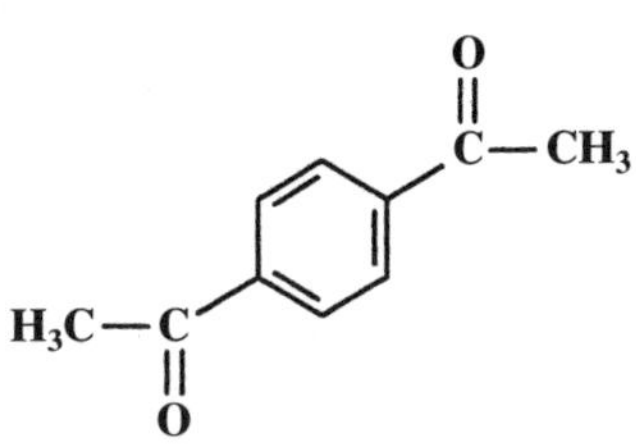

(5)
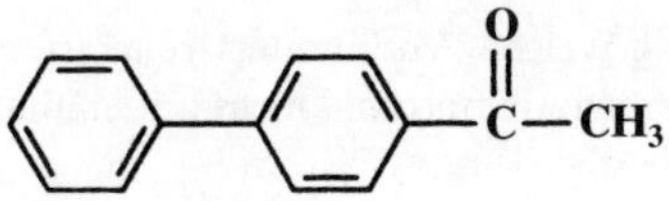

(A) nur 1 ist richtig
(B) nur 4 ist richtig
(C) nur 1 und 3 sind richtig
(D) nur 2 und 5 sind richtig
(E) nur 4 und 5 sind richtig

1705 Mit welchem der folgenden Calciumsalze kann aus Ethanol oder Aceton Chloroform hergestellt werden?

(A) Calciumhydroxid
(B) Calciumcarbonat
(C) Calciumhydrogencarbonat
(D) Chlorkalk
(E) Calciumchlorid

1706 Welche Aussagen zu folgender Reaktion sind richtig?

$CHCl_3 + NaOH \longrightarrow :CCl_2 + H_2O + NaCl$

(1) $CHCl_3$ verhält sich als CH-acide Verbindung.
(2) Das gebildete Dichlorcarben kann durch Vakuumdestillation gereinigt werden.
(3) Es handelt sich um die Iodoform-Reaktion.
(4) Die Reaktion wird bei der Vorprobe auf primäre Amine (Isonitrilreaktion) genutzt.
(5) Es handelt sich um eine α-Eliminierung.

(A) nur 1 ist richtig
(B) nur 3 ist richtig
(C) nur 1 und 5 sind richtig
(D) nur 1, 4 und 5 sind richtig
(E) nur 2, 4 und 5 sind richtig

1707 Für welche der folgenden Synthesen ist Chloroform Edukt?

(1) Vilsmeier-Haack-Synthese
(2) Reimer-Tiemann-Synthese
(3) Gattermann-Synthese
(4) Kolbe-Schmitt-Synthese

(A) nur 2 ist richtig
(B) nur 1 und 2 sind richtig
(C) nur 3 und 4 sind richtig
(D) nur 1, 3 und 4 sind richtig
(E) nur 2, 3 und 4 sind richtig

1708 Welche Verbindung reagiert mit Methylmagnesiumbromid **nicht** unter Bildung von Methan?

(A) Pyrrol
(B) Ethyliodid
(C) Acetylen
(D) Anilin
(E) Phenol

1709 Aromatische Amine sind in der Regel schwächer basisch als aliphatische Amine,
weil
das freie Elektronenpaar des aromatischen Amin-Stickstoffs sich an der Mesomerie des Arylsystems beteiligt und somit nur eingeschränkt für eine Protonenaufnahme zur Verfügung steht.

1710 Welche der folgenden Methoden eignen sich zur Synthese primärer Amine?

(1) Umsetzung von Aldehyden und Ketonen mit Ammoniak und Wasserstoff in Gegenwart eines geeigneten Katalysators
(2) Katalytische Hydrierung von Nitrilen mit H_2/Pt
(3) Reduktive Spaltung von Azoverbindungen
(4) Alkylierung von Phthalimid-Kalium und anschließende Hydrazinolyse
(5) Behandlung unsubstituierter Carbonsäureamide mit Brom und Natronlauge

(A) nur 1 und 2 sind richtig
(B) nur 2 und 5 sind richtig
(C) nur 3, 4 und 5 sind richtig
(D) nur 1, 2, 3 und 4 sind richtig
(E) 1–5 = alle sind richtig

1711 Welche Aussage über Nitrophenole trifft **nicht** zu?

(A) Bei der Nitrierung von Phenol mit verdünnter HNO_3 entsteht ein Gemisch von ortho- und para-Nitrophenol.
(B) ortho-Nitrophenol lässt sich durch Wasserdampfdestillation von para-Nitrophenol trennen.
(C) 2,4,6-Trinitrophenol (Pikrinsäure) wird durch Behandlung von Phenol mit überschüssiger verdünnter Salpetersäure unter milden Bedingungen hergestellt.
(D) meta-Nitrophenol entsteht beim Erhitzen von meta-Nitrophenyldiazoniumchlorid mit Wasser („Verkochen")
(E) para-Nitrophenol besitzt eine größere Acidität als meta-Nitrophenol.

1712 Aldehyde und Ketone können durch Diazomethan homologisiert werden.
Welche Aussagen zu dieser Reaktion treffen zu?

(1) Diazomethan addiert sich nucleophil an eine Carbonylgruppe.
(2) Es tritt im Verlauf der Reaktion eine 1,2-Alkyl- oder Hydrid-Verschiebung auf.
(3) Aus Cyclohexanon kann direkt ε-Caprolactam hergestellt werden.
(4) Diazomethan ist formal der Carben-Lieferant.

(A) nur 1 und 2 sind richtig
(B) nur 2 und 3 sind richtig
(C) nur 3 und 4 sind richtig
(D) nur 1, 2 und 4 sind richtig
(E) 1–4 = alle sind richtig

1713 Aceton ist ein aprotisches Lösungsmittel,
weil
Aceton kein Proton abgeben kann.

1714

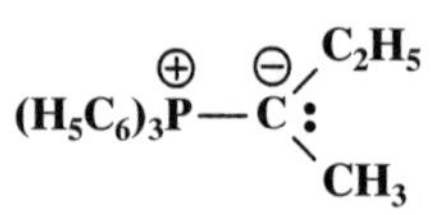

Welches Produkt entsteht bei der Wittig-Reaktion von Aceton mit dem abgebildeten Phosphor-Ylid?

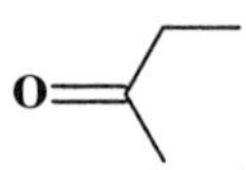

(A)

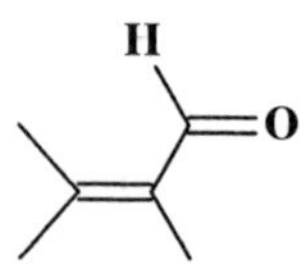

(B)

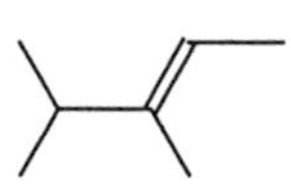

(C)

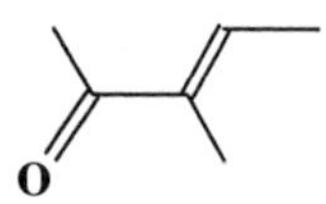

(D)

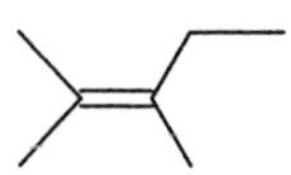

(E)

1715 Welche der folgenden Formeln beschreibt die richtige Struktur von Diketen?

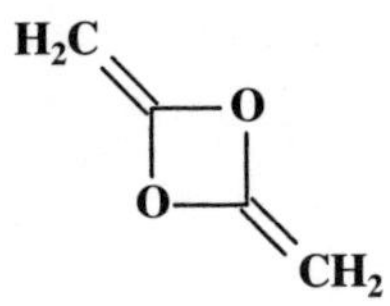

(A)

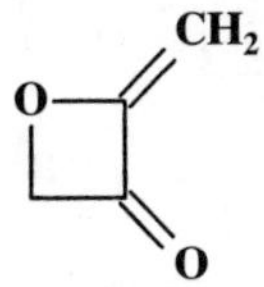

(B)

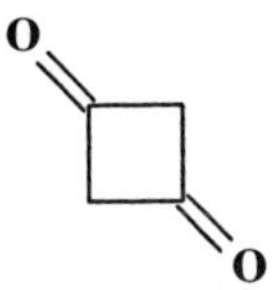

(C)

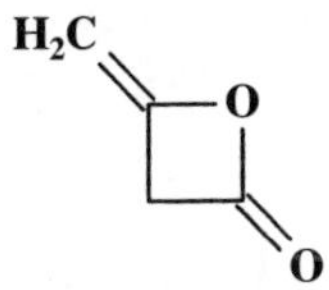

(D)

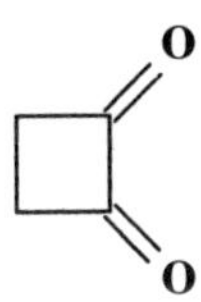

(E)

1716 Ordnen Sie die folgenden Verbindungen nach steigender CH-Acidität!

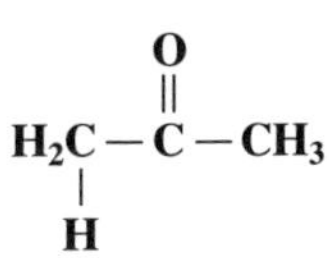

(1)

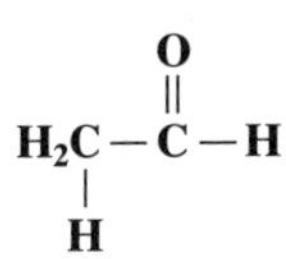

(2)

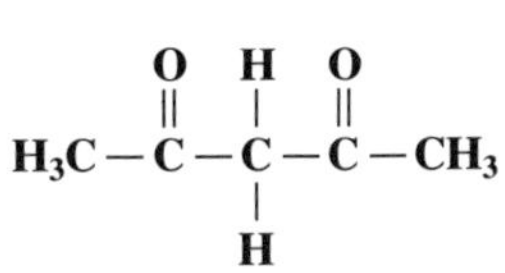

(3)

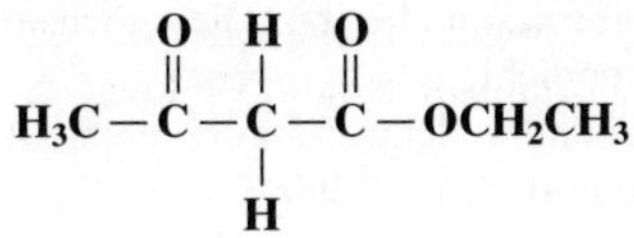

(4)

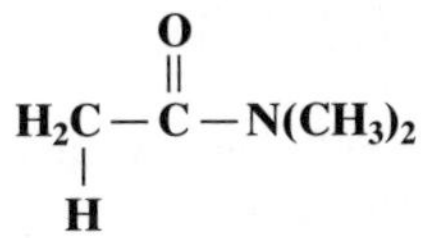

(5)

(A) (1)<(3)<(2)<(4)<(5)
(B) (2)<(5)<(4)<(1)<(3)
(C) (4)<(3)<(5)<(2)<(1)
(D) (5)<(1)<(2)<(4)<(3)
(E) (5)<(2)<(1)<(3)<(4)

1717 Beim Hofmann-Abbau von Propionsäureamid entsteht Methylamin,
weil
beim Hofmann-Abbau von Carbonsäureamiden durch Wanderung des Alkylrestes ein Alkylisocyanat gebildet wird.

1718 Welche Aussage über Acetessigsäureethylester trifft **nicht** zu?
Acetessigsäureethylester

(A) kann durch Claisen-Kondensation aus Essigsäureethylester hergestellt werden
(B) entsteht bei der Umsetzung von Diketen (4-Methylen-oxetan-2-on) mit Ethanol
(C) ergibt bei der Behandlung mit überschüssiger verdünnter Natronlauge (5 %) als Hauptprodukt Natriumacetat
(D) kondensiert mit Phenylhydrazin zu einem Derivat des Pyrazolons
(E) kann nach Deprotonierung an C-2 bei geeigneter Reaktionsführung C-alkyliert oder C-acyliert werden

1719 Welche Aussage zu Pyridin trifft **nicht** zu?

(A) Pyridin ist ein elektronenarmer Heteroaromat.
(B) Über die N-Oxidbildung sind in 3-Position leicht elektrophile Substitutionen möglich.

(C) Das Heteroatom besitzt die höchste Elektronendichte.
(D) Mit rauchender Schwefelsäure entsteht bei Temperaturen > 200 °C Pyridin-3-sulfonsäure.
(E) Mit Natriumamid reagiert Pyridin zunächst unter Addition an der C=N-Bindung.

1720 Welche der folgenden farbigen Verbindungen ist ein Phenothiazin-Derivat?

(A) Fuchsin
(B) Indigo
(C) Lackmus
(D) Malachitgrün
(E) Methylenblau

1721 Welche der folgenden Strukturformeln trifft für die Verbindung Cumarinsäure zu?

(A) 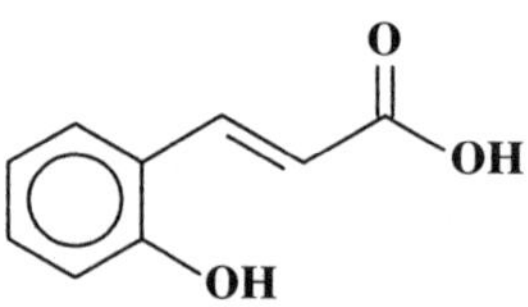

(B) 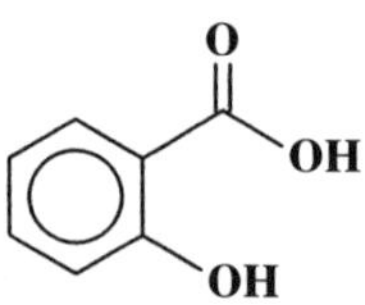

(C) 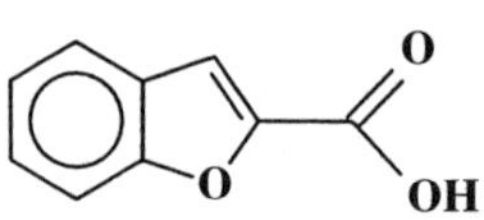

(D) 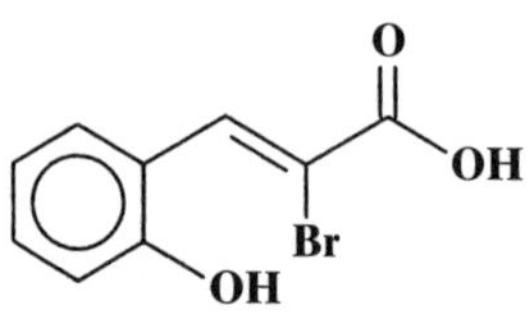

(E) 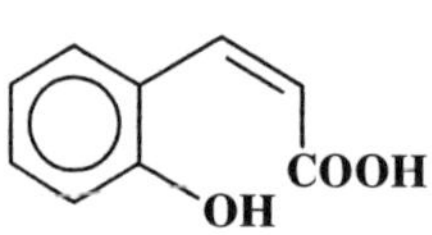

Ordnen Sie bitte den Strukturformeln der Zucker aus Liste 1 die jeweils zutreffende Bezeichnung aus Liste 2 zu!

Liste 1

1722 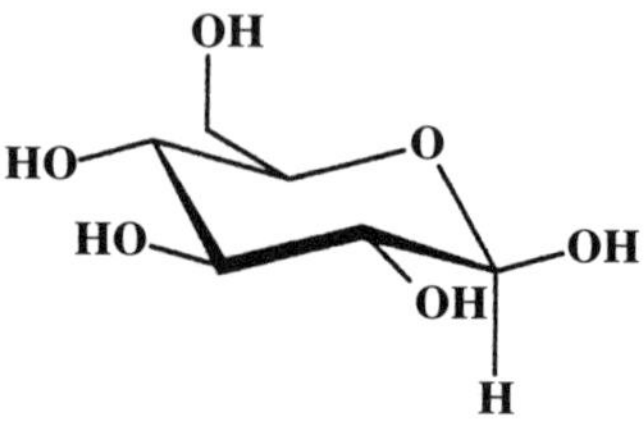

1723 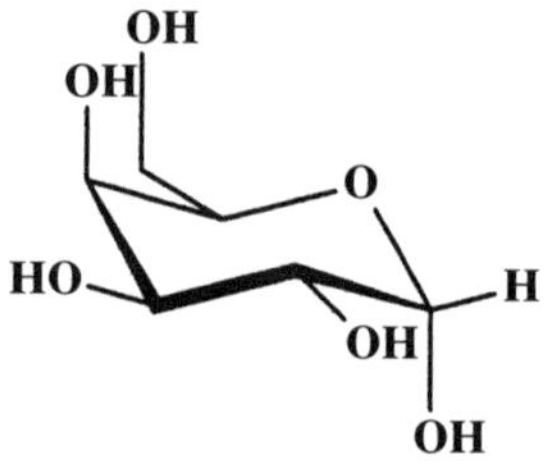

Liste 2

(A) α-D-Glucopyranose
(B) α-D-Galactopyranose
(C) β-D-Fructopyranose
(D) β-D-Glucopyranose
(E) β-D-Galactopyranose

1724 Aus welcher der folgenden Kombinationen von Ausgangsverbindungen erhält man bei geeigneter Reaktionsführung ein Polyurethan?

(A) Hexandisäure + Hexan-1,6-diamin
(B) Hexan-1,6-diisocyanat + Ethan-1,2-diol
(C) Terephthalsäure + Ethan-1,2-diol
(D) Milchsäure + Glycolsäure
(E) Benzen-1,4-diisocyanat + Butan-1,4-diamin

Außer den Fragen Nr. 1689–1724 waren noch folgende Aufgaben aus voranstehenden Abschnitten Bestandteil der *Prüfung vom Herbst 2003*: Frage Nr. 351 – 532 – 546 – 547 – 559 – 975 – 1026 – 1027 – 1035 – 1036 – 1037 – 1138 – 1139.

Prüfung Frühjahr 2004

1725 Welche C-Atome in der folgenden Verbindung sind sp^2-hybridisiert?

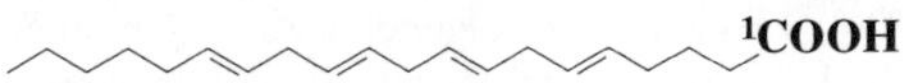

(A) 5, 8, 11, 14
(B) 5, 6, 8, 9, 11, 12, 14, 15
(C) 1, 5, 6, 8, 9, 11, 12, 14, 15
(D) 2, 3, 4, 7, 10, 13, 16, 17, 18, 19, 20
(E) alle

Ordnen Sie bitte den Reaktionsmechanismen der Liste 1 die jeweils zutreffende Reaktivitätsabstufung aus Liste 2 zu!

Liste 1

1726 S_N1-Reaktion

1727 S_N2-Reaktion

Liste 2 (relative Reaktivität)

(A) primäres > sekundäres > tertiäres Alkylhalogenid
(B) sekundäres > tertiäres > primäres Alkylhalogenid
(C) tertiäres > sekundäres > primäres Alkylhalogenid
(D) tertiäres > primäres > sekundäres Alkylhalogenid
(E) sekundäres > primäres > tertiäres Alkylhalogenid

1728 Welches der folgenden Anionen ist **nicht** mesomeriestabilisiert?

(A) Carboxylat-Anionen
(B) Enolat-Anionen
(C) Phenolat-Anionen
(D) Alkoholat-Anionen
(E) Imid-Anionen

1729 Bei der nucleophilen Addition an die Carbonylgruppe greift das Nucleophil senkrecht zur Ebene des Carbonyls am Sauerstoff an,
weil
der Carbonyl-Sauerstoff sp^2-hybridisiert ist.

1730 *trans*-Cyclohexan-1,2-diol ist **nicht** chiral,
weil
in den Sesselkonformationen des *trans*-Cyclohexan-1,2-diols die OH-Gruppen entweder beide axial oder beide äquatorial angeordnet sind.

1731 Welche der dargestellten Moleküle besitzen optische Aktivität?

(1)
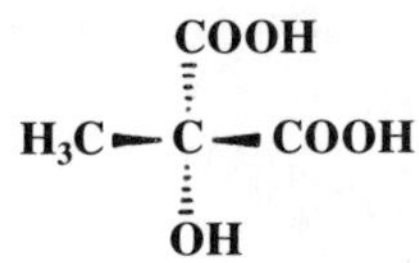

(2)
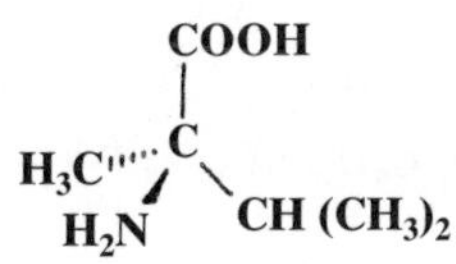

(3)
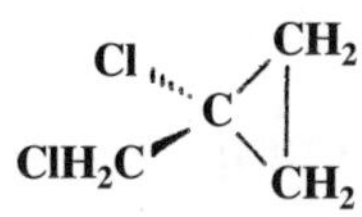

(4)
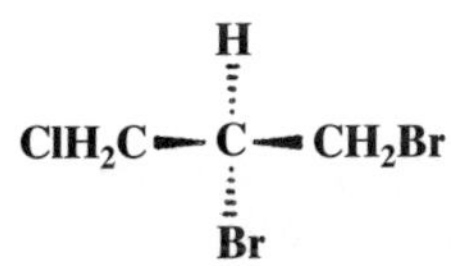

(5)
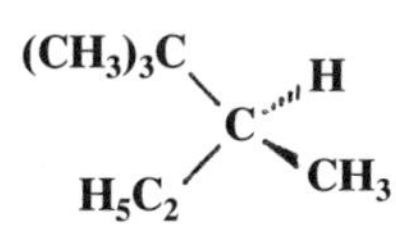

(A) nur 1 und 3 sind richtig
(B) nur 2 und 4 sind richtig
(C) nur 2 und 5 sind richtig
(D) nur 2, 4 und 5 sind richtig
(E) nur 3, 4 und 5 sind richtig

1732 Eine Probe von 2-Chlorbutan hat einen Enantiomerenüberschuss von 70 % (−)-2-Chlorbutan.

In welchem Verhältnis (%) liegen beide Enantiomere vor?

(A) 97 : 3
(B) 85 : 15
(C) 70 : 30
(D) 65 : 35
(E) 35 : 65

1733 Welche der folgenden Reaktionen läuft **nicht** ab?

(A) $NaNH_2 + n-C_4H_{10} \longrightarrow NaC_4H_9 + NH_3$

(B) $NaH + (CH_3)_3COH \longrightarrow NaOC(CH_3)_3 + H_2$

(C) $LiC_4H_9 + H_2O \longrightarrow LiOH + C_4H_{10}$

(D) $HCl + H_3C-CH_2-OH \longrightarrow H_3C-CH_2-\overset{\oplus}{O}H_2 + Cl^{\ominus}$

(E) $H_2SO_4 + CH_3COCH_3 \longrightarrow CH_3\overset{\oplus}{C}(OH)CH_3 + HSO_4^{\ominus}$

1734 Welche Reihenfolge ordnet die isomeren Hexene nach steigender (thermodynamischer) Stabilität?

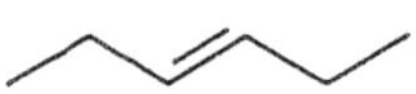
(a)

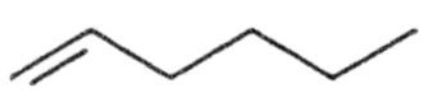
(b)

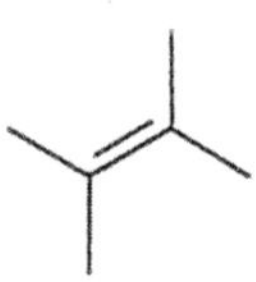
(c)

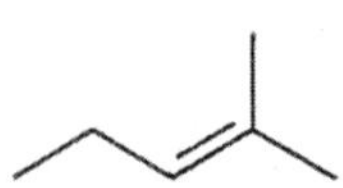
(d)

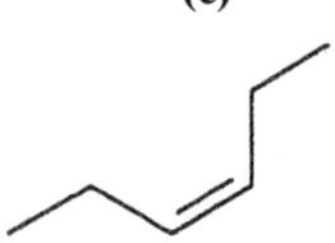
(e)

(A) a<b<e<c<d
(B) a<e<b<c<d
(C) b<a<e<d<c
(D) b<e<a<d<c
(E) e<a<b<d<c

1735 Welche der folgenden Aussagen über die katalytische Hydrierung von Alkenen treffen zu?

(1) Die Hydrierung von Alkenen zu Alkanen ist eine exotherme Reaktion.
(2) Der Katalysator erhöht die thermodynamische Stabilität des Reaktionsproduktes.
(3) Die Hydrierung ist bei hoher Temperatur (> 250 °C) reversibel.
(4) Die metallkatalysierte Hydrierung von Alkenen verläuft als cis-Addition.

(A) nur 1 ist richtig
(B) nur 2 ist richtig
(C) nur 1 und 3 sind richtig
(D) nur 2 und 4 sind richtig
(E) nur 1, 3 und 4 sind richtig

1736 Welche Aussage über Alkine trifft **nicht** zu?

(A) Die Dreifachbindung des Acetylens besteht aus einer direkten σ-Bindung und zwei π-Bindungen.
(B) Die C≡C-Bindung ist kürzer als eine C=C-Bindung.
(C) Alkine mit terminaler Dreifachbindung sind CH-acid.
(D) Alkine besitzen an den C-Atomen hohe Elektronendichte und reagieren leichter als Alkene mit elektrophilen Reagenzien.
(E) Mit Alkoholen können unter Addition Enolether erhalten werden.

1737 Welche Reihenfolge gibt für die dargestellten Benzenderivate eine **zunehmende** π-Elektronendichte richtig an?

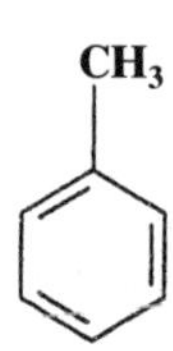

(a)

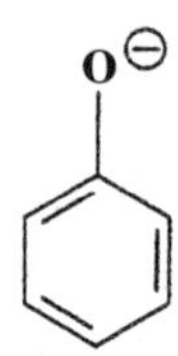

(b)

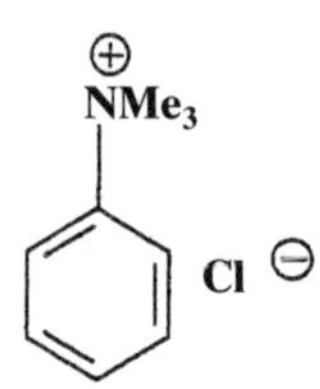

(c)

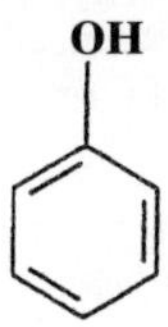

(d)

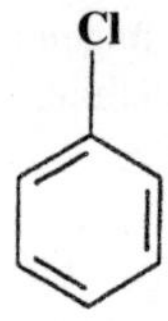

(e)

(A) $a<e<c<d<b$
(B) $b<d<a<e<c$
(C) $c<d<b<e<a$
(D) $c<e<a<d<b$
(E) $e<a<d<b<c$

1738 Welche der folgenden funktionellen Gruppen dirigieren bei einer elektrophilen Zweitsubstitution am Benzenring den neu eintretenden Substituenten bevorzugt in die meta-Position?

(1) –CN
(2) $–SO_3H$
(3) $–NO_2$
(4) –Br
(5) –CHO

(A) nur 1 und 5 sind richtig
(B) nur 2 und 3 sind richtig
(C) nur 1, 4 und 5 sind richtig
(D) nur 1, 2, 3 und 5 sind richtig
(E) 1–5 = alle sind richtig

1739 Im Gegensatz zu den meisten elektrophilen Substitutionsreaktionen ist die Sulfonierung von Benzen reversibel,
weil
durch die Einführung eines Sulfonsäurerestes in Benzen die Elektronendichte des aromatischen Kerns nicht vermindert wird.

1740 Welche Aussagen treffen für nucleophile Substitutionen zu, die nach dem S_N2-Mechanismus ablaufen?

(1) Sekundäre Alkylhalogenide reagieren schneller als tertiäre.
(2) An asymmetrisch substituierten C-Atomen findet am betreffenden Reaktionszentrum Konfigurationsumkehr statt.
(3) Die Reaktion hat eine Kinetik erster Ordnung.
(4) Carbeniumionen bilden wichtige Intermediate.

(A) nur 1 und 2 sind richtig
(B) nur 2 und 3 sind richtig
(C) nur 1, 2 und 4 sind richtig
(D) nur 1, 3 und 4 sind richtig
(E) 1–4 = alle sind richtig

1741 Cyclohexanol ist eine stärkere Säure als Phenol,
weil
Cyclohexanol schon mit verdünnter Natronlauge zum Natriumsalz des Cyclohexanols reagiert.

1742 Welche Erklärungen für folgende Reaktion treffen zu?

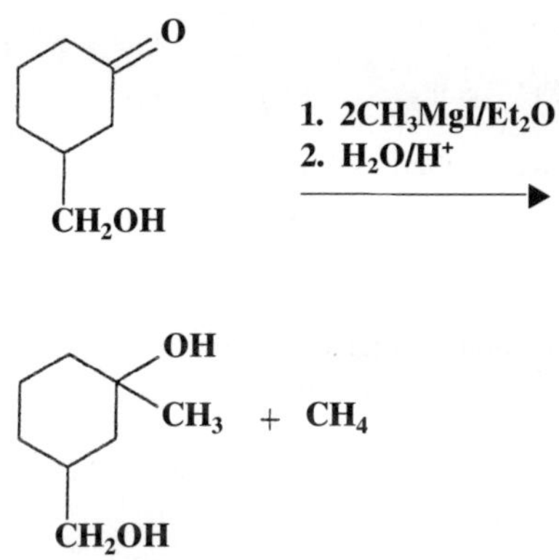

(1) Das Grignard-Reagenz reagiert zuerst mit einem CH-aciden Wasserstoffatom, in α-Stellung zur Carbonylgruppe.
(2) Erst ein zweites Molekül Methylmagnesiumiodid führt zum nucleophilen Angriff der Ketocarbonylgruppe.
(3) Die OH-Gruppe reagiert zuerst mit dem Grignard-Reagenz unter irreversibler Bildung von Methan.
(4) Bei dieser Reaktion ist **nicht** mit dem Auftreten von Stereoisomeren zu rechnen.

(A) nur 1 und 2 sind richtig
(B) nur 2 und 3 sind richtig
(C) nur 1, 3 und 4 sind richtig
(D) nur 2, 3 und 4 sind richtig
(E) 1–4 = alle sind richtig

1743 Welche Aussagen über Fettalkohole treffen zu?

(1) Sie werden durch Hydrierung von Fettsäuren hergestellt.
(2) Ihre Alkylketten sind meist unverzweigt.
(3) Sie reagieren mit Schwefelsäure zu Monoalkylsulfaten.
(4) Sie sind Bausteine natürlicher Wachse.

(A) nur 1 ist richtig
(B) nur 2 ist richtig
(C) nur 4 ist richtig
(D) nur 1 und 3 sind richtig
(E) 1–4 = alle sind richtig

Ordnen Sie bitte den Aciditäten in Liste 1 die jeweils entsprechende Verbindung aus Liste 2 zu!

Liste 1	Liste 2
1744+ CH-Acidität	(A) Ethanol
1745 NH-Acidität	(B) Kresol
	(C) Nitromethan
	(D) Saccharin
	(E) Benzonitril

1746 Resorcin bildet mit Hydroxylamin das Dioxim einer Dicarbonylverbindung,
weil
Resorcin mit einem Benzochinon in einem Gleichgewicht steht.

1747 Aryldiazoniumsalze werden mit Arylaminen in neutraler Lösung gekuppelt,
weil
Arylamine in saurer Lösung zu **nicht** kupplungsfähigen Ammoniumsalzen protoniert werden können.

1748 Welche Aussage über Pikrinsäure (2,4,6-Trinitrophenol) trifft **nicht** zu?

(A) Sie bildet mit organischen Basen gut kristallisierende Pikrate.
(B) Sie bildet z. B. mit Naphthalin (Naphthalen) einen farbigen Charge-transfer-Komplex.
(C) Sie ist stark sauer (pK_s ca. 1).
(D) Sie wird vorteilhaft durch Nitrierung von Phenol hergestellt.
(E) Sie schmeckt bitter.

1749 Welche der folgenden Umsetzungen eignen sich zur Darstellung von Thioethern?

(1) $\text{R-SH} + \text{R'-SH} \xrightarrow{\text{Base}} \text{R-S-R'} + H_2S$
(2) $2\ \text{R-O-R'} + 3\ \text{S} \xrightarrow{\Delta} 2\ \text{R-S-R'} + SO_2$
(3) $\text{R-S}^-\ \text{Na}^+ + \text{R'-Hal} \xrightarrow{\Delta} \text{R-S-R'} + \text{Na}^+\text{Hal}^-$

(A) nur 1 ist richtig
(B) nur 3 ist richtig
(C) nur 1 und 3 sind richtig
(D) nur 2 und 3 sind richtig
(E) 1–3 = alle sind richtig

1750 Welche Aussagen über Monoalkylsulfate treffen zu?

(1) Sie entstehen bei der Veresterung von Fettalkoholen mit Schwefelsäure.
(2) Ihre Natriumsalze können als Waschmittel genutzt werden.
(3) Ihre Natriumsalze sind die klassischen Seifen.
(4) Ihre Calciumsalze sind schwer wasserlöslich.

(A) nur 1 ist richtig
(B) nur 2 ist richtig
(C) nur 1 und 2 sind richtig
(D) nur 2 und 3 sind richtig
(E) nur 1, 3 und 4 sind richtig

1751 Welche der folgenden Aussagen über Dicarbonylverbindungen trifft **nicht** zu?

(A) Die Stabilität der Enolform von 1,3-Dicarbonylverbindungen ist vom Lösungsmittel unabhängig.
(B) Die Enolform des Pentan-2,4-dions wird durch eine intramolekulare Wasserstoffbrücke begünstigt.
(C) Bei der Enolisierung von Phenylaceton entsteht bevorzugt das Tautomer mit einer C=C-Doppelbindung in Konjugation zum aromatischen Ring.
(D) 1,3-Dicarbonylverbindungen werden in Gegenwart geeigneter Basen zu mesomeriestabilisierten Anionen deprotoniert.
(E) Aus Ethan-1,2-dial (Glyoxal) kann in Gegenwart von NaOH durch eine intramolekulare Cannizzaro-Reaktion 2-Hydroxyessigsäure entstehen.

1752 Methylketone können unter geeigneten Bedingungen durch eine Farbreaktion mit 1,3-Dinitrobenzen nachgewiesen werden,
weil
1,3-Dinitrobenzen als elektronenreicher Aromat leicht mit Elektrophilen reagiert.

1753 Welche Verbindung bildet das stabilste Hydrat?

(A) Formaldehyd
(B) Benzophenon
(C) Aceton
(D) Acetaldehyd
(E) Trichloracetaldehyd

1754 Welche Methode eignet sich **nicht** zur Herstellung von Benzoesäuremethylester?

(A) $PhCOOH + CH_3OH \xrightarrow{H^{\oplus}}$

(B) $PhCOOH + CH_2N_2 \longrightarrow$

(C) $PhCOCl + CH_3OH \longrightarrow$

(D) $PhCOOH + CH_3ONa \longrightarrow$

(E) $PhCOO^{\ominus}Ag^{\oplus} + CH_3I \longrightarrow$

1755 Welche der folgenden Verbindungen können durch Cannizzaro-Reaktion von Benzaldehyd mit Formaldehyd im Überschuss entstehen?

(1) Formiat
(2) Benzoat
(3) Benzilsäure
(4) Methanol
(5) Benzylalkohol

(A) nur 2 ist richtig
(B) nur 1 und 2 sind richtig
(C) nur 1 und 5 sind richtig
(D) nur 3 und 4 sind richtig
(E) nur 3, 4 und 5 sind richtig

1756 Bei der Oxidation von Hydrochinon zu p-Benzochinon wird die Semichinon-Stufe durchlaufen.
Welche Grenzstrukturen für Semichinon treffen zu?

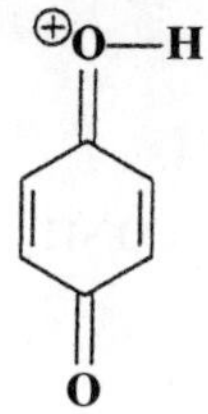
(1)

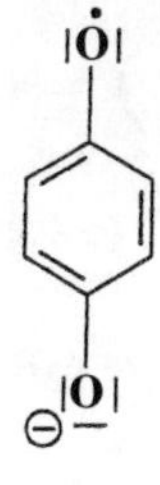
(2)

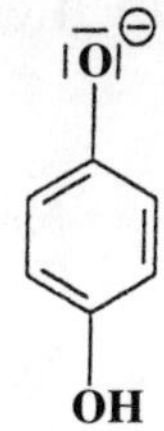
(3)

(4)

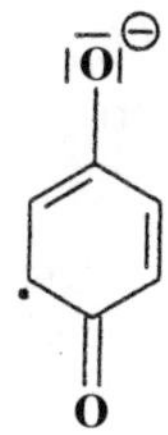
(5)

(A) nur 5 ist richtig
(B) nur 2 und 5 sind richtig
(C) nur 3 und 4 sind richtig
(D) nur 2, 3 und 5 sind richtig
(E) 1–5 = alle sind richtig

1757 Welche Reihenfolge der Carbonsäuren nach numerisch fallenden pK_s-Werten trifft zu?

(A) Essigsäure, Buttersäure, Ameisensäure, Trifluoressigsäure, Trichloressigsäure
(B) Buttersäure, Essigsäure, Ameisensäure, Trichloressigsäure, Trifluoressigsäure
(C) Trifluoressigsäure, Trichloressigsäure, Ameisensäure, Essigsäure, Buttersäure
(D) Buttersäure, Ameisensäure, Essigsäure, Trifluoressigsäure, Trichloressigsäure
(E) Ameisensäure, Essigsäure, Buttersäure, Trichloressigsäure, Trifluoressigsäure

1758 Welche der Formeln gibt **nicht** die aufgeführte Partialstruktur wieder?

(A) Oxim 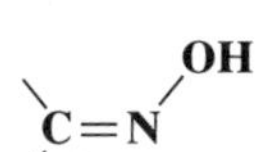

(B) Hydrazon

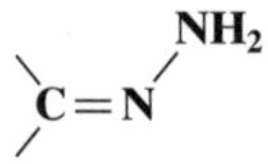

(C) Semicarbazon

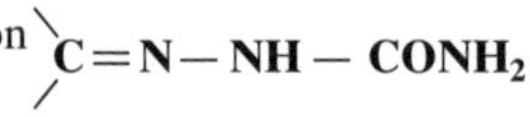

(D) Aminal

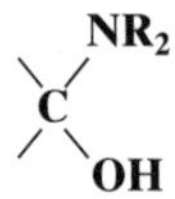

(E) Orthoester

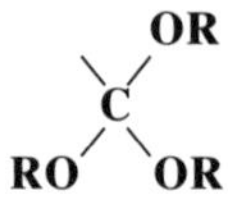

Ordnen Sie bitte den Heterocyclen aus Liste 1 den jeweils dazugehörigen Namen aus Liste 2 zu!

Liste 1

1759

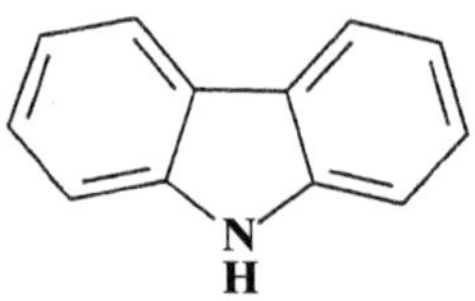

1760

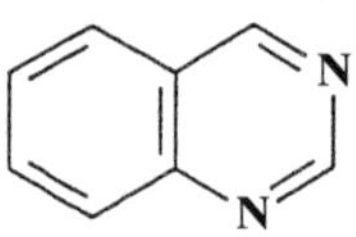

Liste 2

(A) Carbazol
(B) Cinnolin
(C) Indazol
(D) β-Carbolin
(E) Chinazolin

1761 Welche Aussagen zu π-Überschuss-Heteroaromaten trifft **nicht** zu?

(A) Thiophen ist der benzenähnlichste π-Überschuss-Heteroaromat.
(B) Indol als benzokondensiertes Pyrrolderivat wird von Elektrophilen bevorzugt in 2-Position substituiert.
(C) Pyrrol wird von starken Basen am Stickstoff deprotoniert.
(D) Furan kann in Diels-Alder-Reaktionen als Dien-Komponente eingesetzt werden.
(E) Bei elektrophilen Monosubstitutionen des Thiophens erfolgt vorrangig der Angriff in 2-Position.

1762 Welche Aussagen über Imidazol treffen zu?
Es besitzt

(1) aromatischen Charakter
(2) nucleophile N-Reaktivität
(3) nucleophile C-Reaktivität
(4) NH-Acidität
(5) N-Basizität

(A) nur 1 und 2 sind richtig
(B) nur 3 und 4 sind richtig
(C) nur 1, 3 und 5 sind richtig
(D) nur 2, 4 und 5 sind richtig
(E) 1–5 = alle sind richtig

1763 Welche Aussagen über Amidine treffen zu?

(1) Sie weisen eine lineare N-C-N-Gruppierung auf.
(2) Sie zeichnen sich durch eine Aminalpartialstruktur aus.
(3) Sie reagieren in wässriger Lösung basisch.
(4) Sie bilden mit Säuren mesomeriestabilisierte Kationen.

(A) nur 1 und 3 sind richtig
(B) nur 2 und 3 sind richtig
(C) nur 3 und 4 sind richtig
(D) nur 1, 2 und 4 sind richtig
(E) 1–4 = alle sind richtig

1764 α-D-Glucopyranose und β-D-Mannopyranose unterscheiden sich in der Konfiguration an C-1,
weil
D-Glucose und D-Mannose epimere Zucker sind.

1765 Welche Aussagen treffen zu?
D-Fructose

(1) kann zu Glucose tautomerisieren
(2) bilden dasselbe Osazon wie Glucose
(3) reduziert Fehlingsche Lösung
(4) ist Bestandteil des Invertzuckers

(A) nur 2 ist richtig
(B) nur 1 und 2 sind richtig
(C) nur 3 und 4 sind richtig
(D) nur 1, 2 und 3 sind richtig
(E) 1–4 = alle sind richtig

1766 Welche der folgenden Aminosäuren gehören zur Untergruppe der aromatischen Aminosäuren?

(1) L-Tryptophan
(2) L-Threonin
(3) L-Phenylalanin
(4) L-Tyrosin

(A) nur 1 und 2 sind richtig
(B) nur 3 und 4 sind richtig
(C) nur 1, 2 und 4 sind richtig
(D) nur 1, 3 und 4 sind richtig
(E) 1–4 = alle sind richtig

1767 Welches Polymer ist aus dem angegebenen Monomer-Baustein zusammengesetzt?

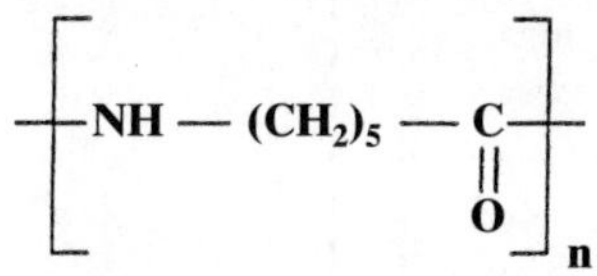

(A) Plexiglas
(B) Styropor
(C) Perlon
(D) Nylon
(E) Python

Außer den Fragen Nr. 1725–1767 waren noch folgende Aufgaben aus voranstehenden Abschnitten Bestandteil der *Prüfung vom Frühjahr 2004*: Frage Nr. 188 – 341 – 840 – 920 – 994 – 995 – 1031.

Lösungen der MC-Fragen

1 C
2 C
3 B
4 C
5 C
6 E
7 D
8 D
9 C
10 A

11 D
12 C
13 D
14 D
15 C
16 D
17 B
18 A
19 C
20 B

21 E
22 A
23 D
24 D
25 E
26 A
27 B
28 A
29 B
30 A

31 D
32 A
33 E
34 B
35 E
36 E
37 B
38 E
39 E
40 E

41 B
42 B
43 C
44 E
45 E
46 A
47 B
48 B*
49 D
50 A

51 D
52 C
53 C
54 E
55 D
56 E
57 D
58 A
59 D
60 B

61 C
62 B
63 C
64 C
65 C
66 C
67 E
68 D
69 D
70 E

71 A
72 E
73 D
74 A
75 D
76 C
77 E
78 D
79 E
80 A

81 D
82 B
83 B
84 D
85 D
86 D
87 B
88 A
89 C
90 B

91 A
92 D
93 E
94 E
95 A
96 C
97 C
98 A
99 E
100 D

101 D
102 C
103 C
104 A
105 A
106 B
107 B
108 D
109 A
110 A

111 B
112 C
113 C
114 B
115 A
116 A
117 A
118 B
119 C
120 A

121 E
122 A
123 A
124 E
125 A*
126 C
127 A
128 A
129 C
130 E

131 C
132 A
133 B
134 B
135 B
136 A
137 A
138 C
139 C
140 E

141 D
142 A
143 D
144 A
145 E
146 B
147 D
148 A
149 E
150 D

151 B
152 E
153 C
154 B
155 B
156 C
157 C
158 D
159 A
160 A

161 D
162 B
163 A
164 B
165 B
166 B
167 D
168 E
169 B
170 E

171 A
172 E
173 E
174 A
175 D
176 D
177 D
178 E
179 D
180 C

181 C
182 B
183 C
184 D
185 D
186 E
187 E
188 E
189 D
190 D

191 E
192 E
193 D
194 D
195 A
196 D
197 D
198 B
199 A
200 E

201 D
202 B
203 B
204 C
205 B
206 D
207 A
208 B
209 E
210 A

211 A
212 A
213 E
214 C
215 E
216 D
217 A
218 B
219 B
220 E

221 E
222 A*
223 B
224 B
225 A
226 D
227 B
228 A
229 D
230 C

231 B
232 E
233 C
234 D
235 B
236 E
237 A
238 D
239 C
240 D

241 C
242 E
243 E
244 B
245 D
246 D
247 D
248 E
249 A
250 B

251	C	301	A	351	D	401	A	451	C
252	E	302	E	352	B	402	C	452	C
253	E	303	A	353	D	403	E	453	D
254	B	304	B	354	C	404	D	454	B
255	E	305	E	355	B	405	A	455	A
256	B	306	C	356	D	406	C	456	A
257	D	307	B	357	A	407	E	457	D
258	B	308	D	358	B	408	D	458	D
259	B	309	C	359	A	409	B	459	C
260	A	310	D	360	B	410	C	460	B
261	B	311	A	361	A	411	B	461	E
262	C	312	E	362	A	412	C	462	A
263	A	313	D	363	E	413	B	463	A
264	A	314	A	364	C	414	E	464	C
265	C	315	C	365	D	415	A	465	B
266	A	316	A	366	D	416	E	466	C
267	E	317	B	367	A	417	A	467	B
268	E	318	A	368	E	418	A	468	B
269	D	319	C	369	D	419	B	469	E
270	B	320	A	370	B	420	C	470	B
271	C	321	C*	371	C	421	D	471	A
272	E	322	B	372	D	422	C	472	C
273	E	323	D	373	B	423	E	473	D
274	A	324	B	374	E	424	D	474	A
275	D	325	E	375	E	425	B	475	E
276	C	326	D	376	B	426	B	476	E
277	C	327	B	377	A	427	A	477	B
278	C	328	C	378	E	428	D	478	B
279	A	329	A	379	A	429	E	479	B
280	D	330	C	380	B	430	D	480	D
281	B	331	E	381	C	431	C	481	D
282	E	332	C	382	C	432	D	482	C
283	A	333	D	383	B	433	D	483	D
284	A	334	A	384	C	434	B	484	C
285	D	335	E	385	E	435	E	485	B
286	A	336	A	386	D	436	D	486	B
287	D	337	A	387	B	437	B	487	C
288	E	338	E	388	E	438	C	488	C
289	B	339	A	389	A	439	D	489	A
290	E	340	B	390	C	440	A	490	D
291	C	341	D	391	A	441	A	491	A
292	C	342	A	392	B	442	E	492	E
293	D	343	B	393	E	443	C	493	E
294	A	344	B	394	A	444	D	494	B
295	E	345	C	395	A	445	B	495	A
296	C	346	A	396	B	446	D	496	E
297	B	347	D	397	C	447	B	497	C
298	D	348	B	398	B	448	E	498	C
299	E	349	C	399	C	449	B	499	C
300	B	350	E	400	B	450	D	500	A

501	A	551	D	601	E	651	B	701	D
502	E	552	E	602	E	652	A	702	B
503	A	553	E	603	A	653	D	703	A
504	A	554	B	604	A	654	B	704	C
505	A	555	B	605	A	655	A	705	A
506	D	556	B	606	B	656	B	706	D
507	B	557	B	607	C	657	A	707	A
508	E	558	D	608	C	658	B	708	B
509	C	559	E	609	D	659	E	709	C
510	C	560	C	610	C	660	A	710	B
511	C	561	E	611	B	661	D	711	A
512	B	562	B	612	D	662	A	712	E
513	B	563	D	613	C	663	E	713	B
514	E	564	A	614	E	664	B	714	B
515	D	565	B	615	B	665	A	715	A
516	B	566	E	616	A	666	A	716	B
517	E	567	E	617	C	667	C	717	C
518	D	568	C	618	C	668	B	718	B*
519	D	569	E	619	E	669	C	719	A
520	B	570	D	620	D	670	A	720	D
521	E	571	E	621	E	671	D	721	B
522	D	572	D	622	E	672	C	722	A
523	A	573	C	623	E	673	D	723	E
524	A	574	C	624	A	674	B	724	A
525	C	575	C	625	B	675	E	725	D
526	E	576	E	626	E	676	E	726	C
527	C	577	D	627	A	677	C	727	C
528	B	578	A	628	B	678	A	728	A
529	E	579	C	629	A	679	B	729	E
530	D	580	E	630	B	680	E	730	D
531	C	581	E	631	E	681	C	731	E
532	E	582	B	632	A	682	E	732	B
533	B	583	D	633	B	683	E	733	D
534	A	584	E	634	D	684	A	734	A
535	E	585	D	635	E	685	D	735	E
536	C	586	A	636	C	686	C	736	C
537	B	587	B	637	B	687	B	737	A
538	C	588	C	638	D	688	E	738	E
539	A	589	C	639	D	689	D	739	C
540	B	590	D	640	C	690	B	740	B
541	A	591	D	641	E	691	B	741	B
542	D	592	E	642	C	692	E	742	A
543	E	593	C	643	E	693	D	743	D
544	C	594	A	644	B	694	C	744	E
545	E	595	D	645	A	695	B	745	C
546	B	596	C	646	C	696	E	746	D
547	E	597	B	647	D*	697	D	747	E
548	A	598	A	648	E	698	D	748	B
549	E	599	B	649	C	699	C	749	A
550	C	600	D	650	E	700	B	750	D

751	A	801	A	851	B	901	B	951	E
752	D	802	B	852	C	902	D	952	A
753	B	803	E	853	B	903	C	953	E
754	C	804	E	854	A	904	D	954	A
755	C	805	D	855	D	905	D	955	B
756	E	806	E	856	B	906	E	956	C
757	C	807	E	857	E	907	E	957	B
758	A	808	D	858	C	908	C	958	B
759	B	809	C	859	D	909	B	959	D
760	E	810	C	860	E	910	C	960	D
761	C	811	C	861	E	911	D	961	B
762	B	812	D	862	E	912	E	962	B
763	D	813	C	863	C	913	C	963	E
764	A	814	E	864	D	914	D	964	B
765	D	815	E	865	B	915	A	965	E
766	C	816	B	866	D	916	B	966	B
767	A	817	D	867	D	917	D	967	E
768	B	818	E	868	B	918	D	968	B
769	A	819	D	869	D	919	D	969	C
770	C	820	C	870	C	920	B	970	D
771	D	821	D	871	E	921	D	971	E
772	C	822	A	872	C	922	E	972	D
773	E	823	E	873	E	923	C	973	C
774	A	824	A	874	B	924	A	974	B
775	D	825	B	875	E	925	B	975	B
776	E	826	D	876	E	926	E	976	C
777	B	827	B	877	B	927	C	977	A
778	D	828	E	878	B	928	E	978	B
779	B	829	E	879	B	929	B	979	E
780	D	830	D	880	C	930	D	980	A
781	B	831	E	881	A	931	B	981	C
782	C	832	B	882	B	932	D	982	A
783	D	833	D	883	B	933	A	983	A
784	D	834	B	884	D	934	C	984	C
785	E	835	D	885	E	935	D	985	A
786	B	836	E	886	E	936	C	986	C
787	B	837	C	887	C	937	B	987	B
788	A	838	C	888	A	938	C	988	E
789	D	839	E	889	B	939	E	989	E
790	B	840	E	890	C	940	B	990	D
791	C	841	D	891	E	941	C	991	B
792	C	842	C	892	E	942	D	992	C
793	D	843	A	893	B	943	E	993	A
794	E	844	C	894	A	944	C	994	C
795	D	845	D	895	E	945	D	995	E
796	E	846	D	896	D	946	D	996	C
797	E	847	A	897	C	947	A/D	997	E
798	C	848	A	898	A	948	D	998	B
799	B	849	A	899	E	949	A	999	D
800	E	850	C	900	B	950	A	1000	B

1001	A	1051	B	1101	D	1151	C	1201	D
1002	A	1052	B	1102	E	1152	D	1202	E
1003	D	1053	A	1103	A	1153	A	1203	C
1004	A	1054	B	1104	A	1154	D	1204	B
1005	C	1055	E	1105	A	1155	E	1205	C
1006	B	1056	C	1106	C	1156	D	1206	C
1007	C	1057	A	1107	A	1157	B	1207	D
1008	A	1058	B	1108	B	1158	A	1208	D
1009	D	1059	E	1109	A	1159	B	1209	E
1010	A	1060	E	1110	E	1160	B	1210	E
1011	D	1061	A	1111	A	1161	E	1211	C
1012	A	1062	A	1112	D	1162	A	1212	D
1013	E	1063	B	1113	A	1163	B	1213	E
1014	A	1064	C	1114	E	1164	B	1214	B
1015	D	1065	D	1115	D	1165	B	1215	A
1016	A	1066	A	1116	C	1166	E	1216	C
1017	D	1067	C	1117	B	1167	C	1217	C
1018	C	1068	A	1118	B	1168	C	1218	D
1019	E	1069	C	1119	E	1169	C	1219	E
1020	E	1070	A	1120	E	1170	D	1220	E
1021	E	1071	D	1121	E	1171	A	1221	B
1022	C	1072	C	1122	A	1172	B	1222	C
1023	A	1073	A	1123	D	1173	A	1223	D
1024	E	1074	B	1124	A	1174	E	1224	C
1025	D	1075	C	1125	D	1175	B	1225	B
1026	D	1076	E	1126	A	1176	B	1226	B
1027	A	1077	D	1127	E	1177	A	1227	E
1028	E	1078	D	1128	C	1178	B	1228	C
1029	A	1079	D	1129	B	1179	D	1229	A
1030	C	1080	A	1130	A	1180	E	1230	E
1031	C	1081	B	1131	E	1181	E	1231	B
1032	A	1082	C	1132	B	1182	B	1232	B
1033	C	1083	C	1133	A	1183	D	1233	B
1034	C	1084	D	1134	E	1184	B	1234	C
1035	B	1085	B	1135	E	1185	E	1235	D
1036	E	1086	C	1136	A	1186	D	1236	D
1037	D	1087	B	1137	C	1187	E	1237	B
1038	A	1088	C	1138	D	1188	A	1238	D
1039	D	1089	E	1139	E	1189	A	1239	A
1040	B	1090	A	1140	D	1190	D	1240	B
1041	C	1091	C	1141	D	1191	D	1241	E
1042	D	1092	E	1142	A	1192	C	1242	B
1043	C	1093	C	1143	E	1193	D	1243	A
1044	D	1094	D	1144	C	1194	A	1244	D
1045	D	1095	E	1145	D	1195	D	1245	A
1046	C	1096	C	1146	E	1196	D	1246	C
1047	E	1097	B	1147	D	1197	A	1247	A
1048	E	1098	B	1148	A	1198	E	1248	A
1049	B	1099	D	1149	E	1199	C	1249	A
1050	B	1100	E	1150	C	1200	E	1250	D

1251	D	1301	C	1351	A	1401	A	1451	C
1252	E	1302	A	1352	B	1402	A	1452	E
1253	E	1303	B	1353	B	1403	C	1453	A
1254	E	1304	E	1354	D	1404	D	1454	C
1255	D	1305	A	1355	C	1405	C	1455	D
1256	D	1306	C	1356	E	1406	A	1456	A
1257	D	1307	A	1357	A	1407	E	1457	D
1258	A	1308	C	1358	B	1408	D	1458	D
1259	B	1309	C	1359	D	1409	B	1459	D
1260	C	1310	C	1360	C	1410	B	1460	E
1261	D	1311	C	1361	E	1411	E	1461	E
1262	E	1312	A	1362	A	1412	D	1462	A
1263	A	1313	C	1363	E	1413	C	1463	A
1264	C	1314	C	1364	A	1414	B	1464	A
1265	E	1315	E	1365	A	1415	C	1465	E
1266	E	1316	A	1366	A	1416	C	1466	B
1267	A	1317	B	1367	D	1417	E	1467	E
1268	B	1318	A	1368	D	1418	B	1468	B
1269	E	1319	A	1369	C	1419	A	1469	B
1270	E	1320	D	1370	D	1420	D	1470	A
1271	B	1321	B	1371	C	1421	E	1471	E
1272	E	1322	A	1372	D	1422	C	1472	C
1273	A	1323	B	1373	E	1423	D	1473	A
1274	D	1324	C	1374	E	1424	B	1474	A
1275	E	1325	C	1375	A	1425	A	1475	A
1276	D	1326	B	1376	B	1426	B	1476	A
1277	B	1327	A	1377	C	1427	A	1477	E
1278	D	1328	B	1378	D	1428	D	1478	C
1279	E	1329	B	1379	D	1429	B	1479	B
1280	A	1330	C	1380	C	1430	E	1480	B
1281	B	1331	D	1381	D	1431	D	1481	C
1282	C	1332	A	1382	C	1432	E	1482	B
1283	E	1333	D	1383	D	1433	B	1483	A
1284	C	1334	A	1384	A	1434	B	1484	D
1285	A	1335	D	1385	B	1435	B	1485	C
1286	D	1336	A	1386	B	1436	B	1486	E
1287	C	1337	E	1387	E	1437	E	1487	D
1288	D	1338	D	1388	C	1438	E	1488	C
1289	B	1339	D	1389	E	1439	B	1489	C
1290	D	1340	E	1390	D	1440	E	1490	C
1291	E	1341	E	1391	C	1441	A	1491	D
1292	D	1342	C	1392	E	1442	E	1492	E
1293	A	1343	B	1393	C	1443	D	1493	C
1294	D	1344	D	1394	A	1444	E	1494	E
1295	C	1345	D	1395	B	1445	C	1495	B/E
1296	D	1346	D	1396	B	1446	D	1496	E
1297	A	1347	n. b.	1397	C	1447	A	1497	B
1298	E	1348	D/E	1398	B	1448	A	1498	B
1299	E	1349	B	1399	E	1449	D	1499	D
1300	B	1350	E	1400	C	1450	n. b.	1500	A

n. b. = nicht beantwortbar

1501	E	1551	A	1601	C	1651	B	1701	B
1502	A	1552	C	1602	A	1652	B	1702	A
1503	D	1553	D	1603	B	1653	E	1703	A
1504	A	1554	C	1604	C	1654	E	1704	D
1505	A	1555	A	1605	E	1655	C	1705	D
1506	A	1556	B	1606	E	1656	D	1706	D
1507	D	1557	C	1607	D	1657	B	1707	A
1508	D	1558	E	1608	E	1658	C	1708	B
1509	D	1559	D	1609	C	1659	C	1709	A
1510	E	1560	B	1610	E	1660	A	1710	E
1511	C	1561	A	1611	D	1661	E	1711	C
1512	E	1562	A	1612	D	1662	A	1712	D
1513	D	1563	D	1613	E	1663	C	1713	C
1514	C	1564	B	1614	C	1664	B	1714	E
1515	C	1565	D	1615	C	1665	D	1715	D
1516	B	1566	D	1616	E	1666	C	1716	D
1517	E	1567	C	1617	D	1667	B	1717	D
1518	C	1568	E	1618	E	1668	C	1718	C
1519	D	1569	D	1619	D	1669	E	1719	B
1520	A	1570	B	1620	B	1670	A	1720	E
1521	A	1571	C	1621	B	1671	C	1721	E
1522	A	1572	A	1622	C	1672	D	1722	D
1523	C	1573	C	1623	B	1673	D	1723	B
1524	B	1574	D	1624	A	1674	C	1724	B
1525	D	1575	D	1625	D	1675	A	1725	C
1526	D	1576	D	1626	C	1676	D	1726	C
1527	E	1577	A	1627	D	1677	A	1727	A
1528	B	1578	C	1628	E	1678	C	1728	D
1529	E	1579	C	1629	D	1679	E	1729	D
1530	E	1580	E	1630	E	1680	B	1730	D
1531	C	1581	D	1631	A	1681	D	1731	D
1532	D	1582	E	1632	C	1682	D	1732	B
1533	B	1583	D	1633	D	1683	D	1733	A
1534	A	1584	E	1634	B	1684	E	1734	D
1535	D	1585	B	1635	E	1685	D	1735	E
1536	E	1586	D	1636	A	1686	D	1736	D
1537	E	1587	E	1637	C	1687	A	1737	D
1538	E	1588	B	1638	B	1688	E	1738	D
1539	E	1589	D	1639	E	1689	E	1739	C
1540	E	1590	E	1640	D	1690	B	1740	A
1541	A	1591	A	1641	C	1691	B	1741	E
1542	C	1592	B	1642	C	1692	A	1742	B
1543	D	1593	E	1643	B	1693	C	1743	E
1544	B	1594	C	1644	C	1694	C	1744	C
1545	C	1595	D	1645	E	1695	A	1745	D
1546	E	1596	E	1646	E	1696	D	1746	C
1547	C	1597	A	1647	B	1697	D	1747	D
1548	B	1598	B	1648	A	1698	E	1748	D
1549	D	1599	E	1649	E	1699	C	1749	B
1550	B	1600	D	1650	D	1700	E	1750	C

1751 A
1752 C
1753 E
1754 D
1755 C
1756 B
1757 B
1758 D
1759 A
1760 E

1761 B
1762 E
1763 C
1764 B
1765 E
1766 D
1767 C

Anmerkungen zu MC-Fragen

Bei einigen MC-Fragen sind aufgrund von Widersprüchen zwischen dem Aufgabentext und dem Lösungsangebot auch andere Antwortalternativen denkbar.

[48] Radikale sind **Zwischenprodukte** chemischer Reaktionen. Sie manifestieren sich in Energiediagrammen als „Energiemulden". Aus Sicht des Autors wäre daher Lösung **„C"** die zutreffende Antwortalternative, wenn auch die bei der Radikalrekombination aufzubringende Aktivierungsenthalpie deutlich geringer sein dürfte als dies Zeichnung „C" veranschaulicht.

[125] Bei den genannten Reaktionen handelt es sich um eine
(1) elektrocyclische Reaktion,
(2) cis/trans-Isomerisierung,
(3) Cycloaddition (Diels-Alder-Reaktion),
(4) sigmatrope Verschiebung,
so daß bei der Frage nach **elektrocyclischen Reaktionen** nur die Aussage (1), bei der Frage nach **pericyclischen Reaktionen** über einen sechsgliedrigen cyclischen Übergangszustand die Aussagen (1), (3) und (4) zutreffen.
Beide Aussagekombinationen sind im vorgegebenen Lösungsangebot **nicht** enthalten.

[222] **Hydrierungsreaktionen** verlaufen **exotherm**, so daß nach Le Chatelier (Prinzip vom kleinsten Zwang) eine Temperaturerniedrigung zu einer Erhöhung der Ausbeute an Endprodukt führt. Antwort (A) ist deshalb zutreffend.
Darüber hinaus verlaufen aber Hydrierungen selbst bei erhöhten Temperaturen langsam und werden erst durch Hydrierungskatalysatoren entscheidend beschleunigt. Nach van't Hoff hat jedoch eine Temperaturerhöhung um 10 °C eine Steigerung der Reaktionsgeschwindigkeit um das 2–4fache zur Folge. Für diese **„RGT-Regel"** existieren zwar viele Ausnahmen, trotzdem ist die Lösungsalternative (D) nicht von vornherein als falsch auszuschließen.

[321] Von den gezeigten Formeln besitzt auch Struktur (4) als tertiäres Amin mit drei unterschiedlichen Resten ein chirales Heteroatom. Allerdings ist die Verbindung aufgrund der raschen Inversion am Stickstoff nicht in Enantiomere spaltbar. [Frage Nr. 321 war in identischer Form auch Gegenstand der Prüfung vom Herbst 1998; sie wurde nachträglich als **„nicht gestellt"** gewertet.]

[647] Mit **Diazomethan** können acide Verbindungen wie Phenole [(3) Phenol] und Carbonsäuren [(4) Benzoesäure] **methyliert** werden. Alkohole [(1) Ethanol] reagieren unter diesen Bedingungen nicht, so daß Antwort (D) zutrifft.
Die Methylierung von Alkoholen mit Diazomethan erfolgt jedoch in Anwesenheit von Bortrifluorid. Da nach der **prinzipiellen** Möglichkeit einer Methylierung mit Diazomethan gefragt ist, kann auch die Aussage (1) als nicht völlig falsch angesehen werden (vgl. Ehlers, Chemie II-Kurzlehrbuch, Kap. 3.9.6.1).

[718] Sekundäre Amine addieren sich an Carbonylverbindungen unter Bildung eines Halbaminals. Durch S_N-Reaktion mit einem zweiten Amin-Molekül erhält man ein *Aminal*. Trägt hingegen das α-C-Atom des Halbaminals ein H-Atom, so bildet sich unter Wasserabspaltung eine C=C-Doppelbindung aus; ein *Enamin* entsteht. Da in den Halbaminalen des *Benzaldehyds* mit sekundären Aminen kein H-Atom am α-C-Atom vorhanden ist, kann nur Aminalbildung erfolgen. Aus dieser Sicht wäre auch Lösung A eine vertretbare Antwortalternative.

[830] Die Aussage (D) **„aus γ-Hydroxy-substituierten Säureamiden werden cyclische Amide (Lactame) erhalten"** ist korrekt, so daß alle Aussagen (A) bis (E) zutreffen.
Beispielsweise entsteht bei der Aufspaltung von γ-Butyrolacton mit Ammoniak das γ-Hydroxybuttersäureamid, das leicht zum γ-Butyrolactam dehydratisiert (vgl. Ehlers, Chemie II-Kurzlehrbuch, Kap. 3.14.3.2).

Erklärung der Aufgabentypen

Aufgabentyp A1: Einfachauswahl

Erläuterung: Auf eine Frage oder unvollständige Aussage folgen bei diesem Aufgabentyp fünf mit (A) - (E) gekennzeichnete Antworten oder Ergänzungen, von denen sie eine *einzige* auswählen sollen und zwar

entweder die *einzig* richtige
oder die *beste* von mehreren möglichen.

Lesen Sie immer alle Antwortmöglichkeiten durch, bevor Sie sich für eine Lösung entscheiden.

Aufgabentyp A2: Einfachauswahl

Erläuterung: Diese Aufgaben sind so formuliert, daß Sie aus den angebotenen Antwortalternativen jeweils die einzig nicht zutreffende wählen sollen.

Aufgabentyp B: Aufgabengruppe mit gemeinsamem Antwortangebot – Zuordnungsaufgaben

Erläuterung: Jede dieser Aufgabengruppen besteht aus

a) einer Liste mit numerierten Begriffen, Fragen oder Aussagen (Liste 1 = Aufgabengruppe)

b) einer Liste von fünf durch die Buchstaben (A)–(E) gekennzeichneten Antwortmöglichkeiten (Liste 2).

Sie sollen zu jeder numerierten Aufgabe der Liste 1 aus der Liste 2 die *eine* Antwort (A)–(E) auswählen, die Sie für zutreffend halten oder von der Sie meinen, daß sie im engsten Zusammenhang mit dieser Aufgabe steht. Bitte beachten Sie, daß jede Antwortmöglichkeit (A)–(E) auch für mehrere Aufgaben der Liste 1 die Lösung darstellen kann.

Aufgabentyp C: Kausale Verknüpfung

Erläuterung: Dieser Aufgabentyp besteht aus drei Teilen:

Teil 1: Aussage 1
Teil 2: Aussage 2
Teil 3: Kausale Verknüpfung („weil")

Jeder der beiden Aussagen kann unabhängig von der anderen richtig oder falsch sein. Wenn beide Aussagen richtig sind, so kann die Verknüpfung durch **„weil"** richtig oder falsch sein. Entnehmen Sie den richtigen Lösungsbuchstaben nach Prüfung der einzelnen Teile dem nachfolgenden Lösungsschema:

Antwort	Aussage 1	Aussage 2	Verknüpfung
A	richtig	richtig	richtig
B	richtig	richtig	falsch
C	richtig	falsch	–
D	falsch	richtig	–
E	falsch	falsch	–

Aufgabentyp D: Aussagekombination

Erläuterung: Dieser Aufgabentyp besteht aus
a) einer Frage oder unvollständigen Aussage,
b) mehreren durch eingeklammerte Zahlen gekennzeichneten Aussagen sowie
c) mit den Buchstaben (A)–(E) gekennzeichneten Antworten (Aussagekombination).

Wählen Sie bitte die zutreffende Lösung unter den fünf vorgegebenen Aussagekombinationen (A)–(E) aus.